에센스 미용학 개론

Introduction to Cosmetology

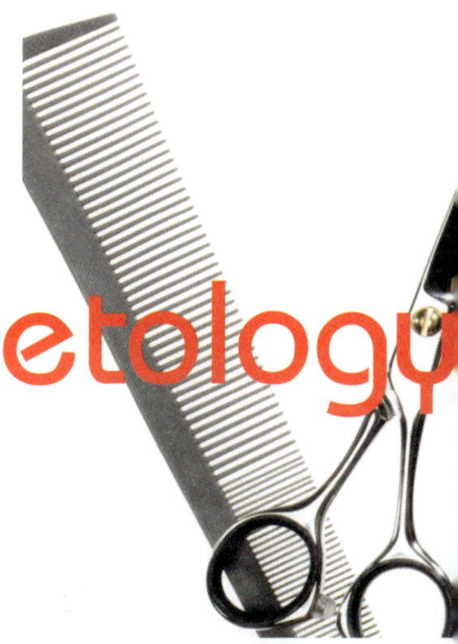

김기영 · 권오혁 · 김경란 · 김서희 · 김연숙
박은준 · 안경민 · 이숙영 · 이현숙 · 최은미

메디시인

머리말

인류가 지구상에 출현한 이래 아름다움에 대한 욕구는 시대 변화에 따라 끊임없이 발전하여 왔습니다. 특히 21세기에 들어서 남녀노소를 불문하고 건강한 아름다움을 추구하고자 하는 사회적 분위기는 미용산업을 빠른 속도로 성장시키고 있습니다. 우리나라 미용산업의 발달은 뷰티 관련 학문과 교육계에 영향을 미쳐 많은 미용고등학교와 미용학원이 생겨나고 2년제 미용대학과 4년제 미용대학이 설립되었으며, 전 세계에서 최초로 미용학 박사를 배출하기에 이르렀습니다.

한류의 붐과 함께 미용산업의 양적 팽창과 확대는 미용 전반에 걸쳐 질적 향상이 필요하다는 인식이 팽배하여 미용 학문의 이론적 기초와 산업체의 기술과의 융복합의 필요성 역시 확산되고 있습니다.

필자들은 이러한 시대적 요구에 부응하여 미용학 관련 최근의 자료를 수집하는 한편, 산업과 학문을 연계시켜 헤어미용, 피부미용, 메이크업, 네일 등 미용학 전반에 걸친 내용을 여러 대학의 교수들이 심혈을 기울여 저술에 임하였습니다.

본 저서는 교육계와 산업체 현장에서 지침서로 사용될 수 있도록

첫째, 미용의 역사에 대한 내용 정리

둘째, 헤어 미용

셋째, 피부미용

넷째, 메이크업

다섯째, 네일 미용으로 구성하였습니다.

따라서 미용학을 공부하는 많은 학생들이나 전문가가 되기 위하여 입문하는 분들이 필요한 내용을 쉽게 찾아서 이해하고 활용할 수 있기를 기대합니다.

끝으로 이 책이 햇빛을 보게 되기까지 집필로 수고하신 여러 교수님들과 메디시언의 임직원 여러분께 심심한 감사를 드리며, 교육과 산업체에 종사하는 미용인과 교수님들의 성원과 지도를 부탁드립니다.

을사년 새 봄에

필자 대표 김 기 영

차례

Contents

차례

Contents

Chapter 5 네일 미용

Chapter Ⅰ 미용학 개론

1. 미용학 서설
2. 미용문화사

Chapter

1

미용학 개론

1. 미용학 서설

미용이란? 국가직무표준NCS에서는 미용을 "고객 상담과 분석을 통하여 안정감 있고 위생적인 환경에서 얼굴과 몸매의 피부 및 헤어 · 네일에 미용기기와 기구 및 화장품을 이용하여 서비스를 제공하고 미용에 대한 업무수행을 기획 및 관리하는 일"이라고 명시하고 있다. 다시 말하면 헤어스타일 · 얼굴 · 피부, 그리고 손 · 발톱 등의 상태를 아름답고 건강하게 가꾸는 일이라고 정의할 수 있다.

따라서 미용의 목적은 아름다움을 추구하고 좀더 건강한 삶과 함께 정신적으로 즐거움을 느끼도록 과학적인 지식과 기술을 바탕으로 미의 본질을 위하여 관리하는 데 있다고 볼 수 있다.

영역으로는 크게 헤어 관리, 피부 관리, 메이크업, 그리고 네일 관리로 나눌 수 있다.

1. 미용의 역사

사람은 식욕이나 성욕과 함께 아름다움과 건강미를 추구하려는 행위인 미용의 본능을 갖고 태어났다. 따라서 원시시대부터 현재에 이르기까지 그리고 또 미래에도 변함없이 이 세 가지 본성은 이어져 갈 것이다.

2. 유물과 학설

원시시대 유물에서도 인간이 미용으로 신체를 아름답게 꾸미고자 한 자연적 본능설을 뒷받침하고 있는데, 본능적인 동기 외에도 신분 · 계급 · 종족 · 성별을 구분하고자 하는 장식설, 신을 숭배하거나 주술적인 종교설, 자연으로부터 자신을 보호하고자 하는 신체보호설, 그리고 이성이나 다른 사람에게 잘 보이고자 하는 유인설 등 다섯 가지 학설이 있다.

그림 1-1 빌렌도르프의 비너스
1909년 오스트리아에서 출토된
인류 최초의 원시예술작품

그림 1-2 인도 케릴라의 족장
최고지도자의 장식

그림 1-3 주술적인 복의 염원

그림 1-4 신체보호를 위한 위장

그림 1-5
타인의 관심을 끌기 위해
치장한 원주민

2. 미용문화사

1. 고대(B.C. 3,000년~A.D. 3세기)

(1) 이집트 시대

1) 종교와 권위의식의 영향

① 파라오(제12대왕, 투탕카멘)의 인공 턱수염

② 왕비의 치장(파라오 무덤에서 화장도구와 헤나 분말이 출토됨)

③ 귀족의 헤어스타일과 스커트(가발은 상류사회 신분을 나타냄)

④ 클레오파트라의 나귀젖 목욕법

⑤ 헤나Henna를 이용한 머리카락 염색(B.C. 1,500년경)

그림 1-6
투탕카멘 그림

그림 1-7
네페르타리 왕비

그림 1-8
고대 이집트 남성과 여성의 스커트

그림 1-9
이집트 여인의 헤어스타일

2) 위생적인 목욕문화의 발달

① 더위로 인한 청결의 추구로 목욕이 성행함

② 어린이 소변 목욕

3) 자외선에 노출된 피부 보호

① 올리브 오일, 아몬드 오일, 양모 왁스, 꿀, 우유 등을 바름

② 진흙, 겨, 밀기울, 달걀노른자, 꿀, 우유 등을 혼합하여 바름
(클레오파트라의 '진흙미용법')

(2) 그리스 시대

1) 자연주의 : '건강한 신체에 건강한 정신이 깃든다.'는 사상

① 운동 · 식이요법, 목욕 및 마사지를 통한 신체관리

② 히포크라테스는 미용식, 일광욕, 특수목욕, 마사지 권장

2) 다양한 목욕문화의 발달

① 약초를 이용한 약물목욕, 증기목욕, 냉수욕, 온수욕

② 목욕 후 청결과 쾌적함 유지를 위하여 마사지와 향수 사용

3) 화장 문화의 변화

① 초기 : 여인의 정숙하고 겸손한 품성 요구로 단순한 화장

② 중기 이후 : 동양의 짙은 화장 영향으로 하얀 얼굴을 선호(백연, 석고, 백묵 사용)

그림 1-10 그리스 여성과 남성의 헤어스타일

(3) 로마 시대

1) 체계적인 목욕문화 확립

① 이용은 물론, 청결 중시 경향과 화장품이 생활필수품으로 등장

② 스팀미용법과 한증미용법이 생활화됨

③ 남탕과 여탕의 구분

2) 현대적 화장품의 원형 등장

① 나귀나 염소의 젖으로 세안, 부드러운 피부 유지

② 레몬즙이나 오렌지 즙 등을 사용, 피지와 각질관리

③ 옥수수, 밀가루, 우유, 버터 등을 혼합하여 얼굴 마사지를 함

④ 의사 갈렌Galen이 최초로 현대적 콜드크림의 원형인 크림 개발

3) 몸치장

① 남성은 머리와 수염 손질, 손 · 발톱 정리, 털과 구취 제거(이발소가 성행)

② 여성은 백색 피부를 선호했고, 머리치장에 몰두하여 금색 가발을 즐겼다.

그림 1-11 로마 시대 남성과 여성의 헤어스타일

2. 중세(4~15세기)

(1) 고딕 시대 14~15세기

고딕 시대 여성의 가장 특징적인 모자인 에넹Hennin은 에넹 부인이 고안해 낸 것으로 고딕 건축의 뾰족함을 가장 잘 살리고 있다. 딱딱한 천으로 원추형의 모자를 만들고 그 위에 원형의 베일을 얹어 옷자락까지 늘어뜨렸는데 그 길이가 300~360cm에 달하는 것도 있었다.

에넹의 뾰족한 외관은 당시의 의복의 가냘픈 실루엣과 함께 고딕의 형태를 반영시킨 것이라고 볼 수 있다. 에넹은 인공적인 실루엣의 모자로 15세기 중엽에 전성기를 이루었으나 불편함으로 말미암아 곧 사라지고 말았다. 15세기 말에 이르러 의복 전체에 르네상스 풍조가 나타나자 중세의 머리 전체를 덮었던 장식이 차차 단조로운 형태로 변화되어 갔다.

그림 1-12 중세의 남성과 여성의 헤어스타일

(2) 동양

동양의 미용은 중국을 중심으로 하여 발전 해왔고, 중국의 직간접적인 영향을 받은 우리나라와 일본은 나름대로의 독특한 미용 기술을 발전시켜 왔다. 동양에서의 미용은 서양의 그것과는 달리 소수층인 귀족뿐만 아니라 서민도 미용에 많은 관심을 보였고 실제로 시도했다는 점에서 그 의의가 크다 하겠다.

중국의 미용도 예로부터 맑고 흰 피부를 선호하는 경향이 강하였으나, 대체적으로 색조화장보다는 스킨케어에 관심이 더 많았고 화학적 첨가제보다는 천연재료가 화장품의 주요 원료로 사용되었다.

당나라 시대 최고 미녀로 알려진 양귀비는 살구씨 가루, 사향, 계란 흰자 등을 섞은 '옥홍고玉紅膏'를 발랐고, 다양한 꽃으로 술을 빚어서 화장수로 사용했는데 이는 맑고 깨끗한 피부를 만들기 위함이었다. 그리고 일반 민가에서는 수세미 끓인 물 등으로 미안수美顔水를 만들거나 꿀찌꺼기 등으로 팩을 만들어 기미, 주근깨, 흉터 등을 감추거나 제거하여 희고 깨끗한 피부로 관리하기도 하였다. 또한 눈썹과 볼화장에 심혈을 기울였는데, 당나라 명황이 명하여 열 가지 눈썹 모양을 뜻하는 '십미도十眉圖'를 만들었으며, 볼연지를 사용하여 생기 있는 얼굴을 표현한다든가 농염하고 교태 넘치는 분위기를 만들었다.

중국의 대표적인 무대화장 기법은 경극에 등장하는 배우들의 분장법이라 할 수 있는데, 9가지 색으로 인물의 특징을 나타내고, 여러 가지 안료를 얼굴에 발라서 성격, 품성, 운명을 나타낸다. 그러나 이러한 진한 화장법은 무대에서만 사용되었고 일반적으로는 자연스러운 화장법을 더 선호하였다.

그림 1-13 완당오대부녀(둔황 막고굴)

그림 1-14 혁사기녀도

일본의 화장은 새하얀 얼굴과 빨간 입술 그리고 강하고 진한 눈썹으로 대변할 수 있다. 고대 일본은 남성 중심의 사회였으므로 모든 미용은 그들 남성의 선호에 따라 변화하였으며 특히 여성들은 무인의 기호에 맞추는 화장이 주류를 이루었다. 이러한 화장의 예는, 일본 게이샤들의 가부키 화장법과 남성들이 전투에 나가기 전에 머리를 정갈하게 하고 눈썹을 진하게 그리고 전장에 나서는 데서 알 수 있다. 그러나 일반 민가에서는 옅은 화장을 한 것으로 보이며, 현재의 게이샤들은 복식만 옛날식이지 화장은 예전보다 더욱 엷게 하고 있다.

그림 1-15 게이샤의 화장

식재료나 한약재가 미용 재료로 사용된 사례는 단군신화에서부터 시작된다. 인간으로 환생하려는 곰과 호랑이에게 쑥과 마늘을 먹고 백일 동안 기원하라고 한 것은 햇빛을 피함으로써 하얀 피부를 지니고 피부에 좋은 쑥과 마늘을 먹임으로써 피부를 맑게 하려는 의도가 아니었나 싶다. 또한 북방의 읍루인들은 겨울에 동상 예방과 피부 연화를 위해 돼지기름을 바르기도 했다. 당시 가축의 가치를 생각했을 때, 돼지기름을 아무나 사용하지는 못했을 거라는 추측을 할 수 있다.

또한 이 시대에는 청결과 후각적인 면을 중시하여 제사를 지내기 전에 목욕을 하고 향을 피웠다. 향이란 존재는 신에게 다가가는 근접의 의미와 신분 상승 욕구의 표현이었다.

고구려 · 백제 · 신라로 나뉘었던 삼국 시대의 미용은 크게는 다르지 않았던 것으로 보이며, 불교의 전래로 향 문화와 목욕문화가 발달하였으며 귀족의 전유물이던 화장이 민간에 본격적으로 도입된 시기라고 할 수 있다.

이 시대의 미의 기준은 과도한 화장이 아니라 밝고 깨끗한 피부였다. 신라 화랑의 조건 중 출신과 외모는 중요한 기준이었으며, 미소년이라는 외모에는 밝고 깨끗한 피부가 포함되었으며, 고구려 여인들의 모습을 나타낸 수산리 고분벽화에서도 당시의 미의 기준을 엿볼 수 있는데, 밝은 톤의 피부를 지닌 어느 귀족 부인이 화장을 하고 식솔과 함께 외출하는 모습을 묘사하고 있다. 이 부인뿐만 아니라 그 뒤를 따르는 식솔 모두의 피부가 밝게 표현된 것으로 보아 당시에도 신분의 고하를 막론하고 밝고 깨끗한 피부를 선호하였음을 알 수 있다.

그림 1-16 수산리 고분벽화, 여인들의 행렬

고려 시대 역사서인 '고려사절요'에 의하면, 불교의 영향이 계속되면서 청결을 강조하고 목욕이 성행하였지만 '부인들이 몸치장에 있어 얼굴에 바르는 것을 좋아하지 않아 분만 바르고 연지를 쓰지 않으며 버들잎 같은 눈썹을 그렸다.'라고 쓰여 있는 것으로 볼 때 과도한 화장은 삼간 것으로 보인다. 그러나 남녀 모두 면약(액상타입의 안면용 화장품)을 사용하여 기본적인 예의는 지킨 것으로 보인다. 또한 고려인들은 신라의 영향을 받아 화장이 과도하지는 않았으나 그 기법은 상당 수준에 이른 것으로 보인다.

원의 황후에까지 오른 기황후의 화장은 자연미가 넘치면서도 은은한 향기가 흘러 황제를 사로잡았던 것으로 추측할 수 있다.

그림 1-17 황제를 홀린 고려의 화장술(기황후)

3. 르네상스 시대(1425~1580년)

14세기 중반부터는 이탈리아를 중심으로 번성하기 시작한 르네상스 운동의 영향으로 중세의 기독교적인 인식에 변화가 생김으로써 여성의 화장에 대한 관심이 다시 생겨나게 되었다.

남성들의 머리 형태는 단발형이거나 짧은 머리형이며 보닛bonnet이나 캡 형태의 모자를 즐겨 썼다. 여성적인 취향은 남성에게 영향을 미쳐서 남성의 의상이나 몸짓이 여성의 모습과 비슷해지고, 근엄한 수염이 사라지고 머리칼은 부드럽게 어깨까지 놓이게 되었다.

그림 1-18 르네상스 시대 남성의 머리 형태 및 머리 장식

여성들의 머리 형태는 중세 말기의 머리 전체를 덮었던 장식이 없어지자 다시 머리를 아름답게 꾸미기 시작하여 좋아하는 색으로 염색을 하였으며 향기로운 머

리 분을 사용하여 향내가 나고 반짝거리게 했다. 당시 유행한 머리 색깔은 황금색이나 적색이었으며 청색은 하류 계급만 사용하였다. 여성들은 이마를 완전히 두드러져 보이게 올백all-back으로 빗어 넘기거나 가운데 가르마를 타고 후드hood나 보닛을 썼다.

16세기에는 앞이마를 드러내고 머리에 꼭 맞는 모자를 썼고, 이전 시대의 높은 머리 장식은 넓고 낮은 형태로 변화했다. 낮은 후드는 게이블 후드Gable hood, 프렌치 후드French hood로 구분된다. 게이블 후드는 어깨 위로 늘어지는 주름을 머리 위로 짧게 올려서 핀으로 고정시키거나 후드 안에 백색이나 황금색의 마로 만든 코이프coif를 사용하였다. 게이블 후드에 이어 프랑스식의 프렌치 후드가 유행되었는데 후드 뒤에는 얇은 사나 티슈 등으로 만든 베일veil을 달았고 그 길이는 허리까지 내려오기도 하였다. 이 후드 안의 머리는 가르마를 타서 위는 넓고 편편하게 빗었으며 흰 마로 만든 코이프나 금실로 짠 망을 사용하였다.

그림 1-19 르네상스 시대 여성의 머리 형태와 메이크업

그 밖에 이탈리아의 일반적인 후드로 마조치오Mazzochio가 있었는데 이것은 보통 벨벳으로 만들어 머리 전체를 덮은 후드로써 바람을 막기 위해 사용되었다.

르네상스가 시작된 이탈리아에서부터 그 동안 제한되었던 여성의 메이크업은 화장을 안 한 상태로 외출하는 것이 이상하게 여겨질 정도로 사교를 위한 필수조건이 되었다. 그 당시 미의 전형은 피부는 창백하고 투명하며 눈썹은 뽑아 없애는 것이었다. 이탈리아 여성들은 흰 피부를 선호하여 회화용 재료를 피부에 발랐다. 볼은 '낮에는 창백하게, 저녁에는 붉게' 화장을 하였다. 흠없는 창백한 얼굴에 뺨과 입술에만 가볍게 색조화장을 하였다.

13세기 후반부터 14세기 초에 걸쳐 생존했던 해부학 및 의학의 권위자인 헨리 드 몬드빌Henry de Montville과 이탈리아의 지오반니Giovanni 가문이 저술한 의학서 중에는 화장품과 미용술에 대해서 한 권이 서술되어 있는데, 이로 인해 화장품을 비롯한 화장 전반에 걸쳐 이론적인 확립이 이루어지게 되었다. 중세 이후 페스트가 만연하면서 공중목욕장이 금지되고 세탁과 입욕의 습관이 거의 사라지게 되면서 과거 상류층이 사용했던 향료가 이 시기에 와서는 체취제거를 위한 향수로써 보급되었다. 특히 이탈리아에서는 향이 강한 것을 장갑에 뿌리는 것이 유행하여 프랑스와 영국에 전해지게 되었다.

1558년 즉위한 영국 여왕 엘리자베스 1세 때부터 영국의 르네상스는 더욱 꽃피기 시작하였는데, 엘리자베스 여왕은 화장하기를 즐겨서 새로운 화장법이 성행하였다. 그녀는 알라바스터Alabaster 분말과 점토 · 마스크 팩 · 백납분 등을 사용하였고 보이는 신체부분은 모두 분을 발라서 흰 피부를 유지하였다. 또한, 이마에는 정맥을 그려서 투명하고 희게 보이게 하였으며, 광택 있는 도료를 덧발라서 윤기가 있게 하였다. 주름살을 보이지 않게 하는 과도한 화장은 귀족사회에 유행하였고, 남성도 여성 못지않게 피부를 하얗게 하기 위해 여성과 같이 분을 발랐다.

한편, 프랑스의 루이 15세의 정부였던 퐁파두르Pompadour는 화려한 의상과 머리 형태와 화장법을 유행시켰다. 특히 머리 위에 납가루분 대신, 중국에서 수입한

쌀가루분을 뿌렸던 것이 유행이 되어 온 집안에 쌀가루가 날아다녀서 이를 방지하기 위해 독립된 방을 만들어 파우더룸powder room이라고 불렀으며, 이때부터 파우더룸은 화장하는 방을 뜻하게 되었다.

4. 근세(17세기~18세기)

(1) 바로크 시대 Baroque, 1610~1715년

바로크 시대 남성의 머리 모양은 가장 여성스럽고 풍성한 모양으로 나타난다. 초기의 머리 모양은 목 뒤쪽이 높고 빳빳하게 뻗친 휘스크 칼라Whisk collar가 한동안 유행하였으므로 당시의 신사들은 머리를 짧게 다듬어야만 했고, 모자는 별로 사용하지 않았다. 중기부터 머리를 기르기 시작한 남성들은 1660년대 이후부터 가발을 착용하였고, 챙이 넓은 모자와 크라운Crown이 높은 슈가로프 해트Sugar loaf hat, 트라이콘 해트Tricorn hat를 즐겨 사용하였다.

17세기 전반에는 깨끗이 면도하는 것이 일반적이었으나 1630년대 이후에는 콧수염과 턱수염을 길렀다. 콧수염에 왁스를 발라서 좌우로 벌리는 형태로 고정시킨 사례도 있었다. 후기에는 '가늘게 땋은 머리에 리본을 달고 아래로 내려뜨린 것'이나 '컬 된 머리를 빗질해서 간추린 것' 등 머리카락의 풍성함을 자랑하는 여러 가지 모양이 나타났다. 1670년대에는 컬curl이 잘 된 머리로 머리 전체를 화려하고 커다랗게 부풀린 참신한 머리형이 유행을 하였는데 이것은 '꽃밭형' 또는 '양배추형' 등의 이름으로 불려졌다. 귀부인들은 의상만큼 머리형을 중요시하여 전용 미용사를 두기도 하였다.

가발은 루이 13세 시대에 대머리를 감추기 위해 사용하기 시작하여 상류층에서 유행하기도 하였다. 가발은 17세기 후반에 이르러서 화려한 의상과 조화되어 매우 중후하고 거창한 형태로 변화하였다. 머리카락은 각종의 분을 뿌려 갈색이나 연두색 및 회색을 띤 흰색 등으로 착색을 하였고, 이를 포마드pomade로 고정시켰으며, 각종 향수를 뿌렸다. 그러나 무겁고 단단한 가발을 늘 쓰고 있는 것은 매우 견디기 힘들었으므로 실내에서는 가발 대신에 리넨linen이나 울wool로 된 캡을 덮어 쓰는 풍습이 생겼으며 외출할 때는 상아나 은으로 장식된 빗을 갖고 다니며 공적 장소에서 머리를 빗는 것도 멋으로 여겼다.

페리위그Periwig는 앞머리를 뒤로 빗어 넘긴 형으로 곱슬거리는 머리카락이 어깨와 앞가슴으로 내리덮이도록 하였으며, 가루를 뿌려서 사용하였다. 가발의 재료는 자신의 머리나 염소털 및 말총 등이 사용되었고 염색을 하였다. 그 당시 밝은 갈색의 가발이 선호되어 값이 제일 비쌌고 제일 싼 것은 검정색이었다.

그림 1-20 바로크 시대의 남성 머리 형태와 모자

여성들은 일반적으로 남성의 경우와는 달리 모자를 많이 쓰지 않았고, 후드 달린 케이프를 입고 외출하거나 레이스 천을 머리에 둘러썼다. 머리 위에 쓴 백색 레이스로 만든 작은 캡은 풀을 빳빳이 먹이거나 테에 철사를 대어 만들어졌다. 여성모자의 형태는 초기엔 프렌치 후드French hood나 마리 스튜어트 후드Mary stuart hood가 유행하였으며, 남성 모자와 유사한 챙이 넓은 모자나 슈가로프 해트를 사용하였다.

루이 14세 시대에 들어와서 머리 형태는 기교적으로 되어서 양옆을 크게 부풀렸던 과장된 머리형에서 점차 자연스러워지고 머리 위에는 퐁탕주Fontanges라고 하는 새로운 형태의 작고 둥근 캡을 사용하였다. 퐁탕주는 루이 14세의 총애를 받던 부인인 모드 모아젤 드 퐁탕주Mode Moisell de Fontanges에서 나온 머리 장식이다.

퐁탕주의 종류는 20여 종이므로 그 높이는 60cm 정도인 것도 있었다. 여기에 사용된 레이스의 가격은 대단히 비싸서 여인들 사이에 사치와 낭비를 조장시켜 한동안 금지되었으나 다시 유행되어 18세기 초까지 계속 사용되었다. 바로크 시대의 화려한 귀족풍의 의복에 따른 기이한 머리 형태와 장식은 18세기 말에 이르러 극치에 달하였다.

그림 1-21 바로크 시대의 여성 머리 형태

바로크 시대에는 오직 그 시대만의 미적 기준이 존재하였는데, 중세의 어리고 가냘픈 아가씨의 아름다움은 사라지고 그 대신에 포동포동하고 성숙한 여인이 그 자리를 대신하였다. 이후 미인의 모습은 따뜻한 혈색에 크고 검은 눈을 지닌 풍만한 여인으로 나타난다.

미인이라면 반드시 금발이어야 했던 베네치아 여인들은 머리카락을 금발로 물들이는 혼합제인 '비온다Bionda'를 바른 뒤에 넓은 챙만 있는 모자를 쓰고 햇볕에 머리카락을 말렸는데 이렇게 하면 베네치아 금발이라고 불렀던 엷은 황갈색 금발을 얻을 수 있었다. 갑오징어 뼈, 복숭아씨, 계피 등과 같은 혼합물로 일주일에 한 번씩 닦던 치아와 분을 바른 광택 없는 흰 얼굴빛은 귀족적 자태를 나타내는 순수함과 섬세함을 부여하였다. 피부는 포도주를 마실 때 목구멍으로 포도주가 넘어가는 것이 보일 정도로 투명함을 추구하였다. 한편, 이때에도 새로운 화장품 제조방법이 생겨났는데, 이탈리아 메디치가의 카테리나Caterina는 프랑스 헨리 2세와 결혼하여 새벽에 왕실 정원에 핀 복숭아 꽃잎과 이슬을 따서 밝은 보름달 아래 아몬드 오일과 섞어 만든 로션을 얼굴에 바르면 혈색이 좋아진다는 가문의 비방을 프랑스 왕실에 전하기도 하였다. 그러나 이는 정작 납가루와 비상을 섞어 만든 독약으로 그녀의 정적을 제거하는 데 사용하였다. 그 때문에 그녀는 1663년에 처형당했고, 그 후 이탈리아 정부는 화장품에 납가루의 사용을 금지했으며 1692년 프랑스에 이어 전 유럽으로 확산되었다.

프랑스에서는 혼란하고 무분별한 메이크업이 성행하였는데, 특히 주목을 끄는 것은 패치Patch, 애교점의 사용이었다. 당시 패치는 얼굴을 젊고 매력적으로 보이게 한다고 믿었으며 주근깨와 여드름을 감추기 위해서, 그리고 성좌들을 나타내기 위해서 이용되었다. 특히 달, 초승달, 별, 혜성 같은 모양을 한 애교점이 인기를 끌었다. 애교점은 붙이는 위치에 따라 의미가 달랐는데, 눈 근처는 '뇌쇄적', 웃음으로 생기는 주름 위는 '쾌활', 입술 위는 '장난기 있음', 이마 위는 '위엄 있음', 볼 위는 '친절', 입술 아래는 '신중'의 의미를 나타냈다.

귀족들이 사용한 연지의 붉은 빛은 진홍색에서 자홍색, 장미색, 주홍색에 이르기까지 다양하였다. 입술 주위를 밝은 색조로 칠했고 광대뼈와 눈 가까이에는 원형으로 둥글게 연지를 발랐다. 중산 계급의 여인들은 볼 위에 연지를 엷게 발랐으나 베르사이유 궁전의 공주들(루이 15세의 딸)은 짙게 바랐다. 여인들은 연지를 대단히 중시하여 주머니 안의 작은 상자에서 화장 붓이나 거울 등을 꺼내어 장소에 구애받지 않았고 거리낌 없이 붉은 볼을 그렸으며 화장을 새로 고쳤다.

그 후 1750년경, 자연과 육체를 보는 시각에 변화가 일기 시작하면서 이러한 바로크풍의 과도한 치장은 점차 사라져 갔다. 많은 여성들이 흰 파우더를 쓰는 것을 더 좋아했는데, 상류층의 여성들은 살색Flesh, 핑크의 창백한 메이크업 베이스인 백연(가루)을 사용하였다. 화장은 가끔 피부 주름을 가리기 위해 두껍게 바르기도 하였고 화장이 얼굴에만, 혹은 얼굴과 목에만 사용되었기 때문에 그 경계선이 뚜렷하게 보였다. 매트matte : 무광택하게 화장한 얼굴과 대조되게 에나멜enamel의 번쩍임이 쓰여지기도 하였다. 불그레한 뺨과 입술이 인기가 있었고 아랫입술은 윗입술보다 커야 했다.

그림 1-22 르네상스 시대 남성의 머리 형태 및 머리 장식

한편, 우리나라의 조선 시대에는 유교의 제사 문화 영향으로 피부 청결을 중시하여 목욕 문화가 발달하였으며, 유교적 가치관으로 여성에 대한 제제가 심하여 여성의 내적인 아름다움을 미덕으로 생각하였다. 유교의 영향으로 남성 중심의 양반 문화가 번성하여 기방이 흥행하였는데 기생의 화장법이 민가에까지 퍼져 양반의 일부 부녀자들은 기생에 못지않은 짙은 화장을 하기도 했다. 그러나 대부분의 부녀자들은 천연 재료를 원료로 하여 절제된 화장을 하였다.

그림 1-23 청결하게 화장한 명성황후의 그림

(2) 로코코 시대 Rococo, 1780~1825년

18세기 후반에 들어와서 남성 패션의 가장 중요한 변화는 가발에 있었다. 바로크 시대의 신사들이 대형 가발을 사용했던 것에 비해 로코코 시대 후반에는 경쾌하고 우아한 모습으로 머리 모양을 꾸몄다. 또한 머리의 높이를 낮게 하고 뒤에서 한 묶음으로 리본을 매거나, 이 외에 옆머리를 짧게 잘라 비둘기 날개형이나 컬로 다듬고 뒷머리는 크라포Crapaud라고 부르는 검은 타프타taffeta 주머니에 넣어 그 위쪽 끝을 끈으로 조이고 나비 묶음을 한 머리형도 있었다.

17세기 거대한 가발인 풀 버텀 위그Full bottomed wig는 1710년경부터 높이가 줄어들고 길이가 짧아져서 좀더 편리한 가발이 되었다. 풀 버텀 위그는 1730년대부터 전문직에 종사하는 사람, 노인, 궁정복에만 이용되고 법관이나 성직자들의 위엄을 위한 것으로만 남게 되었다.

남성의 가발형을 크게 분류해 보면 웨이브와 컬이 있는 형과 머리를 땋아서 리본으로 묶거나 주머니에 넣는 형으로 나눌 수 있다. 가발의 재료는 사람의 머리털이나, 소 · 염소 · 말의 털 · 송아지 꼬리 · 여우 꼬리 · 모 헤어 · 털실 · 철사 등이 이용되었다. 가발은 루이 16세가 태양왕으로 군림할 때 가장 발달하였고, 머릿가루는 살롱에서의 에티켓으로 남녀노소 모두가 갖가지 색의 밀가루를 과도하게 뿌렸다.

그림 1-24 로코코 시대의 남성 머리 형태와 가발

가장 많이 사용된 색은 흰색이었으며, 로코코 시대의 방종함과 절도 없음은 이 같은 머릿가루의 사용량에도 잘 나타나서 마침내는 한 해에 200만 파운드의 밀가루를 필요로 할 정도가 되었다.

로코코 시대의 여성들의 머리 모양은 18세기 초까지는 바로크 시대에 유행했던 퐁탕주 형이 유행을 이루었으나 루이 14세가 사망한 후 퐁파두르 형이라는 낮은 머리형이 유행하게 되었다. 이 형은 머리카락을 부풀리지 않고 뒤로 빗어넘긴 우아하고도 깔끔한 머리형으로 때로는 머리 위에 조화나 다이아몬드 및 진주 등의 보석을 박은 리본이나 조화, 금이나 은으로 만든 머리핀, 레이스 캡, 깃털 등의 섬세한 장식을 사용하기도 하였다. 1760년경이 되어서 머리형에 변화가 나타나서 점차 머리 모양이 높아지고 거대해져 갔으며 그 위에 장식을 하였다.

그림 1-25 로코코시대의 여성 머리 형태

여성의 대형 머리를 만드는 데는 두 가지 방법이 있었는데, 하나는 짧게 컬된 머리 속에 패드를 넣고 자신의 머리와 타래머리로 다듬어서 마치 자신의 머리처럼 보이게 하는 것이고, 다른 하나는 자신의 머리를 짧게 자르고 그 위에 가발을 쓰는 편리한 방법이었다.

마리 앙투아네트Marie Antoinette 시대에는 높이와 기교에 있어서 가능성의 극한점까지 도달하였다. 모든 계급의 여성들은 여왕의 머리 모양을 모방했는데, 그 크기와 복잡함은 상상하기 힘들 정도였다. 이처럼 지나치게 거대한 머리의 높이나 장식 과용은 당시 여성들의 병적인 자기과시를 말해 준다. 머리를 높게 하기 위해 캡, 위그, 말털 쿠션, 철사 받침 등의 패드를 머리 위에 얹고 자기 머리로 패드를 덮었으며, 포마드나 밀가루 풀 등을 사용하여 그 높이가 90cm까지 달하는 역사상 가장 거대한 머리형을 연출하였다.

머리 위에는 꽃을 장식하거나 베일, 리본, 깃털, 장식용 핀과 빗 등으로 아름답게 꾸며서 마치 자기를 살아 있는 예술품으로까지 만들려고 하였다. 당시 머리분은 백색 · 회색 · 밝은황금색 등을 사용하였으며, 의복의 색과 조화시키기 위하여 세심한 주의를 기울였다. 머리장식의 재료와 명칭은 무한하여 이제까지 사용해 왔던 장식 외에 나무판, 인형, 태양, 달, 별, 심지어는 실물의 과일까지 사용하여 이 배치와 모양에 따라 '아름다운 화원'이나 '사랑의 끈'이나 '여왕' 등으로 이름을 붙였다.

1786년경에는 샤포chapeau와 보닛bonnet 두 가지를 겸해서 쓴 것도 생겨서 깃털, 리본, 꽃 등의 장식을 하고 베일로 덮기도 하였다. 18세기 말 귀족풍의 화려한 의복과 광신적이고도 환상적으로 높이 다듬어진 머리는 프랑스 혁명 직후 복장의 간소화와 함께 무너져 모발을 자연스럽게 꾸미며 되었으며, 높은 머리는 공식적인 행사 때만 하게 되었다.

그림 1-26 로코코 시대의 여성 머리 장식

로코코 시대에 이르러 화장품의 제조는 더욱 활발해졌고 화려하고 무분별한 화장은 극에 달하였다. 예술미가 풍부한 로코코 시대에는 의상뿐만 아니라 화장 양식에도 실용적인 면과 청결관념보다는 예술성에 우위를 두었다.

프랑스 파리에서는 향수와 화장품가게가 생겼고, 프랑스 남쪽 지중해 연안의 풍부한 꽃 생산지를 중심으로는 향수제조가 발달하였다. 18세기 유럽의 지나친 화장은 남녀 귀족 모두에게 유행하여 남성도 백납분을 하얗게 바르고 볼과 입술에 립스틱을 발랐으며 붉은 볼 화장이 선호되어 백분을 먼저 바르고 그 위에 붉은 볼을 표현하였다.

18세기에 사용된 연지의 붉은 빛은 진홍색, 장미색, 주홍색에 이르기까지 다양한 색을 사용하였다. 관자놀이에는 갈색, 입술 주위에는 밝은 색조를 칠하였으며, 광대뼈와 눈 가까이에 원형으로 연지를 붉게 발랐다. 이렇게 과다한 연지의 사용은 얼굴 혈색을 감추기 위한 가면의 역할을 하였다.

또한, 눈썹은 검게, 혈관은 아름다운 푸른색으로 치장하였으며 패치Patch를 붙이는 것도 매우 유행하였다. 애교점을 붙이는 얼굴의 위치에 따라, 이마 중간은 존엄한 점, 코에 붙이면 뻔뻔스러운 점, 입술 위에 붙이면 교태를 부리는 점, 여드름 위에 붙이면 도둑점 등 다른 의미로 해석되었다.

패치는 표면에 고무를 입혀 방수한 검은 견, 또는 작은 종이조각이 이용되었고 귀부인들은 다이아몬드를 박기도 하였다. 가면은 18세기 후반까지 사용되었는데, 가면 위에조차도 패치가 사용되어 패치의 사용은 극치를 이루게 된다. 눈에 열정을 부여한다는 이유로 남녀 모두 '아래 눈꺼풀'에 두꺼운 화장을 하였다. 눈빛을 촉촉하게 보이기 위해 가지과에 속하는 식물인 벨라도나의 즙으로 동공을 확대하기도 하였고 쥐의 피부로 인조 눈썹을 만들어 아교로 붙였으며 이가 빠져서 뺨이 들어간 부분에는 플럼퍼Plumper라는 패드를 넣어 뺨을 통통하게 만들었다.

로코코 시대에는 눈속임의 절정기로 유년기를 넘긴 모든 여인들은 얼굴에 화장품을 발랐으며, 잠잘 때에도 엷은 볼 화장을 하였다. 이러한 사치와 타락에 대하여 비난의 여론이 일기 시작하였으며, 18세기 후반에 영국의 국회에서는 화장과 꾸밈에 대한 규제를 마련하기도 하였다. 이러한 양상은 프랑스 대혁명으로 귀족 사회의 붕괴와 귀족의 화장도 단죄를 받게 되고, 자연스러움이 강조되는 화장으로 변화하기 시작하였다.

(3) 엠파이어 시대 Empire, 1789~1825년

엠파이어 시대의 머리 형태는 의상에 나타나 고전의 모방 및 재현을 하려는 취향과 조화를 이루어 머리 모양 역시 고대의 것을 답습하려는 경향이 두드러졌다. 이 시대의 머리 형태는 가장 자연스럽고 편리한 형태로 티투스Titus 스타일과 프시케Psyche 스타일이 유행을 하였다.

티투스 스타일은 로마황제 티투스의 머리 모양을 본 딴 단발머리로서 앞머리를 짧게 커트해서 컬을 하거나 뒤에는 머리를 어깨선까지 길게 늘어뜨린 혁명기 시대에 유행한 스타일이다. 브루터스 커트Brutus cut와 앞머리를 짧게 자른 뱅 스타일을 주로 많이 하였고, 머리카락이 뒷목에 닿지 않도록 짧게 한 것이 특징이다. 그리고 남자들은 콧수염과 볼수염을 길렀는데, 카이젤Kaiser이라고 하는 양끝이 위로 말려 올라간 콧수염은 염색을 하거나 왁스를 바르는 방법으로 손질을 하였다. 또한, 이 당시에는 머리 형태에 맞는 여러 형태의 모자가 많았는데, 18세기 중에는 리본 장식이 되어 있는 실크 모자와 밀짚모자가 유행이었다.

대혁명으로 인해 세상이 동란 속에 휩싸이자 머리의 파우더, 가발, 인조 모발, 분가루, 무슈Mouche, 조화 등이 일시에 모습을 감추었다. 영국에서는 1780년대, 프랑스에서는 1790년대에 이 풍습이 없어졌다.

그림 1-27 엠파이어 시대의 남성 머리 형태와 모자

혁명 이후 근대(엠파이어 시대)에는 짧은 티투스 스타일이 유행하면서 긴 머리 형태를 연출하기 위해 가발이 많이 사용되기도 하였으며. 머리에는 염색을 하고 또 여러 가지 색깔의 머리분도 발랐다. 당시 머리 분의 색깔은 흐린 핑크가 가장 유행했으며, 이 밖에 회색 · 청색 · 보라색 등도 사용되었다.

프시케 스타일은 그리스 머리형을 본 딴 것으로 머리 뒤쪽을 높이 올리고, 머리 둘레에 장식용 밴드를 둘러 정돈한 여성스러운 스타일로 머리를 그리스풍으로 마무리하여 보닛을 쓰기도 하였다. 이 스타일은 그리스 시대의 머리 형태를 모방하여 곱슬거리는 컬Curl을 부분적으로 늘어뜨리고 머리를 뒤쪽으로 높게 치켜 빗은 뒤에 리본으로 묶어 올렸다. 옆머리를 살짝 늘어지게 하는 올림머리 스타일로 특히 나폴레옹 1세의 황후 조세핀의 머리 형태를 가리킨다. 머리다발을 그리스풍으로 머리꼭대기나 후두부에 모아서 앞머리나 옆에 화려한 컬의 술 장식을 늘어뜨리고 독특한 헤어밴드나 리본으로 연출하였다.

그림 1-28 엠파이어 시대의 여성 머리 형태

이 시기는 화장을 거의 하지 않는 자연스러운 메이크업이 행하여졌다. 1789년 프랑스 대혁명 이후 고전주의 영향으로 인간 본연의 아름다움이나 자연스러운 모습을 갈망하게 되면서 연지를 바르는 화장법은 쇠퇴하기 시작하였다. 이 시기는 화장을 하지 않고, 자연스러우며 우아한 모습으로 보이기 위하여, 색조보다는 백납으로 만들어진 화장품으로 창백하게 메이크업을 하거나 거의 하지 않는 메이크업을 하였고, 향수를 사용하였다. 미국과 프랑스 혁명 직후의 몇 년 동안은 향장 관련 업종이 주춤하였다.

19세기 초에 빈센트 프리스니츠는 사람과 동물을 대상으로 한 실험을 통해 연구 개발한 수水요법을 대중화(압주법, 습지 찜질법, 마찰법, 한냉전신욕, 발한법, 습포, 좌욕)하였고, 이 방법들은 오늘날에도 그 결점을 보완하여 사용되고 있다.

5. 근대(19세기)

(1) 로맨틱 시대 Romantic, 1800~1850년

남성들은 실크 해트를 즐겨 썼는데, 크라운 높이와 챙의 폭이 해마다 변하여 크라운의 높이가 굴뚝처럼 높아졌으나 챙의 넓이는 그다지 변하지 않았다.

그림 1-29 로맨틱 시대 남성의 머리 형태와 모자

이 시대의 머리 형태는 고전적 스타일이 서서히 사라지고, 머리의 양옆이나 위에 가발을 붙여 크게 결발을 한 스타일이 유행이었다. 대표적인 머리 형태로는 가르마를 타서 양쪽 옆머리를 둥근 롤로 만들어 관자놀이로부터 양쪽 귀를 덮도록 컬을 늘어뜨린 스타일, 웨이브 없는 생머리를 가운데 가르마를 타고 양쪽으로 빗어 넘겨 뒷머리를 땋거나 꼬아서 위로 고정시키는 스타일이 있었다. 뒷머리를 볼륨감있게 둥글게 말아 올린 것이 특징이다. 그리고 1830년경에는 이브닝 웨어 차림에 하는 머리형으로, 머리카락으로 고리처럼 루프를 여러 개 만들고 여기에 깃털 · 꽃 · 보석 등으로 장식을 한 '아폴로 놋'Apollo knot 이라고 하는 머리 형태가 유행하였다. 모자는 조화와 폭넓은 리본으로 꾸민 밀짚모자 종류와 보닛, 터번, 캡 등으로 나눌 수 있다. 보닛은 밀짚으로 만든 것과 흰색 레이스나 벨벳 등의 헝겊으로 만든 것이 있으며, 챙이 많이 나온 것, 셔링Shirring 으로 처리한 것 등 모양에 따라 다양한 이름으로 불리었다.

터번은 길고 폭넓은 천을 한쪽 방향으로 꼬아서 머리에 두르고 나서 깃털을 꽂고, 캡은 모닝 웨어와 함께 쓰거나 목욕할 때나 잠잘 때 쓰기도 했다. 베일은 흰색이나 검정색 레이스 천으로, 얼굴을 가리는 것이 아니고 모자의 챙에 고정시켜 어깨 뒤로 늘어뜨렸다.

그림 1-30 로맨틱 시대 여성의 머리 형태와 모자

반혁명의 시기로 유럽의 사상적 배경이 된 계몽사상과 고전주의의 반발로 인해 정서, 감동, 신앙을 중시하는 새로운 낭만주의의 표현 양식이 전개되었다. 19세기에 들어서면서 자연주의 사상의 대두와 함께 자연스러운 화장이 주조를 이루며, 인위적이고 유해한 화장품의 과도한 사용을 자제하려는 분위기가 확산되었다. 두꺼운 화장은 이미 유행에 뒤처진 것이 되어 연극이나 무대에 한정되었다. 여인들은 흰 피부를 선호하여 햇볕에 그을리지 않도록 얇은 베일을 썼으며, 미용팩과 필링Peeling도 유행하였다. 가능한 한 창백한 피부화장과 흰 피부톤을 표현하기 위해 쌀가루분을 사용하기도 하였으며. 피부의 건강과 아름다움을 위해 꿀이나 달걀흰자로 얼굴 마스크를 하였다. 볼연지와 입술화장은 여전히 메이크업의 중심이 되었으며, 입술과 볼에 자연스러운 색을 내기 위해 색조화장품을 사용하기보다는 뺨을 꼬집거나 입술을 깨물었다고 한다. 이 시기에는 눈화장은 거의 하지 않고, 자연스러운 흰 피부톤에 볼 위쪽으로 볼연지를 하는 것이 특징이다.

왕족이나 귀족의 전유물이었던 크림이나 로션 등의 화장품도 일반인들에게 널리 보급되었으며, 질도 향상되고 제품도 다양해졌다. 위생과 청결을 중요하게 여기기 시작하면서 비누의 사용이 보편화되었으나, 향수는 여전히 애용되었다. 1828년 프랑스에서는 겔랑Guerlain이 오픈하여 향수를 상업적으로 판매하기 시작하였고, 1830년에 오이즙을 주성분으로 하여 손과 얼굴에 보습을 주는 크림을 비롯하여 천연 장미 추출물로 만들어진 제품으로 바르면 부드러운 핑크빛 입술로 표현해 주는 립 틴트lip tint가 판매되었다.

(2) 크리놀린 시대 Crinoline, 1850년~1870년

남성들은 머리카락이 뒷목에 닿지 않을 정도로 짧게 자르고 콧수염과 볼수염을 길렀다. 아랫입술 밑에 수염을 조금 기른 나폴레옹 3세의 수염은 그의 전속 이발사에 의해 소개되기도 했는데 '황제수염Imperial beard'이라고 불리며 많은 남성들에게 유행하였다. 약간씩 형태만 달리할 뿐, 남자들의 머리 형태는 짧고 단정하게 정돈된 스타일이 주가 되었다. 또한, 이 시기는 다시 귀족적 분위기를 동경하여 로코코 양식이 부활하기 시작했다.

그림 1-31 크리놀린 시대 남성의 머리 형태와 모자

나폴레옹 3세 제2제정의 화려한 의상에 비해 여자들의 머리 형태는 품위 있고 단정한 형태가 주를 이룬다. 이 시기의 머리 형태는 '가운데 가르마를 타고 돌돌 말린 컬을 양쪽으로 자연스럽게 늘어뜨리는 스타일'과 '컬이 된 머리카락을 두상 위에다 틀어올려 얹는 머리형태', 그리고 '뒤를 높게 올리면서 일부의 머리는 내려 놓는 간단한 스타일'이 유행하였다.

이러한 머리 형태에 꽃이나 깃털 및 레이스를 달아 장식하기도 하고, 머리를 뒤로 묶거나 가발을 사용하기도 하였으며, 구슬 달린 망이나 보석달린 금사로 된 망을 쓰기도 하였다. 1860년대 일반 여성들 사이에서는 루이 나폴레옹 3세의 왕비인 유제니의 붉은 갈색 머리카락이 유행하여 유제니 왕비와 같은 머리색을 만들기 위해 머리 염색약과 탈색제를 사용하였다.

그림 1-32 크리놀린 시대 여성의 머리 형태와 모자

여자모자는 스커트 도련 두루마기나 저고리 자락의 맨 밑 가장자리 넓이와 반대로 크기가 작아졌다. 보닛의 챙이 줄어들어 캡처럼 보이는 작은 것과 챙이 넓은 것이 있었다.

이 시기에는 얼굴에 색상을 부여하는 두꺼운 화장은 유행에 뒤쳐진 것으로 간주되었다. 19세기 중반부터는 화장이 여성의 전유물로 여겨졌으며, 위생과 청결이 중요시되었고, 향수는 여전히 애용되었다 1853년 겔랑Guerlain 사의 창립자 피에르 프랑소와 파스칼 겔랑이 유제니 황후의 아름다움과 우아함에 대한 존경의 표시로 향수를 만들었다.

오렌지 블러썸, 베르가모트, 레몬, 라벤더, 로즈메리의 향을 섞어 신선하고 상쾌한 향을 내는 향수를 만들었다. 그런데 이 향수는 편두통 완화용으로 애용되었다고 한다. 그리고 19세기 초에 프랑스에서는 성병이 크게 유행하여 얼굴의 붉은기를 완화하려는 목적으로 1830년 화이트닝 제품이 출시되고, 동시에 피부에 보습과 활력을 줄 수 있는 안색 개선용 크림도 출시되었다고 한다.

또한, 영국에서는 1861년 빅토리아 여왕이 남편의 죽음으로 상심하여 화장을 하지 않았고, 39년 동안 애도의 기간에 들어가면서 이 기간 동안 화장품의 이용과 화장에 대하여 엄격히 금지했다. 이러한 여왕의 모습이 오히려 유행으로 되어 창백한 얼굴 표현을 위해 비상砒霜으로 얼굴을 표백하기도 하였지만 대부분의 여성들은 부엌에서 자신들만의 화장법을 찾아내어 피부의 건강함과 아름다움을 위해 꿀과 달걀 흰자로 얼굴 마스크를 했고, 올리브 오일로 크림을 만들기도 했다.

여성들은 피부에 촉촉함을 더하기 위해 미온수라든가 재스민과 오렌지를 넣은 물에 세안을 하고, 밤에는 생고기 또는 달걀 흰자로 팩을 하기도 하였다. 1870년에 화학분야의 발달로 화장품이 발달하게 되었고, 손쉽게 향장품을 구할 수 있을 정도로 제품이 다양해지고 질도 향상되었다.

(3) 버슬 시대 Bustles, 1870~1890년

남성들의 머리 길이는 더욱 짧아지고 콧수염과 턱수염을 기르는 것이 일반적인 경향으로, 카이젤Kaiser 이라는 콧수염 스타일이 유행이었다. 양끝이 위로 말려 올라간 콧수염을 염색을 하거나 왁스를 발라서 손질을 하여 멋을 내기도 하였다.

그림 1-33 버슬 시대 남성의 머리 형태와 수염

빅토리아 여왕은 복식과 화장 및 머리형을 리드할 정도로 멋쟁이는 아니었지만, 사람들이 여왕의 스타일을 따라서 하고 싶어했다. 19세기 후반에는 버슬이 유행함에 따라 여성들의 머리 형태와 머리 장식은 더욱 정교해지고 다양해짐으로써 퐁파두르 형의 머리 형태가 유행하였다. 앞에서 뒤로 머리카락을 빗어 넘기거나 이마 위에는 작은 컬을 하고 컬을 한 머리를 어깨 뒤로 늘어뜨리거나 굵게 땋아 시뇽Chignon을 한 머리 뒤로 레이스 · 리본 · 줄을 늘어뜨리거나 꽃과 핀으로 장식을 했다.

제3공화정 시대인 1875년 파리에서는 마르셀 그라토Marcel Grateau, 1852~1936가 컬을 만들기 위한 마샬 아이롱Marcel Iron을 최초로 발명하였다. 헤어 스타일링기의 열에 의해서 일시적으로 모발에 변화를 주어 물결 모양을 만드는 방법으로 마샬 웨이브Marcel Wave라고 불렸다. 1881년 이 웨이브의 유행으로 가발의 인기가 사그라졌다.

1867년에 프랑스의 화학자 틸레이Thiellay와 독일의 헤어디자이너 휴고Hugot가 과산화수소를 염색에 사용하기 시작하여 1863년 독일의 호프만Hoffman에 의해 파라페닐렌디아민p-phenylendiamine이 발견되었고 1883년에는 프랑스의 모네사가 헤어 컬러제로 특허를 출원하여 1907년에 상품화하여 산화염모제로 현재까지 사용하고 있다. 여성들의 모자는 일상용으로는 보닛, 사교용으로는 샤포Chapeau를 애용하였으며, 보닛은 나이든 여자들이 많이 썼고, 활동적인 옷차림에는 비버 해트를 썼다.

1880년대에는 개성에 따라 기이한 장식을 한 모자가 유행하였다. 1890년대에는 챙이 넓지 않고 작은 펠트felt 모자나 밀짚모자를 앞이마 쪽으로 기울게 쓰고, 모자에 리본 · 꽃 · 깃털 · 레이스로 장식을 하였다. 1990년대에는 크라운이 낮아지고 챙이 넓어져서 모래시계Hour-glass 실루엣과 조화를 이루었다.

그림 1-34 버슬 시대 여성의 머리 형태와 모자

빅토리아 시대 영국 여성들은 하얀 분을 얼굴에 발랐고, 눈썹은 자연스럽게 다듬었지만, 1880년 이후부터 화장품의 발달로 여성의 미에 대한 본능적인 욕구가 사회 분위기의 변화와 함께 되살아나기 시작하였다. 색조 메이크업과 붉은색 볼연지가 다시 유행하였으며, 입술은 진해지기 시작하였다. 이 시기 말부터는 여성들이 먹물이나 검은 유향을 사용하여 눈썹을 강조하는 메이크업을 하였는데, 이때 아이라인과 인조 속눈썹까지 등장하기 시작하였다.

1882년 프랑스의 겔랑사에서는 피부색을 환하게 해주는 최초의 파우더를 출시하여 각광을 받기 시작하면서, 1897년에는 휴대용 파우더가 만들어졌고, 최초의 립스틱도 판매하였다. 총알 모양인 핑크색 립스틱이 위로 밀어 올리는 누름장치에 들어 있었으며, 리필도 할 수 있는 현대식 튜브 모델이었다. 1886년에 미국에서는 해리엇 후버트Harriet Hubbart가 현대적 의미의 화장품을 제조하게 되었다.

1883년 파블로프Pavlop와 그 동료인 스페란싱Dr. Speransing은, 뇌는 외부로부터

오는 자극을 받아들이고 응답하는 방식을 통해 보다 많은 반사기관들을 돕는다고 발표하였고, 영국의 신경학자인 헨리 헤드Henry Head경은 머리 부분의 통증을 느끼는 내부부위와 관련된 상응부위를 처음으로 지적하였다. 미국의 내과의사 라일리 박사Dr. Riley는 일정한 신체 부위는 발에서 신경반사가 이어지고 있는 것을 임상 발표하여 "리플렉스 존 테라피Reflex zone therapy" 이론이 확립된 시기이다.

19세기 후반이 되자 여성의 몸치장의 일환으로 손톱을 아름답게 하는 방법이 나오게 되었다. 1887년 런던에서 출판된 "낭만적인 연애와 신체의 아름다움"이라는 책 속에 '매니큐어의 비밀'이라는 제목으로 손과 손톱의 관리방법을 소개하였는데, 지금의 현대적인 방법과는 다르다. 그리고 매니큐어라는 말은 그 무렵에 갓 생긴 신조어로 라틴어의 손Manus과 관리Cure라는 단어의 합성어로 손 마사지나 컬러링 및 큐티클 정리 등 손과 손톱을 관리하는 것을 뜻하였다.

(4) S-letter 시대 1890~1910년

20세기에 들어오면서 미용용품이 번성하기 시작했다. 미용용품을 취급하던 미용 전문점은 파리 · 런던 · 뉴욕을 중심으로 열리기 시작하였으며, 헤어 트리트먼트제를 전문적으로 다루었다.

머리 형태는 20세기 이전보다는 무척 단순화되었고, 이것은 이전 시대의 과잉 장식적 머리 형태에서 단순한 형태로 가는 첫 단계로 볼 수 있다. 퐁파두르Pompadout 스타일이 과거보다는 다양한 스타일로 유행을 한 가운데 풍성한 머리 형태를 위하여 백 콤Back-comb 효과를 주기도 하고, 뒷머리는 시뇽 형태로 올려서 금박 · 옥 · 보석으로 장식하고, 호박으로 만든 빗으로 머리 모양을 유지시키거나 머리 뒤나 옆에 꽂아 장식을 하기도 했다. 또한 여러 개의 가발 헤어피스를 덧붙여서 핀으로 위쪽에 정돈한 게인즈버러Gainsborough 머리 형태와 1907년에 마샬 웨이브와 앞머리를 적갈색으로 물들이고 작은 리본이나 생화를 꽂는 머리 형태가 유행하였다.

그림 1-35　S-leteer 시대 여성의 머리 형태와 모자

그림 1-36　1890~1900년대 미용실, 화장품과 비누광고

1905년에 영국의 찰스 네슬러Chareles Nessler는 열과 알칼리로 반영구적 웨이브를 내는 방법을 고안했는데, 모발에 붕산풀Borax paste을 바른 다음에 금속성 원형 롤러를 이용하여 와인딩을 한 후 가열함으로써 웨이브를 만드는 데 성공하였다. 이것은 히트 웨이브의 일종으로 발명 초에는 8~12시간이나 걸렸고, 비용도 고액이었다.

그 후 기술이 개량되어 기계를 사용하여 전기나 증기 등의 열을 이용하는 방법을 머신 웨이브, 기계를 사용하지 않고 클립 위에서 열을 가하는 방법을 프리히트 웨이브 또는 와이어리스 웨이브도 나왔다. 이 당시 퍼머넌트의 발명은 가히 혁신적이라고 할 수 있는데, 이는 원하는 만큼의 머리숱을 갖게 해줄 뿐만 아니라 머리 손질에 수고를 덜어주고 시간과 돈을 절약할 수 있었다. 또한 로레알L'Oreal 상사는 모발을 손상시키지 않는 염색약을 발명하였고 헤어드라이어도 등장하였다.

1900년 이전에는 화장품을 사용하고 싶어 하는 여성들이 쓸 만한 기성 화장품이 거의 없어서 카탈로그나 미용실에서 치크 컬러Cheek color, 립 포마드Lip pomade, 화이트닝 스킨Skin whitener, 그리고 눈썹을 검게 칠하는 화장품을 가정에서 만들어 사용하였다. 19세기의 산업혁명은 화학분야에서도 급속한 발전을 가져오게 되어 화장품의 성분과 제조술이 발달하였고, 그 품질이 많이 개량되어 산화아연을 만들어냄으로써 유럽뿐만 아니라 미국에서도 백납분보다 훨씬 안전하고 새로운 분을 공급하게 되었다. 그리고 신분의 벽이 무너지면서 여성들은 자신의 직업을 갖게 되고, 지위가 향상되어 화장은 점차 대중화되어 갔다.

19세기에 들어서서 산업 기반이 마련되어 화장품 제조 화학이 활발해지자 새로운 화장품들이 나타났고, 점차 여성들의 전용 화장품 기술이 발달하게 되었다.

1900년대 초기에는 여성들이 눈의 윤곽이 잘 드러나 보이도록 눈썹의 모양을 손질하고, 연필로 눈썹을 짙게 그렸다. 그리고 동그랗고 커다란 눈동자가 이노센트 룩Innocent look의 가장 중요한 요소로 부각되면서 눈을 강조하는 아이라인과 여기에다 창백하고 투명한 피부 메이크업을 하기도 하였다. 손톱은 폴리싱 페이스트Polishing paste로 빛이 나게 했으며, 그렇지 않을 경우에는 손질하지 않고 그냥 두었다.

20세기에 들어서면서 1907년에는 여성들이 볼에 홍조를 주어 어려 보이고 생기발랄해 보이게 하는 화장품으로 최초의 파우더형 블러셔blusher, 볼연지가 만들어졌고, 피부제품으로는 수분 크림이 인기가 있었다.

이 시기에는 여성의 아름다운 이상형의 조건을 청결함과 건강함에 두면서 화려하게 꾸미는 화장보다는 깨끗한 피부 위에 자연스럽게 화장하는 19세기 말의 화장 스타일이 계속 이어졌다. 피부는 희고 깨끗하게 가꾸는 기초 화장품인 크림이나 로션류들이 주로 애용되었다.

그림 1-37 파우더와 크림 광고

한편 개화기에 접어들어 세계열강들의 각축장이 된 조선에서도 신교육을 받은 신여성의 등장으로 복장, 미용, 머리 형태 등은 가히 개혁적이라 할 만하게 변화하였다.

백분, 비누, 향수 등이 수입되고 콜드크림을 사용하기 시작했으며, 미백용 팩 등이 개발되기도 하였다. 이러한 급속한 변화와 신여성의 영향을 받은 이 시대의 여성들의 미용은 흰 피부와 화려한 화장을 추구하게 되었다.

그림 1-38 우리나라 최초의 화장품 "박가분"

이러한 짙은 화장은 우울한 시대상을 반영한다고도 할 수 있을 것이다.

6. 현대(20세기)

(1) 1910~1930년

1910년대에 뒷머리는 짧고 뭉뚝한 커트와 앞머리는 일직선상으로 짧게 내리는 보브 스타일Bob style과 여성 해방운동의 영향으로 진보적 여성들 사이에 단발머리가 유행하였으며, 여성스러움을 강조하는 여러 가지 스타일이 등장하였다. 헤어스타일 마무리에 스타일링 제품인 포마드를 사용하기도 했다.

이 시기에는 유기합성학의 발전과 내분비물과 호르몬의 규명으로 의학지식이 확산되면서 화장품과 의약품 제조가 활발해지고, 유독물질에 대한 의학적 통제가 시행된 시기이며, 저가 화장품의 대량생산이 합법화되었다.

20세기 초에 화장은 여성들의 안정된 직업을 얻기 위한 경로로 인식되었고, 핑크 빛이 도는 페이스 파우더를 이용하여 화사하고 자연스럽게 피부를 표현하였다. 눈썹은 눈썹산을 정확하고 선명하게 그리고 입술은 윤곽을 그린 다음, 진홍색이나 붉은 색을 칠한 후에 글리세린을 덧발라 빛이 나도록 하였다(그림 1-40).

1910년대 페이스 파우더 판매를 위한 제품회사들의 경쟁이 가열되었고, 1916년 산화티타늄 발견으로 파우더 품질이 개선되었다. 폰즈Pond's사는 천연 식물에서 상처치유 성분을 추출하여 최초로 제품화 시키면서 무료 샘플제를 도입하였다. 또한 이 시기에 사용과 보관, 휴대가 간편한 튜브 형태와 케이스 제품들이 출시되었고, 얼굴관리와 목, 거칠어진 손, 입술관리 등 피부보호 제품이 등장하였다.

19세기 중엽의 전기나 광선들을 이용한 마사지, 식이요법, 비타민제의 효능에 관한 지식을 활용하여 의학과 약학에 바탕을 둔 미용학 분야로 발전하였다. 그리고 1919년 갈바닉 전류와 백금 니들을 이용한 전기영동법으로 모반, 여드름, 블랙헤드 등의 결점 제거에 사용하기에 이르렀다. 엘리자베스 아덴Elizabeth Arden은 자신이 개발한 아이섀도를 이용한 눈화장을 소개하기도 하였다.

그림 1-39　1910년대 여성의 머리 형태와 메이크업

그림 1-40　1910년대 화장품 광고

1920년대에는 보브 스타일이 계속 유행하였고, 당시 재즈댄스 붐은 쇼트커트의 유행에 한 몫을 하였으며, 현대화된 모습을 원하는 여성들은 먼저 앞머리를 짧게 자른 후에 익숙해지면 그 다음 단계로 뒷머리를 잘랐으며, 단발과 쇼트 커트는

원랭스One length Bob와 액센트 보브Accent Bob로 다양한 스타일을 연출하였다. 또한, 짧게 자른 머리에 곱슬거리게 컬을 한 마샬 웨이브가 유행하였다. 작고 꼭 맞는 모자는 귀를 덮고 눈에 그림자가 생길 정도로 낮게 착용하여 암울한 시대를 표현하였다.

이 시기에는 화장품이 생활의 필수품으로 인정될 정도로 사회적으로 미용의 의미가 부각되기 시작하였고, 선정성이 강한 메이크업으로 외적인 매력을 강조하는 짙은 화장이 유행하였으며, 다양한 파우더와 휴대가 간편한 콤팩트 파우더가 등장하였다.

개인의 피부와 혈색에 맞춘 주문용 화장품 코너가 생겨나고, 연고형 · 액상형 · 스틱형의 세 가지 립스틱이 생산되었다. 인조 속눈썹과 함께 1920년대 만 레이Man Ray가 도입한 구슬 속눈썹 장식이 쇼비지니스에 사용되었다. 네일 에나멜 산업이 본격적으로 시작되었다. 제1차 세계대전 중 신체 미관손상에 사용되던 성형수술에 대한 관심이 증가하고, 엘리자베스 아덴은 얼굴 관리와 얼굴 윤곽을 다듬어 주는 시술에 탄성있는 고무재질의 미용도구인 2가지 종류의 패터Patter를 도입하여 새로운 피부관리 방법을 제안하였다.

그림 1–41 1920년대 머리 형태와 메이크업

그림 1-42　1920년대 퍼머넌트 웨이브, 비누 광고

그림 1-43　1920년대 화장품 광고

1930년대에는 경제적 불황으로 여성 운동이 퇴조하면서 여성들의 헤어스타일도 영향을 받았다. 남성적 스타일에서 여성적인 우아한 퍼머넌트 웨이브 스타일이 유행하였고, 퍼머넌트 웨이브 스타일을 기본으로 한 다양한 헤어스타일을 추

구하였다. 그리고 기름을 바른 머리에 손가락으로 웨이브를 만드는 핑거 웨이브와 여성스러움이 강조되는 시대상황과 과학의 발전으로 나타난 퍼머넌트 웨이브가 유행하였다.

그림 1-44 1930년대 여성의 머리형태와 메이크업

그림 1-45 1930년대 화장품 광고

1930년대에는 세계유행의 중심이 파리에서 헐리우드로 이동하면서 미국이 화장품과 메이크업의 유행을 주도하게 된 시기이다. 1930년대 후반 등장한 컬러 필름으로 화장품의 색채는 더욱 다양해졌고, 고객 카드를 작성하여 우편 주문 배달을 실시하였으며, 화장품 성분의 안전에 대한 인식이 부각되면서 과학적 이론·실험·증거가 뒷받침되는 화장품의 과학시대가 도래하게 되었다.

1938년에 윌럿Willatt은 이전의 퍼머넌트 웨이브 방법을 개선하여 아황산 수소 나트륨으로 40℃ 정도에서 가능한 냉식 퍼머넌트 방법을 개발하였다. 1942년에 산성 펌제의 주성분인 티오글리콜산의 사용과 함께 점차적으로 모발 손상이 약한 시스테인Cystein에 글리세린 에스테르와 알칼리제인 모노에탄올아민을 함유하는 알칼리성 펌제가 개발되었다. 1925년에 프랑스의 화학자인 슐러Schueller는 합성 염모제를 개발하였으며, 1936년에 크림타입의 염모제가 출시되면서 오늘날의 모발염색제가 사용되기에 이르렀다.

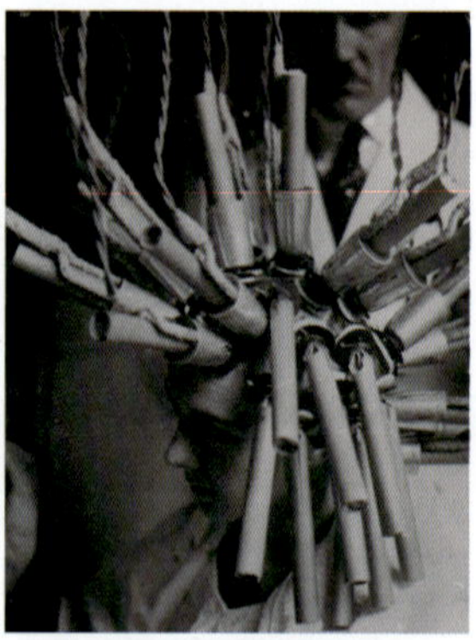

그림 1-46 초기의 퍼머넌트 웨이브 도구와 기기

(2) 1940~1970년

1940년대에는 2차 세계대전으로 인해서 작업하는 여성들의 증가로 헤어스타일이 간소화되면서 위생과 실용성에 중점을 둔 간편한 모자와 스카프 이용이 증가하였으며, 자연스러운 웨이브로 여성스럽고 우아한 느낌을 주는 헤어스타일과

1940년대 후반 가장 극단적인 커트인 픽스 커트Fix Cut가 유행하였고, 제2차 세계대전 후에는 골드 퍼머넌트 웨이브와 염색크림인 콜레스톤koleston이 등장하였다. 모든 화장품 공장은 군수품 생산으로 전환하면서 여성의 아름답고 전투적인 이미지가 애국의 새로운 상징물로 인식되고 크게 그린 입술과 강하고 두껍게 그려진 눈썹 화장으로 강인하고 독립적인 여성의 이미지를 표현하였다.

영화 분장을 위한 다양한 기능의 색조화장품들이 개발되어 일반 대중들에게도 상용화되었고, 육체적인 관능미의 이상적인 여성상이었던 핀업 걸Pin-up Girl이 유행하였다.

여성들 사이에서는 다리 화장이 유행하였고, 메이크업 완성에 중요한 역할을 담당하는 네일아트 제품과 부드럽고 아름다운 손을 관리하는 전용 크림이 출시되었으며, 전문적인 네일아트 교육이 체계적으로 이루어지게 되었다.

그림 1-47　1940년대 여성의 머리 형태

그림 1-48　1940년대 화장품 광고

1950년대에는 입체감을 충분히 살리고 풍부한 웨이브를 강조하였지만 가능한 작은 머리로 표현하는 마릴린 먼로 헤어스타일과 경쾌하고 보이시boyish 한 느낌의 헵번 스타일이 유행하였다. 또한 히피 스타일로 인해 다양해진 머리 모양이 유행하였고, 비달 사순Vidal Sassoon 이 만든 파이브 포인트 커트가 인기를 누렸다.

이 시기에 선진국에서 화장품이 고부가가치 산업으로 육성되고 수출하기에 이르고, 펄이 함유된 메이크업 제품, 진주 광택 효과로 밝고 화사한 피부표현 추구하였으며, 마스카라와 아이섀도, 아이펜슬, 액체 아이라이너를 사용하여 눈매를 강조하여 섹시하면서도 우아한 입술을 연출하였다.

그림 1-49　1950년대 여성의 머리 형태

그림 1-50 1950년대 샴푸, 메이크업 화장품 광고

1960년에는 비-하이브Bee-Hive 헤어스타일을 과도하게 둥글리고 풍성하게 부풀린 부판트Bouffant 스타일과 영국의 10대 모델인 트위기의 짧은 헤어스타일이 유행하였다. 헤어피스와 가발이 많이 사용되었고 염색과 탈색 기술이 발전하였으며,

비달 사순의 기하학적 보브 스타일 커트는 수많은 여성들에게 인기가 있었다. 긴 머리를 그대로 풀어헤쳐서 자연스러운 모양을 내거나 에스닉ethnic풍의 땋은 히피 스타일과 흑인 민권운동의 영향으로 아프로 스타일Afro style이 유행하였고, 1960년대는 유니섹스 스타일의 시작 시기이다.

특히 전통적인 미에 대한 가치와 개념의 변화로 청소년들이 화장문화를 주도하게 된 시기로 다양한 메이크업 표현방식이 나타나기 시작하였다.

그림 1–51 1960년대 남성과 여성의 머리 형태

그림 1–52 1960년대 화장품 광고

1970년대에는 주로 바람머리처럼 자연스러운 형태를 선호하여 블로 드라이를 하거나, 양파 커트와 유니섹스 스타일, 길고 레이어드된 파라 포셋 메이저의 캐주얼한 스타일, 펑크 스타일의 영향으로 뻗친 머리의 질감이 가미된 둥그런 레이어가 유행하였다.

화장이 여성들의 사회적 성공을 위한 중요한 요소로 인식하고, 자연스럽고 건강하게 피부를 표현하고 피부 건강을 중요시하며, 건강미가 돋보이는 자연스러운 여성미를 강조하는 화장이 유행하게 된다. 미국에서 아프리카계 흑인 여성들을 위한 화장품이 개발되었다.

그림 1-53 1970년대 여성의 머리형태와 메이크업

(3) 1980년대

1980년대에는 헤어 디자이너들의 창작 활동으로 트렌드가 미리 제시되었고, 새로운 질감을 추구하려는 노력이 각처에서 시작되었다. 다이애나비의 자연스럽고 여성스러운 커트와 앞이마를 가린 듯한 레이어 커트와 펑크 스타일(모혹 스타일, 스파이키 스타일, 폴 큐핀 스타일, 스킨헤드 등)이 유행하였다.

여성들이 남성들과의 사회적 경쟁에서 동등한 위치를 확립하면서 포스트모더니즘과 컬러 TV의 영향으로 여성들의 화장은 더욱 개성화 · 다양화되었으며, 자신감과 활기가 넘치는 여성의 이미지를 연출하였다.

복고풍의 영향으로 섹시하고 글래머러스한 이미지의 화장과 에콜로지ecology 경향의 내추럴 메이크업이 유행하였고, 소피 마르소, 브룩 쉴즈 등 베이비 돌baby doll 같은 얼굴에 글래머러스한 이미지의 메이크업이 동시에 유행하였다. 복고풍의 영향으로 손톱의 길이가 다시 길어졌으며, 붉은색의 컬러가 유행하였다.

그림 1–54 1980년대 남성과 여성 머리형태

그림 1-55　1980년대 화장품 광고

(4) 1990년대

1990년대에는 헤어스타일이 인간의 개성을 표현하는 하나의 도구로 사용되고, 제3국에 대한 관심 고조로 아프리카 풍의 힙합 레게 머리 형태가 유행하였다. 헤어드레서들이 메이크업 아티스트처럼 자신의 이름으로 대우받기 시작하였다.

인터넷을 통하여 최신의 메이크업 트렌드가 전 세계에 동시에 전달되었고, 친환경제품에 대한 의식과 생각하는 소비문화가 확산되었다. 피부 노화 예방 및 지연시킬 수 있는 다양한 기능의 화장품들이 출시되었고, 대중문화의 급변하는 혼란으로부터 인간적이고 순수한 이전 시대로의 회귀를 지향하는 복고풍retro 경향이 강해졌다.

그림 1-56　1990년대 남성과 여성 머리형태

그림 1-57　1990년대 메이크업과 화장품 광고

(5) 2000년대

2000년대에는 개인의 개성을 강조하기 위하여 다양한 기법의 헤어스타일이 공존하였고, 인터넷의 발달로 머리형태의 유행 흐름이 빠르게 진행되었다. 2000년대 초반에는 오리엔탈리즘과 뉴 미니멀리즘New Minimulism의 영향으로 젠zen 스타일이 등장하였고, 다양한 헤어 문화가 공존하면서 건강과 미용에 대한 관심이 고조되었으며, '메트로섹슈얼 족'이라 불리우는 남성의 여성화 경향이 대두되었다. 그리고 탈모와 두피에 대한 관심이 높아진 헤어 케어의 시대가 도래하게 되었다.

건강한 삶을 지향하는 웰빙 문화 영향과 친환경적인 제품에 대한 욕구로 오가닉 뷰티 제품을 선호하는 현상이 나타났다. 피부의 결점을 보완하면서도 자신의 피부톤을 최대한 살린 자연스러운 화장법을 추구하였고, 모바일 앱을 활용하기 시작하였다. 크리에이티브 디렉터를 영입하여 젊고 트렌디한 화장품으로서 브랜드 이미지를 구축하고, 명품 패션브랜드에서의 화장품 론칭이 활발해졌다.

남성들도 자신의 외모가 사회적 경쟁력이라는 인식 팽배로 그루밍groomign 족이 등장하고, 네일아트는 자신의 개성을 연출하고 표현할 수 있는 훌륭한 도구로 활용되고 있다.

그림 1-58　20세기 눈, 볼, 입술 화장의 변화

참고 문헌 및 사진 자료

- 김옥연 · 류지원 · 이경숙 · 이윤진 · 이현숙 · 최은미 · 현지원 · 홍세은 외, "NEW 미용문화사", 메디시언, 2013.

[사진 자료]

- http://lecostume.canalblog.com, http://www.villagehatshop.com/
- http://lecostume.canalblog.com, http://www.villagehatshop.com, http://www.costumeantique.de
- http://lecostume.canalblog.com, http://www.costumeantique.de/
- http://lecostume.canalblog.com
- http://lecostume.canalblog.com, http://www.costumeantique.de/
- http://lecostume.canalblog.com
- http://www.vintageadbrowser.com
- https://kr.pinterest.com
- http://fashion.allwomenstalk.com
- http://www.vintageadbrowser.com
- https://kr.pinterest.com, http://www.vintageadbrowser.com
- https://kr.pinterest.com
- https://en.wikipedia.org
- https://kr.pinterest.com, http://image.glamourdaze.com
- https://kr.pinterest.com, http://glamourdaze.com/
- http://www.vintageadbrowser.com
- http://floozyfumes.tumblr.com, https://kr.pinterest.com
- http://pinkmartinicollection.com
- kr.pinterest.com

Chapter Ⅱ

헤어 미용

Chapter

2

헤어 미용

1. 모발과 두피의 기초 이론

1. 모발의 분류

(1) 모발의 굵기에 따른 분류

1) 취모毳毛, 배냇머리, lanugo hair

취모는 태내에서 생긴 모발로 일명 '배냇머리'라 불리는 솜털이다. 모발 중 가장 가늘고 연하며, 모태(母胎)에서는 4~5개월경 거의 전신에 발모된다. 출생 무렵부터 탈락되기 시작하여 연모로 대체된다.

2) 연모軟毛, 솜털, vellus hair

연모는 피부의 대부분을 덮고 있는 직경 0.2~0.4 정도의 섬세한 털로 모수질이 없고 부드러우며, 멜라닌색소가 적어 갈색을 띠고 있다. 출생 후 성장하면서 부위에 따라 성모로 바뀐다.

3) 중간모 intermediate hair

중간모는 연모와 종모의 중간 굵기의 모발이다.

4) 종모終毛, 경모, terminal hair

종모는 직경 60~120μm 정도의 굵은 모발로 머리카락, 눈썹, 속눈썹, 수염, 겨드랑이 및 음부에 자라는 모발이다. 연모에서 종모로 바뀌는 정도는 유전적인 소인과 내분비기관의 영향을 받으며, 부위에 따라 두피의 모발은 모두 종모로 바뀌고, 가슴털은 일부 남성에서만 종모로 바뀌며 대부분의 여성은 연모로 남는다. 성모도 모주기hair cycle를 되풀이하고 나이가 들어감에 따라 연모(軟毛)로 되돌아가는 현상을 보이는데, 특히, 남성형 탈모증male patten alopecia의 경우 이러한 현상이 두드러지게 나타난다.

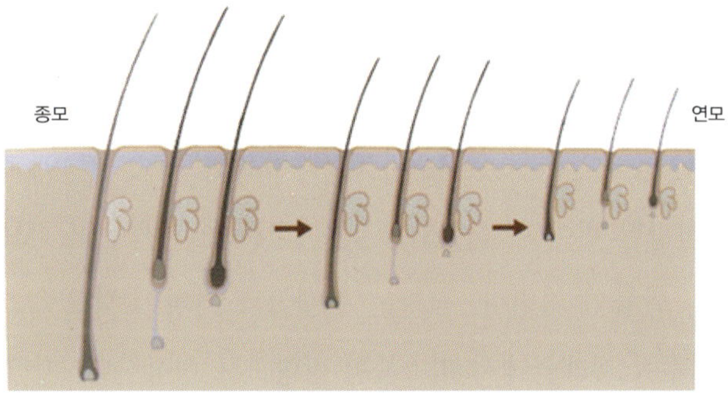

그림 2-1 모발의 굵기에 따른 분류

▶ 모발의 두께

동양인의 모발 두께는 약 0.05~0.15mm 정도이며, 가는 모발의 경우 직경이 0.05~0.07mm, 보통 모발은 0.08~0.09mm, 굵은 모발은 0.1~0.15mm 정도이나 이러한 모발의 굵기는 인종, 성, 연령에 따라 다르다.

▶ 모발의 수

모발의 수는 인종, 모질, 색에 따라 차이가 있지만, 평균적으로 금발의 경우는 14만 개 이상, 황갈색 모발은 11만 개, 적갈색 모발은 9만 개이며, 한국인의 경우는 약 10만 개이다. $1cm^2$ 당 모발의 수는 150개 정도이며 모발의 밀도는 남성보다 여성이 평균적으로 더 높다.

▶ 모발의 경도

모발의 경도는 모발의 두께와 비례하여 성모는 짙은색을 보이고 단단한 느낌을 주며, 연모는 부드러워 색상 자체가 약해 보인다. 굵은 모발은 모표피의 구조가 치밀하며, 내부의 모피질 역시 치밀한 구조를 가지는 반면, 부드러운 모발은 모표피의 겹침이 듬성하고 모피질 또한 치밀하지 못하다.

(2) 모발의 형상shape of hair에 따른 분류

모발은 그 형상에 따라 직모straight hair, 파상모wavy hair, 축모kinky hair로 분류할 수 있다. 이들은 유전적 소인에 기인하며 주로 인종에 따라 차이를 보인다. 또한, 모구부에서 생성된 모발이 자라는 과정에서 모발의 성장을 보조하는 내모근초와 외모근초의 형태에 따라 결정되기도 한다.

모발 횡단면의 최소 직경을 최대 직경으로 나누어 100배가 되는 수치를 모경지수라고 하며, 모경지수가 100이면 완전한 원형이 되고 작아질수록 타원형과 편평한 모양이 된다. 동양인은 모경지수가 0.75~0.85정도로 원형에 가깝고, 흑인은 0.5~0.6으로 편평한 편이다. 즉, 모경지수가 100에 가까우면 직모가 되고, 적으면 축모가 되는 확률이 커진다. 직모는 두개골과 거의 직각으로 성장하는 데 반해, 곱슬머리일수록 두개골에서 비스듬한 방향으로 성장한다. 따라서 머리카락이 곱슬거리는 정도는 모낭의 모양이나 머리카락이 자라나는 방향과 관련이 있다.

1) 직모直毛straight hair

직모는 동양인에게서 주로 나타나며, 현미경으로 관찰 시 표면이 원활한 곡면이며 단면은 원형이다. 모낭의 형태가 꼿꼿하여 머리카락도 곧게 성장한다.

동양인 중에서도 완전히 곧은 모발을 가진 사람은 5% 정도에 불과하다. 대부분의 동양인에게는 직모의 양이 많으나 부분적으로 파상모가 혼합되어 있다. 머리카락이 직모라 하더라도 음모와 액모는 파상모 내지는 축모이듯이 모발의 발생 부위에 따라서도 형상의 차이가 있다.

2) 파상모波狀毛, wavy hair

파상모는 현미경으로 관찰 시 만곡이 되어 있어 굵기가 일정하지 않으며, 단면을 보면 타원형이다. 모낭의 한쪽이 약간 굽어 있어 곱슬거리는 모발로 자라난다.

3) 축모縮毛, kinky hair

모낭이 활처럼 한쪽으로 휘어 있어 모발이 꼬불꼬불하게 성장하며, 머리카락의 횡단면은 매우 작게 오그라진 타원형과 삼각형에 가깝다.

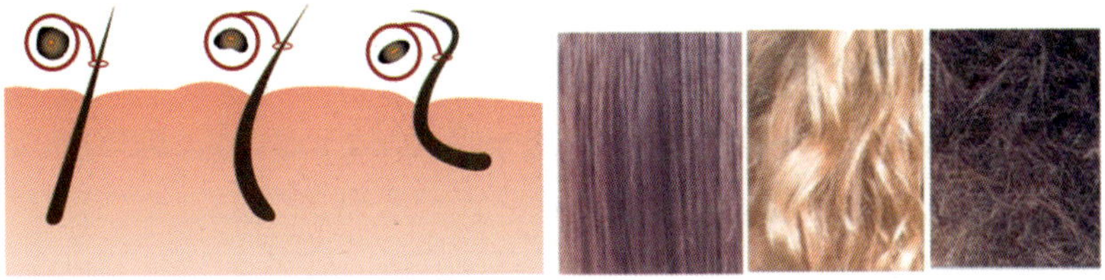

그림 2-2 모발의 형상에 따른 분류

▶ 모발 형상과 유전

때때로 어린 아이들의 모발이 종모가 되면서 곱슬머리의 특징이 나타나기도 한다. 어린 아이들의 경우 모발이 아직 완전히 종모화 되지 못해 가늘고 유연해서 곱슬 모발의 성질이 나타나지 않았기 때문이다. 그러나 종모가 되면서 모발이 굵고 단단하게 성장하고 성장 속도 등이 변화됨에 따라 본래의 곱슬 모발의 특징이 나타난다.

① 부모가 모두 직모인 경우 : 자식의 97%가 직모
② 한쪽이 직모, 한쪽이 파상모인 경우 : 자식의 70%가 직모, 29%는 파상모
③ 한쪽이 직모, 한쪽이 축모인 경우 : 자식의 60%가 직모, 24%는 축모
④ 부모가 모두 파상모인 경우 : 자식의 86%가 파상모, 14%는 직모

2. 모발과 두피의 구조

(1) 모발의 구조

모발은 피부 밖으로 나와 있는 모간부hair shaft와 피부 내부에 있는 부분으로 모낭에 싸여있는 모근부hair root로 구분되며, 모발은 모두 모낭 내에서 만들어진다. 모발의 모양은 마치 식물의 구근에서 줄기가 자라나는 모양을 하고 있는데 이 구근 모양의 부분을 모구hair bulb라고 하며, 이 모구의 중심에는 모유두hair papilla가 있다. 모유두는 모구 밑에 혈관이 통하는 부분으로 모모세포가 있어 모발 영양의 중심이 되는 곳이다. 모모세포는 모발의 기원이 되며, 모유두 위에 접해 있는 세

포층으로 모유두로부터 영양분을 공급받아 분열 증식이 일어남에 따라 모발이 자라난다.

1) 모근부毛根部

생후 3개월이 되면 작은 돌기buds: primary epithelial germs가 피부에 나타나 모낭, 피지선, 아포크린선으로 발달하고, 부착 융기attachment bulges는 입모근arrector pili-muscle이 된다. 에크린한선小汗腺: eccrine sweat gland은 분리된 표피의 아래 방향으로 만들어지는데, 생후 2개월에 시작하여 5개월에 완성되며, 손 · 발톱은 생후 3개월에 생성되기 시작한다.

모근은 피부가 함몰된 피부 주머니인 모낭hair follicle 속에 박혀 있는 부분으로 이들 끝부분은 다소 팽대되어 있어 모구부를 이룬다. 모구부는 컵 모양으로 모유두를 수용하여 모발의 성장 · 발육을 관장하고, 혈관이 풍부하여 모발에 영양을 공급한다.

모발을 한 가닥 뽑으면 끝에 젤리 모양의 반투명한 물질이 붙어 나오는데, 이것이 바로 모낭hair follicle의 일부이다. 모낭 주위에는 피지를 분비하는 피지선과 입모근arrectorvpili muscle이 있다. 입모근은 모낭과 진피유두층 사이에 걸쳐 있으며, 입모근이 수축하면 모발이 곧게 서고, 피지선을 압박하여 피지sebum를 방출한다.

한편, 모낭 주위에는 신경종말이 있어 모발을 자극하면 이를 감각으로 느낄 수 있다.

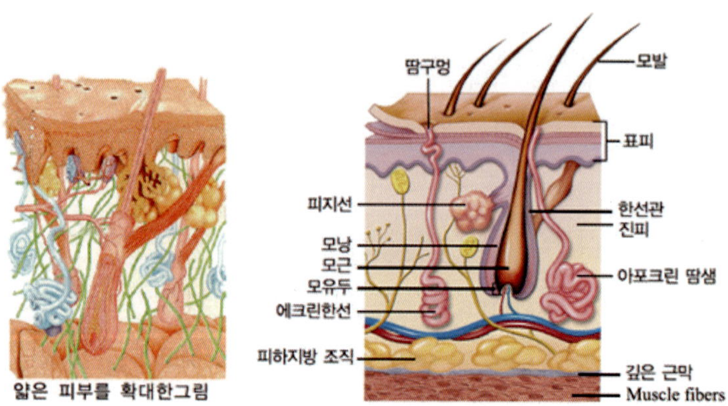

그림 2-3 모근부의 구조

▶ 에크린 한선

에크린 한선은 입술 주위, 손 · 발톱, 음부를 제외한 전신의 피부에 분포되어 있으며, 특히 손 · 발바닥, 겨드랑이, 이마 부위에 많이 분포되어 있다. 에크린 한선은 땀을 생산하여 피부 표면에서 증발시킴으로써 체온을 조절한다.

① **모구**毛球, hair bulb

모구부의 아랫부분은 진피의 결합조직connective tissue에 묻혀 있으며, 하단의 움푹 패인 부분에는 진피세포층으로부터 나온 모유두hair papilla가 들어 있어 모발 생장에 관여한다.

▶ 모구의 형태

성장을 다한 모발의 모구 상태에 따라 탈모의 원인을 추정하기도 하는데, 보편적으로 정상 탈모는 곤봉 형태의 모구를 가지는 반면, 남성형 탈모는 모구의 끝부분이 찌그러져 있고, 비듬을 동반한 비강성 탈모의 모구는 뾰족한 형태로 나타난다.

② **모유두**毛乳頭, hair papilla

모유두에는 다량의 모세혈관이 분포되어 있어 영양분과 산소를 운반함으로써 모발의 성장을 돕는 직접적인 영양 공급원이다.

▶ 모유두의 기능 정지 또는 퇴화

여러 가지 외부 요인으로 인하여 모유두에 화상 · 염증 · 외상 등의 상처를 입었거나 퍼머넌트 · 염색 · 탈색 등의 각종 미용시술 시에 과다한 과산화수소나 알칼리제의 사용, 저품질 미용제품의 사용, 방치 시간의 초과, 잘못 시술된 퍼머넌트 웨이브와 잦은 샴푸 등은 모표피를 손상시킨다. 이러한 경우에 모발은 결국 갈라지고 잘려서 심하면 탈모에 이른다.

③ **모모세포**毛母細胞, keratinocyte

모구부를 확대해 보면 모유두에 접하고 있는 오목한 부분에 모모세포가 모유두를 덮고 있다. 모모세포毛母細胞는 모발의 형체를 만드는 세포 가운데서도 특히 세포분열이 왕성하여 끊임없이 분열과 증식을 되풀이한다. 모모세포가 모유두로부터 영양분을 공급받아 모발의 형상을 갖추어 성장하는데 이 때 분열된 세포cell division가 각화하면서 모발을 만들며 두피 밖으로 밀려나온다.

모유두의 정점 부분에는 모수질毛髓質이 된 세포가 분열하고, 그 아랫부분에는 모피질이 된 세포가, 가장 외측에는 모표피가 된 세포가 분열하여 위로 밀려나온다. 모발의 색을 결정하는 멜라닌 색소는 모피질을 만드는 모모세포로부터 별도의 색소형성세포인 멜라닌 세포melanocyte에 의해 생성된다.

④ **모기질**毛基囊, hair matrix

실질적으로 모발을 만드는 세포로, 모기질 세포와 모발의 색을 나타내는 색소형성 세포로 구성되어 있다. 가장 활발한 세포분열을 보이며 모유두와 접해 있어 성장조절물질의 영향을 받는다.

⑤ **모낭**毛囊, hair follicles

모낭은 모발을 둘러싸고 있는 주머니 모양의 기관으로 모포毛包라고도 한다. 모낭은 모발 생성을 위한 기본 단위로서 피부의 함몰로 생긴 것이다. 이것은 피지선, 기모근, 겨드랑이 부위에서 발견되는 아포크린선apocrine gland 등을 포함하는 모발 복합체pilary complex의 가장 중요한 구조물이다.

모낭은 손과 발바닥, 입술과 귀두를 제외한 전신의 모든 피부에 분포하며 일단 파괴되고 나면 재생할 수 없다. 모낭은 표피의 표면에서부터 진피의 깊은 곳에 걸쳐 분포하며 진피에서는 진피 유두dermal papilla와 기저세포matrix cells가 구상의 모근을 만든다. 모발은 우리 몸 전체에 약 130~140만 개, 두발에는 약 10~20만개를 유지하고 있으며, 태어날 때부터 그 수가 이미 정해져 있고 약 25세 이후가 되면 점차 감소하기 시작한다. 모낭은 모발의 발생과 밀접한 관련이 있어 모낭에 이상이 생기면 모발 자체가 생성되지 않는다. 그러므로 퍼머넌트나 염색과 같은 화학적 시술 시에는 약액이 두피에 흘러 모낭에 스며들지 않도록 주의해야 한다.

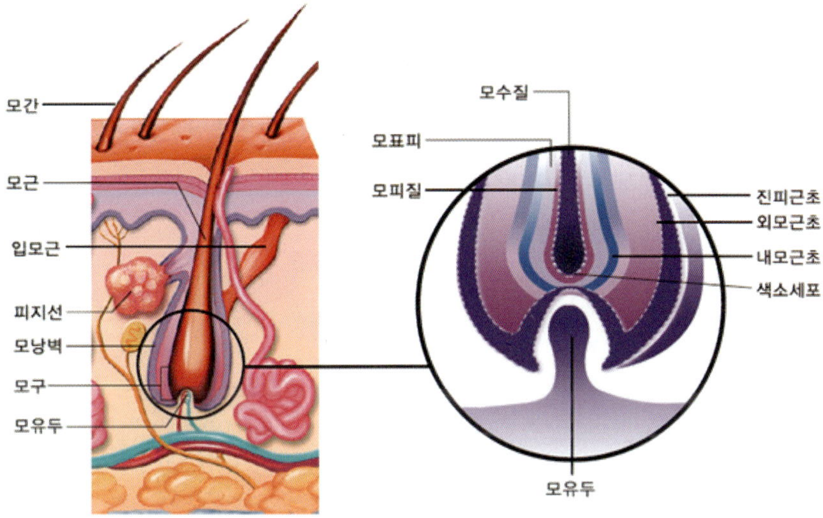

그림 2-4 모낭과 모구

▶ 모낭의 형성

모낭은 피부층을 뚫고 들어가 단단한 세포기둥을 형성하는데 전모아기→모아기→모항기→모구성 모항기→완성 모낭의 다섯 단계를 통해 성장한다.

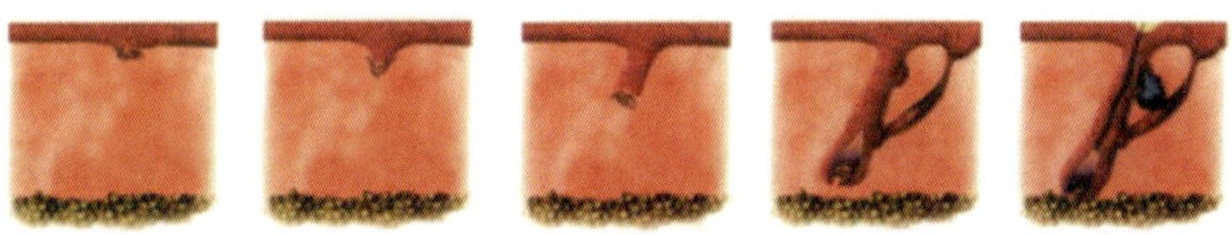

그림 2-5 모낭의 형성

▶ 모근초毛根鞘, 털뿌리집

모근초root sheath에는 내모근초와 내모근초를 둘러싸고 있는 외모근초가 있다. 모근초는 완전히 각화될 때까지 모발을 보호하며 표피 밖으로 밀어내고 운

송하는 역할을 담당하며, 이후 비듬과 같은 형태로 탈락한다.

① 내측모근초inner root sheath : 모간의 모양을 유지시키며 초표피sheath cuticle, 헉슬리층Huxley's layer, 헨레층Henle's layer으로 구성되어 있다.

② 외측모근초outer root sheath : 모기질 세포에서 유래한 내측모근초와는 달리, 표피의 하향증식의 결과로 생겨나며 표피의 기저층에 접하고 있다.

▶ 모낭의 수는 언제 정해지나?

모발은 손톱이나 발톱 등과 마찬가지로 피부의 일부가 진화되어 형성된다. 두피 겉으로 보이는 부분을 모간이라고 하며 두피 속에 뿌리를 내리고 있는 부분을 모근이라고 한다. 모근은 주머니 모양의 모낭 속에 들어 있다. 모낭은 태아 때 형성되어 임신 9주경에 눈썹 부분이 제일 먼저 생기고, 11주 정도부터 머리카락 부분이 나기 시작해서 18~20주경에는 전신에 모낭이 생긴다. 즉, 모낭의 수는 태아 때부터 결정되는 것이다.

온몸의 약 500만 개 모낭 가운데 두피의 모낭 수는 10만 개 정도인데 서양인은 모낭이 촘촘하게 많은 대신에 머리카락이 가늘고, 동양인은 머리카락이 굵은 대신에 밀도가 낮은 편이다. 모낭의 수는 평생 변하지 않으며 노화가 진행되면서 하나둘씩 퇴화해 활동하는 모낭 수가 줄어든다. 갓 태어난 아기들은 $1cm^2$당 1,100여 개의 모낭을 가지고 있지만, 20대가 되면 그 절반 정도만 남는다. 그러므로 어린아이들의 머리숱을 늘리기 위해서 머리카락 전체를 밀어주는 사례는 근거 없는 이야기라고 생각하면 된다.

모낭에서는 머리카락이 평생 10~20회 생겼다 빠지기를 반복한다. 성장주기는 머리카락이 계속 자라는 생장기, 모낭의 세포분열이 정지돼 급속히 위축되는 퇴행기 그리고 모낭의 활동이 완전히 멈춰 머리카락이 빠지기만 기다리는 휴지기의 3단계를 거친다.

각 단계의 기간이나 반복 횟수, 그리고 머리카락의 성장 속도는 나이와 성별 등에 따라 다르며, 개개인은 물론이고 머리카락끼리도 다 다르다. 머리카락은 한 달 평균 1~2cm 자라기 때문에 아무리 머리를 자르지 않더라도 1m 이상 기르기는 쉽지 않다.

⑥ 피지선皮脂腺, sebaceous gland

피지선은 진피층에 위치하고 있으며 피지sebum를 분비하고, 모낭벽에 포도송이처럼 달려 있어 모공을 통해 피지를 피부 밖으로 배출시킨다. 피지선은 신생아기에 발달하여 태지胎脂를 형성하는데, 이후 차츰 줄어들었다가 사춘기에 안드로겐androgen에 의해 다시 커지게 된다. 피지선은 머리, 얼굴, 가슴, 어깨 등에 잘 발달되어 있어 이 부분을 지루부위脂漏部位라고 하며, 두부頭部에 가장 많이 분포되어 있다. 피지는 모발의 1~8%, 하루 평균 1~2g 정도를 분비한다. 이렇게 분비된 피지는 피부의 수분 증발을 막고, 피지에 함유된 지방산에 의해 살균작용을 하며, 피지막 형성의 유화 작용 · 흡수조절 작용 · 비타민 D 생성작용 등을 한다. 이때 피지막 형성에 필요한 수분은 한선에서 분비한다.

피지선이 자율신경의 지배를 받지 않고 남성 호르몬인 안드로겐의 영향을 받아 과잉 분비되면 탈모를 일으키기도 한다. 남성 호르몬에 의한 탈모는 대개 피지선이 비대해짐으로 말미암아 기름기가 많아져서 지성이나 지루성 두피로 바뀐다.

▶ 피지막皮脂膜

피지막의 성분은 스쿠알렌이나 왁스 에스테르나 지방산 등으로 pH 4.0~6.0의 약산성이다.

⑦ 입모근立毛筋, arrector pili muscle

입모근은 피지선 아래쪽에 붙어 있는 불수의근不隨意筋으로, 갑작스런 기후 변화나 공포감을 느낄 때 작용하며 모공을 닫아 체온손실을 막아 주는 역할을 한다.

▶ 불수의근不隨意筋

의지와 관계없이 움직이는 근육으로 수의근에 대응되는 말이다. 내장벽을 이루는 근육이 불수의근에 해당하며 대개 민무늬근이지만 심근은 가로무늬근이면서 불수의근이기 때문에 불수의근이 모두 민무늬근은 아니다. 불수의근은 자율신경의 지배를 받으며, 일반적으로 수의근에 비해 운동 속도가 느리고 호르몬이나 신경의 조절 또는 긴장 상태의 변화에 따라 움직인다.

2) 모간부毛幹部

모발의 모간부는 중심부를 이루는 가느다란 모수질hair medulla과 이를 둘러싸고 있는 좀 더 두꺼운 모피질hair cortex, 그리고 최외층의 비늘처럼 배열된 모표피hair cuticle로 구성되어 있다.

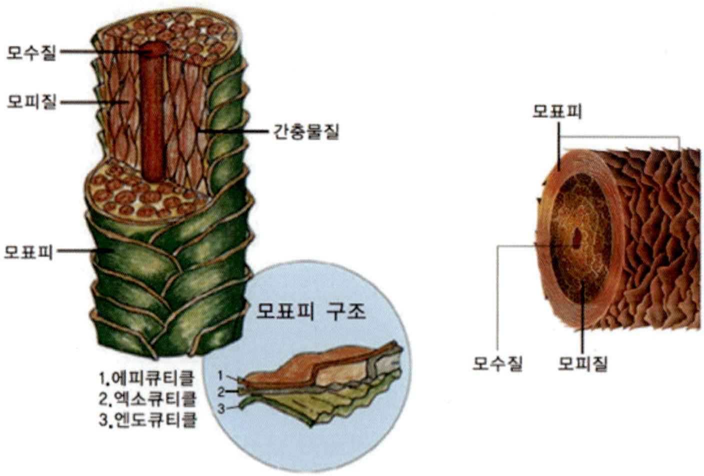

그림 2-6 모간부의 구조

① 모표피毛表皮, hair cuticle

모표피는 모발의 가장 바깥층으로 모발의 10~15%를 차지한다. 모표피는 비늘 모양의 세포가 모발 끝을 향해 5~15층으로 조밀하게 쌓여 일정한 모양을 이루는데, 이를 문리紋理라고 하며 모발의 손상정도를 측정하는 데 이용된다.

1층의 비늘은 다시 에피큐티클, 엑소큐티클, 엔도큐티클의 3개 층으로 이루어져 있으며 10~20μm 정도의 두께로 되어 있다. 에피큐티클은 화학적 작용에는 강하나 물리적 작용에는 약하고, 엑소큐티클은 약액의 작용을 받기 쉬운 층이며, 엔도큐티클은 친수성 · 알칼리성 용액에는 약하다.

모표피는 모발의 최외층에서 모발을 보호하고 수분을 유지시키며 pH에 의해 반응하는데, 퍼머넌트 웨이브나 염색 시술 시 알칼리제에 의해 열리고 산화제에 의해 닫힌다. 그러므로 모표피의 손상이 클수록 화학성분이 쉽게 흡수되고 알칼리에 팽윤되어 모표피가 열리며 산과 접촉하면 견고하게 닫힌다.

② **모피질**毛皮嚢, hair cortex

모간부 모발의 85~90%를 차지하면서 모발의 유연성, 탄력, 강도, 감촉, 질감, 색상 등 물리적 · 화학적 성질을 나타내는 가장 중요한 부분이다.

모표피 안쪽에서 모발의 수분 유지와 탄력에 영향을 미치며, 멜라닌색소를 많이 함유하고 있어 모발의 색상에도 영향을 준다. 친수성이며 화학약품의 작용을 쉽게 받는다.

모피질은 세 개의 폴리펩티드가 꼬여 만들어진 프로토 피브릴proto fibril, 마이크로 피브릴micro fibril, 매크로 피브릴macro fibril이라는 거대섬유와 이들을 둘러싸고 있는 간충물질matrix로 구성되어 있다. 간충물질의 주성분은 케라틴으로 섬유와 섬유 사이를 채우고 있는 물질이다. 시스틴결합이나 염결합이 많아 부드러우며 손상을 받기 쉽다. 케라틴 체인은 모발을 팽팽하게 잡아 늘일 때 스프링처럼 끊어지지 않고 늘어나는 성질을 갖게 한다. 간충물질은 케라틴 외에도 N.M.F Natural Moisture Factor라는 천연보습인자도 함유하고 있다.

▶ 피질세포

피질세포는 O-cortex, P-cortex의 2종류가 있으며, 이것은 케라틴의 성질 차이로 생긴다. 이 두 개의 분배 비율로 모질이 결정된다. P-cortex가 많은 모발은 소수성으로 퍼머넌트 웨이브의 형성이 잘 되지 않으며, O-cortex가 많은 모발은 부드럽고 반응하기 쉬운 모발이 된다.

▶ 모피질과 염색

모발 염색에 사용되는 알칼리 성분은 모피질을 부풀게 하여 색소 분자가 착색되게 만든다. 대체로 서양인은 모표피가 얇고 모피질은 단단한 반면, 동양인은 모표피는 두껍고 모피질은 약하다. 그러므로 염색 후의 착색력, 색상 보유기간, 광택 등의 조건이 같아도 인종에 따라 다르게 나타난다.

동양인 모발은 유멜라닌eumelanin이 페오멜라닌pheomelanin보다 많다. 즉, 유멜라닌은 입자형 색소로서 흑색에서 적갈색의 결정을 띠므로 모발 색상이 어두워 보이며, 서양인은 페오멜라닌 또는 분사형 색소로서 적색에서 노란색의 밝은색 결정을 띠므로 모발 색상이 밝고 부드러운 느낌을 준다.

③ **모수질**毛髓質, hair medulla

모수질은 모발의 중심부에 위치하고 있으며, 속이 비어 있고 그 안에 공기를 함유하고 있다. 공기의 양이 많을수록 모발에 광택이 있다고 알려져 있으며 퍼머넌트 웨이브에 큰 영향을 준다. 대다수 동물은 수질이 털의 2/3를 차지하고 있으며 전열체의 작용을 한다. 그러나 사람에게는 0.09mm 이상의 굵은 모발에만 있고 태아와 유아의 모발 또는 초기모와 같이 부드럽고 가는 모발에서는 찾아볼 수 없다.

(2) 두피의 구조

피부는 외부 환경으로부터 인체의 내부를 보호하며, 표면으로부터 표피, 진피, 피하조직의 3개 층으로 구성되어 있다. 층의 내부에는 혈관, 분비선, 감각 수용체와 신경을 포함한 많은 조직들과 모발과 한선 및 피지선 등이 있다.

두개골막으로 두개골을 싸고 있는 두피는 매우 조밀한 신경 분포를 갖고 있다. 각각의 모상은 피부의 심층부에서 솟아오른 5~12개의 신경섬유를 갖고 있으며, 머리카락을 매개로 감각을 느끼게 한다. 두피는 머리카락과 연결된 피부로, 그 아래는 매우 견고한 섬유조직인 모상건막머리덮개널힘줄, epicranial aponeurosis으로 구성되어 있다.

1) 표피表皮, epidermis

표피는 체내의 조직을 보호하고 수분을 조절하며 피지나 땀을 분비하는 기능을 한다. 두피의 표피 각질은 피부와 같이 약 28일을 주기로 각화되는데, 기저세포의 분열이 시작됨에 따라 기저층에서 유극층 → 과립층 → 각질층으로 각질화과정이 진행된다. 이때, 환경적 · 유전적 요인에 의해 각화 주기에 영향을 받으면 비정상적인 주기를 가지게 되어 두피에 각질이 과도하게 축적되고 제때 탈락하지 못한 각질에 의해 비듬이 생기며, 두피의 생기를 저하시킨다.

▶ 피부의 표피

표피를 이루는 세포는 멜라닌형성 세포melanocyte, 각질형성 세포keratinocyte, 그리고 랑게르한스 세포Lagerhan's cell의 3가지 형태로 구성되어 있으며 각질층, 투명층, 과립층, 유극층, 기저층의 5층으로 구분된다. 표피의 두께는 0.04~1.6mm에 이르며, 혈관이 없고 진피층의 많은 혈관들이 영양분을 전달해 준다. 표피는 안검의 두께가 가장 얇고, 손바닥과 발바닥이 가장 두껍다.

▶ 랑게르한스 세포

랑게르한스 세포는 피부의 유극층에 존재하며 면역을 담당한다. 피부 외부로부터 자극요인이 침입하면 랑게르한스 세포의 활성화가 일어나게 됨으로써 방어하는 역할을 담당한다.

① 기저층基底層, stratum basale

기저층은 단층의 입방형 세포로, 호염성 세포질과 짙게 염색되는 달걀 모양의 핵을 갖고 있다. 진피층의 모세혈관으로부터 영양분을 공급받아 표피세포의 증식을 일으킨다. 기저층은 각질 형성세포와 색소 형성세포가 약 9:1의 비율로 존재하며 각각 케라틴keratin과 멜라닌melanin을 생성한다. 기저층이 손상되면 세포 재생이 불가능하므로 흉터가 남을 수 있다.

② 유극층有棘層, stratum spinosum

표피의 대부분을 차지하고 있으며 랑게르한스 세포가 존재하고, 세포와 세포를 연결시켜 주는 세포간교細胞間橋; intercellular bridge가 영양물질과 정보를 전달하는 역할을 한다. 유극층은 강한 응집력을 가지며 기저층에서 유극층까지는 수분을 약 70% 정도 유지시켜 주는 역할을 한다.

③ 과립층顆粒層, stratum granulosum

각화효소가 함유되어 있으며 각화작용이 시작되는 층이다. 수분이 30%로 감소하고 세포내핵이 사라지는 2~3겹의 납작한 무핵 세포층이다. 수분 저지막rain membrane이 존재하며, 수분증발 억제 및 유해물질 침투 억제의 기능이 있다.

과립층에서는 피부보호를 위한 각화작용과 자외선으로부터 피부를 보호하려는 멜라닌세포의 작용이 일어난다. 케라틴과 멜라닌의 비율은 인종마다 차이를 보이는데 흑인은 5:1, 황인은 16:1, 백인은 36:1이다.

> ▶ **수분 저지막**
>
> 수분 저지막은 형태가 보이지 않는 전기적인 막으로, 생체 전기에 의해 수분의 방출 및 유입을 차단한다.

④ **투명층**透明層, stratum lucidum

손바닥과 발바닥에 주로 존재하는 얇고 투명한 층이 투명층이다. 엘라이딘elaidin이라는 반유동성 물질로 되어 있으며 수분 침투 및 증발을 억제하고 자외선 반사기능이 있어 손바닥과 발바닥에서는 색소침착이 나타나지 않는다.

⑤ **각질층**角質層, stratum corneum

각질층은 피부보호의 최전방으로서 약 14~20장이 겹겹이 쌓여 있는 무핵 세포층이다. 세포간지질, 천연보습인자NMF, Natural Moisturizing Factor 등이 각질층의 수분을 19~20% 정도 유지시켜 준다.

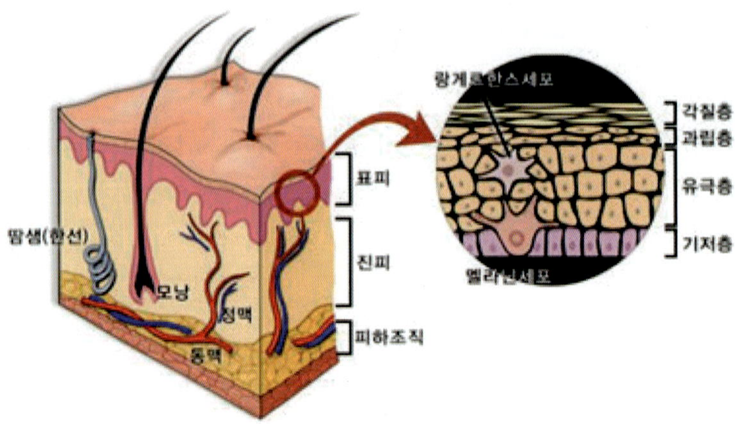

그림 2-7 표피의 구조

▶ 표피와 모발의 각화과정keratinization

표피는 세포분열을 반복하며 일정한 주기에 따라 각화과정을 거치는데, 두피의 표피에서 일어나는 각화현상과 두피 내의 모낭에서 발생하는 모발 성장의 두 가지로 나누어 살펴볼 수 있다. 표피의 각화과정은 기저층에서 세포분열 및 DNA의 합성과 복제, RNA의 생성 및 소기관 등 각종 물질을 합성하여 유극층에서는 RNA 합성이 왕성하게 일어나고 각종 단백합성효소, 소기관들이 생성 · 정비된다.

과립층에서는 단백질 합성과 핵, 세포 소기관 소실이 나타나며 각질층에서 각화세포의 외막을 형성한다. 이렇게 순차적으로 각화되는 과정에서 표피의 재생기간은 약 28일 정도가 걸린다.

모발은 모유두의 모모세포가 혈관으로부터 공급되는 영양분을 흡수하여 활발히 세포분열하면서 형성된다. 모모세포의 분열로 말미암아 밀려 올라간 세포가 점차 수분이 감소하면서 딱딱해지는 현상을 모발의 각화과정으로 본다. 즉, 모발은 모발 자체가 성장하는 것이 아니라 두피 내의 모구가 밑에서부터 각화과정을 통해 밀려 올라오는 것이라고 볼 수 있다.

▶ 세포간 지질

각질층은 각질세포와 각질세포간지질, 두 가지 성분으로 이루어져 있다. 각질세포는 단백질로 이루어져 피부장벽의 구조적 지지대 역할을 수행한다. 각질세포 간 지질은 세라마이드, 콜레스테롤, 지방산 등의 지질 성분으로 서로 겹겹이 쌓인 층상의 구조를 이룬다. 신체로부터 수분 소실을 막아주므로 인체의 세포가 수분을 유지하고 항상성을 유지한다.

▶ 천연보습인자NMF, Natural Moisture Factor

각질층에 존재하는 수용성 성분의 총칭으로 각질층이 유연성을 나타내는 요인이 되며, 이것에 의해 적절한 수분을 유지할 수 있다. 가장 많은 부분을 차지하는 것은 아미노산이고, 그 다음으로 무기염, 피롤리돈 카르복실산, 젖산염 등이 함유되어 있다.

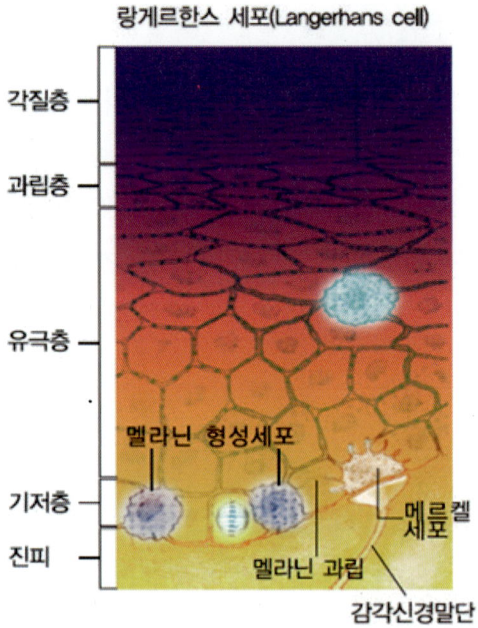

그림 2-8 표피의 각화과정

1) 진피陳皮, dermis

진피는 표피 바로 밑에 자리하고 있으며 피부의 90%이상을 차지한다. 두께는 신체의 각 부분에 따라 0.5~4mm로 다양하다. 풍부한 결합조직으로 이루어져 있어 신체의 움직임과 함께 늘어나고 수축한다. 진피층은 교원섬유collagen, 탄력섬유elastin가 그물모양으로 상호연결되어 있으며, 진피층의 섬유아세포fibroblast에서 만들어진다.

진피에는 혈관 · 임파선 · 신경 · 한선 · 피지선 등 여러 기관이 분포되어 있으며, 외부의 열과 추위 및 내부의 불안이나 출혈과 같은 자극에 반응하여 혈관이 확장 · 수축됨으로써 체온과 혈압이 조절된다. 진피의 결합조직은 표피층을 지지해 주며 촉감, 통증, 온도에 반응하는 감각섬유가 있다. 모발의 근원이 되는 모낭이 바로 진피층에서 발생하여 성장하기 때문에 진피층은 문제성 두피와 탈모의 원인을 이해하는 데 매우 중요하다.

① 유두층乳頭層, papillary layer

콜라겐이 차있는 결합조직Connective Tissue으로 모세혈관이 풍부하여 기저층에 많은 영양분을 공급함으로써 표피의 건강 상태를 좌우한다.

② 망상층網狀層, reticular layer

그물 모양의 결합조직으로 피부의 탄력성을 지니게 한다. 이 층은 세포 성분과 세포 간 물질로 구성된 두꺼운 층인데, 세포 간 물질인 콜라겐과 엘라스틴으로 이루어져 있어 피부가 과도하게 늘어나거나 파열되지 않도록 한다.

▶ **진피의 섬유**

① **교원섬유**collagen fiber : 콜라겐은 진피 성분의 90%를 차지하며 피부에 장력을 제공한다.

② **탄력섬유**elastic fiber : 진피에 있는 섬유 성분 중 비교적 적은 부분을 차지하지만 변형된 모습이 원래의 모습으로 되돌아오도록 하는 탄력성과 신축성을 부여한다.

③ **망상섬유**reticulin : 많은 기관의 지지조직을 구성하는 가는 실 모양의 결합조직으로 무정형無定形의 기질물질에 싸인, 방향성이 없는 콜라겐상 원섬유fibril로 구성되어 있다.

1) 피하조직皮下脂肪, subcutaneous tissue

결체조직으로 이루어진 층이며 피하지방층으로도 불린다. 진피와 근육, 뼈 사이에 있는 부분으로 지방을 다량 함유하고 있으며 피부의 가장 아래층에 있어 피하조직이라고 부른다. 지방세포와 섬유성 중격fibrous septa으로 이루어진 피하조직은 열을 보존하고 충격으로부터 보호하는 완충 작용을 한다.

따라서 피하조직의 발달 정도에 따라 개인의 체형이 결정되며 그 두께는 성별, 연령, 개인의 영양상태 및 신체부위에 따라 다양하다. 지방조직은 눈꺼풀 · 고환 · 경골 등에는 없으며, 여성 호르몬estrogen hormone과 관계가 깊어 여성의 신체선에 부드러움을 준다.

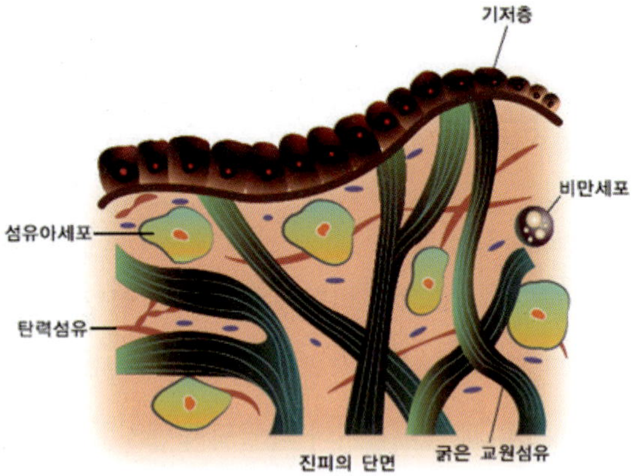

그림 2-9 진피의 구조

▶ 진피 및 피하조직의 두께와 탈모

탈모된 부위와 탈모가 되지 않은 부위의 피부를 조직검사 해 보면 탈모가 진행될수록 진피층과 피하조직층의 두께가 얇아지는 것을 알 수 있다. 이 때문에 탈모된 부위의 피부가 팽팽하게 당겨지는 것이므로, 탈모 치료 시에는 진피층과 피하조직층의 복구도 같이 이루어져야 한다.

3. 모발의 생성 및 성장

인체의 모발은 약 100만 개에 이르며 두피에만 약 10만 개가 있다. 머리카락은 하루 평균 0.35~0.4mm씩 자라나며 각각의 모발 수는 태어날 때부터 정해져 있다. 모든 모근세포가 동시 다발적으로 모발을 만드는 것이 아니라 각각의 모근세포가 성장기, 퇴행기, 휴지기를 갖고 있어 각각의 주기가 차지하는 비율이 탈모의 정도를 결정한다.

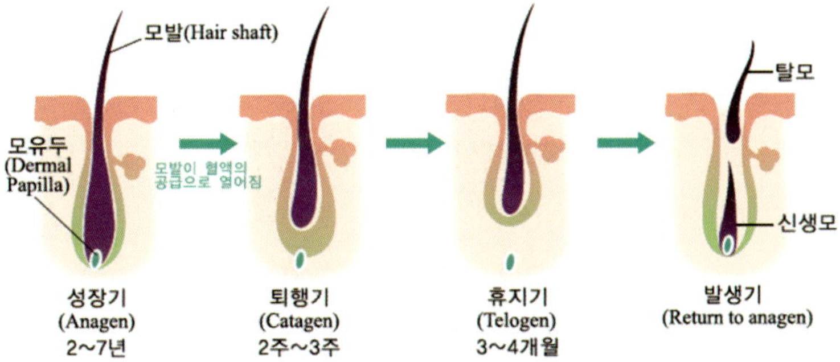

그림 2-10 모발의 성장 주기

(1) 성장기 생장기, anagen

모발은 성장기의 초기 단계에서 모모세포로부터 만들어지고 모유두의 모세혈관으로부터 보내진 영양분으로 성장하기 시작한다. 이 단계를 생장기 혹은 성장기라 부른다. 성장기의 수명은 2~7년이며 전체 모발의 80~90%가 성장기 단계로 하루 평균 0.35~0.4mm, 한 달 평균 1~1.5cm의 모발이 자란다. 성장기는 영양이나 체내 호르몬 등의 영향을 받아 변화될 수 있다.

모발의 성장속도는 피부 표면에 나오기 전까지는 남성이 빠르고 표면에 나온 후부터는 여성이 빠르며, 특히, 겨드랑이나 치모는 여성이 남성보다 배의 속도로 빠르게 자란다. 모발의 길이가 25cm가 된 이후에는 자라는 속도가 반감되는데, 여성 모발의 성장속도는 15~25세까지가 가장 빠르며 낮보다는 밤에 성장속도가 빠르다.

> ▶ 모발의 성장속도
>
> 머리카락의 하루 성장 길이는 약 0.3~0.5mm이며, 눈썹은 0.18mm, 턱수염은 0.38mm, 겨드랑이 모발은 0.30mm정도로 부위에 따라 성장 속도에 차이가 있다.

(2) 퇴행기退行期, 퇴화기, catagen

성장기가 끝난 후 모발의 형태를 유지하면서 대사 과정이 느려지는 시기로, 모구부의 수축 현상이 일어나 세포분열이 점차적으로 둔화되다가 멈춘다. 기간은 2~3주 정도이고 전체 모발의 1%를 차지한다. 모구부가 수축하여 모유두와 분리되고 모낭에 둘러싸여 위쪽으로 올라가며, 이때 세포분열은 정지 상태로 더 이상 케라틴을 만들어 내지 않는다.

(3) 휴지기休止期, talogen

퇴행기 후에 모유두가 위축되고 모낭은 차츰 쪼그라들며 모근은 위쪽으로 밀려 올라가 있고 모낭의 깊이도 1/3로 줄어드는 단계이다. 다음 성장기가 시작될 때까지의 수명은 3~4개월로 전체 모발의 약 15%가 휴지기 상태이며 이 시기의 모발은 빗질에 의해서도 쉽게 탈락된다. 여성의 경우에는 출산 후 일시적으로 휴지기가 30~40%로 늘어난다.

▶ 모발의 휴지기

머리카락의 경우, 휴지기가 3~6개월이다. 그러나 그 중에서도 두정부 모발의 휴지기가 가장 길어 약 129일, 측두부의 모발은 117일 정도로 차이를 보인다. 겨드랑이 모발은 약 121일, 턱수염은 약 92일, 그리고 속눈썹은 약 64일의 휴지기를 갖는다.

(4) 발생기發生期, return to anagen

배아세포의 세포분열에 의해 모구가 팽창되어 새로운 신생모가 성장하는 기간으로 한 모낭 안에 서로 다른 주기의 모발이 공존하며 휴지기의 모발 탈락을 유도한다. 발생기는 개인의 질병, 유전 체질, 연령 등에 따라 차이를 보인다.

4. 두피의 진단기기와 방법

진단기 판독은 진단기를 이용해 고객의 현재 두피와 모발 상태를 관찰하는 방법이다. 탈모 및 문제성 두피의 원인 등을 시각적으로 분석해 볼 수 있어 고객의 이해를 돕기에 좋으며, 고객의 상태 변화를 저장하여 고객관리의 좋은 자료로 활용할 수 있다. 또한, 진단 결과를 기본으로 고객의 모질과 두피에 맞는 제품을 선택하여 각 개인에게 가장 적절한 관리방법, 관리기간을 제시해 줌으로써 관리의 전문성을 높일 수 있다.

가장 효과적인 진단 단계는 샴푸 세정 후 피지 분비량이 정상으로 돌아오는 3~6시간 이후이며, 이때 사용되는 진단기의 배율은 사용 목적 및 부위에 따라 1배, 60배, 200배, 1,000배 등으로 구분된다.

▶ 진단기의 렌즈 비율

① 1배 : 전체적인 탈모의 유형과 진행 정도 측정 및 실물 고객 사진 촬영

② 60배 : 일정 면적에 존재하는 모발의 밀집도 파악이나 두피 상태를 측정

③ 200배 : 두피 및 모공의 상태, 모발의 굵기 등을 정확히 측정

④ 1,000배 : 모발상태, 손상정도, 모근 상태를 측정

⑤ 전자 현미경 : 모낭충 및 모발 큐티클의 상태를 측정

기본적으로 고객의 탈모 형태나 탈모 진행정도를 촬영하고 판단해야 한다. 현재 두피 상태를 샘플과 비교하면서 $1cm^2$ 당 모발의 수를 측정하고 모공의 상태나 모발의 굵기를 측정한다.

▶ 진단기의 촬영

① 현미경이 관찰면에 직각이 되도록 초점을 맞춘다.

② 진단 부위 : 전두부 → 두정부 → 좌우 측두부 → 후두부 순서로 촬영한다.

③ 두피와 모발의 상태를 관찰하여 진단 카드에 기록한다.

탈모 진행 고객이나 손상모 고객의 경우는 모발 미네랄테스트mineral test를 통한 모발 분석과 알칼리 용해도 측정 등을 통해 원인 분석에 도움을 줄 수 있다.

두피 및 모발 전문센터마다 사용하는 제품이나 기기 및 관리방법이 다르고 특징이 있기 때문에 관리 프로그램은 약간의 차이가 있을 수 있다. 다만, 정확한 상담과 진단을 통해 고객의 문제점을 개선할 수 있는 고객 맞춤형 관리가 이루어져야 한다.

2. 모발과 두피 화장품

1. 샴푸와 린스

(1) 샴푸shampoo

샴푸는 모발과 두피를 세정하는 화장품으로 샴푸의 주성분은 계면활성제이다. 계면활성제는 종류에 따라 양이온성, 음이온성, 양쪽성, 비이온성 화합물로 분류할 수 있다. 근래에 들어 석유 화학계 계면활성제의 문제가 대두되면서 코코넛이나 팜 등에서 추출한 천연 성분의 계면활성제가 긍정적인 평가를 받고 있다. 천연 성분의 계면활성제는 가격이 기존에 흔하게 사용하던 석유 화학계 원료보다 5~10배나 비싼 것이 단점이지만 민감하고 손상된 두피에 자극을 최소화하며 세정이 가능하다. 특히, 문제성 두피 및 탈모에는 천연 계면활성제가 함유되어 있는 샴푸를 사용하는 것이 좋다. 또한 대부분의 샴푸는 점도조절을 위해 소금을 주요 성분으로 사용하며, 미용실에서 전문적으로 사용되는 제품을 비롯하여 일부 제품에는 계면활성제보다 소금이 약 10~12% 정도 더 들어 있는 경우도 있다. 이러한 제품은 사용 시 농도가 묽어지므로 인체에 해롭지 않다.

한편, 샴푸제는 세정효과를 위해 사용하나 세정력이 지나치게 강하면 두피와 모발의 기름기를 너무 많이 제거시키므로 조절제를 따로 첨가하는 것이 보통이다.

샴푸제로는 석유 · 세틸알코올을 원료로 한 중성샴푸와 건조하거나 영양부족인 모발에 사용하는 라놀린lanolin 양모의 유지 또는 레시틴lecithin을 첨가한 제품, 식물유를 첨가한 제품, 살균작용이 있는 제품, 비듬제거용 제품, 유아용 제품 등이 있다.

최근에는 비누를 주원료로 한 제품 대신 합성세제를 주원료로 한 소플리스soapless 샴푸가 나오고 있는데, 이들 중에는 피지를 지나치게 제거하지 않기 위해서 콜레스테롤, 라놀린, 글리세롤 등의 성분을 첨가한 제품도 있다.

성상에 따라서는 액상 · 겔상 · 크림상 · 파우더 · 에어로졸 등이 있으며, 액상 샴푸가 대부분을 차지한다. 액상에는 투명한 것, 유화된 것, 점성이 있는 것과 없는 것이 있다.

기능에 따라서는 건강한 모발에 사용하는 일반적인 샴푸, 건성 모발용 샴푸, 지성 모발용 샴푸 등이 있다. 건성 모발용 샴푸는 모발이 푸석거리고 가루 형태의 비듬이 많은 사람이 사용하면 정전기를 줄이고 컨디셔너 성분에 의해 보습 효과를 볼 수 있다. 지성 모발용 샴푸는 강한 세정력으로 피지 제거에 초점을 맞춘 것이다. 그 외 어린이용 샴푸는 과도한 피지 제거를 막고 연약한 피부와 눈의 자극을 낮추기 위해 저자극 활성제를 사용한 것이다.

최근 많이 사용되고 있는 비듬용 샴푸는 타르, 살리실산, 셀레늄, 아연 등이 함유되어 있어 항진균 작용에 의해 비듬 생성을 억제한다. 약국에서 구할 수 있는 기능성 샴푸도 있는데, 일반적인 샴푸에 두피 염증을 완화시키는 성분을 고농도로 첨가시키거나 염증 치료약을 샴푸에 직접 희석하였으며 보통 1주일에 2회씩 사용하도록 되어 있고 샴푸를 도포한 후 3~5분 이상 경과한 후에 씻어내야 효과가 있다.

최근 탈모방지에 효과가 있다는 성분들이나 천연성분들을 첨가해 만든 탈모 전용 샴푸들도 많지만 모든 탈모인에게 효과적이지는 않다. 탈모는 너무 다양한 원인들로 말미암아 생기며 샴푸 자체는 약이 아니므로 일률적으로 모든 탈모방지에 도움이 되는 샴푸는 찾기 어렵다.

▶ **계면활성제** 界面活性劑, surface active agent

계면활성제는 물과 기름, 피부와 노폐물의 경계면에서 활성을 도와 물과 기름이 서로 섞이게 하거나 피부에 있는 노폐물을 쉽게 제거하는 작용을 한다.

계면활성제는 습윤 · 침투 · 유화에멀션화 · 분산 · 흡착 · 기포화 · 가용화 등의 성질이 있으며, 이들의 용도는 다양하다. 그 중 계면활성제의 중요한 성질로 섬유나 금속표면의 더러움을 세척하는 작용이 있으며, 세척작용에는 흡착 · 젖음 · 가용화 · 분산 등의 성질이 관계있다.

합성 계면활성제는 침투력이 강하기 때문에 체내 곳곳의 단백질을 파괴시켜 트러블을 일으키며 두피도 마찬가지로 매일 사용하는 화학 계면활성제가 첨가되어 있는 샴푸 사용으로 인해 강한 피부자극과 단백변성작용으로 비듬, 가려움증, 심하면 탈모에 이르기까지 각종 트러블이 일어날 가능성이 크다. 기존 연구에서는 '합성 세제에 포함되어 있는 석유화학계 계면활성제Sulfate를 장기간 사용할 경우, 신체 신경기능 장애 및 면역력 저하로 인한 아토피, 천식, 비염을 유발할 수 있다.'라며 우리가 매일 사용하는 비누나 샴푸 등에 포함된 SLS를 '유해한 환경 호르몬'으로 규정짓고 있다. 이러한 석유 화학계 계면활성제가 사용되는 대표적인 상품으로는 샴푸와 바디샴푸, 목욕용품 등이 있는데 시중에 나와 있는 유명 브랜드 저가의 대용량 제품은 모두 이 성분을 함유하고 있다고 봐도 될 정도로 널리 사용되고 있다. 이는 최근 현대인들이게 급증하고 있는 지루성 두피, 피부염, 탈모와 무관하지 않다.

(2) 컨디셔너 conditioner

컨디셔너는 과도한 빗질, 헤어드라이어의 뜨거운 바람, 잦은 펌, 염색 등에 의한 모발 손상을 회복시킨다. 초기의 헤어 샴푸는 탈지력이 강한 반면에 알칼리성을 띠고 있어 모발에 칼슘염이 침착되기 쉬워 모발이 거칠어지고 정전기가 쉽게 발생하는 단점이 있었다. 헤어 컨디셔너는 이런 현상을 줄이기 위해 샴푸 후 사용하였던 우유, 달걀, 레몬즙이나 양이온 계면활성제에서 착안한 상품이었다.

현재 우리가 흔히 사용하는 컨디셔너에는 린스rinse와 트리트먼트treatment가 있는데 린스는 모발을 코팅하여 보호하는 역할을 하고, 트리트먼트는 모발을 보호하는 동시에 영양을 공급하여 탄력 있는 모발로 만들어 준다. 린스를 사용할 때는 두피에 닿지 않게 모발에만 바르고 헹궈 내는 것이 바람직 하며 트리트먼트는 모발에 발랐다가 헹궈내는 타입과 헹궈내지 않고 지속시키는 헤어로션이나 헤어크림이 있다.

컨디셔너는 세정력을 약화하고 글리세린이나 여러 가지 오일을 포함하여 모발 보호 성분을 강화한 것으로 세정 후에도 부드러운 느낌을 준다. 두피가 지성이거나 염증이 있는 경우에는 린스가 두피에 닿으면 두피에 오일 성분이 남아 증상이 약화되는 경우가 발생할 수 있다.

▶ **홈케어 시 샴푸에 대한 조언**

샴푸 세정 시 거품만 내고 급히 샴푸를 끝내는 사람들이 많다. 하지만 실제로는 충분한 시간을 두고 샴푸하는 습관이 탈모 예방에 있어 매우 중요하다. 두피의 청결함은 아무리 강조해도 지나치지 않은데 충분히 샴푸하는 것과 거품이 난 이후에 물로 세정할 시간을 충분히 주는 것이 매우 중요하기 때문이다.

샴푸 시간을 충분히 갖는다는 것은 샴푸 내 활성 성분이 두피와 접촉할 시간을 충분히 준다는 것을 의미하며 구석구석 두피를 마사지하면서 감으면 두피 자극 효과도 있고 세정에도 도움이 된다. 즉, 샴푸의 종류 선택에 앞서 중요한 것이 샴푸를 잘 하고 충분히 헹궈내는 것이란 점을 반드시 고객에게 주지시켜야 한다.

일반 샴푸의 경우 2~3분, 탈모방지나 지루성 피부염에 효과가 있는 약용 샴푸의 경우 5분 이상 충분히 두피와 접촉할 시간을 두는 것이 바람직하다. 비듬치료 목적 등의 기능성 샴푸도 3분 이상 충분히 샴푸를 해야 효과를 얻을 수 있으며 치료 목적으로 사용하는 샴푸의 경우 특히 설명서를 주의 깊게 살펴보고 사용법에 맞도록 사용해야 한다. 또한 머리를 감고 두피를 잘 말리지 않을 경우 두피에 각질이나 염증이 발생하기 쉽기 때문에 주의가 필요하다.

또한, 샴푸의 종류는 자신의 두피 타입에 맞게 선택하는 것이 중요하다. 두피가 건조한 사람은 보습성이 좋은 샴푸를 사용해야 하고 지성인 경우는 피지를 제거해 주는 샴푸, 염증이 있는 경우엔 균을 진정시킬 수 있는 약용 샴푸가 도움이 될 수 있다. 샴푸로 충분히 감고 헹구어도 샴푸 후 푸석거림이 있거나 탈모가 생긴다면 자신의 두피 타입에 적합하지 않은 샴푸일 수 있다.

2. 퍼머넌트 웨이브제

모발의 주성분은 케라틴으로 두발은 케라틴 분자끼리 시스틴결합, 이온결합, 수소결합을 하고 있다. 시스틴 결합(R-S-S-R')을 티오글리콜산thioglycolic acid 등의 SH 화합물로 환원하여 R-SH와 R′-SH로 하고, 이온결합과 수소결합을 알칼리로 절단시킨다. 웨이브를 낸 후 산화제로 처리함으로써 웨이브가 생긴 상태에서 결합(R-S-S-R′)이 회복되어 웨이브가 완성되는 것이다.

알칼리에 의한 두발 연화 ⇒ 환원반응에 의한 -S-S-결합의 절단 ⇒ 재배열 ⇒ 산화반응에 의한 -S-S-결합

2욕식(二浴式)에서는 제1제로 재배열까지 시술하고, 제2제로 웨이브 처리를 마무리한다. 제1제에 사용되는 원료는 주로 알칼리제와 환원제인데, 알칼리제로는 모노에탄올아민, 암모니아수가 사용되고, 환원제로는 티오글리콜산, 또는 그 염류와 시스틴을 사용하고 있다. 제2제는 산화제가 주성분이며, 불소산 나트륨, 불소산 칼륨, 과붕산 나트륨의 사용이 허가되고 있다.

3. 염색제

염색제에는 영구염색제와 일시염색제가 있으며 모발과 화학반응하기 때문에 자극이 강하여 약사법상 의약부외품에 해당되며, 피부와의 접촉을 피하는 등 사용상 주의를 요하는 제품이다.

(1) 영구염모제永久染毛劑, permanent hair dye

현재 가장 많이 사용되는 염색제로 산화염색제라고도 한다. 주성분은 페닐렌디아민pheny-lenediamine계의 산화염료로서, 모발에 염료를 침투시켜 모발 내에서 산화시켜 발색이 되게 한다. 의약부외품에 속하는 염색제에는 탈색제와 탈염제가 포함되어 있다.

산화염료를 사용한 염색제에 의한 알레르기 반응을 일으키는 사람도 있으므로, 사용 전에는 반드시 패치 테스트patch test를 실시하고, 사용방법에 맞게 사용하는 것이 필요하다.

(2) 일시염모제一時染毛劑, temporary hair dye

일시염색제는 모발의 표면에 색소를 배합한 유지류나 수지를 도포하여 백발을 은폐하는 것으로 스틱stick, 컬러스프레이, 컬러셋로션, 컬러린스, 매직잉크식, 마스카라식, 팰러트식 등이 있다. 약사법상 화장품으로 취급되고, 영구염색제보다 사용상 안전하지만 오래 가지 않는다는 단점이 있다.

4. 두피관리 제품

(1) 두피관리에 사용되는 에센셜 오일

에센셜 오일은 고농축 상태이므로 원액을 사용하면 피부에 강한 자극을 주게 되므로 반드시 캐리어 오일에 희석하여 사용한다. 각각의 에센셜 오일은 특유의 향이 있으며 각기 다른 효능을 지니고 있다.

① 라벤더lavender : 살균, 소독, 소염, 항바이러스 작용으로 머리에 난 종기를 없애고 원형 탈모증 개선에 효과가 있다.

② 샌달우드sandalwood : 두피 가려움증 개선에 효과적이다.

③ 티트리teatree : 항균작용이 있어 두피의 염증이나 비듬개선에 효과적이다.

④ 로즈마리rosemary : 수렴, 항균작용이 있어 두피의 가려움증에 좋다.

⑤ 페퍼민트peppermint : 두피에 시원한 청량감을 주고 비듬 방지, 노폐물 제거, pH밸런스, 보습 효과가 있다.

(2) 두피관리에 사용되는 캐리어 오일

주로 식물의 씨앗에서 추출하며 에센셜 오일이 피부 깊숙이 흡수될 수 있도록 하나 그 자체로도 풍부한 영양분을 가지고 있어 다양한 효능이 있다.

① 호호바jojoba 오일 : 여드름, 습진 관리에 유용하나 모든 두피 타입에 사용 가능하다.

② 아보카도avocado 오일 : 필수지방산, 레시틴, 비타민, 단백질이 함유되어 있어 건성 두피에 효과적이다.

③ 아몬드almond 오일 : 비타민과 미네랄이 풍부하여 두피 가려움증에 좋다.

④ 올리브olive 오일 : 두피 가려움증을 완화시키고 건성 두피에 효과적이다.

(3) 영양 앰플

기능성 앰플이나 용액은 식물성 추출물로 두피의 생물학적 균형을 유지시켜 주고, 노폐물과 피지의 과다 축적 · 비듬 · 두피 염증 반응 등 두피의 문제를 개선시키기 위한 고농축 제품이다.

증상별로 적절하게 선택한 영양 앰플을 두피에 도포 후, 영양성분이 잘 침투될 수 있게 보조기기를 사용하여 관리한다.

그림 2-11 영양앰플

3. 헤어 디자인

1. 헤어 디자인의 원리와 요소

(1) 헤어디자인의 정의

디자인의 의미는 '계획하다, 설계하다'라는 의미로 라틴어 '데지그나레designare'에서 파생된 것으로 완성하려는 사물이나 행위를 준비하고 결정하는 과정이다. 따라서 헤어 디자인은 모발을 소재로 헤어스타일을 고안 또는 계획하는 것으로 이러한 계획은 지식과 기술을 바탕으로 고객과 디자이너의 상호 의견 교환을 통해 형태를 구체화하여 희망하는 이미지를 만드는 과정이다. 이를 통해 완성된 헤어스타일은 헤어디자인의 목적인 것이며, 소재와 기술과 이미지를 바탕으로 완성된 것이다. 그래서 헤어디자이너는 헤어스타일이 완성되기까지 모질, 두상, 얼굴형, 체격 등의 분석력과 커트, 펌, 컬러 등 미용기술의 적용할 수 있는 능력이 요구된다. 즉, 종합적 사고력과 기술력을 바탕으로 예술적 표현이 요구된다. 따라서 헤어디자인의 원리와 요소를 이해하여 고객에 맞는 헤어스타일을 제공할 수 있어야 한다.

(2) 헤어디자인의 원리

아름다운 헤어스타일을 연출하기 위해서 디자인의 원리를 이해함으로써 독창적이며 풍부하고 다양한 디자인을 끌어내어 전문가가로서 고객의 이미지를 다변화하는 고객의 욕구에 부응할 수 있고 전문가로서 헤어디자인을 계획하여 스타일을 완성할 수 있다.

1) 비율 Proportion

비율은 사물의 크기에 비례한 사물 간의 관계이다. 비율이 적당하면 그 물체가 편한해 보이고 그렇지 못하면 편하지 않다. 턱이 아주 작은 경우나 이마가 지나치게 넓은 경우에 얼굴형, 머리모양, 몸의 비율을 고려하여 헤어스타일을 디자인하여 고객에게 만족감을 줄 수 있다. 올바른 헤어스타일은 적당한 비율의 착시를 주는 것이다. 헤어디자인 시 옆얼굴과 머리길이와 부피의 비율, 몸과 비율목길이, 어깨 넓이을 고려해야 한다.

2) 균형Balance

균형은 머리모양의 조화로운 배열이다. 균형은 좌우 대칭적이거나 비대칭적일 수 있다. 대칭을 측정하기 위해 얼굴을 4등분한다. 두선이 만나는 곳이 중심축이며 헤어디자인의 균형을 판단하는 포인트이다. 헤어스타일의 양쪽이 중심으로부터 같은 거리, 같은 길이이고 중심에서 보았을 때 같은 부피감을 갖는다. 양쪽이 같은 모양일 수도 있고 다를 수도 있지만 부피감은 같다. 이를 좌우대칭균형이라고 한다. 또한 헤어스타일이 다른 길이 혹은 다른 부피감을 갖고 있다면 비대칭균형이다. 비대칭은 수평이거나 대각일 수 있다.

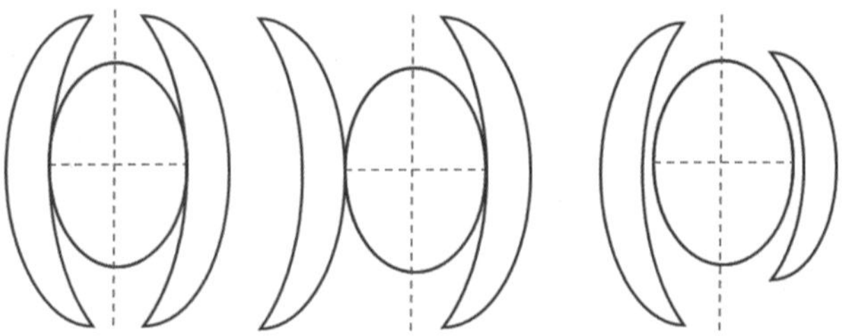

그림 2-12 균형

3) 리듬Rhythm

리듬은 헤어스타일에서 움직임을 만드는 패턴이다. 빠른 리듬은 빠르게 움직임을 갖고 강한 컬curl을 예로 들을 수 있다. 느린 리듬은 느리게 움직이고 긴 웨이브wave에서 볼 수 있는 리지가 약한 큰 컬이 보여진다.

① **단순리듬**simple rhythm 에서는 같은 움직임이 헤어스타일를 통해 반복된다. 핑거 웨이브가 좋은 예다.

② **인크리싱리듬**increasing rhythm 은 컬이 점증적으로 커져 웨이브를 이루는 것으로 디자인패턴이 반복한다.

③ **디크리싱리듬**decreasing rhythm은 큰 패턴이나 움직임으로 시작해서 작은 것으로 감소한다.

④ **얼터네이팅리듬**alternating rhythm은 움직임 패턴이 작은 데서 큰 데로 변화하거나 그 반대로 변화한다.

이러한 다양한 리듬이 헤어스타일에서 시각적 관심을 만들며, 창의적인 헤어스타일을 만들기 위해서는 다양한 리듬들이 조화롭게 디자인되어야 한다.

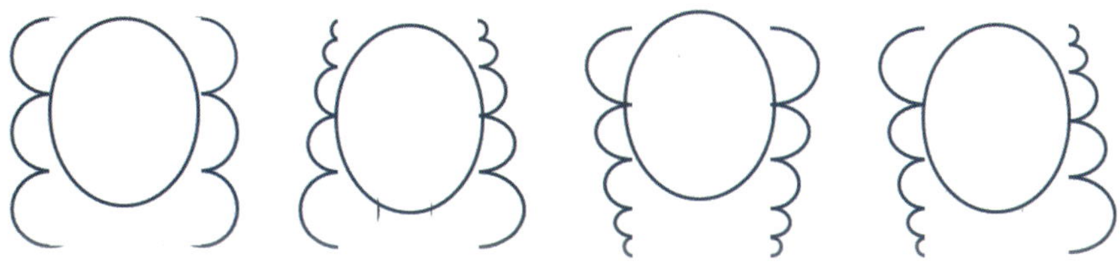

그림 2-13 리듬

4) 강조 Emphasis

헤어스타일에서 강조란 사람의 눈에 가장 먼저 보이는 곳이다. 헤어디자인이 균형, 조화, 리듬이 잘 설계되어도 흥미로운 헤어스타일을 위해 강조의 영역이 필요하다. 강조는 질감, 컬러, 형태의 변화, 장식물 등으로 나타낼 수 있다.

그림 2-14 강조

5) 조화 Harmony

조화는 헤어디자인에서 가장 중요한 원칙이며 모든 구성요소를 포함한다. 조화로운 스타일은 고객의 얼굴과 몸과 잘 비례하는 것이다.

(3) 헤어디자인의 요소

1) 형태 Form

형태는 가로, 세로, 높이를 포함하는 물체를 입체적(3차원)으로 표현하는 것이다. 형태는 선과 방향 그리고 모양을 갖는다. 헤어미용의 형태를 분석하기 위해서 선의 이해가 필수적이다. 선의 방향은 직선이나 곡선이 될 수도 있다.

방향은 선이 진행되는 길이다. 기본 방향은 상, 하, 좌, 우이다.

모양은 가로와 세로로 이루어진 2차원적 표현이다. 디자인으로 완성된 헤어스타일의 모양은 형태선, 윤곽, 실루엣으로 나타난다.

2) 컬러 Color

색은 시각적 · 심리적으로 디자인에서 중요한 역할을 한다. 모발의 색은 헤어디자인을 결정하는 주요한 요소이며 디자인의 효과를 높여 주며 피부색을 보완하여 얼굴의 이미지를 변화시킨다.

밝고 따뜻한 색은 대담하고 자극적으로 느끼며, 어둡고 차가운 색은 조용하고 차분한 느낌을 준다. 어두운 색일수록 나이들어 보이게 하고 밝은 색일수록 젊어 보이게 한다.

색으로도 질감을 만들 수 있다. 탑부분이 밝고 네이프부분이 어둡다고 가정할 때 윗부분으로 갈수록 부피감은 커지고 가벼운 느낌이 나타난다.

또한 색으로 라인을 만들 수 있다. 현재의 모발 색보다 밝은 색을 사용하여 라인을 그릴 수 있다. 단발머리인 경우 페이스라인을 중심으로 일직선 세로라인은 극적인 강조를 나타낸다.

3) 질감 Texture

질감은 모발의 실제 표면의 질이다. 또한 머리를 만졌을 때 어떤 느낌일 것인지의 시각적 판단이다. 질감은 자연적일 경우, 스타일링, 화학적 시술, 색의 변화로 만들어질 수 있다.

모발의 질은 유전적이다. 직모, 축모, 파상모로 자연적인 질감을 나타내며 이것은 디자인할 때 반드시 고려해야 할 사항이다.

모발에 수분과 열을 가해 열기구나 롤러를 이용하여 다양한 형태의 컬이나 웨이브를 일시적으로 만들 수 있다.

화학 약품을 사용하여 스트레이트나 펌을 하여 질감의 변화를 줄 수 있으며, 모발에 다양한 색을 번갈아 사용하여 질감을 만들 수 있다.

2. 헤어디자인 시 고려사항

(1) 두상

사람마다 두개골 형태가 다르고 모든 두상이 둥글지 않다. 헤어스타일을 결정하기 전에 두상을 파악하는 것이 중요하다. 평평하거나 빈약한 부위에는 볼륨을 주어 스타일을 디자인하고 반대의 경우 볼륨을 줄여서 디자인해야 한다.

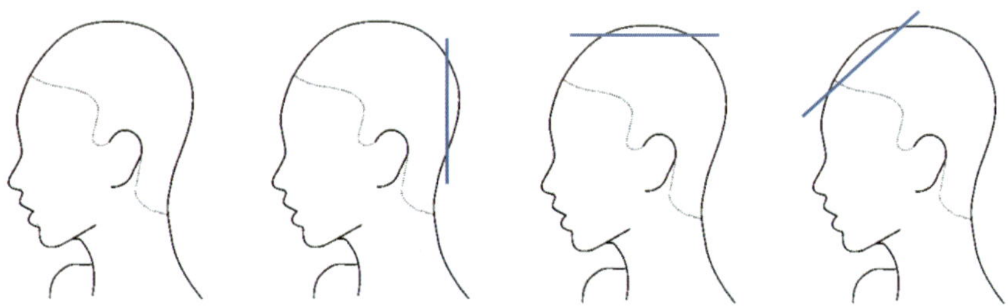

그림 2-15 두상의 부분

(2) 얼굴형

얼굴형은 7타입으로 분류한다. 타원형, 둥근형, 사각형, 직사직형, 삼각형, 하트형, 다이아몬드형이 있다.

각각의 얼굴형을 인지하고 스타일을 조언하고 디자인을 계획하기 위해서는 얼굴형의 특성을 이해하고 있어야 한다. 얼굴은 세 개의 구역으로 이마에서 눈썹, 눈썹에서 코끝, 그리고 코끝에서 턱 밑으로 나뉜다. 헤어스타일을 디자인할 때 전체적인 얼굴형과 세 영역을 고려해야 할 것이다.

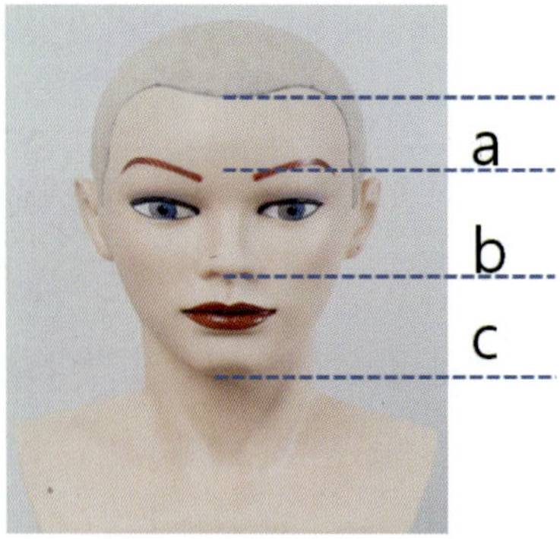

그림 2-16 이상적인 얼굴 비율

1) 타원형 얼굴

얼굴윤곽 : 타원형 얼굴은 눈썹을 가로지르는 얼굴의 너비보다 약 1.5배 반이 더 길다. 이마가 턱보다 조금 더 넓다.

타원형의 얼굴형은 이상적인 얼굴형으로 인식된다. 이는 다른 모든 얼굴형의 기준이 된다. 타원형 얼굴을 가진 사람은 안경이나 코의 길이나 형태, 혹은 옆 얼굴 등의 다른 변수가 없다면, 어느 헤어스타일도 할 수가 있다.

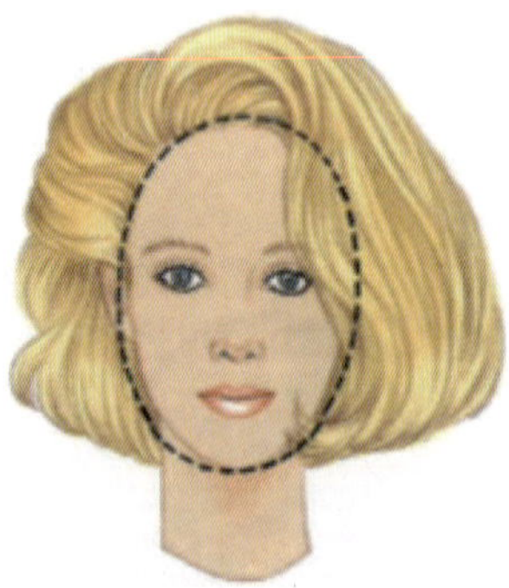
그림 2-17 타원형 얼굴

2) 둥근형 얼굴

얼굴 윤곽 : 둥근 페이스 라인과 둥근 턱선 : 넓고 통통한 얼굴

탑부분에 모발을 모아서 높이를 가진 헤어스타일로 넓은 얼굴 모양을 가름하게 만든다. 세로로 길어 보이게 하여 둥근형을 보완시킬 수 있는 스타일을 한다.

앞머리는 한 쪽으로 흐르는 사선이 적당하고 볼륨은 피하는 것이 좋다.

그림 2-18 둥근 얼굴

3) 사각형 얼굴

얼굴윤곽 : 직선 헤어라인 그리고 각진 턱선 : 넓고 각진 얼굴

모발의 끝이 가볍게 턱선에 이르도록 하여 각진 부분을 상쇄시키거나 부드러운 컬을 사용하여 네모를 부드럽게 만든다. 그리고 이마의 중심은 올리고 관자놀이와 턱부위는 모발을 얼굴쪽으로 당겨 얼굴을 좁게 보이게 한다.

그림 2-19 사각형 얼굴

4) 삼각형 얼굴

얼굴윤곽 : 좁은 이마, 넓은 턱과 턱선 : 서양 배 얼굴

삼각형의 얼굴형은 둥근형과 유사하다. 역삼각형의 머리 모양을 만들어 주되, 풍성하고 높은 헤어스타일을 만든다. 이마는 부드러운 컬이나 웨이브로 부분적으로 가려 준다.

그림 2-20　삼각형 얼굴

5) 직사각형 얼굴

얼굴윤곽 : 길고 홀쭉한 볼을 가진 좁은 얼굴

직사각형 얼굴은 얼굴이 더 짧고 넓게 보이게 한다. 모발은 자연스런 컬이 있는 앞머리로 전체적으로 고르게 분산시키거나 볼륨을 준다. 탑부분은 볼륨을 주지 않고 가로로 넓어 보이는 층과 볼륨이 있는 스타일을 만든다. 볼륨이 없는 긴 길이의 스트레이트 스타일이나 세로 선이 강조된 스타일이나 앞머리가 없으면서 얼굴형이 드러나는 스타일은 피하는 것이 좋다.

그림 2-21　직사각형 얼굴

6) 마름모형 얼굴

얼굴윤곽 : 좁은 이마, 튀어나온 광대뼈, 좁은 턱

마름모형 얼굴은 광대뼈 라인의 넓이를 줄인다. 턱선과 이마에 풍부함을 주며 광대뼈 부분의 모발을 두상에 붙여 타원형 얼굴을 만든다.

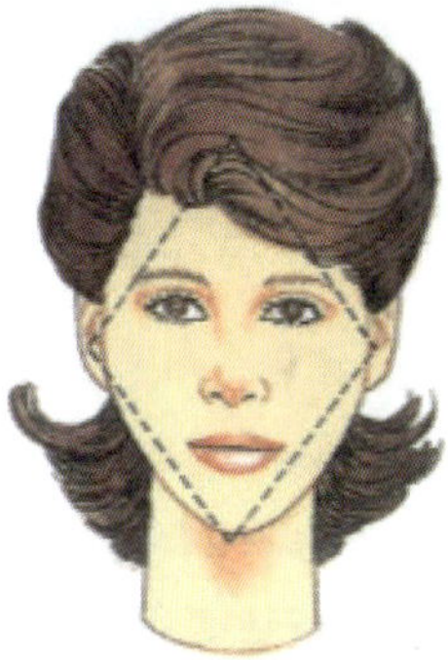

그림 2-22 마름모 얼굴

7) 역삼각형 얼굴

얼굴윤곽 : 넓은 이마와 좁은 턱선

역삼각형 얼굴은 이마의 너비는 줄이고 얼굴 아래부위의 넓이는 늘린다. 전체적으로 둥근느낌의 윤곽을 주며 넓은 이마는 부드러운 컬로 가려주고 턱 주위는 볼륨을 주면서 넓이와 부드러움을 추가하여 스타일한다.

그림 2-23 역삼각형 얼굴

(3) 측면의 윤곽

① **일직선** : 이상적인 측면의 윤곽으로 모든 스타일이 적절히 적용될 수 있다.

② **콘케이브**concave : 네이프와 양 옆의 귀 아래에서 모발을 작고 부드러운 컬이나 웨이브로 볼륨을 살리고, 튀어나온 턱을 부드럽게 완화시킨다. 앞이마의 돌출부분을 감추기 위해 볼륨있는 앞머리를 해 준다.

③ **콘벡스**convex : 이마쪽으로 컬이나 앞머리 뱅을 위치시켜 들어간 이마를 감춘다. 네이프와 양 옆의 모발은 얼굴 윤곽과 균형을 이루도록 얼굴 가까이 끌어내린다.

(4) 목의 형태

① **짧은 목** : 목이 길어 보이도록 모발을 위로 쓸어 올리거나 양 옆으로 내린다. 목덜미 부분에 볼륨을 주는 헤어스타일은 피한다.

② **길고 가는 목** : 부드러운 웨이브나 컬을 목부분에 내려오게 한다.

③ **굵고 짜진 목** : 부드럽게 컬이 된 사선 웨이브의 헤어스타일을 하며 수평선은 피한다.

(5) 헤어라인

헤어라인이 뒤로 들어가 있는 경우 모발을 얼굴 가까이 내리고 헤어라인이 얼굴에 근접해 있는 경우 모발을 뒤쪽으로 빗어 넘긴다.

(6) 그 밖에 신장과 모발의 질 등을 고려해 고객과 어울리는 헤어디자인을 제시하여야 한다.

4. 헤어 시술

1. 샴푸(세정)의 목적과 효과

두피는 피지분비가 많은 데다 모발이 밀집되어 있으므로 변패하기 쉽고, 두발용 화장품의 잔여물이 남아 있어 쉽게 더러워진다. 따라서 더러움과 노폐물 및 비듬 등을 제거하고 두발과 두피를 청결하게 유지시키기 위하여 샴푸를 사용하여 세정한다. 그러나 샴푸는 두피와 모발에 남아 있는 더러움뿐만 아니라 강한 세정 작용으로 피지까지 제거시킬 수 있다. 특히, 건성두피 및 모발의 경우 거칠어지고 푸석푸석해지기 쉽다. 따라서 두피 및 모발 상태에 따라 적절한 샴푸를 선택하는 것이 필요하다.

▶ 세발용 화장품의 효능

① 두피, 모발을 깨끗하게 한다.

② 두피, 모발을 건강하게 유지한다.

③ 모발을 부드럽게 한다.

④ 비듬, 가려움을 제거한다.

2. 헤어 커트 Hair Cut

(1) 헤어 커팅의 목적

헤어스타일을 만들기 위한 기초가 되는 기본적인 기술이다. 퍼머넌트 웨이빙이나 헤어 세팅의 완성된 헤어스타일은 모두 커트기술에 의해서 미리 형태가 만들어진 것이다. 헤어 커팅을 헤어 셰이핑 Hair Shaping 이라고도 하는데 '모발형을 만든다'라는 의미이다. 이와 같이 헤어 커팅은 모발을 원하는 스타일에 맞는 정확한 길이로 정리하고, 모발 숱이 많고 적음을 감안하여 헤어스타일을 완성할 수 있도록 만드는 데에 그 목적이 있다. 헤어 커팅은 헤어스타일링 및 헤어 컬러링과 같은 몇몇 다른 시술에 영향을 미친다. 헤어 커팅은 모발의 형태를 정리정돈함으로써 헤어스타일과 얼굴형태의 장단점을 보완시켜 준다.

(2) 헤어스타일리스트의 자세

헤어스타일리스트의 작업은 언제나 창조적이다. 어느 때 어느 상황에서도 항상 방향이 바뀔 수 있다. 그러므로 언제나 미래지향적이지 않으면 안 된다. 다시 말해 헤어스타일리스트는 언제 어떤 상황에서도 미용의 원점, 기초Cut Process로 되돌아 갈 수 있는 자세가 필요하다.

모든 상념을 떨쳐버리고 배움의 시작점인 초심의 순수함으로 되돌아갈 수가 있어야 한다. 이러한 여유가 진정 새로운 창작 미용으로 나타나며 아이디어의 보고는 기초에서부터 만들어진다. 침착하게 충분한 시간을 가지고 착실하게 매진해야 한다. 이와 같이 트렌드에 따른 다양한 요소는 패션과 헤어스타일의 변화에 영향을 주고 있다.

좋은 헤어스타일을 창조하는 것만이 훌륭한 헤어스타일라고 생각하지는 않는다. 본질적으로 디자인의 기초 지식을 이해함과 동시에 참다운 미美의 조건을 알아야 한다. 즉, 기술뿐만 아니라 자신의 인간성을 향상시키고 자기 계발을 하고, 스스로 '사는 방법'인 '일'을 발견하여야 한다. 일을 시작하기 전에 여유를 가지고 준비를 하며 보다 훌륭한 수준을 지향하고 연습을 열심히 해야 한다.

헤어스타일리스트는 자기 자신 안에 있는 무한한 가능성에 도전해야 한다. 적극적으로 행동하고, 그 가능성을 계발하기 위해 노력해야 한다. 모든 일에 관심을 가지고 주위의 모든 움직임으로부터 무엇인가를 배워야 한다. 예를 들자면 음악과 예술을 감상하거나 세계의 흐름과 사람들의 생활방식에서 여러 가지를 흡수해야 한다. 이러한 행동방식을 통해 잠재되어 있는 능력과 감각을 불러일으킬 때 진정한 의미에서의 헤어스타일리스트의 작업이라고 할 수 있을 것이다.

(3) 헤어 커트란?

자르는 것이 아니라 가장 아름답게 남기는 작업이다. 커트는 하나의 스타일, 즉 형태를 만드는 것이다. 고객의 얼굴형을 보고 어떤 형태로 커트할 것인지 생각하고, 마무리 후에는 헤어스타일이 어떻게 나올 것인지 미리 예상할 수 있어야 한다. 또한 고객과 충분한 의사소통이 있어야 한다.

고객이 미용사보다 감각이 더 높을 수도 있지만, 스타일에 대한 설명에 있어서는 미용사만큼 자세히 말할 수 없기 때문에 충분히 대화하여야 한다. 얼굴형이나 체형에 대해서도 깊이 있게 생각하자. 얼굴형이나 체형, 그리고 고객의 요구 중에서 어디에 우선순위를 두어야 할지를 정해야 한다. 커트하기 전에 롱 또는 미디엄, 쇼트 스타일 중 어떤 것으로 할지 정하자.

그라듀에이션graduation 인지 스패니얼형인지 레이어형인지도 처음부터 정하고 커트하여야 한다. 샴푸나 분무를 하기 전에 모발의 방향과 성질, 카우릭의 방향, 모발의 결 등을 파악하여야 한다. 샴푸나 분무를 먼저 하면 모발의 무게 때문에 이들을 파악하기가 어렵다. 쇼트의 경우, 네이프에서의 모발의 결과 방향성이 아주 중요하므로 꼭 체크하고 커트에 임하여야 한다.

고객의 두상에 대한 파악도 중요하다. 탑이나 옥시피탈 본Occipital Bone, 후두부의 형태를 파악하고 두상의 좌우 밸런스가 맞는지도 살펴야 한다. 밸런스가 맞지 않을 경우에 좌우를 똑같은 길이로 커트하면 스타일은 비대칭이 되고 형태가 맞지 않게 된다.

시술하기 전에 확실한 스타일을 정하자. 원하는 길이보다 0.5cm 정도 길게 시작하자. 커트는 모발이 젖은 상태에서 실시하므로 마르면 길이가 올라가기도 하지만 커트하면서 짧아지는 경우도 많다. 커트하는 두상의 위치에 따라서 시술자가 옮겨 가면서 시술하자. 시술하다가 자기도 모르게 실수하는 때가 있다. 형태를 변화시키지 않는 한도 내에서 응용할 수 있어야 한다.

자세는 바른 자세가 좋다. 손님은 가만히 있고 미용사의 자세만 무리하게 변경하면 좋은 작품이 나오기 어렵다. 손님도 조금은 고개를 숙인다거나 신체를 움직여 좋은 자세가 되도록 한다. 1차 커트와 2차 커트로 구분하여 해보자. 1차 커트에서는 전체적인 아웃라인, 즉 형태가 정해지고 2차 커트에서는 그냥 지나쳤던

부분이 체크되기도 한다. 시저스로 커트할 것인지 레이저로 커트할 것인지도 생각하여야 한다. 손님의 모발 상태나 스타일에 따라서 적합한 기구를 정하고 커트하자. 틴닝 가위나 클리퍼의 사용에 빗질, 텐션, 각도, 섹션이 중요하다. 체크 커트를 하면서 시술하자. 시술과정을 손님이 거울 속에서 지켜보고 있으므로 커트선을 볼 수 있도록 빗으로 코밍하면서 커트하자. 같은 각도로 커트하여도 슬라이스의 양과 섹션에 따라서 커트라인이 변화한다. 섹션을 나누지 않고 커트하거나 섹션을 무시하고 커트하는 것은 설계도 없이 집을 짓는 것과 같다.

헤어케어 제품을 바르고 드라이할 것인지, 드라이 후에 제품을 도포할 것인지를 생각하자. 이에 앞서 헤어 제품에 대한 사전 지식이 있어야 한다. 볼륨을 줄 것인지 볼륨감이 없도록 할 것인지에 따라서 커트 기법이나 제품 사용이 달라진다.

신문, 잡지, 광고, TV, 연극, 영화 등을 통하여 다양한 정보를 접하자. 고객은, 커트의 형태는 몰라도 유행하는 스타일이 어떤 스타의 스타일인지는 잘 알고 있다. 상호간의 원활한 커뮤니케이션을 위해서도 다양한 정보를 알고 있어야 한다. 또한 업소 내에 롱, 미디움, 쇼트 등 모든 스타일의 모델이 존재하도록 해보자. 손님의 요구를 수용하기가 더 쉬워진다. 원하는 헤어스타일을 얻기 위해서는 이미 자른 모발 부분을 끊임없이 점검하여야 한다. 모발 길이가 달라지지 않도록 머리칼을 항상 촉촉하게 젖은 상태로 유지하자. 헤어디자이너 기술의 질은 짧은 목덜미의 헤어스타일에서 찾아볼 수 있다. 목덜미의 움직임대로 두는 것이 훨씬 쉽다는 점을 명심하자. 고객의 목이 올바른 자세로 있는지를 확인하라.

정수리나 모발에서 문제가 되는 부위는 그 자연스러운 움직임에 따라야 한다. 정수리가 있는 자리에 중앙 가르마를 만들려고 한다면, 그것을 만들 수는 있을지 모르겠지만 그 효과는 일시적일 뿐이며 이튿날 한쪽 모발이 앞쪽 또는 뒤쪽으로 넘어가려고 하면서 들리게 될 것이다. 훌륭한 전문가는 가르마하기 좋은 위치를 고를 줄 알아야 하며 고객에게 고객이 원하는 방향에 가르마를 타지 않은 이유를 설명해 주어야 한다. 자연스러운 움직임으로 스타일을 내려면 정수리에 맞서 무리하게 방향을 바꾸어서는 안 된다. 앞 모발이 일정치 않을 때 중앙에 가르마를 타서는 안 된다. 앞쪽 모발의 분할은 모발이 자연스럽게 내려오는 방향대로 가야 한다. 모발을 자르지 않는 손은 커팅 과정에 있어 중요한 역할을 한다. 목덜미 모발을 자를 때 목덜미에 모발을 붙여 눌러서 커트하는 방법을 잊지 말자.(내추럴 폴) 그렇지 않으면 일단 모발이 마른 다음에 이 모발은 더 짧아질 것이다.

얼굴형에 대한 전체적인 생각을 갖자. 키와 모발길이 사이의 전체적인 균형은 헤어스타일에서 항상 중요하다. 얼굴형과 옆 얼굴선은 비례해야 한다. 기술과 감성, 그리고 커뮤니케이션, 이 모든 것들이 마무리하는 기쁨을 줄 것이다.

(4) 커트 기본자세

1) 손의 구조 및 관절

① 손의 구조

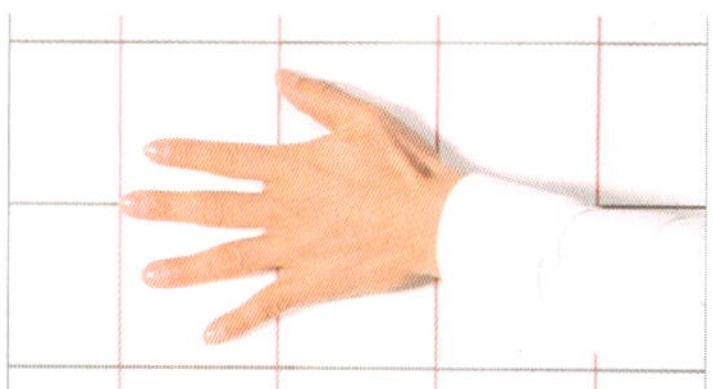

손은 19개의 마디로 구성되어 있으며, 우리 몸에서 가장 섬세하게 구성된 관절의 집합이라고 할 수 있다.

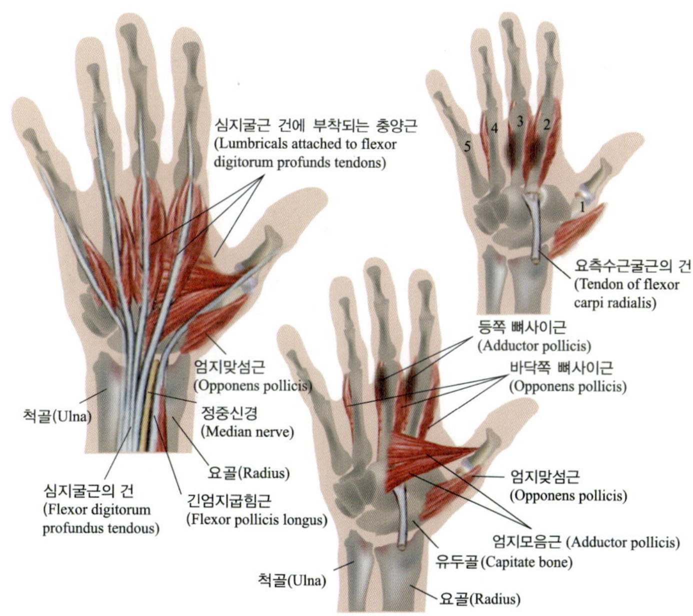

그림 2-24 손의 구조

2) 두상의 각도

직사각형 얼굴

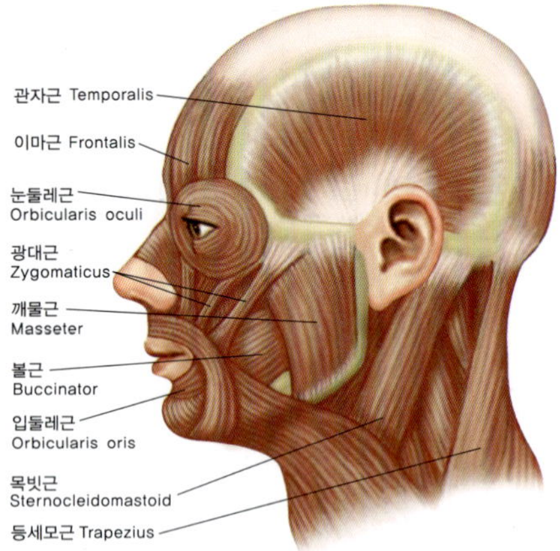

두상의 근육은 헤어 스타일에 영향을 주므로 얼굴근육을 숙지함으로써 원활한 스타일 구성이 가능하다.

① 두상의 각도

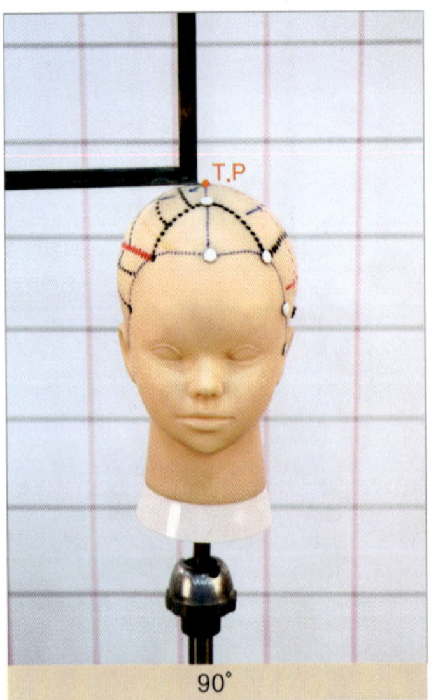

Top에서 90˚는 천체축에서는 0˚의 각도가 될 수 있다.

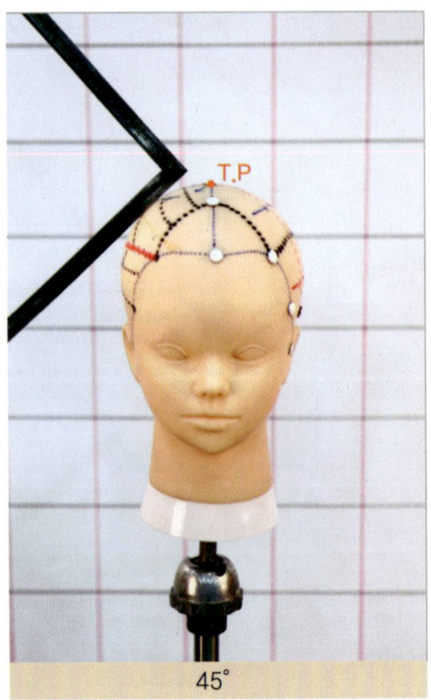

Top Point

Top에서 45˚는 천체축의 각도로 볼 때도 아래쪽으로 45˚가 될 수 있다.

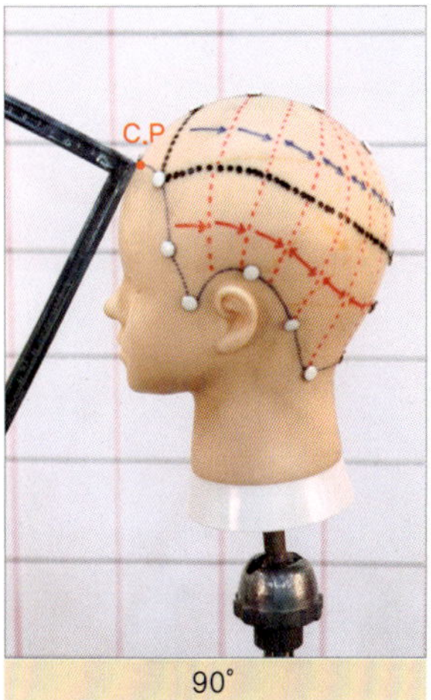

Center Point

center에서 90°는 두상의 형태를 숙지하는 것이 매우 중요하다.

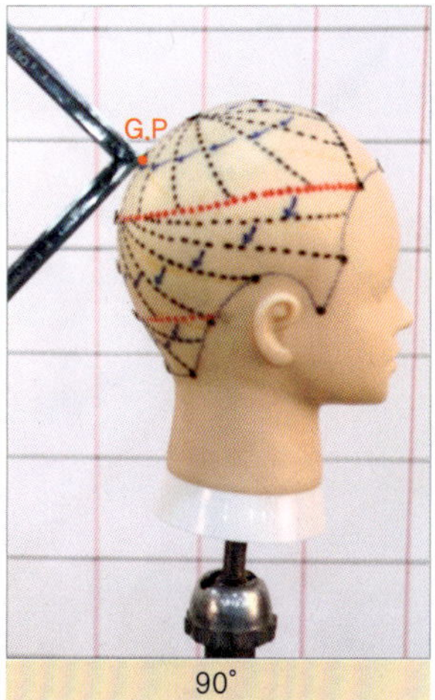

Golden Point

Golden은 Top의 각도와 혼돈될 수 있으므로 주의한다. 이 부분의 각도에 의해서 Back 부분의 Volume에 변화를 준다.

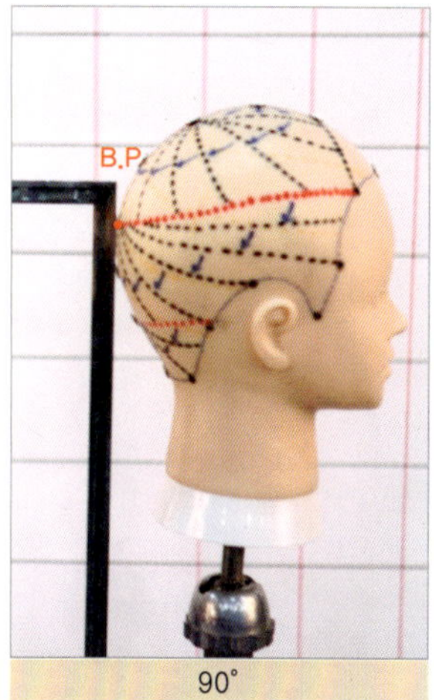

Back Point

Back부분은 Out Line의 무게감에 영향을 주므로 주의를 요하며 천체축으로 볼 때 동일한 90°가 된다.

② 민두의 구분

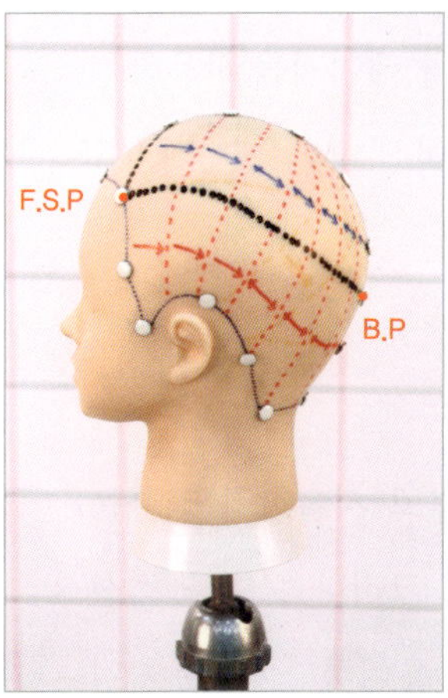

Two Section

Design Cut에서 가장 기본이 되는 Section으로 F.S.P에서 B.P까지 나눈다.

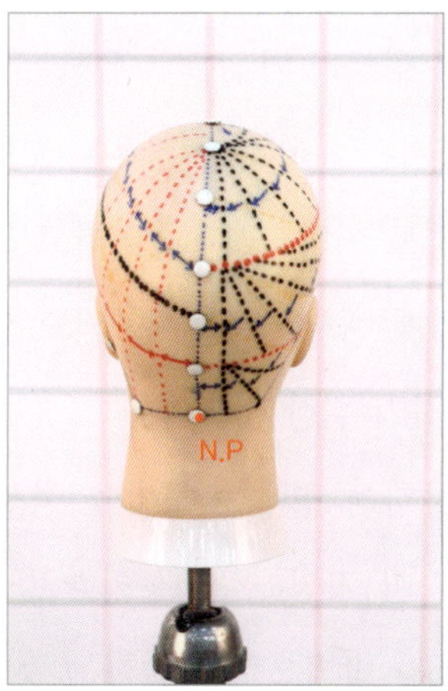

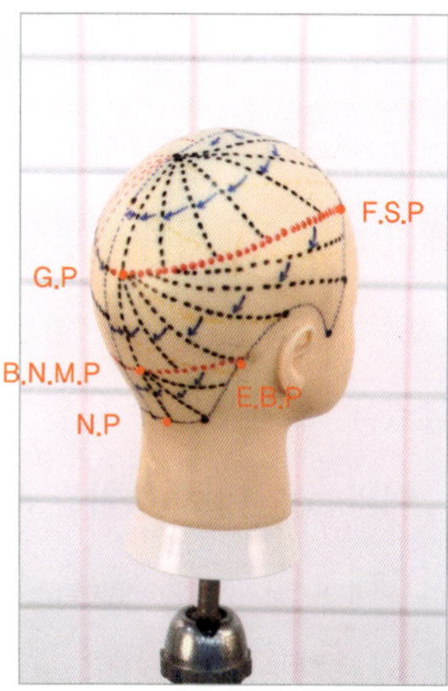

Multi Section

모량은 최대한 유지하고 가벼움을 필요로 하는 Style에 적합하며, Bob Style Cut에도 용이하도록 한다.

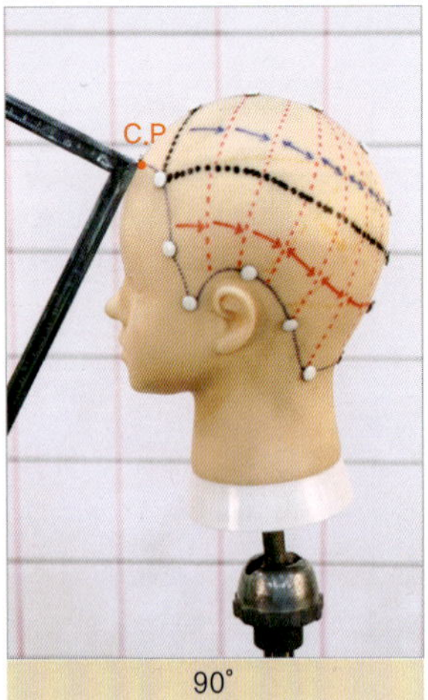

Center Point

center에서 90°는 두상의 형태를 숙지하는 것이 매우 중요하다.

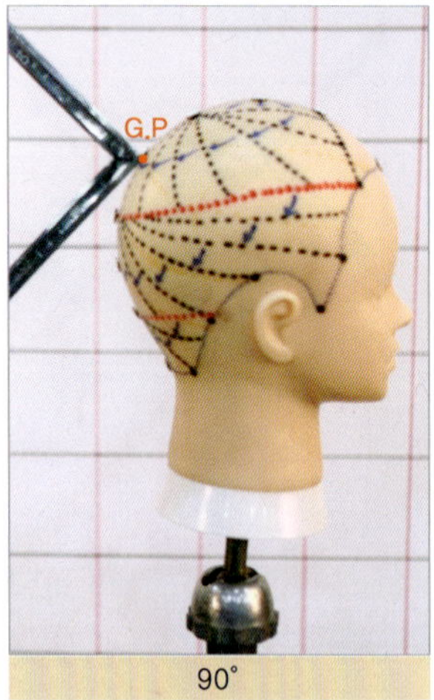

Golden Point

Golden은 Top의 각도와 혼돈될 수 있으므로 주의한다. 이 부분의 각도에 의해서 Back 부분의 Volume에 변화를 준다.

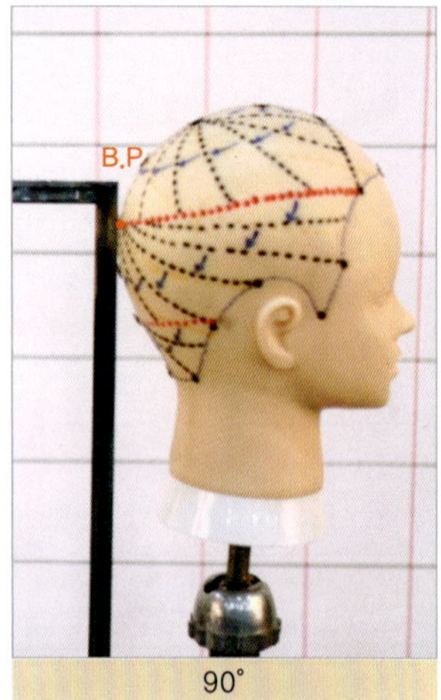

Back Point

Back부분은 Out Line의 무게감에 영향을 주므로 주의를 요하며 천체축으로 볼 때 동일한 90°가 된다.

(5) 커트 프로세스Cut Process

헤어 커팅에 사용되는 도구에 따라 가위를 사용하는 경우와 레이저를 사용하는 경우가 있다. 이 중에서 레이저를 사용하는 경우는 모발을 적신 후에 행한다. 그래서 레이저에 의한 방법을 웨트 커팅wet cutting이라고도 한다.

이것은 모발의 결을 매끄럽게 해서 커트가 잘 되도록 하는 동시에 모발을 잡아 당겼을 때 아픔을 주지 않게 하기 위한 것이다.

이와는 반대로 가위를 사용하는 경우는 모발을 적시지 않고 시술하기도 하는 커트테크닉Cut Technique을 드라이 커팅dry cutting이라고 한다. 그러나 모발을 적신 후 커트하는 웨트 커팅wet cutting 방법으로 시술하는 것이 더 용이하다. 웨트 커팅의 효과는 첫째로 모발을 손상시키지 않는 정확한 커트를 할 수 있고, 둘째로 모발상태가 커트하기에 용이하게 된다는 점을 들 수 있으며, 셋째로 고객의 두개골 형태의 파악이 용의하다.

드라이 커팅dry cutting은 첫째로 웨이브나 컬 상태의 모발을 시술할 경우, 둘째로 지나치게 길이를 변형시키지 않고 수정하는 경우, 셋째로 전체적인 형태파악이 용이하도록 하는 경우, 넷째로 손상모 등을 간단하게 추려내는 경우 등에 시술한다. 또 퍼머넌트 웨이브의 시술 전과 시술 후로 나눠서 프레 커트pre cut와 애프터 커트after cut가 있다.

프레 커트pre cut는 퍼머넌트 웨이브 등의 시술 전에 하는 커트를 말한다.

목적은 첫째로 모발의 길이를 디자인의 길이에 가깝게 하기 위한 커트의 경우 (대개 디자인 길이보다 1~2mm 길게 커트한다.) 둘째로 가지런하지 않은 모발의 길이를 정리하여 와인딩하기 쉽게하는 경우, 셋째로 모발 숱이 너무 많을 때 로드를 감기 쉽도록 모발을 1~2mm 페이퍼하는 경우 등을 들 수 있다. 애프터 커트after cut는 퍼머넌트 웨이브 시술 후에 디자인에 맞춰서 커트하는 것을 말한다.

1. Section

① One Section
② Two Section
③ Three Section
④ Multi Section
⑤ Ear to ear Section
⑥ Round Section
⑦ Horse's Section
⑧ Star Section

2. Out Line

① Spaniel Form
② Isadora Form
③ Parallel Form or One length

3. Parting

① Vertical
② Horizontal
③ Diagonal
④ Pivot

4. Base & Distribution

① Vertical
- a. On the base
- b. Free base
- c. Side base
- d. Off the base
- e. Over direction

② Horizontal
- a. On the base
- b. Down base
- c. Up base

③ Diagonal & Distribution
- a. Perpendicular Distribution
- b. Natural Distribution
- c. Shiftid Distribution

5. Angle

① Celestial angle
② Head angle

6. Finger & Comb Position

① In line
② Square line
③ Out line

7. Cut Technique

① Blunt Cut
② Point Cut
③ Razor Cut
④ Stroke Cut
⑤ Sliding Cut
⑥ Thinning Cut
⑦ Effect Cut
⑧ Rolling Cut
⑨ Pulling Cut

8. Head Position

① Down Position
② Up Position
③ Left Position
④ Right Position
⑤ Standard Position

9. Base Form

① One Length
② Graduation
③ Same Layer

1) 두상의 포인트

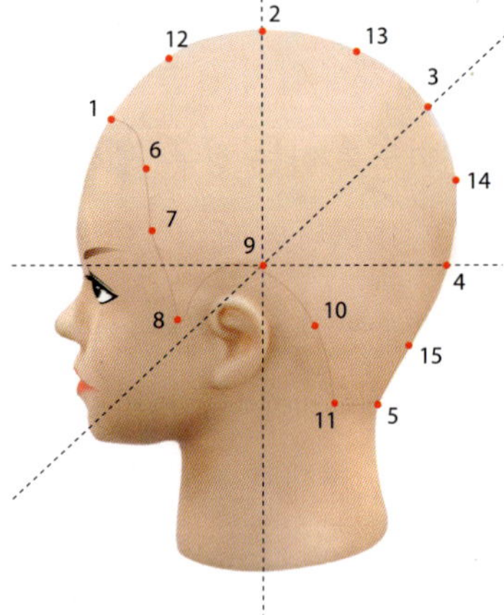

우리가 무엇인가를 지칭할 때 고유의 명칭이 있듯이 사람의 신체에도 명칭이 있다. 커트를 위해서는 두상의 명칭이 필요하다고 할 수 있다.

우리가 시술하는 두상은 손보다 사이즈가 크기 때문에 정확한 커트를 하기 위한 구분이 필요하다. 커트를 쉽고 정확하게 하기 위해서 두상의 열 다섯(15)포인트를 꼭 기억해 두길 바란다.

1	C.P(Center Point)	센터 포인트 : 중심 지점
2	T.P(Top Point)	탑 포인트 : 두정점
3	G.P(Golden Point)	골든 포인트 : 머리꼭지 지점
4	B.P(Back Point)	백 포인트 : 뒤 지점
5	N.P(Nape Point)	네이프 포인트 : 후두부 목 지점
6	F.S.P(Front Side Point)	프런트 사이드 포인트 : 정면 옆 꼭짓점
7	S.P(Side Point)	사이드 포인트 : 옆 꼭짓점
8	S.C.P(Side Corner Point)	사이드 코너 포인트 : 옆 코너 지점
9	E.P(Ear Point)	이어 포인트 : 귀 지점
10	E.B.P(Ear Back Point)	이어 백 포인트 : 귀 뒤 지점
11	N.S.P(Nape Side Point)	네이프 사이드 포인트 : 목 옆 지점
12	C.T.M.P (Center Top Medium Point)	센터 탑 미디엄 포인트 : 중심점과 두정점의 중간 지점
13	T.G.M.P (Top Golden Medium Point)	탑 골든 미디움 포인트 : 두정점과 머리꼭지 지점의 중간 지점
14	G.B.M.P (Golden Back Medium Point)	골든 백 미디움 포인트 : 머리꼭지 지점과 뒤 지점의 중간 지점
15	B.N.M.P (Back Nape Medium Point)	백 네이프 미디움 포인트 : 뒤 지점과 목 지점의 중간 지점

2) Section

❶ One Section

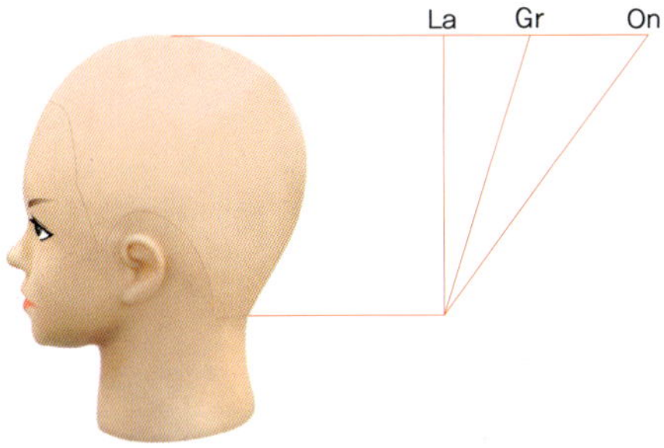

La	Layer
Gr	Graduation
On	One Length

❷ Two Section

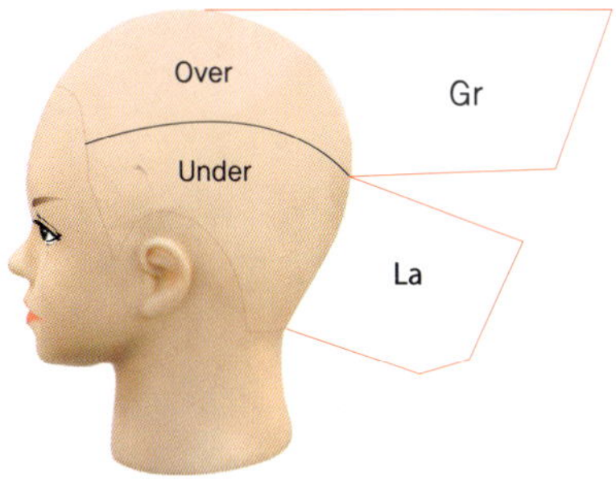

Na	Nape Section
Ov	Over Section
Un	Under Section
Mi	Middle Section
Fr	Front Section
To	Top Section
Si	Sid Section

❸ Three Section

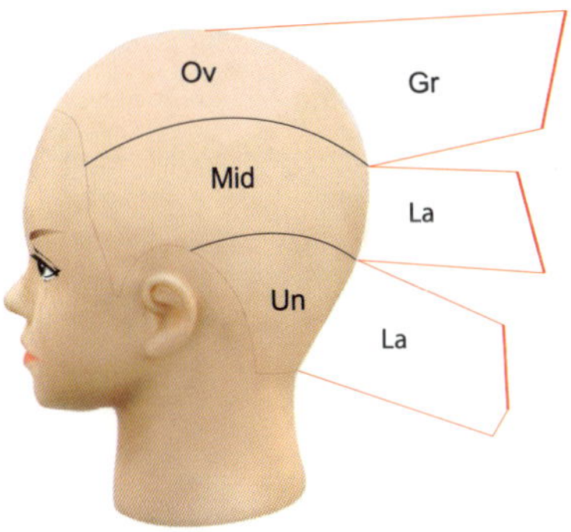

❹ Multi Section

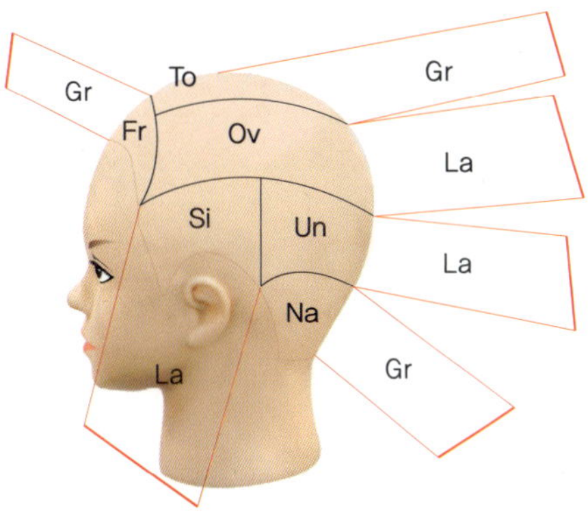

❺ Ear to ear Section

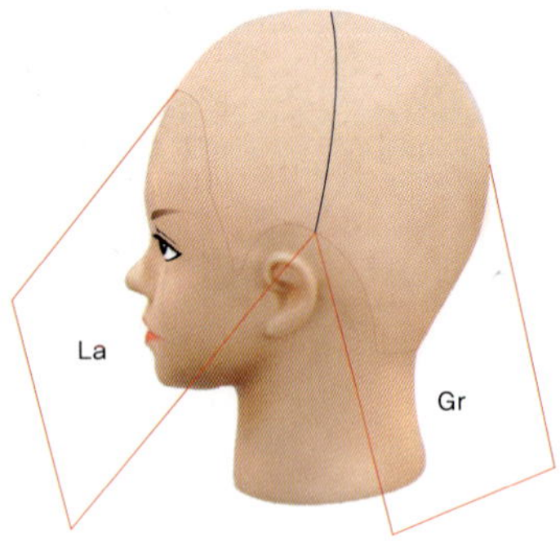

❻ Round Section

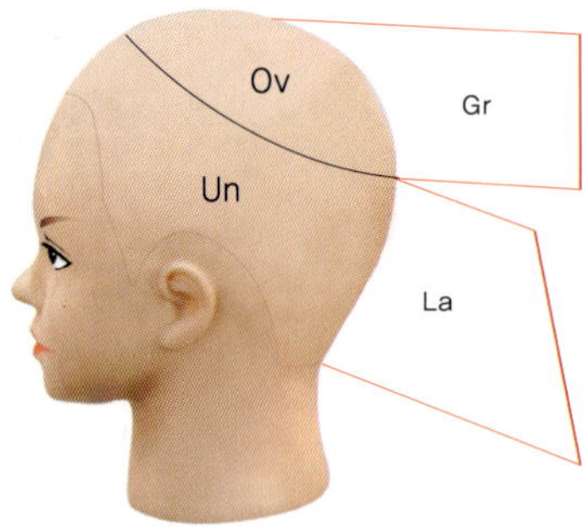

❼ Horse's Section

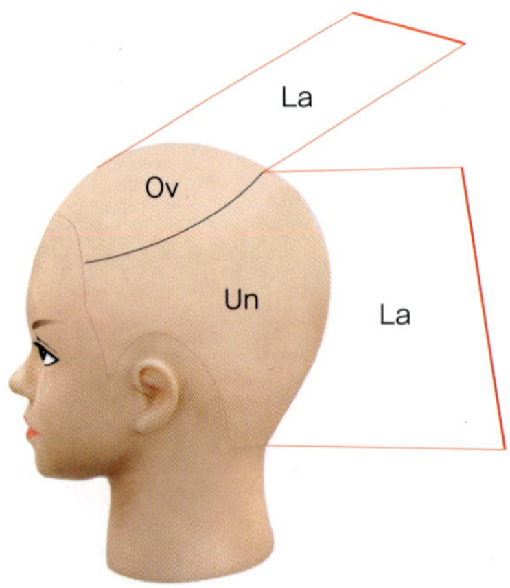

❽ Star Section

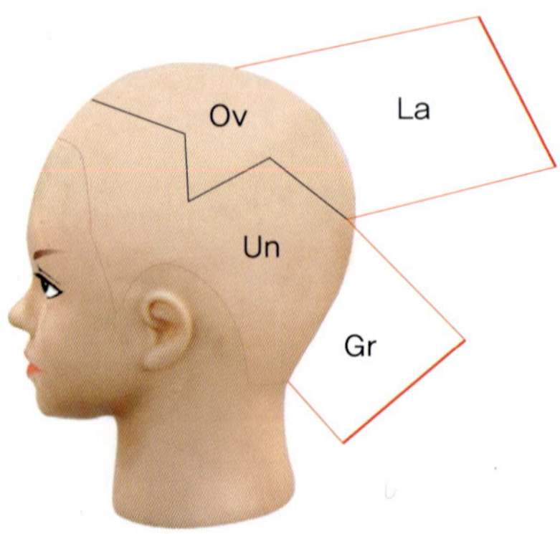

❶ Spaniel Form

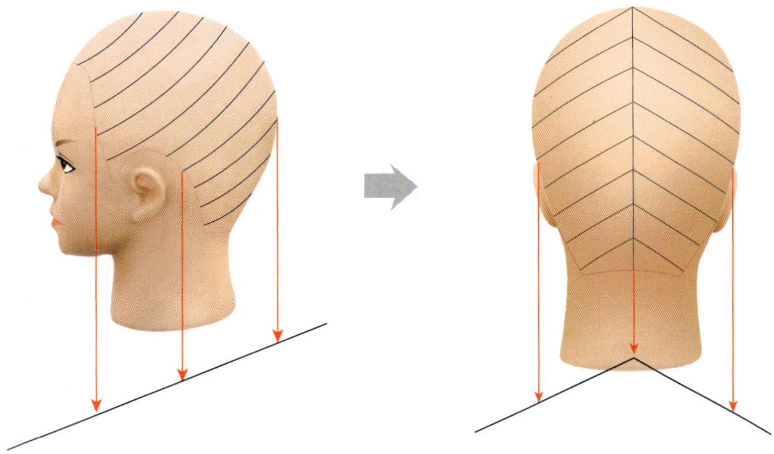

❷ Isadora Form

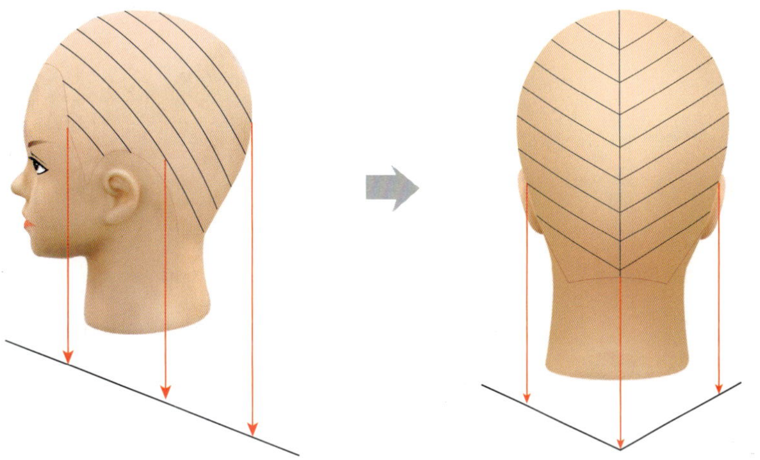

❸ Parallel Form or One Length

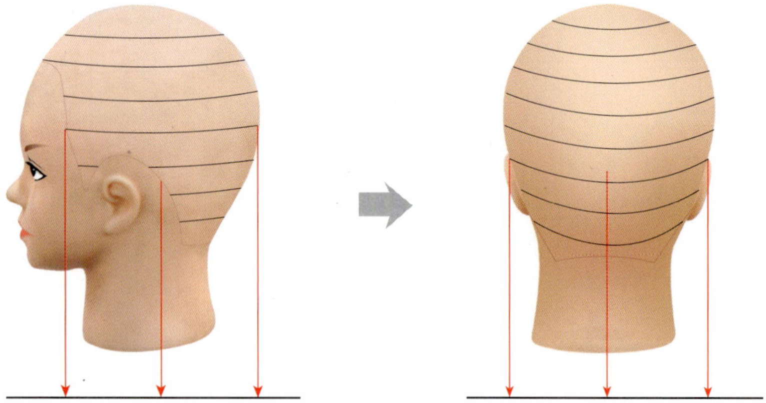

❶ Vertical Parting

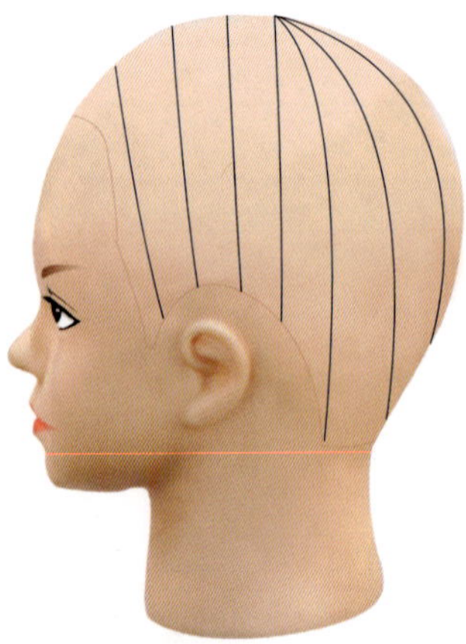

❷ Horizontal Parting

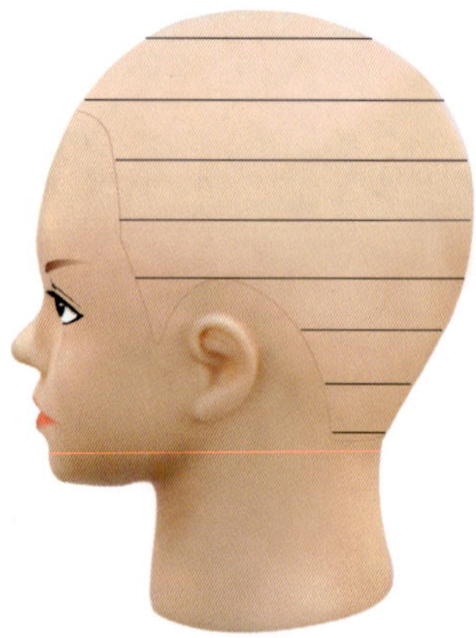

❸ Diagonal Parting

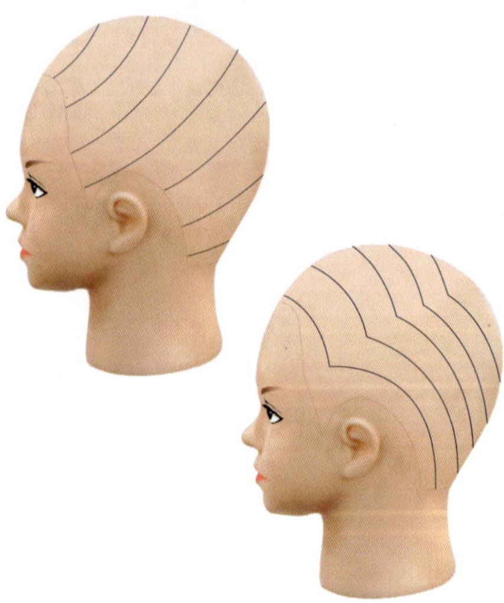

❹ Pivot Parting

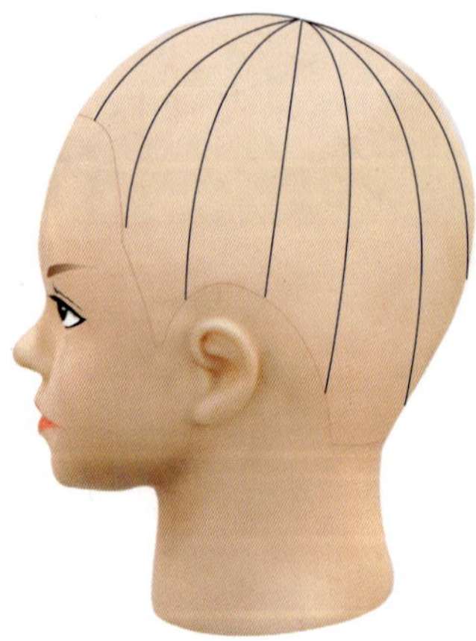

❶ Vertical Parting

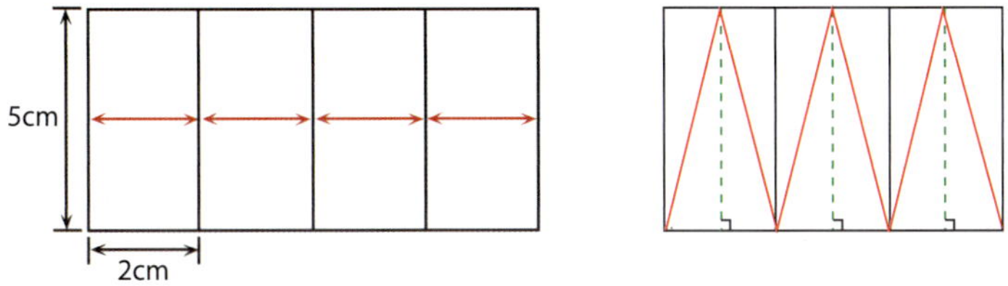

a. On the base

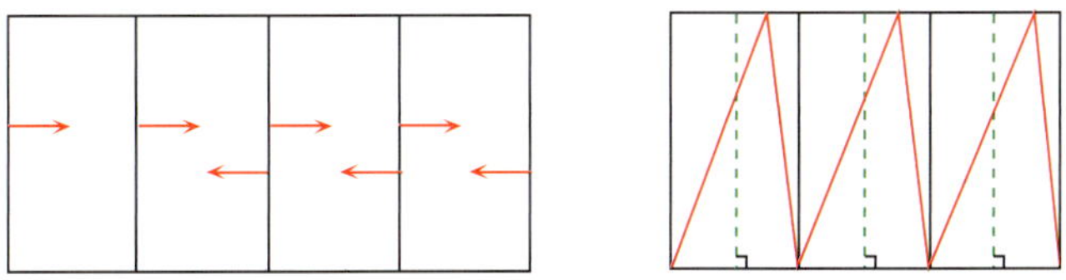

b. Free base

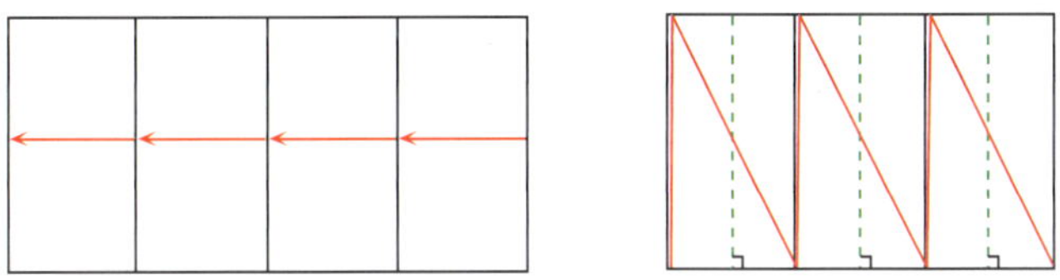

c. Side base

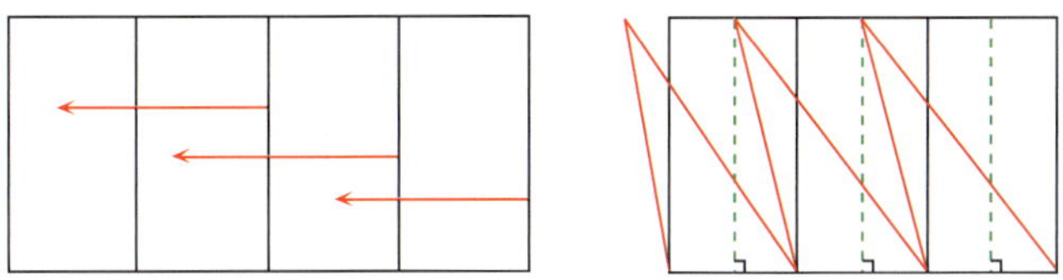

d. Off the base

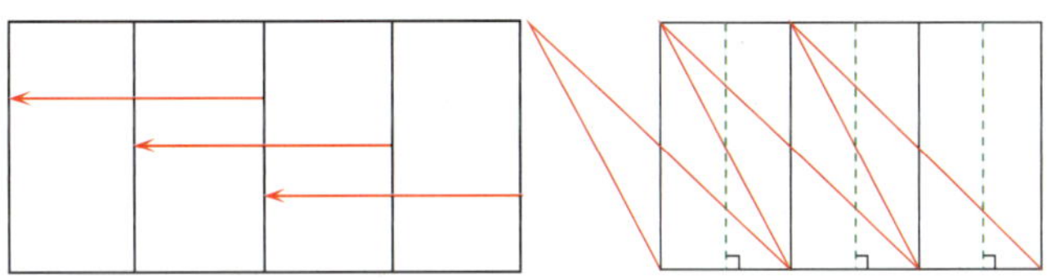

e. Over Direction

❷ Horizontal Parting

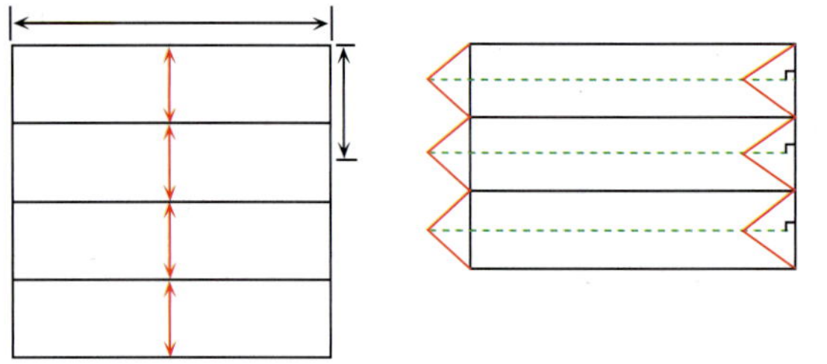

a. On the base

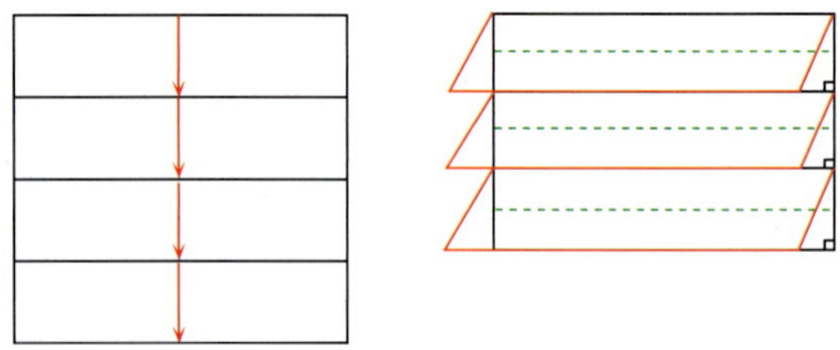

b. Down base

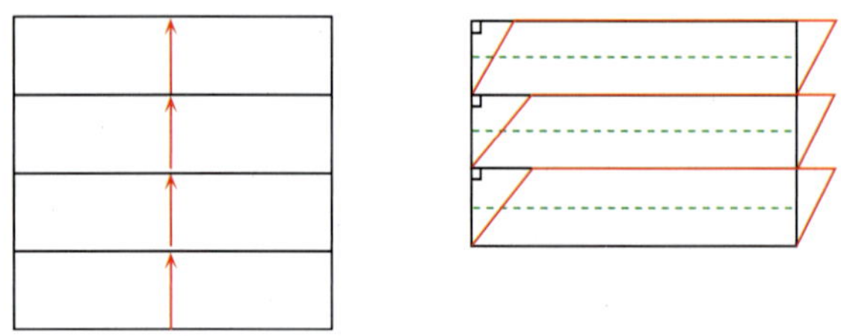

c. Up base

❸ Diagonal Parting & Distribution

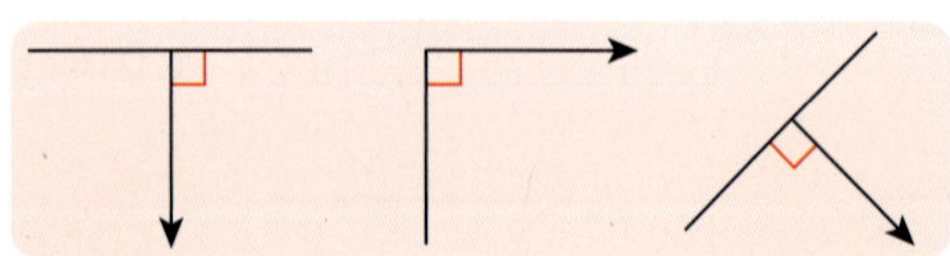

a. Perpendicular Distribution

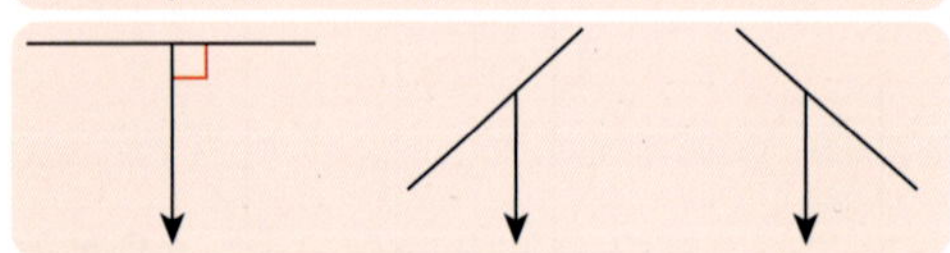

b. Natural Distribution

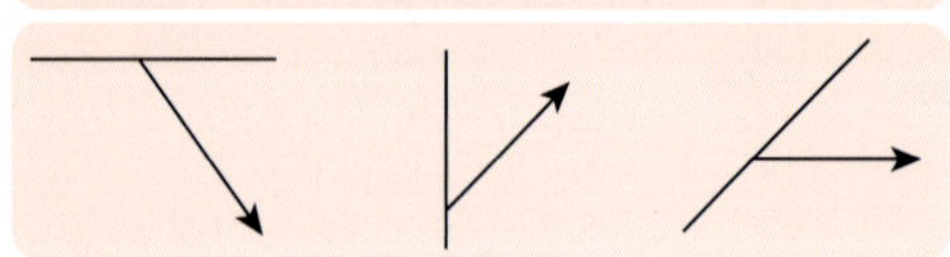

c. Shiftid Distribution

❶ Celestial Angle

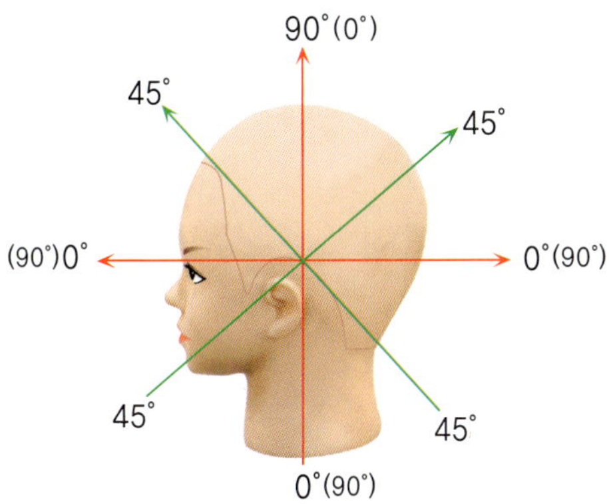

❷ Head Angle

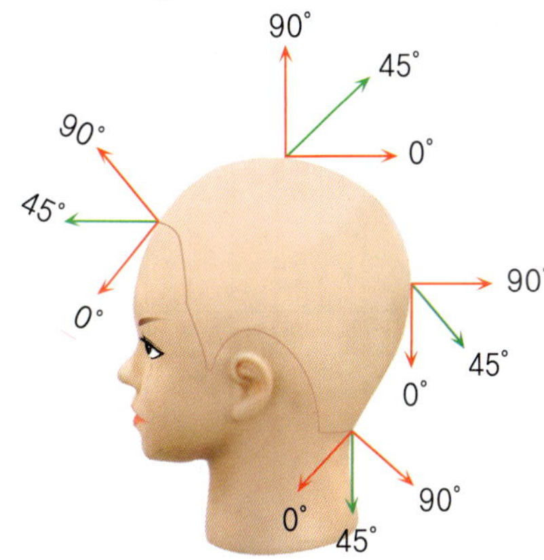

❶ In line

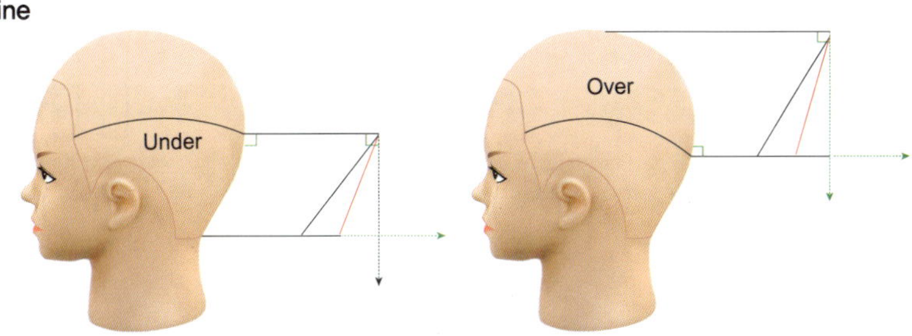

❷ Square line

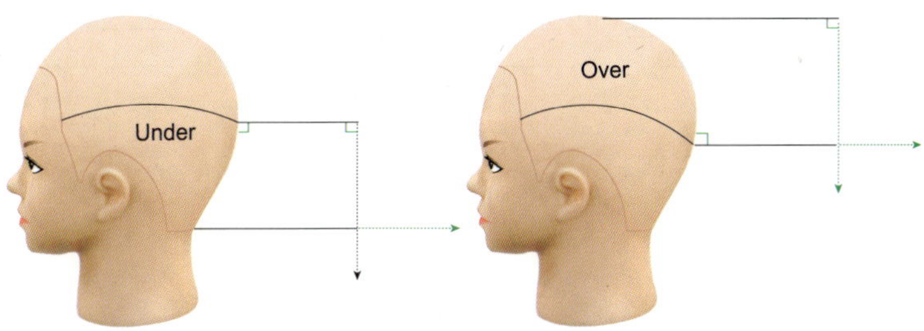

❸ Out line

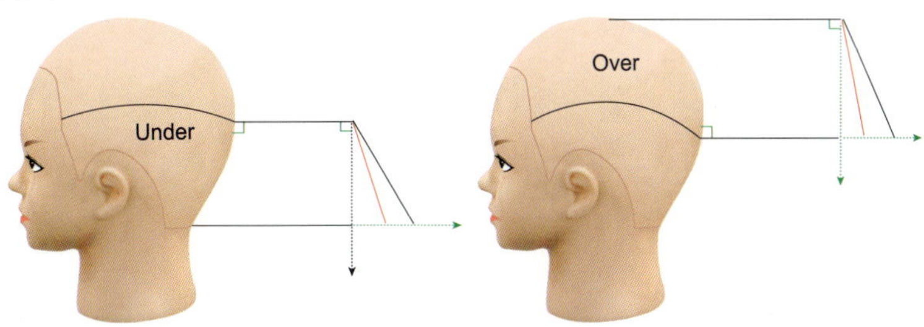

❶ Blunt Cut

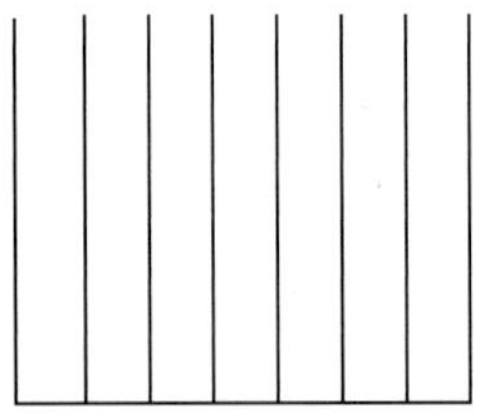

❷ Point Cut

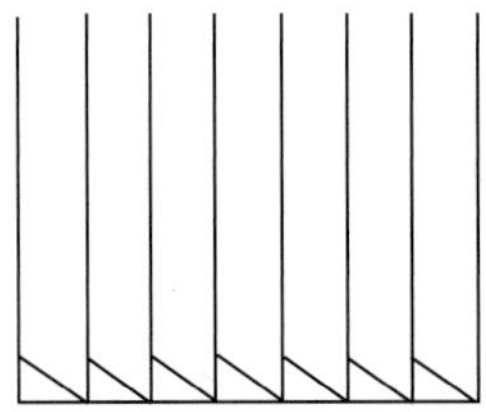

❸ Razor Cut

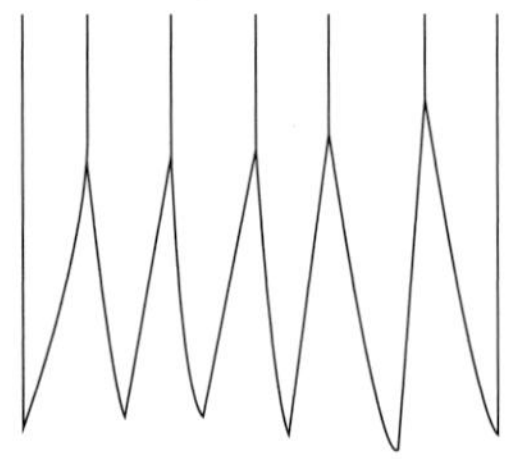

❹ Stroke Cut

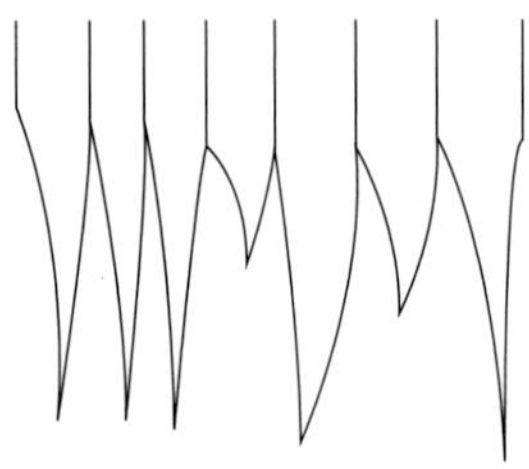

❺ Sliding Cut

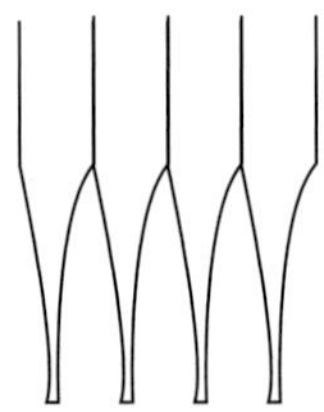

❻ Thinning Cut

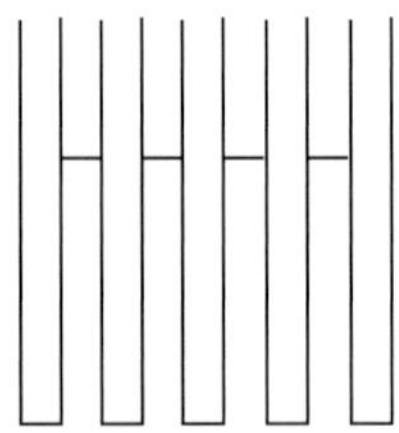

❼ Effect Cut

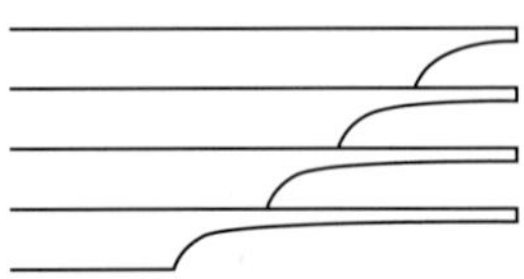

❽ Rolling Cut

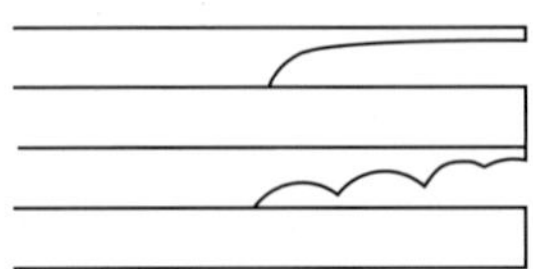

❾ Fulling Cut

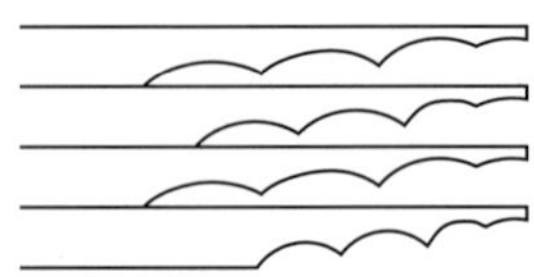

❶ Down Position

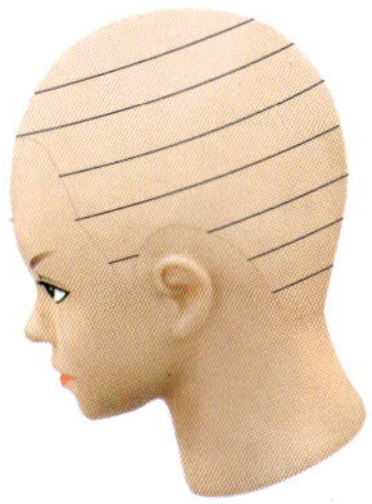

❷ Up Position

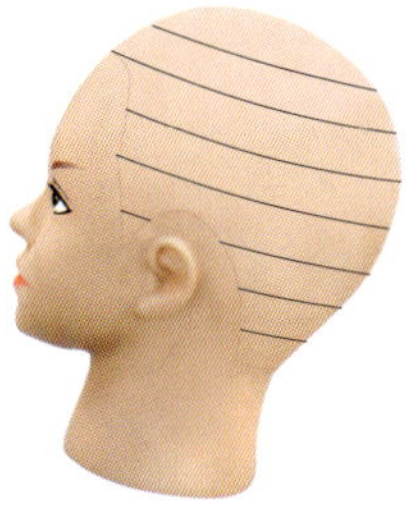

❸ Left Position

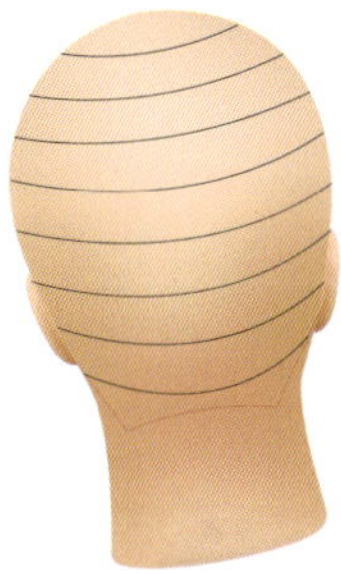

❹ Right Position

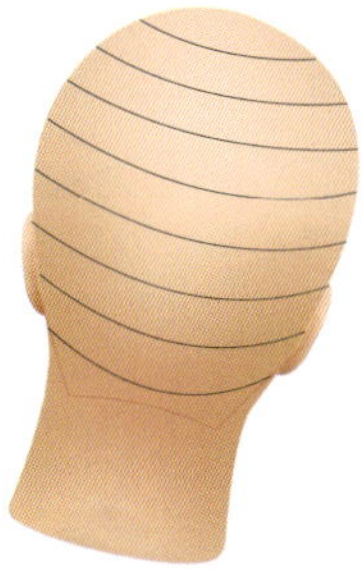

❺ Standard Position

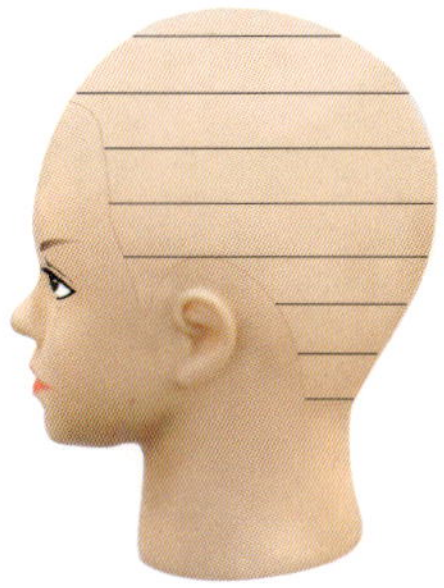

❶ One Length

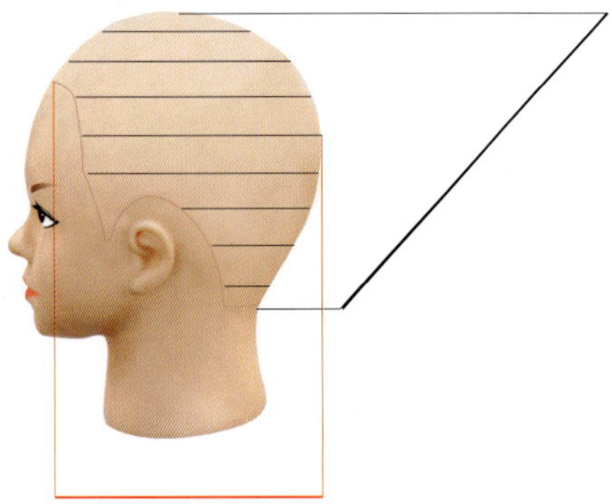

❷ Graduation

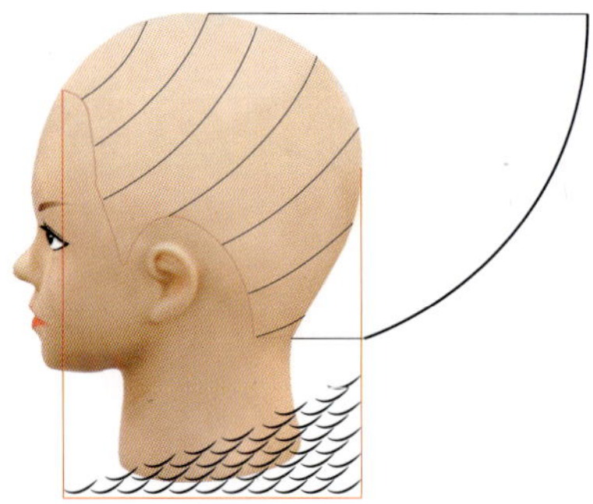

❸ Same Layer

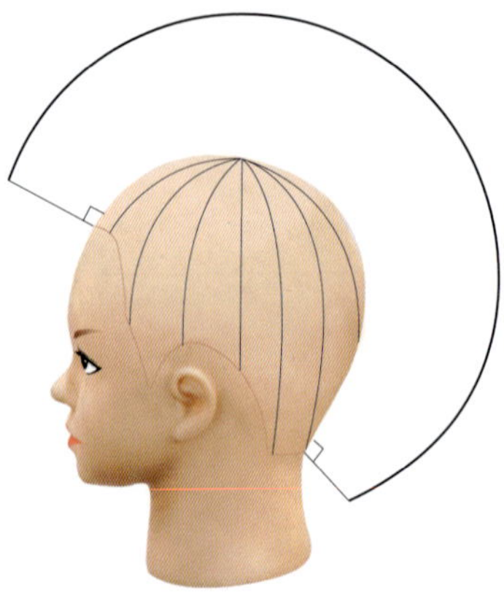

3. 헤어 세팅

(1) 헤어 세팅hair setting의 개념

헤어 세팅은 젖은 모발에 도구를 이용하여 컬과 웨이브를 주고 건조시켜 헤어 스타일을 재정비하는 헤어 미용기술이다. 웨트 스타일링wet styling과 서멀스타일링thermal styling, 즉, 열기구를 이용한 스타일링 두 가지로 구분할 수 있다. 과거에 전기를 이용한 헤어 스타일링 기기가 개발되기 전에는 헤어스타일링 방법은 헤어 세팅이나 웨트 스타일링이었다. 그러나 현재는 아이론이나 헤어드라이어를 이용한 스타일링 방법이 일반적이다. 젖은 모발에 핑거 웨이브, 플라스틱 롤러, 핀컬 등의 도구를 사용하거나, 헤어 아이론을 이용한 마셀 웨이브, 블로 드라이어를 이용한 블로 드라이, 전기 세팅기를 이용한 방법이 있다.

세트set의 사전적 의미는 '두다, 놓다, 자리잡다 등'으로 세팅은 명사로서 '둠, 놓음'을 의미하며, 헤어미용에서 헤어 세팅은 헤어 스타일을 형성하여 고정시키는 것으로 모발에 일정한 형태를 만드는 기술이다.

다양한 방법으로 완성된 헤어 세팅과 헤어스타일링은 절차상 모양의 기초를 만드는 오리지널세트original set와 만들어진 모양을 재정돈하는 리셋reset으로 구성된다. 오리지널세트의 단계에는 첫단계로 모발의 구획을 나누는 헤어 파팅hair parting과 컬을 만들기 전의 단계로 방향감을 주는 빗질인 헤어 셰이핑hair shaping을 기본 단계로하여 핑거 웨이브, 핀컬, 롤러 컬, 웨이빙 등 다양한 방법을 시행하게 된다. 리세트 과정은 건조된 모발을 손질하고 콤 아웃하는 것이다.

(2) 헤어 컬링hair curling의 원리

젖은 상태의 모발에 헤어 파팅과 셰이핑한 후 핀컬과 롤러를 이용하여 컬을 만든다. 그 후 건조시킨 다음 풀게 되면 모발은 원래의 컬 상태로 되돌아가려는 성질을 갖고 있다. 그러므로 세트 로션을 발라 필요한 긴장력tension을 가하여 컬을 만들고 건조시킨 후 빗질이나 브러싱을 해도, 본래의 상태로 되돌아가려는 성질로 인해서 두발에 웨이브가 만들어지고 이것이 모여서 롤roll이 형성되는데 이는 모발의 탄력성을 이용하는 것이다. 또한 젖은 모발은 모발 내 측쇄 결합 중 수소결합이 일시적으로 절단되고 건조하면 다시 재결합된다. 이러한 원리를 바탕으로 세트로션과 핀 또는 롤러 등의 물리적 힘으로 인해 컬과 웨이브가 형성된다.

(3) 헤어 세팅 도구

① 롤러roller는 플라스틱 재질의 원통형 모양으로 대형, 중형, 소형이 일반적으로 사용된다. 롤러의 원둘레의 크기에 따라 슬라이스의 크기가 달라진다.

② 빗comb은 모발을 정돈하고, 가르고, 볼륨을 줄 때 사용한다. 세트빗, 꼬리빗이 사용된다.

③ 헤어 브러시brush는 세트 전 모발을 정돈할 때 사용한다.

④ 클립clip은 롤러와 모발을 고정시켜 웨이브를 만들 때 사용한다.

⑤ 헤어드라이어hair dryer는 모발을 건조시키거나 스타일을 완성시킬 때 사용한다. 열풍과 냉풍을 조절할 수 있다.

⑥ 헤어아이론hair iron은 열을 이용해 일시적으로 모발에 컬과 웨이브를 형성시키는 기구로 일반적으로 전기 아이론을 사용한다.

⑦ 세트로션set lotion은 세트 시 모발을 일정한 형태로 고정시키는 정발제이다.

(4) 컬과 웨이브의 구성요소

핑거웨이브나 핀컬, 롤러를 사용하여 컬과 웨이브를 만들어 모발에 방향과 움직임을 주어 헤어스타일을 만든다. 컬과 웨이브를 만드는 과정상 필요한 요소는 다음과 같다.

1) 헤어 파팅hair parting

헤어 파팅은 모발의 구획을 나눈다는 의미인데, 컬과 웨이브를 만들기 위해 기본적으로 거치는 과정이다. 헤어 파팅은 모발의 흐름, 얼굴형, 헤어디자인에 따라 선택되며, 5개 파팅으로 구분할 수 있다.

① **센터 파팅**center parting : 전두부의 헤어라인 중앙으로부터 두정부를 향해 직선으로 구분한다. 센터 포인트, 골덴 포인트, 백 포인트, 네이프 포인트를 지나는 선으로 구분되며 앞가르마라고 한다.

② **사이드 파팅**side parting : 전두부와 한쪽 측두부를 구분하는 경계선의 앞 헤어라인 지점으로부터 뒤쪽으로 향해서 수평하게 직선으로 나눈다. 오른쪽이나 왼쪽옆가르마라고 한다.

③ **노 파팅**no parting : 가르마가 없는 상태이다.

④ **카우릭 파팅**cowlick parting : 두정부의 가르마를 중심으로 모발의 흐름 그대로 나눈다.

⑤ **라운드 사이드 파팅**round side parting : 사이드 파팅을 곡선으로 하는 것

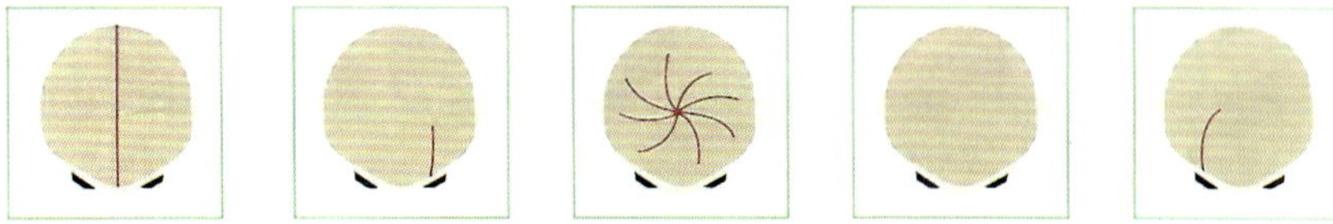

그림 2-25 헤어 파팅

2) 헤어 셰이핑 hair shaping

셰이프 shape의 사전적 의미는 모양, 형상, 자태, 모습으로 셰이핑은 형태를 만들어 간다이다. 컬과 웨이브를 만들기 위해 모발에 빗으로 모발의 흐름을 잡는 기본 단계를 말한다. 셰이핑을 하기 전에 모발이 엉키지 않도록 빗을 하고 위치, 방향, 폭, 형태를 만들어 간다. 빗질의 각도에 따라 모발의 볼륨과 방향이 결정되며, 수평선을 기준으로 올려빗기의 경우 업셰이핑 up shaping, 내려빗을 경우 다운셰이핑 down shaping이라고 한다.

3) 스템의 방향

일정한 헤어스타일을 만들기 위해서는 일정한 모발의 흐름이 필요하다. 컬을 만들 때 스템의 방향과 두피의 각도에 따라 크게 수직, 수평, 대각선으로 나누어 구분할 수 있다. 스템의 각도는 컬과 웨이브 볼륨을 변화시킨다. 컬의 움직임 정도를 결정짓는 세 가지 기본적인 스템은 다음과 같다.

① **풀 스템** full stem : 모발에 컬의 형태와 방향만 부여하며, 컬의 움직임이 가장 작다.

② **하프 스템** half stem : 반 정도의 스템에 의해서 서클이 베이스로부터 어느 정도 움직임을 유지한다.

③ **논 스템** non stem : 컬이 오래 지속되며 움직임이 가장 크다.

- **텐션** tention : 텐션이란 컬을 말 때에 들어가는 힘의 정도이며, 긴장력을 가하면 헤어스타일을 오래 유지할 수 있다.
- **루프의 크기** loop size : 직경이 작은 루프의 경우 작고 빈틈이 없이 꼭 맞는 움직임을 주고, 직경이 큰 경우 크고 여유있는 움직임을 만든다.

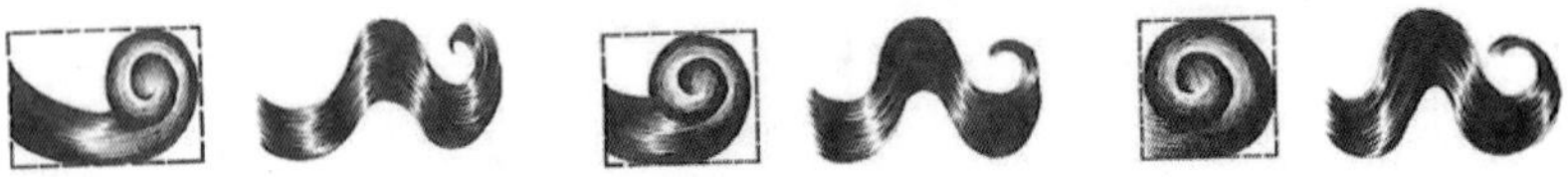

풀 스템 하프스템 논스템

그림 2-26 컬의 움직임을 결정하는 스템

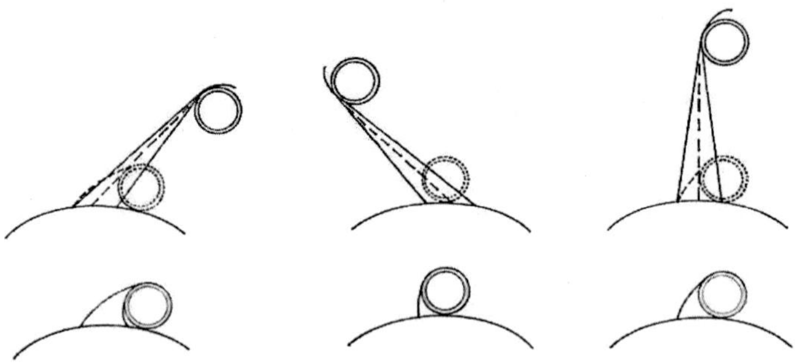

롱스템 롤러컬 하프스템 롤러컬 논스템 롤러컬

그림 2-27 롤러컬

4) 베이스 base : 베이스는 컬 스트랜드의 밑 부분에 해당된다. 종류로는 스퀘어 sqare, 오브롱 oblong, 트라이앵글 triangular, 아크 arc, 패러랠러그램, 평행사변형, parallelo-gram이 있다.

스퀘어 오블롱 트라이앵글 아크 패러랠러그램

그림 2-28 베이스

4. 퍼머넌트 웨이브

(1) 퍼머넌트 웨이브 시술도구[1]

도구	특징	
고객 가운	펌에 사용되는 제품이나 약액 등이 고객의 의류나 피부에 묻어 영향을 미치는 것을 예방하기 위해 사용한다.	
펌 전용가운 (파마보)	시술 중 펌제나 젖은 모발이 옷에 묻지 않게 하기 위해 사용한다.	
타월	수분을 잘 흡수하는 소재와 촉감이 부드러운 것을 사용하는 것이 좋다. 또한 여러 가지 컬러의 타월을 사용하는 것보다 1~2가지 색상으로 통일하는 것이 좋으며, 탈색이나 변색이 잘 되지 않는 색상을 선택하는 것이 좋다.	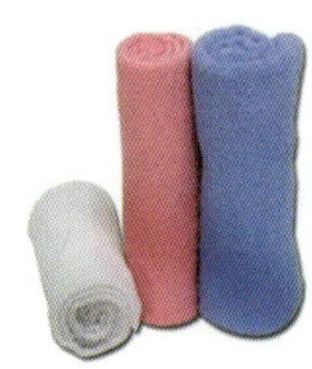
장갑	유해한 화학적 펌제로부터 손을 보호하는 역할을 한다.	
헤어밴드	펌제가 두피에 흘러 내려서 얼굴에 묻지 않도록 두상을 감싸 주는 역할을 한다.	

1 박은준, 권은실, 박명희 외 5명 저, "기본 헤어 퍼머넌트 웨이브".(메디시언), 2016, pp.48-53.

도구	특징	
중화받침	도포 시 펌제나 중화제가 가운이나 목 주위에 흘러내리지 않도록 하기 위해 사용한다. 약액 도포 시 어깨에 중화받침을 하고 도포한다.	
비닐 캡	환원제 작용이 일정한 온도에서 반응할 수 있도록 해주기 위해 사용한다.	
펌용기	용기에 눈금이 표시되어 있어 펌 1제 또는 중화제 등의 적당량을 덜어서 사용할 수 있다.	
로드(rod)	웨이브의 디자인 형태에 따라서 호수별로 다양하게 비치해 놓고 사용하며 기본 로드는 보통 1~10호까지 있고, 그 외 다양한 모양의 로드가 있다.	
핀셋	펌 시술 시에 빠르고 편리하게 와인딩을 하기 위해 사용하며, 섹션을 나누고 모발이 흘러내리지 않도록 고정해 준다. 핀셋은 고정력이 좋고 잘 부식되지 않는 것을 선정한다.	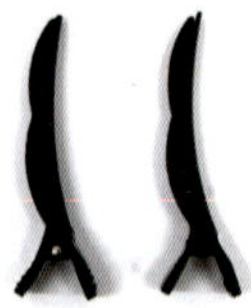
엔드 페이퍼	모발의 끝이 일정하지 않는 스트랜드를 와인딩을 하기 쉽게 잡아주고 모발에 환원제가 지나치게 흡수되어 모발이 손상되는 것을 방지하기 위해 사용한다.	
꼬리빗	모발을 와인딩하기 쉽게 나눌 때 사용하는 것이며, 재질은 부드럽고 표면이 매끈하고, 빗살이 촘촘하고 고른 것을 선택하는게 좋다. 꼬리빗 끝이 너무 뾰족하거나 날카로우면 두피를 자극하므로 너무 날카로운 것은 피한다.	

도구	특징	
펌제	환원제(제1제)와 산화제(제2제)로 구성되어 있으며, 제1제가 시스틴 결합을 절단하고, 제2제가 시스틴을 다시 재결합하여 웨이브를 형성하게 한다.	
고무줄	와인딩이 된 로드를 두피에 고정시키는 역할을 하고 컬에 탄력을 주는 역할을 한다. 너무 강하게 고무 밴딩을 할 경우 모발에 자국이 생겨 끊어질 수도 있으니 주의해야 한다.	
스틱	와인딩한 후 밴드 자국이 나지 않도록 예방해 주는 역할을 한다.	
타이머	펌 시술 시 각 과정에서의 시간을 정확히 맞추기 위해 사용한다.	
가온기	약액의 환원을 도와 퍼머넌트 웨이브가 빠른 시간에 나올 수 있도록 해준다.	

(2) 퍼머넌트 웨이브의 정의 및 목적

퍼머넌트 웨이브란 영구적인, 연속적인 물결이란 뜻이며, 모발 내 시스틴 결합의 환원작용과 산화작용을 이용하여 영구적인 웨이브를 만드는 것으로 물리적·화학적 방법을 사용하여 모발의 구조와 형태를 오랫동안 변화시키는 것을 말한다.

퍼머넌트 웨이브를 하기 위해서는 모발·펌 약제·기술 등의 구성요소가 필요하며, 현재 미용 산업현장에서 시술하고 있는 퍼머넌트 웨이브는 곡선의 웨이브와 직선의 스트레이트가 있다.[2]

2 국제헤어디자인연구회 저, "c.c.c. Basic Permament Wave," 청구문화사, 2012, p.23.

퍼머넌트 웨이브는 헤어커트 후에 커트의 디자인 완성도를 높여주고, 얼굴형과 두상의 모양을 보완해 준다. 헤어스타일의 손질을 용이하게 하여 자신만의 개성을 살릴 수 있는 면에서 남녀노소 폭넓은 연령층에 적용되고 있다.[3]

(3) 퍼머넌트 웨이브의 원리

퍼머넌트 웨이브는 측쇄결합 중에서도 가장 견고한 시스틴(S-S)결합에 의해 형성된다. 펌 제1제 도포 후에 시스틴이 시스테인으로 환원작용된 모발에 여러가지 와인딩 기법과 다양한 로드 등의 물리적 방법을 사용하여 모발의 모양을 변형시킨다. 그리고 펌 제2제 도포 후의 산화작용에 의해 시스테인이 새로운 시스틴으로 재결합되면서 다양한 모양의 퍼머넌트 웨이브가 형성되는 것이다.[4]

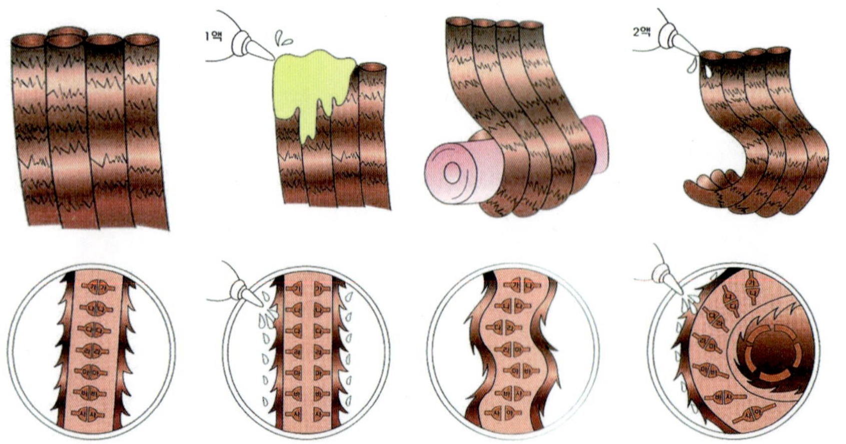

퍼머넌트 웨이브 원리[5]

(4) 퍼머넌트 웨이브 종류

퍼머넌트 웨이브는 크게 상온에서 가능한 콜드 퍼머넌트 웨이브Cold permanent wave와 히트 퍼머넌트 웨이브Heat permanent wave로 나눌 수 있다.

---

3 박은준, 권은실, 박명희 외 5명 저. "기본 헤어 퍼머넌트 웨이브", 메디시언. 2016. p.41.

4 국제헤어디자인연구회 저, c.c.c. Basic Permament Wave. 청구문화사, 2012, p.25.

5 박은준, 권은실, 박명희 외 5명 저. "기본 헤어 퍼머넌트 웨이브", 메디시언. 2016. p.42.

① 콜드 퍼머넌트 웨이브 Cold permanent wave

[1 욕식]

제1제(환원제)의 환원작용만을 사용하여 퍼머넌트 웨이브를 형성하는 것으로 알칼리제의 양이 2욕식보다 적다. 제1제의 주성분인 티오글리콜산 암모늄이 시스틴 결합을 환원시키고, 공기중의 산소가 촉매작용을 하는 자연산화로 말미암아 시간(6~8시간)이 많이 걸리는 단점이 있어 미용 산업현장에서는 사용하지 않는다.

[2 욕식]

현재 가장 많이 사용되고 있는 방법으로 제1제환원제와 제2제산화제로 구성되어 있으며, 2종류의 용액을 사용하며 상온에서 사용이 가능한 콜드Cold 펌제이다.

2욕식에는 가온 2욕식, 무 가온 2욕식이 있으며, 1제환원제는 시스테인, 산성, 알칼리 펌제가 있고, 제 2제산화제는 과산화수소와 브롬산 나트륨이 있다.[6]

[3 욕식]

3 욕식은 제1제전처리제와 제2제환원제, 제3제산화제로 구성되어 있으며, 제1제는 모발 연화제로 와인딩 전에 도포하여 환원제가 모발에 쉽게 침투할 수 있도록 팽윤연화 작용을 한다.

제2제와 제3제는 2욕식과 같으며 모발이 굵거나 발수성모에 효과적이고 웨이브를 형성하기 어려운 손상모발에도 PPT 등의 영양을 주기 위한 제품과 함께 제1제를 사용한다.

② 히트 퍼머넌트 웨이브 Heat permanent wave

히트 퍼머넌트 웨이브는 모발에 열을 가하여 웨이브를 형성하는 방법으로 히트 퍼머넌트 웨이브의 약제는 2욕식으로 구성되어 있으며, 제1제는 환원작용, 제2제는 산화작용을 하며 약제 처리방법에 따라 직 펌과 히트 펌으로 나눈다. 직 펌은 콜드 펌 2욕식의 방법처럼 제1제를 헹궈 내지 않은 상태에서 와인딩 후 열을 가하여 시술하는 방법이며, 히트 펌은 제1제 도포 후 방치시간을 두고 환원력을 테스

6 홍도화, 박기원, 강영이 외 7명 저, "미용장 개론", 청구문화사, 2006, p.92.

트한 후 물로 헹궈 내는 작업을 한 후 펌을 시술한다. 히트 퍼머넌트 웨이브는 모발 진단에 따른 열기구의 온도조절이 중요하다.[7]

(5) 퍼머넌트 웨이브 와인딩 종류

와인딩은 크게 크로키놀식과 스파이럴식으로 크게 나눌수 있으며 크로키놀식은 가로말기, 사선말기, 수직말기가 있으며 스파이럴식 와인딩은 트위스트, 백 트위스트, 기본 스파이럴식 와인딩이 있다.

크로키놀식 와인딩은 모발 끝에서부터 모근방향으로 와인딩이 되기 때문에 모근 쪽으로 갈수록 웨이브의 형태가 굵게 형성되므로 짧은 모발에 효과적이다. 스파이럴식 와인딩은 모근에서 또는 모선에서 와인딩을 시작하지만 모발이 로드에 겹쳐지지 않으므로 모근에서부터 모선까지 균일한 웨이브를 형성할 수 있다. 따라서 모발의 길이에 따라 적정한 와인딩 방법을 선택을 해야 원하는 결과를 얻을 수 있다.[8]

	특징		
크로키놀식 와인딩	수평(horizontal) 와인딩		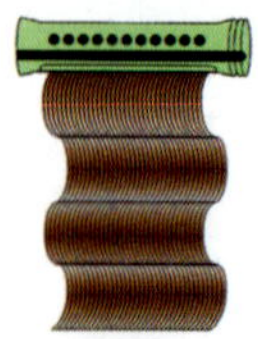
	수직(vertical) 와인딩	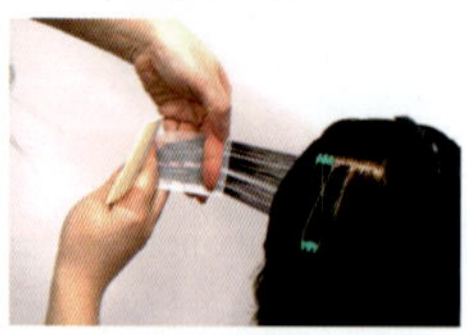	
	사선(diagonal) 와인딩		

7 박은준, 권은실, 박명희 외 5명 저, "기본 헤어 퍼머넌트 웨이브", 메디시언, 2016. p.43
8 박은준, 권은실 외 저, "응용 헤어 퍼머넌트 웨이브", 메디시언, 2017. p.41

스파이럴 와인딩	기본 스파이럴 와인딩		
	트위스트 와인딩		
	백 트위스트 와인딩	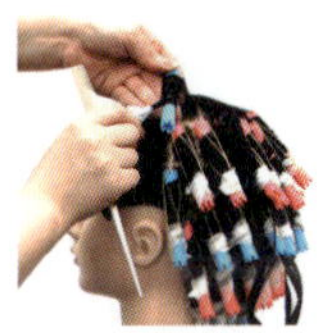	

(6) 퍼머넌트웨이브 시술방법[9]

1) 콜드 퍼머넌트 웨이브

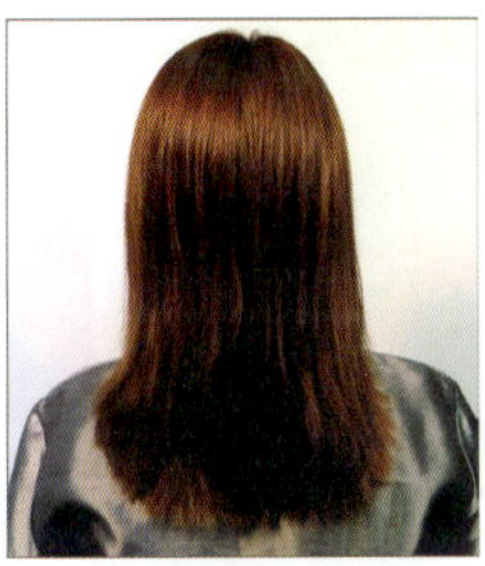

① 모발 및 두피 진단

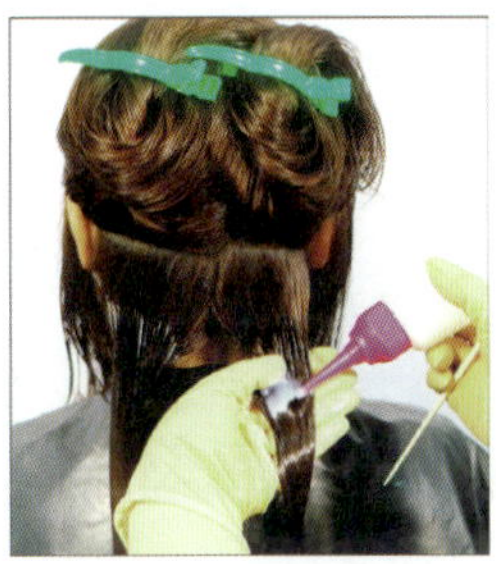

② 제 1제(환원제) 도포 (손상도에 따라 전처리제 도포 후)

③ 디자인에 따른 와인딩

9 앞의 책, p.43.

④ • 헤어밴드 착용
• 제1제(환원제)도포한 후
• 스틱 꽂기

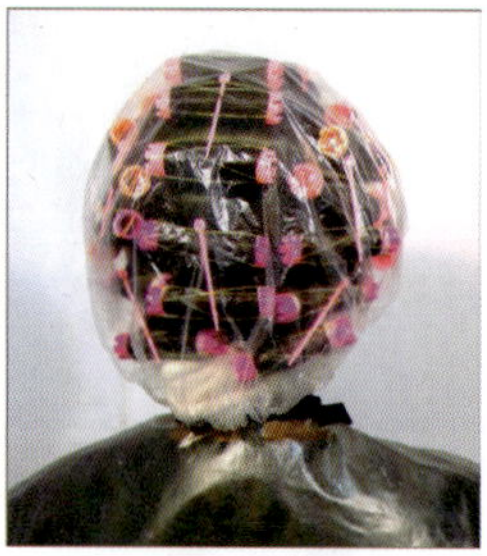

⑤ 비닐캡 씌우기

⑥ 가온처리
(모발 손상 정도에 따라 유무)

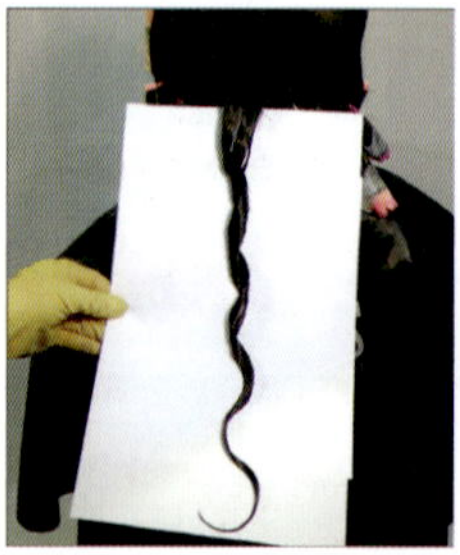

⑦ 방치시간 완료 후 테스트 컬

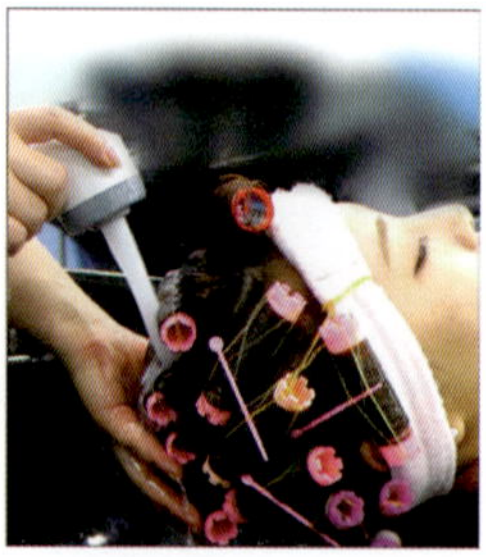

⑧ 중간린스
(손상모일수록 중간린스 필수)

⑨ 모발의 물기 제거 후 제2제(산화제) 도포

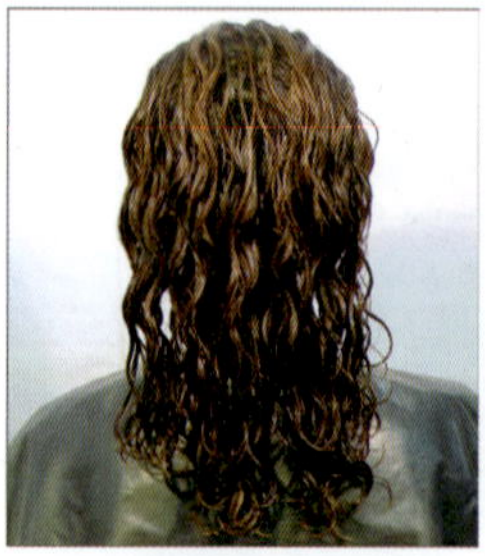

⑩ 로드 아웃

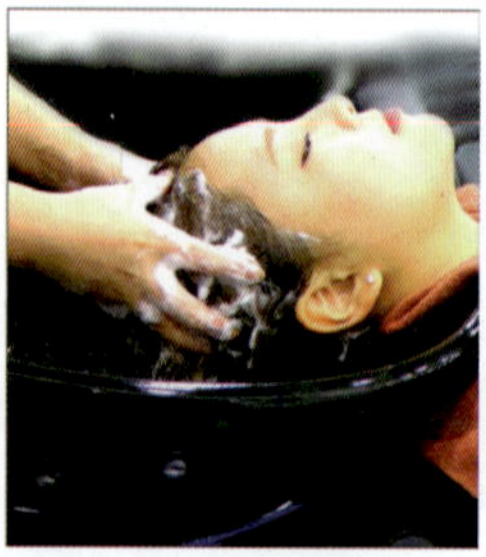

⑪ 산성 샴푸 & 린스

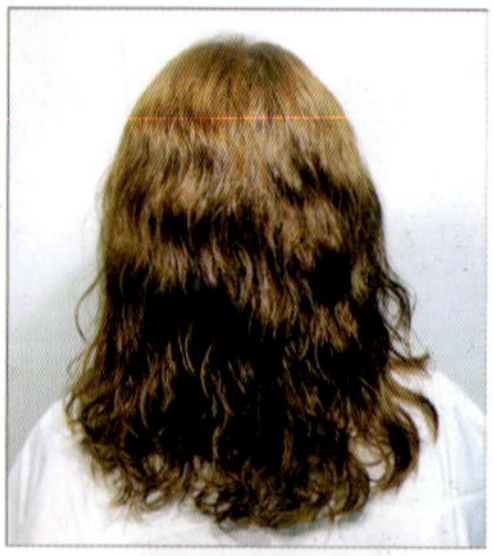

⑫ 스타일링제품 도포 후 마무리

2) 히트 퍼머넌트 웨이브

① 두피 및 모발 진단

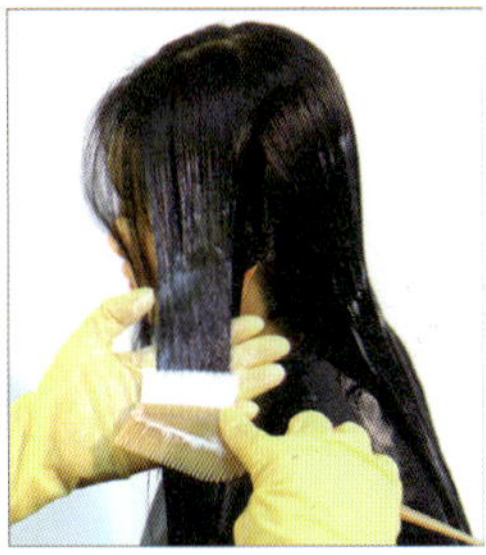
② 제 1제(환원제) 도포
(손상 정도에 따라
전처리제 도포)

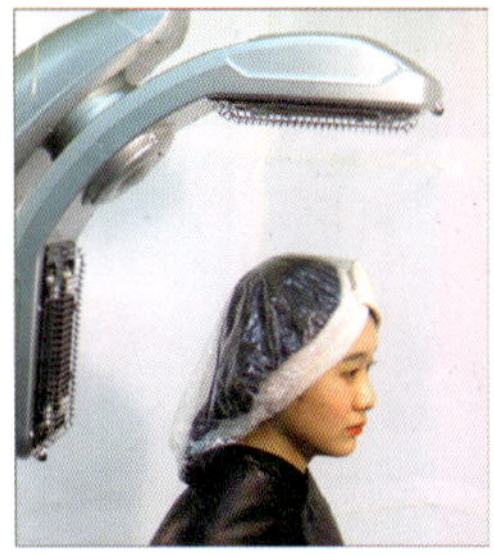
③ 가온처리
(모발 손상 정도에 따라
유무)

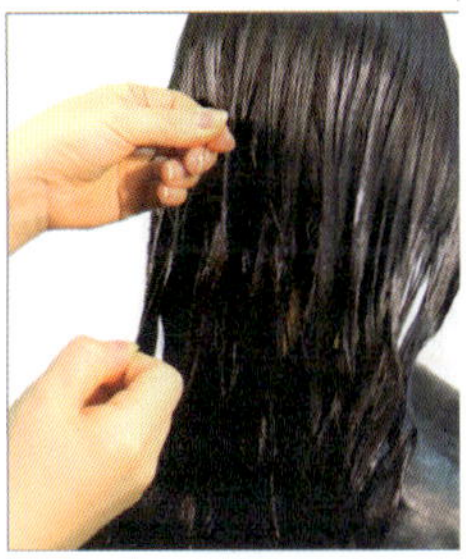
④ 연화테스트

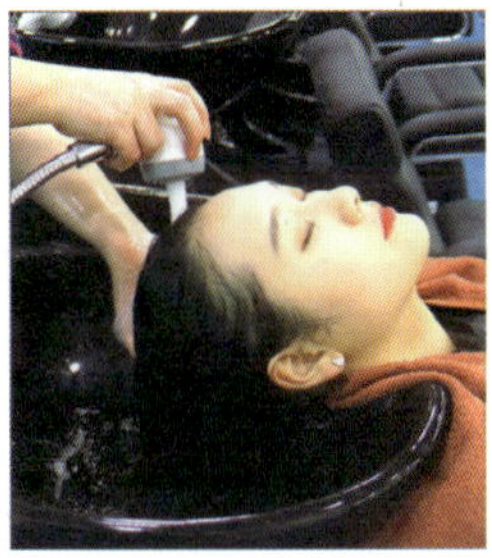
⑤ 제1제(환원제) 헹구기

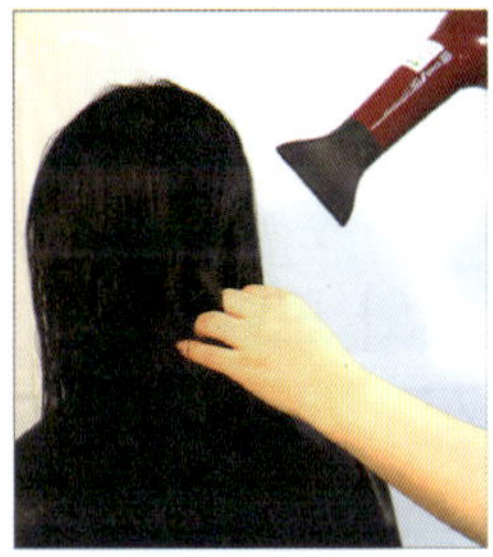
⑥ 수분조절

⑦ 디자인에 따른 와인딩

⑧ 열처리
(손상 정도에 따라 타
임 조절)

⑨ 제2제(산화제) 도포 전
로드나 핀컬핀으로
웨이브 형태 고정

⑩ 제 2제(산화제) 도포
(모발이 긴 경우 로드 안
쪽까지 꼼꼼하게 도포함)

⑪ 로드 아웃 후

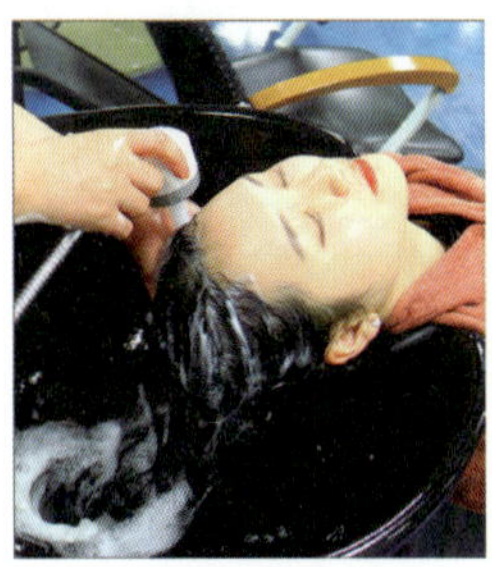
⑫ 산성샴푸 & 린스

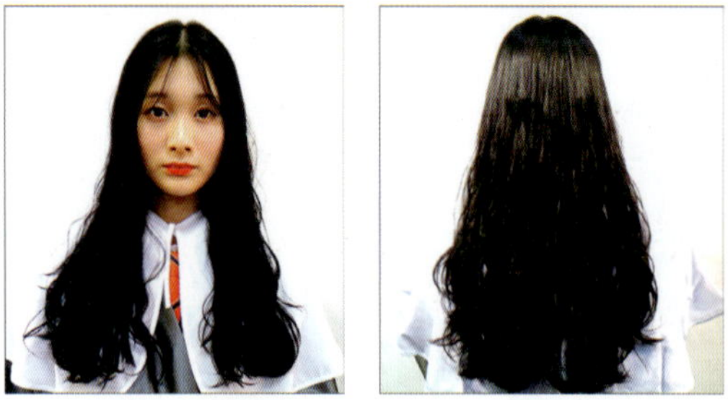

⑬ 스타일링제품 도포 후 마무리

5. 헤어 컬러링

1. 색채와 모발

(1) 색의 개념

빛에 의해 생기는 물리적인 지각현상이며, 색체란 물리적 지각현상으로서의 색이 감각기관인 눈을 통해서 지각되거나 이런 지각현상과 같은 경험효과를 말한다. 따라서 색은 눈의 망막에 의해 지각되는 물리적 현상을 말하며, 색채는 디자인에 있어서 의미나 상징성, 거리감, 질감 대비 등의 원리를 느끼게 하는 심리적 현상이다.

(2) 색의 지각

색 지각의 3요소는 광원빛, 물체, 시각감각기관으로 색은 빛이 물체를 비추었을 때 생겨나는 흡수, 반사, 투과, 굴절, 분해 등의 과정을 통하여 인간의 눈을 자극함으로써 생기는 물리적 지각현상이다.

(3) 색의 분류

색은 무채색과 유채색으로 분류한다. 무채색은 흰색white, 회색gray, 검정색black등과 같이 밝고 어두움을 갖는 색으로 색상이나 채도는 없고 명도의 차이만을 가진 색이다. 유채색은 무채색을 제외한 모든 색으로 색상, 명도, 채도를 포함한 색이다.

(4) 색의 삼속성

우리가 색을 보고 느끼는 것은 색상, 명도, 채도로 색의 삼속성을 크게 분류한다. 색상(hue)은 빛의 파장 자체를 나타내는 것이고, 명도(value)는 밝고 어두운 정도를 나타내는 것이며, 채도(chroma)는 색 파장의 순수한 정도를 나타내는 말이다.

1) 색상 Hue

색을 구별하기 위한 색의 명칭으로 스펙트럼에서 볼 수 있는 빨강, 주황, 노랑, 녹색, 파랑, 남색, 보라 등으로 구분하며 H로 표시한다. 색상환은 색상에 따라 계통적으로 색을 둥글게 배열한 것이다. 가까이 인접한 색을 유사색이라고 하며 거리가 비교적 멀리 배치되어 있는 색을 대조색, 가장 멀리 정반대 쪽에 위치한 색을 보색이라고 한다.

2) 명도 Value

색의 밝고 어두운 정도로 유채색과 무채색에 모두 있으며 V로 표시한다. 물체의 표면이 빛을 흡수하면 검정색으로 보이게 되는데, 이처럼 빛이 반사하는 양에 따라 색의 밝고 어두운 정도를 느끼는 것이 명도이다. 흰색에 가까울수록 고명도이고 검정색에 가까울수록 저명도이다. 모발 염색 시에도 명도를 1~10단계로 나누어 사용한다.

3) 채도 Chroma

채도는 색의 맑고 탁한 것을 구별하여 나타내는 것으로 C로 표시한다. 이는 선명도로 색이 가지고 있는 기운의 강도를 말한다. 색은 순색에 가까울수록 채도가 높으며, 다른 색상을 가하면 채도가 낮아진다.

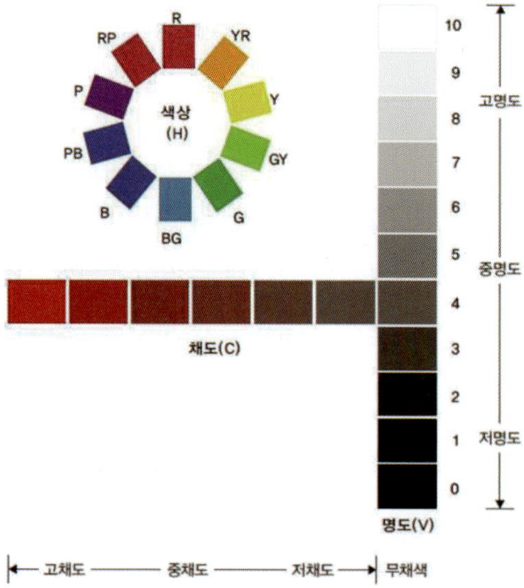

그림 2-29 색의 삼속성

(5) 색의 혼합

두 개 이상의 색을 혼합하는 것을 말한다. 이것은 색료의 혼합뿐 아니라 비의 혼합도 포함되며, 이를 통해 다른 색채 감각을 일으키게 된다. 혼합을 위해서는 다른 색을 혼합해서는 만들 수 없는 기초색인 원색을 필요로 하며 이것을 1차색이라고 한다. 또한 1차색의 혼합에 의해 만들어진 색을 2차색, 1차색과 2차색의 혼합에 의해 만들어진 색을 3차색이라고 한다. 색채혼합의 원리란 특정한 목적을 위하여 색을 혼합하는 것이다. 밝기를 기준으로 삼아 가산혼합, 감산혼합, 중간혼합으로 나누며 모발염색 중 반영구염모제는 감산혼합에 해당된다.

(6) 보색

보색이란 색상환에서 서로 마주보고 있는 위치의 색으로 동일선상에서 배치했을 때 서로 강조효과를 보인다. 보색중화란 염색 시 사용하는 용어로 보색을 이용하여 갈색을 만드는 것을 말하며 모발 염색에서 원하지 않는 색상을 중화시킬 때 이를 활용한다.

예를 들어 붉은 계통의 색상 제거 시 : 녹색

노란 계통의 색상 제거 시 : 보라

주황 계통의 색상 제거 시 : 파랑

붉은 계통의 색상 제거 시 녹색 계열의 색상이 없을 경우, 파랑 계열의 색을 사용

갈색＝파랑＋노랑＋빨강

2. 모발색의 이해

자연 모발색상은 개개인의 유전적인 요인과 환경 및 인종에 따라 다르며, 멜라노사이트에 의해 생성되는 멜라닌melanin의 구조 및 생성과정에 의해 모발색이 결정된다. 똑같은 모발색을 가지고 있는 사람은 아무도 없으며 모발 색상은 인체에서 가장 뚜렷한 변화를 줄 수 있는 외적인 요소이다.

모발 색상은 모피질내 유멜라닌eumelanin과 페오멜라닌pheomelanin에 의해 결정된다. 유멜라닌은 검은색에서 적갈색까지의 진한 색소로서 갈색과 검정 머리의 색을 만들어 낸다. 페오멜라닌은 빨간색에서 옅은 노란색까지의 색소로서 붉은 색조를 띠는 금발머리와 밝은 색의 모발을 만든다.

(1) 모발의 기여색소

사람의 피부가 피부색과 관계없이 피가 빨간색이듯이 멜라닌 속에는 빨강, 노랑, 파랑의 3원색과 여러 가지 중합물질의 작용으로 모발의 색이 나타난다. 멜라닌 색소의 발달과정은 여러 단계를 거치며, 먼저 노란색소가 형성되고 붉은 색소로 변화시킨 후 붉은 색소를 검정 색소로 변화시키게 된다.

(2) 모발의 색상

모발의 색상은 3원색 즉 빨강, 노랑, 파랑으로 구성되어 있으며 모발 내의 색소 농축 정도가 클수록 모발색은 검게 보인다. 농축 정도에 따라 흑색〉갈색〉적색〉금발의 모발로 나누어지며 흰머리인 경우 색소는 거의 없다.

(3) 반사빛

빛에서 나오는 색은 보통 반사빛이라고 한다. 블루블랙은 블랙을 기본으로 한 블루 반사빛의 염색이다. 검은색의 모발이지만 밝은 곳에서는 약간의 푸른빛을 볼 수 있다.

(4) 퍼스널 컬러

피부색, 눈동자색, 머리색 등 개인마다 태어날 때부터 지니는 독특한 색과 조화를 이루어 어울리는 색을 퍼스널 컬러라고 한다. 개개인의 신체색과 조화를 이루는 퍼스널 컬러는 얼굴에 생기가 돌고 활기차 보이도록 한다. 그러나 색상이 맞지 않는 경우에는 피부결이 거칠어 보이고, 투명감이 사라져 피부의 결점만이 드러나게 된다. 따라서 자신의 신체색을 아는 것은 이미지 관리를 위해 효과적인 방법이 된다. 미국, 일본, 유럽 등에서 4계절의 이미지에 비유하여 신체색을 분류하는 방법을 활용하고 있다. 즉, 봄, 여름, 가을, 겨울의 이미지에서 보여지는 색채를 이용하여 개인의 개성 있는 이미지를 연출한다.

3. 모발의 염색

염색은 아름다워지고 싶은 인간의 욕구에 의해 모발 본래의 색을 인공적인 색으로 수정하여 표현하는 것이다. 자연의 모발색에 인공색소를 착색시키는 것으로, 희망색상으로 염색, 백모염색, 탈색된 모발에 인공색소를 착색, 모발의 명도 변화, 신생모의 재염색 등이 있다.

(1) 염모제의 분류와 특성

산화제 사용 유무에 따라 비산화 염모제와 산화 염모제로 나뉜다. 산화제가 들어있지 않고, 1제로만 구성되어 있어서 명도의 변화 없이 색상표현만 가능한 비산화 염모제, 산화제가 들어있는 제품으로 1제와 2제를 섞어서 색상 및 명도를 변화시키는 산화 염모제가 있다. 일시 염모제나 반영구 염모제가 비산화 염모제에 속하며, 준영구적 염모제와 영구적 염모제가 산화 염모제에 속한다.

1) 비산화 염모제

(a) 일시 염모제 temporary color

① **작용원리** mechanism : 염료 색소 입자가 커서 모피질까지 침투하지 못하고 모표피층에 착색되었다가 샴푸하면 색상이 씻겨 나간다.

② **특징** : 모표피층에 착색되어 샴푸하기 전까지만 효력이 지속된다.

③ **종류** : 컬러 스프레이, 컬러 무스, 컬러 마스카라, 컬러 파우더, 새치커버용 스틱

④ **장점** : 시술이 간편하며 모발 손상이 발생하지 않는다. 일시적으로 백모를 커버할 수 있다.

⑤ **단점** : 일시적 작용으로 샴푸 후에는 제거되며, 땀이나 비에 젖으면 의류에 이염이 될 수 있다.

(b) 반영구 염모제 semi-permanent color

① **작용원리** mechanism : 이온 결합의 원리를 이용한 염색법으로 손상이 심한 모발의 경우 먼저 산성처리를 하여 모발을 (+)이온으로 변화시킨 후 (−)전하를 띤 산성염료를 도포하여 이온결합을 통하여 염색하는 방법이다. 모표피에 침투한 입자들은 모발의 기본적인 분자 구조를 변화시키지 않고, 작고 큰 입자들 중 작은 입자들은 모피질까지 침투하고 큰 입자는 모표피층을 코팅한다.

② **특징** : 산성컬러 혹은 비산화 염모제라 불리며 모표피에 약간의 막을 형성한다. 2~4주 동안 지속되며 샴푸 횟수에 따라 색상 유지력이 달라진다. 1제로만 구성되어 있으며 약산성의 제품으로 모발손상을 일으키지 않는다. 모발 명도에 변화를 주지 않고 착색만 가능하다. 모발에 윤기를 부여한다.

③ **종류** : 헤어 매니큐어, 왁싱, 코팅제

④ **장점** : 멜라닌 색소를 변형시키는 것이 아니라 색소의 첨가로 모발 케라틴과 친화력이 있으며 손상이 적다. 백모는 10~30%까지 커버하거나 부분

적으로 조화시킬 수 있다. 모표피에 막을 형성, 흡착되어 염색되므로 컬러 반사빛을 더해줄 수 있다.

⑤ **단점** : 땀이나 물에 젖으면 이염이 될 수 있다. 개인의 생활패턴, 샴푸횟수 등에 따라 지속기간이 달라질 수 있다.

2) 산화 염모제 oxidative color

산화제(2제)를 혼합 사용하기 때문에 패치테스트가 필요하다.

(a) 준영구 염모제 ton on ton

① **작용원리** mechanism : 모발의 수소결합에 염착하는 원리를 이용한 염색법으로서 알칼리성으로(pH 8~9) 모표피를 팽윤시켜 염료 색소가 모피질 내로 침투하여 모발의 수소결합에 염착한다. 수소결합은 물에 의해 절단되므로 매일 샴푸를 하게 되면 물에 의해 색소들이 파괴되어 점점 퇴색현상이 일어난다.

② **특징** : 중 · 저명도의 컬러 발색과 반사빛만 부여한다. 1제와 2제로 구성되어 있으며 사용 직전 혼합하여 사용하고 영구적인 결과가 나타난다. 퇴색된 모발에 광택과 윤기를 부여하고, 영구적인 염모제보다 모발 손상이 적으며 백모 커버(40~50%)가 가능하다.

③ **종류** : 웰라의 소프트 터치, 로레알의 리체스

④ **장점** : 영구적 염모제에 비해 손상이 적다. 파마 후에도 바로 사용할 수 있어 시간 단축과 편리성이 뛰어나다.

⑤ **단점** : 밝은 레벨의 컬러는 표현되지 않는다. 알레르기 반응을 일으킬 수 있다.

(b) 영구 염모제 permanent color

① **작용원리** mechanism : 1제의 알칼리제가 모표피를 팽윤시켜 1제와 2제의 모피질 침투를 용이하게 한다. 모피질로 침투한 1제의 알칼리제와 2제의 과산화수소가 서로 반응하여 산소를 발생시키고, 이때 발생된 산소가 멜

라닌 색소를 파괴시켜 탈색작용이 일어난다. 일부의 산소는 1제의 염료와 산화중합반응을 일으켜 작았던 염료입자가 커지면서 발색이 되고 모피질에 착색된다.

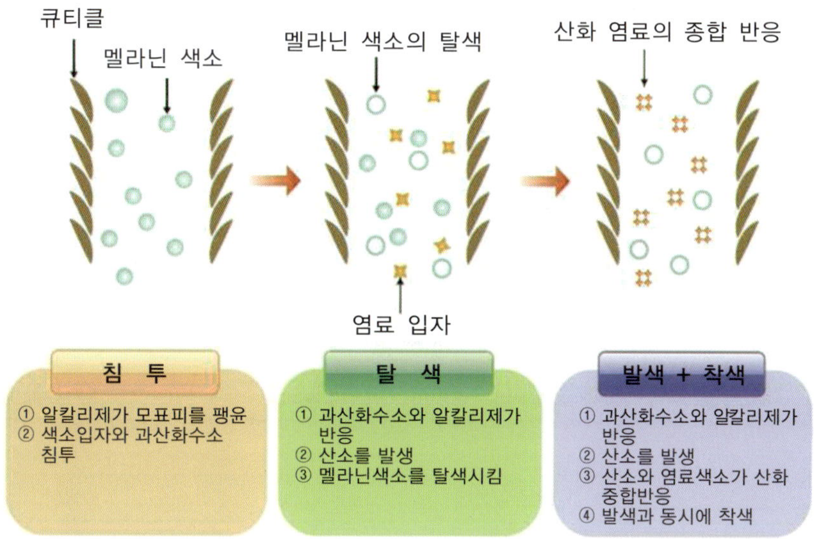

그림 2-30 영구 염모제의 작용원리

② **특징** : 알칼리 산화 염모제는 일반적으로 미용실에서 가장 많이 사용하는 염모제로 모발을 밝게 또는 어둡게, 모든 명도의 컬러표현이 가능하다. 1제의 염료와 2제의 산화제로 구성되어 있고 이를 혼합하여 모발에 도포한다. 여러번 샴푸 후에도 색상이 빠져 나가지 않아서 영구적이지만 오랜 시간이 지나면 차차 색상이 퇴색된다. 100% 백모 커버와 원하는 색과 명도를 다 만족시킬 수 있으므로 어둡거나 밝게 또는 색조만 눈에 띄게 할 수 있어 어떤 색이든지 가능하다.

③ **종류** : 흔히 시중에서 사용되는 1제와 2제의 혼합형태

④ **장점** : 모발의 컬러를 다양하게 변화시킬 수 있으며 한 번 시술로 결과가 영구적이다. 본래의 모발색을 변화시키며 탈색과 착색 모두 진행된다. 백모 커버율이 100%이다.

⑤ **단점** : 모발의 손상도가 촉진된다. 알레르기 반응을 일으킬 수 있다.

(c) 영구 염모제의 구성성분

① 1제의 주성분 : 염료, 알칼리제, 산화방지제

- **염료** : 기본색을 나타내는 염료중간체와 다양한 색과 농도를 나타내는 염료 수정체가 사용되며, 작은 염료 분자가 2제의 과산화수소와 1제의 알칼리제와 반응하면서 발생된 산소와 결합하여 입자가 커지면서 색을 나타낸다.

염료중간체	색상
파라페닐렌디아민(Para–phenylene–diamine)	검정색
파라톨루엔디아민(Para–toluene–diamine)	흑갈색
파라아미노페놀(Para–amino–phenole)	다갈색
올소아미노페놀(Ortho–amino–phenole)	황갈색

염료수정체	색상
레조시놀(resorcinol)	녹색, 갈색
메타아미노페놀(meta–aminophenole)	마젠타색, 갈색
메타페닐렌디아민(meta–phenylene–diamine)	청색
나프톨(naphthol)	자청색

- **알칼리제** : 모표피를 팽윤시키고 염료의 침투를 용이하게 해 주며 2제의 과산화수소와 반응하여 산소를 발생시킨다.

알칼리제	특성
암모니아(ammonia)	강한 휘발성과 자극적인 냄새가 특징이다. 모발시술 시 휘발하여 모발 손상이 적다.
아민(amine)	약한 휘발성. 냄새와 피부자극이 적다. 모발에 잔류하므로 깨끗이 씻어 내야 한다.
중성염	저알칼리염모제에 주로 사용한다. 냄새와 피부자극이 적다. 모발에 잔류하므로 깨끗이 씻어 내야 한다.

- **기타** : 산화방지제, 계면활성제, 모발 트리트먼트제 등으로 구성되어 있다.

② 2제의 주성분 : 과산화수소수 H_2O_2

무색의 액체로 산화작용을 하며 모피질 내의 멜라닌색소를 파괴시켜 염료가 들어갈 수 있도록 하며 1제의 알칼리제와 반응하여 산소를 발생시켜 염료와 산화중합반응을 돕는다. 과산화수소의 농도에 따라 산소의 발생량이 달라지는데 보통 6%를 사용한다. 과산화수소의 농도를 볼륨Volume으로도 나타내는데 볼륨이란 기체를 측정하는 단위이다.

10볼륨(3%) : 1L의 과산화수소는 10L의 산소를 발생시킬 수 있다.
20볼륨(6%) : 1L의 과산화수소는 20L의 산소를 발생시킬 수 있다.
30볼륨(9%) : 1L의 과산화수소는 30L의 산소를 발생시킬 수 있다.
40볼륨(12%) : 1L의 과산화수소는 40L의 산소를 발생시킬 수 있다.
50볼륨(15%) : 1L의 과산화수소는 50L의 산소를 발생시킬 수 있다.

과산화수소로부터 1볼륨의 산소가 만들어지는데 소요되는 시간은 약 1분이다. 따라서 6%의 과산화수소로부터 20볼륨의 산소가 발생 되는 데는 약 20~30분의 시간이 필요하게 된다.

%	Volume	모발사용여부	백모커버	멋내기
3	10	가능	용이	불가능
6	20	가능	용이	용이
9	30	가능	저하	용이
12	40	가능	불가능	발색저하
15	50	불가능	불가능	완전탈색
18	60	불가능	불가능	완전탈색

• 과산화수소의 보관방법

① 햇빛이 들지 않는 서늘한 곳에 보관한다.

② 금속용기에 담지 않는다.

③ 화염성이 있는 물체 옆에 보관하지 않는다.

④ 사용 후 반드시 마개를 꼭 닫아 보관한다.

• 기타 정제수, 계면활성제, 모발 트리트먼트제 등으로 구성되어 있다.

(2) 염모제의 재료에 따른 분류

1) 식물성 염모제

고대 이집트와 페르시아에서 오래전부터 사용되어 온 것으로 헤나, 인디고, 카모마일, 샐비어 등이 있다. 주로 꽃이나 식물에서 추출한 염료를 사용하는 염모제로 부작용이 거의 드물다. 헤나는 표피층에 막을 형성하고 모피질 속으로 색소가 유입되어 영구적인 결과를 나타낸다. 장점은 모발손상이 없고 피부에도 안전하며 장기 사용 시 모발의 힘과 두께감이 굵어질 수 있다는 점이다. 단점은 파마 시술 시 펌제의 침투효과가 저하되며 장기적 사용 시 컬러 변화가 어렵고, 모발이 건조해지고 뻣뻣해진다. 또한 색이 한정되어 있고 염색 시간이 길다.

2) 금속성 염모제

은, 납 성분들을 함유한 염모제로서 케라틴Keratin이 유황과 금속에 반응하고 모발에 금속의 피막이 형성되어 색이 나온다. 현재는 거의 사용하지 않고 있다.

3) 합성 염모제

현재 가장 많이 사용하고 있는 영구 염모제로 1제와 2제로 나눠져 있다. 다양한 색상을 발색시킬 수 있고 사용이 간편하여 널리 이용되고 있다. 산화영구염모제는 저알칼리성 산화염모제와 알칼리성 산화염모제로 나눈다.

(3) 탈색

1) 작용원리Mechanism

탈색은 모발 내에 존재하는 멜라닌 색소 또는 인공색소를 제거함으로써 모발의 색을 밝게 변화시키는 것이다. 알칼리제가 모표피를 팽윤시키고 모피질로 침투한 알칼리제와 과산화수소수가 서로 반응하여 산소를 발생시키고 이때 발생된 산소가 멜라닌색소를 파괴시켜 탈색작용이 일어난다. 이때 산화제에서 배출된 산소는 먼저 유멜라닌을 제거하고 점차 페오멜라닌을 없앤다. 이는 영구적 염색법의 원리와 동일하며 다만 색소의 산화과정이 없다는 것이 다르다.

2) 탈색제의 특성

탈색은 자연 모발의 밝기를 조절하며 염색 전에 원하는 명도를 조정할 수 있다. 탈색제의 성분으로는 과산화물, 알칼리제, 과산화수소수가 있다. 탈색효과를 높이기 위하여 탈색제에는 암모니아(NH_3) 또는 모노에탄올아민(M.E.A)과 같은 알칼리를 배합하게 되는데 알칼리는 모발을 연화 및 팽창시켜 산화제의 침투를 도울 뿐만 아니라 과산화수소의 분해 및 산소발생을 촉진하여 보다 신속한 탈색을 유도한다.

탈색제의 성분 및 작용

분류		주성분	멋내기
1제	과산화물	과황산나트륨, 과황산칼륨, 과황산암모늄, 과산화망간, 과산화바륨 등	• 강력하게 산소를 발생하여 모발을 탈색시킨다. • 모발을 손상시킨다.
	알칼리제	암모니아, 모노에탄올아민	• 모표피를 연화 · 팽창시켜 모피질에 산화제가 침투하는 것을 돕는다. • pH를 조절한다.
2제	산화제	과산화수소수	• 멜라닌 색소를 분해하여 모발의 색을 보다 밝게 한다. • 모발케라틴을 약화시킨다. • 암모니아에 의해 보다 빨리 산소를 발생한다.

3) 탈색제의 종류

탈색제는 탈색력이 강한 순으로 분말타입, 크림타입, 오일타입이 있다.

분말타입은 일반적으로 사용되는 방법으로 크림형에 비해 약 작용이 빠르고 신속하나 두발이 건조하게 될 수도 있다. 크림타입은 주로 튜브에 들어 있고 약제가 흘러내리지 않아 시술하기가 쉬우나 탈색의 진행정도를 관찰하기 어려운 단점이 있다. 오일형은 대개 과산화수소수에 유황유를 혼합한 것으로 모발손상이 가장 적으나 탈색 속도가 느리고 높은 명도 레벨까지 탈색하기 어렵다.

4) 탈색제 사용 시 주의사항

① 과산화수소에서 유리된 산소가 모발 내에 존재하는 한, 탈색의 과정은 계속 진행된다. 희망하는 모발의 밝기를 정확히 알고 매 5분마다 탈색의 진행과정을 살피도록 한다.

② 탈색의 효과는 30분 이상에서 멈추며 오히려 탈색제에 포함되어 있던 알칼리 작용으로 모발 내 펩티드결합 및 황결합이 파괴되어 모발 손상을 초래할 수 있다.

③ 원하는 밝기로 탈색이 되지 않았다면 모발을 미지근한 물로 헹궈내고 모발을 건조시킨 후 새로 혼합한 탈색제를 도포해야 한다.

④ 두피에 상처나 질환이 있는 경우 시술하지 않도록 한다.

⑤ 탈색제는 두피에서 최고 1시간까지 안전하다.

⑥ 반드시 차가운 물과 부드러운 샴푸로 탈색제를 제거한다.

⑦ 탈색제와 산화제는 사용직전 혼합하고 남은 약제는 버린다.

탈색 레벨 10단계

혼합비율										
레벨	1 Lv	2 Lv	3 Lv	4 Lv	5 Lv	6 Lv	7 Lv	8 Lv	9 Lv	10 Lv
탐색 전										

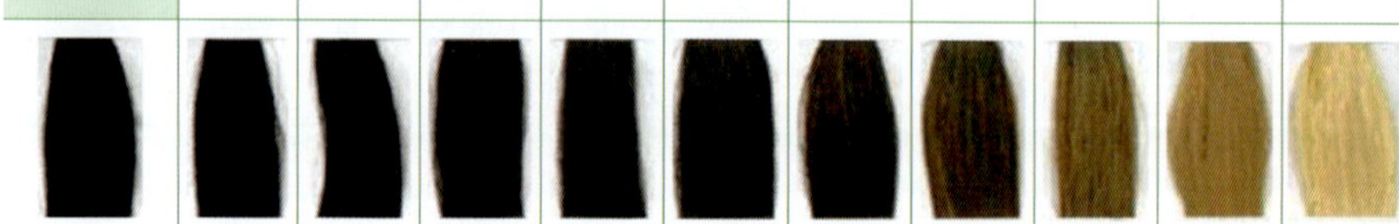

5) 탈염

탈염은 염색한 모발의 색을 제거시키는 것으로 다이리무버dyeremove라고도 한다. 퇴색한 모발을 다시 새로운 색조로 염색할 때에 모발이 염모제의 작용을 받아들이기 쉬운 상태가 되도록 하고, 진하게 염색된 모발의 색을 옅게 만들기 위한 목적으로 시술한다. 탈염을 할 때에는 탈지력이 강한 샴푸나 알칼리성 샴푸는 사용하지 않으며 물은 여름에 찬물이 좋고 겨울에는 미지근한 물이 좋다.

(4) 염색 시술

1) 염색도구 및 재료

타월, 보호용 장갑, 염색용 브러시, 헤어브러시, 염색용 볼Bowl, 클립, 귀 덮개, 탈지면, 보호용 에이프런과 어깨보, 보호용 크림, 면봉, 헤어드라이어, 저울, 타이머, 포일, 염색제, 염색전용 샴푸제, 약산성 린스제, 트리트먼트제 등

2) 일시적 염색 시술

고객준비 → 사전샴푸 → 도포 → 스타일링 → 후처리→ 스타일링

3) 반영구적 염색 시술

모발진단 및 검사 → 상담 → 고객준비 → 도구준비 → 블로킹 → 도포 → 방치 → 컬러 테스트 → 염색제 제거 →후처리 → 스타일링 → 고객카드 작성

① 모발진단 및 검사를 하여 적합성을 점검한다.

② 고객의 희망색과 권장색을 위해 정보와 의견을 교환한다.

③ 고객의 의복 보호를 위해 가운으로 갈아 입히고 헤어라인과 귀 주변에 피부보호용 크림을 도포하여 색소 침착을 예방한다.

④ 염색용 타월 및 케이프를 어깨에 두른다.

⑤ 염색 볼Boul, 브러시, 클립, 비닐 캡, 염색제를 준비하고 시술용 장갑을 착용한다.

⑥ 기본 4등분 블로킹Blocking을 하여 모발을 정리한다.

⑦ 네이프부터 약 2cm 간격으로 모발을 떠서 모근쪽에서 모끝까지 한 번에 도포한다. 후두부, 측두부, 전두부 순으로 진행하여 도포하고 백모 고객인 경우 백모가 많은 쪽부터 도포를 시작한다. 반영구염모제는 두피나 피

부에 묻을 경우 잘 지워지지 않으므로 모발에만 묻도록 조심하고 도포 후에는 비닐캡을 씌워 준다.

⑧ 제조회사의 제품 설명을 기준으로 하되 평균적으로 10분 정도 열기구를 이용하여 열처리를 한다.

⑨ 시술결과를 보기 위해 네이프, 전두부, 측두부 쪽의 모발을 티슈로 닦은 뒤 색상을 관찰한다. 원하는 색상이 나오지 않았다면 나오지 않은 부위에 재도포하고 열처리한다. 원하는 색상이 나온 뒤에는 팽윤된 모표피의 수축을 위해 타월을 이용하여 차갑게 만든 상태에서 10분 정도 방치한다.

⑩ 제조회사에서 제안하는 방법으로 염색제를 제거한다. 모표피 손상과 색소 손실을 방지하기 위해 찬물로 헹군 뒤 약산성 린스를 처리한다.

⑪ 고객이 원하는 형태로 스타일링을 하고 고객 카드에 결과를 기록한다.

⑫ 사용한 도구를 정리한다.

4) 영구적 염색의 시술

모발진단 및 검사 → 상담, 색상선정 → 고객준비 → 도구준비 → 블로킹 → 약제혼합 → 도포 → 방치 → 컬러체크 → 샴푸 → 스타일링 → 홈케어 어드바이스 → 후처리 → 고객 카드 작성

① 두피, 모발, 피부를 사전에 검사하여 영구 염색 시술의 적합성을 점검한다.

② 제품회사의 컬러차트를 이용하여 선택하도록 하고 고객과의 의견교환을 통해 합일점에 도달하도록 한다.

③ 고객의 의복을 보호하기 위해 가운으로 갈아 입히고, 안전을 위해 액세서리를 제거한다. 사전 샴푸를 하지 않는 것이 원칙이나 필요한 경우에는 두피에 자극이 되지 않도록 가볍게 모발만을 세발하는 테크닉으로 한다. 헤어라인에 피부보호용 크림을 도포하고 어깨에 타월과 케이프를 두른다.

④ 염색 볼, 브러시, 클립, 염색제, 포일 등을 시술 테이블에 준비하고 시술자는 시술용 장갑을 착용한다.

⑤ 블로킹 방법은 기본 4등분 블로킹Blocking을 하여 모발을 정리한다.

⑥ 영구 염색제의 1제와 2제의 혼합비율은 제조회사에서 제시하는 방법을 따르며 일반적으로 염색은 산화염료(1제)와 산화제(2제)를 1:1의 비율로 혼합하여 사용하는 방법을 제시하고 있다. 백모 염색의 경우 1제와 2제의 비율을 1:1로, 멋내기 염색은 1:1, 1:1.5, 1:2의 비율로 혼합할 수 있다.

⑦ 염색제의 도포 순서는 기본적으로 반영구 염색제의 도포 순서와 동일하다. 후두부의 네이프 → 정수리 → 측두부 → 헤어라인 쪽으로 이동하여 도포한다. 그러나 모발의 길이, 모발의 상태, 백모의 양, 현 모발의 색상에 따라 달라진다.

⑧ 방치시간은 제조회사에서 제시한 시간을 기본으로 한다. 영구 염색 및 탈색의 경우 주위 온도에 영향을 받을 수 있으므로 조절이 필요하다.

⑨ 컬러의 확인은 도포 후 약 25분에서 45분 사이에 5~10분 간격으로 검사한다. 새로 자란 모발을 염색할 경우 모발 중간 부분과 끝부분이 새로 염색한 부분과 색상이 비슷한가를 확인한다.

자연모발 명도 10단계

	자연모 레벨		블리치 레벨	
10.0	가장 밝은 황갈색 Lightest Blonde			아주 밝은 노랑
9.00	가장 밝은 황갈색 Very Light Blonde			밝은 노랑
8.00	밝은 황갈색 Light Blonde			옐로우
7.00	황갈색 Blonde			옐로우 오렌지
6.00	어두운 황갈색 Dark Blonde			오렌지
5.00	밝은 갈색 Light Brown			레드 오렌지
4.00	갈색 Brown			레드

3.00	어두운 갈색 Dark Brown			레드
2.00	아주 어두운 갈색 Darkst Brown			자주
1.00	흑색 Black			청보라

⑩ 원하는 색상이 나왔으면 먼저 미온수를 살짝 뿌려 두피와 모발을 유화 마사지한다. 이는 잔류하는 알칼리를 제거하고 색의 흡착을 좋게 한다. 물로 염모제를 깨끗이 헹궈 낸 후 약산성 샴푸를 사용하여 부드럽게 샴푸하고 산성린스나 트리트먼트제를 사용하여 준다.

⑪ 모발을 냉풍으로 건조한 후 에센스 등을 이용하여 스타일을 잡아 준다. 모발의 색상이 아름답게 유지되도록 모발제품, 헤어스타일링 기구의 적절한 사용방법을 안내한다.

⑫ 사용한 도구를 깨끗이 씻은 후 정리하고 고객카드에 결과를 기록한다.

5) 알칼리 산화 염색 도포 테크닉

① 원 - 터치 도포

두피부분부터 모발 끝까지 한 번에 도포하는 테크닉으로 주로 반영구염모제나 준영구염모제 도포 시 사용한다. 두상을 4등분하여 네이프부터 양쪽 사이드의 순서로 진행하며 슬라이스 폭은 1~2cm으로 도포한다. 희망색이 자연모발보다 어둡거나 밝아도 모발길이가 2cm 이하여서 염색 진행 속도에 영향을 받지 않을 경우 도포하는 방법이다.

② 투 - 터치 도포

두피와 가까운 신생모 부분의 염색이 빨리 진행되므로 4블로킹하여 두피에서 약 1~1.5cm 정도를 제외한 모발을 먼저 도포하고 네이프 → 탑 → 사이드 → 프론트로 진행한다. 약 5분 정도 자연방치하며 컬러체크 후 신생모 부분을 도포하고 약 10~15분간 자연방치한다. 약 20cm 미만의 모발에 적용한다.

③ 쓰리 – 터치 도포

약 20cm 이상의 모발에 적용한다. 두상을 4등분으로 블로킹하고 네이프 → 탑 → 사이드 → 프론트로 진행한다. 두피에서 20cm를 제외한 모발의 끝부분을 도포한 다음 약 5분 정도 자연방치 한다. 두피에서 약 1.5cm 정도를 제외하고 중간 부분을 끝 부분까지 연결하여 도포하고 약 15분 정도 자연방치한다. 컬러체크 후 두피쪽 1~1.5cm 부분을 도포하고 약 15분 자연방치한다.

6) 흰 머리 White 기본 염색

백모의 비중이 높고, 흰머리를 100% 커버하고자 할 때에는 무채색 계열 N5/0~3/0 어두운 명도로 염색한다.

예를 들어, 처녀모 염색으로 백모량이 30%로 두부에 전체적으로 분포되어 있으며 자연 모발색상은 5레벨이고 희망색이 5/4인 경우,

사전 연화 → 혼합 1제(기본색5/0 + 희망색5/4 = 1 : 3로 혼합)를 2제(과산화수소)와 혼합 → 백모가 많은 부분부터 도포 → 35~50분 자연방치 → 샴푸

백모량 염색량 혼합비율

흰머리 양	기본색 : 희망색
30%	1:3
50%	1:1
70%	3:1

(5) 염모제가 모발 및 피부에 미치는 영향

1) 염모제로 인한 모발손상

모발의 화학적 손상은 크게 황결합과 펩티드결합의 붕괴로 주로 모피질에서 일어난다. 이들 결합이 분리되면 모발 내부 구조의 균형이 깨어지고 그 정도에 따라 모발 손상도가 결정된다.

헤나와 같은 식물성 염모제는 각 제품회사마다 다양하지만 탄닌이라는 성분이

있어 모발이 뻣뻣해지는 느낌이 올 수 있다.

유기합성염모제(산화염모제)는 1제에 포함된 알칼리가 모발을 팽윤시켜 산화 염료의 침투를 좋게 할 뿐만 아니라 2제인 산화제의 분해를 촉진시켜 염색이 용이하게 한다. 그 결과 모발의 분자 구조에 변화를 주며 윤기가 없고 뻣뻣한 느낌을 가져올 수 있고 산화과정 및 알칼리 성분으로 인한 모발 손상이 있다. 유기합성 염모제는 알칼리 활성조건으로 주로 과산화수소(H_2O_2)를 사용하기 때문에 멜라닌 분해뿐만 아니라 케라틴 분해까지 생겨 다공성모가 되기 쉽다.

2) 염색 시 오버타임으로 인한 모발손상

염색 시술 시 1제와 2제를 혼합하여 바로 사용하는 것이 효과가 좋으며 특히, 백모 염색 시 원하는 만큼의 색상이 나오지 않으면 오랜 시간을 방치하는 경우가 있다. 이러한 경우 모발이 절모가 되거나 녹는 현상이 유발되기도 하므로 오버타임이 되지 않도록 유의한다.

3) 염색 수정으로 인한 모발 손상

염색 후 염색색상이 다소 만족스럽지 않더라도 최소한 1주일의 간격을 두고 재시술하는 것이 좋다.

4) 과산화수소에 의한 모발손상

과산화수소는 영구 염모제의 산화 중합 반응과 멜라닌 색소의 분해 및 케라틴 분해를 함으로써 다공성모를 만들 수 있다.

모발 염색용의 과산화수소는 주로 6%(20Volume)를 사용하며 과산화수소의 농도가 높을수록 모발손상도 크다.

과산화수소가 퍼머넌트 웨이브의 산화제로 사용될 경우 모발이 탈색될 우려가 높다. 이 경우에는 처리시간을 7~8분 이내로 두는 것이 탈색 예방에 좋다.

5) 염모제가 피부에 미치는 영향

영구 염모제에 포함되어 있는 아민계 색소에는 페놀 성분이 들어 있다. 특히 붉은 갈색, 검정 색소를 지닌 염료에 많으며, 영구 염모제의 시술이 처음인 사람과 알레르기 발생이 예상되는 고객은 반드시 스킨테스트skin test, 피부시험를 하여 사전에 예방하여야 한다.

(6) 헤어 트리트먼트의 필요성

물리적 · 화학적 원인에 의해 간충물질이 유실되고 나면 모발은 다시 회복하기 힘들다. 정상모는 손상되지 않도록 하고 손상된 모발은 그 이상 진행되지 않도록 보호하는 것이 중요하다. 이와 같은 목적으로 사용되는 것이 트리트먼트제이다. 트리트먼트제의 중요한 성분은 물과 기름인데 수분은 모피질 중에 혼합되어 윤기와 모발의 움직임에 합치되는 유연성을 준다. 모발 내 간충물질과 비슷한 성분인 아미노산, 단백질, 가수분해물을 모발에 공급함으로서 보습효과는 물론이고 윤택한 모발을 유지할 수 있다.

참고 문헌 및 사진 자료

- "뉴 피부과학", 권혜영 외, 메디시언, 2016
- "화장품학", 김기연외, 현문사, 2012
- "피부관리학", 김명숙, 현문사, 2010
- "아로마테라피", 김연숙, 메디시언, 2014
- "신 화장품학", 이향우 외, 도서출판 성화, 2007
- "메디에스테티션을 위한 메티컬 스킨케어", 김연숙, 성안당, 2011
- "에센스 화장품학", 김경영외, 메디시언, 2013
- "사람해부학", 이한기 외,수문사, 2010
- "미용학 개론", 장선일 외,광문각, 2007
- "New 미용인을 위한 해부학", 김기영 외, 메디시언, 2014

[사진 자료]

- http://www.fashionlady.in/5-golden-tips-from-celebrity-makeup-artists-on-foundation/19855
- https://styleinthecity.wordpress.com/category/make-up/
- 메디시언 : "색채 15강"과 "뷰티&패션 15강"
- http://jaewonart.co.kr/bbs/bbs/board.php?bo_table=bbs3_3&wr_id=10&page=0 이상적인 얼굴 비율
- http://blog.naver.com/grimmson?Redirect=Log&logNo=220387473780
- http://media-cache-ec0.pinimg.com/736x/98/c9/41/98c941447f3ce7ddbc619aba94ac292d.jpg
- http://cosmeticforwoman.blogspot.kr/2011/07/best-natural-make-up.html
- http://www.mixlova.com/dior-make-up-spring-2013.html
- http://blog.themodelstage.com/pastel-spring-makeup-inspiration/pastel-spring-makeup-inspiration-19/
- http://healthnbeauti.blogspot.kr/2010/08/candy-coloured-eye-makeup-for-spring.html
- http://www.fashionisers.com/perfumes-makeup/dior-milky-dots-summer-2016-makeup/
- http://www.chicprofile.com/wp-content/uploads/2014/05/RMK-Summer-2014-Makeup.jpg
- http://makeup.nowblogg.com/chanel-winter-makeup-2016/
- http://www.escentual.com/blog/2014/08/18/dior-5-couleurs-autumn-look-2014/
- http://www.theskinnybeep.com/2012/10/anteprima-spring-summer-2013-women-s-chttp://www.makeup4all.com/beauty-inspiration-makeup-at-haute-couture-shows/
- http://thefashionspot.ca/beauty/668095-victorias-secret-model-hair/
- http://www.instyle.co.uk/beauty/news/chanel-s-spring-2013-haute-couture-fashion-show-theatrical-make-up-wows
- http://makeup.evasauer.com/haute-couture-makeup-tutorials/
- http://modernfashionblog.com/15-winter-themed-fantasy-makeup-looks-ideas-2016-fairy-makeup/
- http://style-body-painting.blogspot.kr/2014/06/body-painting-festival-2014.html
- http://imobodtpainting.blogspot.kr/2011/06/make-body-painting-for-festival.html
- http://www.thephantomoftheopera.com/news/archive/in-the-phantom-makeup-chair-part-two
- http://galleryhip.com/hedwig-and-the-angry-inch-makeup.html
- http://kirara-shop.com/article/43506/make-up-special-effect--panduan-aplikasi-makeup--untuk-film-panggung-dan-show-mulai-dari-tehnik-make-up-umum-hingga-makeup-untuk-membuat-aneka-monster.html
- http://www.dogdrip.net/index.php?document_srl=25109342&mid=userdog&cpage=999
- http://extmovie.maxmovie.com/xe/movietalk/3076002

Chapter Ⅲ

피부

1. 피부의 기초이론
2. 피부분석과 피부유형
3. 피부관리에 사용하는 화장품의 성분과 효과
4. 피부관리의 실제
5. 마사지의 분류와 방법
6. 제모의 원리와 시술방법

Chapter

3

피부관리

1. 피부의 기초이론

1. 피부의 개요

피부는 외부의 여러 가지 환경요소로부터 신체를 보호하고 다양한 생리적 기능을 담당하고 있는 기관으로서 전신을 둘러싸고 있는 하나의 막으로 건강에 중요한 기능을 담당한다. 피부는 크게 표피 · 진피 · 피하지방층으로 구성되어 있으며, 피부의 부피나 면적은 개인의 특성에 따라 다르다. 즉, 성별, 연령, 특정 신체 부위에 따라 차이가 있다.

피부는 성인 기준으로 체중의 약 7~8%를 차지하며 그 무게도 약 4kg 정도이고 두께는 하복부 · 대퇴부 · 둔부가 두꺼운 편이며, 특히 발바닥과 손바닥은 2~4mm이다. 얼굴은 얇고 특히 주름이 잘 생기는 안검은 0.2~0.6mm로 가장 얇다. 또한, 피부는 외부 환경에 따라 손상을 입는 정도가 크게 다른데, 동상이나 화상, 그리고 자외선 등에 민감하고 심한 경우에는 피부암 등을 유발하여 사망에 이르기도 한다.

2. 피부의 구조

피부의 구조는 크게 표피, 진피, 피하지방층으로 나눌 수 있다.

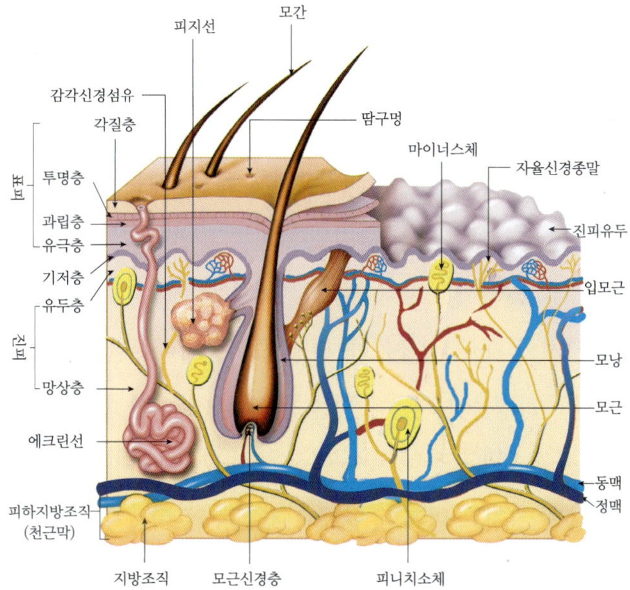

그림 3-1 피부의 구조

(1) 표피 Epidermis

표피는 피부의 맨 위층바깥층에 위치한 부분을 말하는데 이 피부층은 편평상피세포가피부 위층과 가까울수록 편평한 세포중첩되어 있으며 약 28일의 각화 주기를 갖는 매우 얇은 조직으로 구성되어 있다.

표피의 두께는 평균 0.1mm~0.3mm로 신체부위에 따라 다르며 진피와 피하지방에 비해서 얇다.

표피는 세부적으로는 세포의 특성에 따라 다섯 층으로 분류할 수 있고 큰 구조로 보면 두 부분으로 말피기층malpighian layer이라고 하는 살아 있는 세포로 안쪽 부분으로 유핵층이고 나머지는 핵이 없는 편평하고 건조한 생명력이 없는 무핵층의 세포들로 이루어진 각질층이라고 불리는 외곽의 표피로 이루어져 있다.

표피층의 세포는 각질형성세포, 멜라닌 세포, 랑게르한스 세포, 메르켈 세포가 존재한다.

1) 표피층의 구성 세포

① 각질형성세포 Keratinocyte

기저층에 존재하는 각질형성세포keratinocyte는 표피 구성세포의 80%를 차지한다. 각질 단백질을 생성하며 표피의 가장 내부, 즉, 아래층인 기저세포basal cells가 분열과 분화를 거쳐 유극세포와 과립세포로 변하고 결국에는 각질세포가 되어 세포의 수명을 다하는 28일 정도 후에는 피부에서 떨어져 나가게 된다. 매일 기저층에서는 수백만 개의 새로운 세포가 생성됨과 동시에 수백만 개의 각질세포가 떨어져 나가게 되는 과정을 거치는데 이를 "각화 과정"이라고 한다.

각질형성세포는 표피세포의 약 80% 이상을 차지한다. 기저층에서 새로운 세포 생성 및 분열과정을 거치고 마지막 단계로 각질층의 비닐과 같은 얇은 조각상태로 피부를 보호하다가 떨어져 나간다.

② 멜라닌 세포 Melanocyte

멜라닌 세포는 멜라닌 색소를 함유한 멜라닌 소체melanosome를 합성하며 표피에 존재하는 세포의 약 5~10%를 차지하고 있으며 대부분 기저층에 위치하고 있다. 멜라닌의 기능은 세포돌기를 거쳐 각질형성세포에 전달된다. 멜라닌은 주로 피부에서 색소를 만들어서 피부 보호기능을 하는데 자외선의 유해작용으로부터 피부를 보호하고 자외선에 의해 기저층의 세포가 손상되는 것을 막아 준다.

멜라닌을 함유한 각질형성세포는 점차 각질층으로 이동되며 최종적으로 각질층에서 탈락된다. 멜라닌의 수는 인종이나 피부색이 다르더라도 동일하며 피부색을 결정하는 것은 멜라닌 소체의 수와 크기, 멜라닌화된 정도의 분포와 멜라닌 소체의 분해에 의해서 달라진다.

피부색을 결정짓는 멜라닌 형성세포는 표피세포의 5%를 차지한다. 멜라닌 양의 증가 원인은 자외선 노출, 호르몬의 불균형, 스트레스, 임신, 내장장애 등이다.

멜라닌 형성세포에서 생성된 멜라닌이 세포돌기를 통해서 각질형성세포로 이동하게 되며 최종 각질층에 붙어 있다가 탈락된다.

③ 랑게르한스 세포 Langerhans cell

랑게르한스 세포는 표피세포의 2~4%를 차지하고 별 모양의 세포돌기를 가지고 있으며 외부에 들어오는 이물질인 항원을 림프구로 전달하는 피부 면역세포이다. 주로 진피, 림프절, 흉선에서 발견된다.

1868년 독일의 베를린 의과대학생인 파울 랑게르한스에 의해 발견되었다. 별 모양의 수상돌기의 세포돌기를 가지고 있으며 인체피부의 전반적인 면역학적 반응과 알레르기, 바이러스 감염 방지 등의 중요한 면역기능을 담당한다.

표피의 유극층에 존재하며 진피를 비롯한 질 · 식도 · 구강점막 등의 중층편평상피, 한선, 피지선 등에 분포하고 있다.

④ 메르켈 세포 Merkel cell

기저층에 위치하고 있는 메르켈 세포는 손바닥, 발바닥, 구강점막, 입술처럼 모발이 없는 피부에서 주로 발견되며 신경 섬유 말단과 연결되어 있다.

불규칙한 모양의 핵을 가지고 있는 메르켈 세포는 신경섬유의 말단과 연결되어 있어서 신경의 자극을 뇌에 전달하는 역할을 하는 촉각 수용체로서 촉각세포 또는 지각세포라고도 한다.

2) 표피층의 분류

① 각질층 Stratum corneum

각질층은 표피의 가장 바깥쪽의 단단하고 편평하고 건조한 얇은 껍질의 각질로 무핵의 세포로 구성되어 있다. 겹겹이 쌓인 각질층은 보통 15~22층으로 겹쳐 있다. 이것은 단백질이 딱딱하게 변한 케라틴 형태로 이루어져 있으며 피부에 가까울수록 납작한 형태를 보이며 시간이 흐를수록 세포들 간의 결합 능력이 떨어져 자연적으로 비늘처럼 벗겨져 나간다. 주 성분은 케라틴 단백질(58%), 지질(11%), 천연보습인자NMF, natural moisturizing factor(38%)를 함유하고 있다. 각질층은 특히 발바닥이나 손바닥에 두껍게 발달되어 있으며 외부적 충격이나 마찰 또는 외상에 잘 견딜 수 있도록 되어 있다. 각질층의 지질 성분인 세라미드ceramide는 각질세포들이 단단하게 결합하게 해주는 역할을 하며 각질층내부의 수분손실을 막고 외부 환경으로부터 이물질이나 세균들의 침입을 막으며 피부를 보호해 주는 역할을 한다.

② **투명층** Stratum lucidum

투명층은 엘라이딘Elaidin이라는 반 유동성 물질이 함유되어 있어서 투명하게 보인다고 하여 투명층이라고도 한다. 이 엘라이딘 성분은 빛을 굴절시키고 차단하는 성질이 있다. 외부로부터 수분침투를 억제하고 피부를 윤택하게 한다. 작은 모양의 죽은 세포로 2~3층의 구조를 가지며 각질층의 바로 아래에 위치한다. 주로 손바닥이나 발바닥처럼 두꺼운 피부층에 분포하고 있다.

③ **과립층** Stratum granulosum

과립층은 방추상 형태의 작은 모양의 세포로 2~5층의 구조로 이루어져 있으며 핵이 없는 죽은 세포로 이루어져 있다. 케라틴 단백질이 뭉쳐진 케라토히알린Keratohyalin과립과 황을 많이 함유한 단백질로 이루어져있다. 이러한 물질이 함유되어 있어서 물과 이물질 등이 침투할 때 방어 역할과 피부내부의 수분증발 저지 기능을 한다.

④ **유극층** Stratum Spinosum

세포핵이 존재하며 표피에서 가장 두꺼운 5~10층의 구조로 세포 표면에 가시 모양의 돌기가 있어서 인접하고 있는 세포와 다리 역할을 한다. 유극층에는 면역 기능을 담당하는 랑게르한스 세포가 존재하며 알레르기성 접촉성 피부염 등에 관여하며 세포 사이에 물질교환이 이루어짐으로써 피부호흡과 노폐물 배출 기능을 한다. 이러한 피부호흡과 노폐물 배출 기능은 피부 관리에서 매우 중요한 역할을 하며, 특히 유극층의 세포핵은 새로운 세포를 만들며 손상된 피부세포를 복구할 수 있다.

⑤ **기저층** Stratum basal

표피의 가장 안쪽에 위치한 기저층은 진피와 인접하고 있으며 타원형의 핵을 가지고 있으며 물결 모양으로 단층구조이다. 이 층에서는 세포분열이 활발하게 일어나므로 기저층의 손상은 흉터를 남긴다. 기처층의 세포분열은 수면 중에 가장 활발하게 이루어지며 표피를 생성시키는 중요한 역할를 한다. 기저층에는 색소생성에 관여하는 멜라닌 세포가 존재하며 멜라닌 세포의 양은 피부색을 결정하는 역할을 하며 외부의 물리적 · 화학적 충격으로부터 피부를 보호해 주는 기능도 한다. 기저층에는 멜라닌 형성세포와 각질형성세포, 촉각을 담당하는 메르켈 세포가 존재한다.

(2) 진피 Dermis

진피는 표피와 피하지방층의 사이에 위치하며 두께는 표피의 약 10배 정도로 두껍다. 피부의 약 90%를 차지하는 진피는 피부 노화의 척도이다. 혈관과 지각신경과 자율신경이 분포하며 혈액순환과 영양공급기능을 하며, 피부의 지각 및 피부의 평활근 운동을 비롯하여 지방선이나 한선의 분비에도 관여한다. 특히 피부의 탄력을 이루는 엘라스틴elastin fiber과 콜라겐collagen fiber은 무수히 많은 섬유질과 세포를 생성하는 역할을 담당한다. 기질물질로 구성된 히아루론산과 콘드로이틴 황산염과 교원질로서 신체의 주된 구조 단백질 역할을 하는 섬유단백질이다.

이러한 구조 단백질은 표피를 지탱하고 피부 장력에 의해 피부의 다른 조직들을 보호하고 영양공급과 상처치유의 기능을 담당한다. 진피는 피부가 힘과 탄력 및 유연성을 갖게 하며, 진피에는 많은 신경들이 분포하는데 감각신경인 촉각 · 압각 · 통각 · 온도각 · 소양각 등이 있으며 진피의 유두층과 모낭 주위에 많이 분포하고 있다.

1) 진피층의 구성 물질

진피를 구성하는 세포는 섬유아세포, 비만세포, 상피세포증식인자, 표피성장인자를 가지고 있다. 성장인자는 신경세포와 신경섬유의 성장을 자극하는 기능을 하는 천연물질의 화학추출물로 각각의 세포 내부로 유입되고 작용하여 신체의 발달에 광범위하게 영향을 미친다.

① 콜라겐 섬유 Collagen fiber

교원섬유라고도 불리는 콜라겐은 결합조직 섬유로, 진피의 90%는 단백질로 구성되어 있다. 이 단백질은 엄마세포인 섬유아세포에서 생성 · 재생된다. 아교 같은 섬유가 풍부한 힘줄이나 뼈 등을 육안으로 볼 때 백색을 띠므로 백색섬유라고도 한다. 이 백색섬유는 탄력성은 매우 작지만 진피에 인장강도를 주는 역할을 한다.

콜라겐은 진피에 피부 장력과 외부의 물리적인 · 화학적 자극으로부터 신체 내부를 보호하며 특히 자외선과 피부의 주름을 예방하는 역할을 한다.

② 엘라스틴 Elastin

섬유단백질로 구성되고 진피성분의 2~3%를 차지하며 피부탄력에 중요한 역할을 하여 콜라겐에 비해 가늘고 긴 섬유로 구성되어 있다.

용수철이 늘어났다가 제자리로 돌아오는 것과 같은 피부탄력의 스프링 역할은 노화가 진행되면서 탄력이 떨어질 경우에 늘어났던 피부가 제자리로 돌아오는 힘인 탄성이 떨어지게 되어 유연성 감소 및 피부 처짐과 주름 발생이 심해진다.

③ 기질 Ground substance

기질의 구성물질은 수분 친화력이 우수해서 자기 몸무게의 수백 배의 수분 보유능력을 보유하고 있다. 히아루론산은 피부의 천연보습인자를 구성하기 위해서 엘라스틴과 결합섬유 사이에 존재하는 보습 성분으로 물과 친화성이 강해 진피의 수분을 다량으로 보유하게 한다. 또한 기질은 주위의 다른 조직을 지지해 주고 결체조직대사의 염분과 수분의 균형을 유지하는 데 관여한다.

2) 진피층의 분류

① 유두층 Papillary layer

유두층은 진피의 상층부에 위치하며 엘라스틴과 콜라겐 섬유로 되어 있으며 세포와 기질 성분이 많이 포함되어 있다. 유두층은 비교적 느슨한 결합조직의 형태를 지니고 물결의 구조형태는 피부가 앞쪽으로 당겨질 때 신축성을 부여하게 되며 진피의 돌출되어 있는 형태는 노화의 진행 정도에 따라서 돌출의 모양이 점점 편평해지는 모양으로 변해 간다.

유두층의 표피 가까운 쪽에 모세혈관과 신경 종말이 많이 분포하는데 이는 혈관의 분포가 없는 표피부분에 영양분과 산소를 운반하는 역할을 하며 피부 재생 주기를 결정하는 데 영향을 미친다.

② 망상층 Reticural layer

피부의 탄력적인 역할을 하게 한다. 혈관 · 피지선 · 신경세포 · 한선이 분포하며 냉각 · 온각 · 압각의 감각을 담당하고 있다. 망상층의 구성 성분은 교원섬유와 탄력섬유가 그물망 모양으로 형성 되어 있으며 피부에 탄력성을 부여해 물리적인 충격으로부터 피부를 보호해 준다. 망상층은 유두층에 비해 비교적 치밀하고 단단한 구조를 보이며 진피 깊숙한 곳의 섬유질은 더욱 두껍다.

이러한 섬유질의 특성은 임산부의 체중증가나 비만인 사람에게도 쉽게 피부의 탄력을 잃지 않게 하는 역할을 한다. 일정하게 이루어져 있는 선을 피부의 할선, 또는 랑거선Langer'S 이라고 한다. 망상층에는 혈관, 림프관, 한선, 신경총이 분포하고 있다.

(3) 피하지방층 Subcutaneous Tissue

진피와 근육 및 뼈 사이에 위치하는 피하지방층은 지방을 함유하고 있는 피부의 가장 하부층에 위치한다. 피하조직은 비교적 엉성한 섬유단백질로 짜여 있으며 외부의 충격으로부터 보호하는 쿠션의 역할과 체온유지 기능을 담당한다. 또한, 수분을 조절하는 기능을 하고, 소모되고 남은 영양소를 에너지로 전환하여 지방의 형태로 저장하거나 피부 탄력성 유지의 기능을 담당하기도 한다.

지방세포 축적이 쉬운 부위는 허리 · 둔부 · 대퇴부 · 어깨 · 가슴 · 하복부 등은 피하지방층이 발달되어 있는 반면, 피하지방 조직 발달이 미숙한 부위는 입술 · 눈꺼풀 · 외이 · 고환 등이다. 피하지방층의 분포와 두께는 신체의 영양상태 및 성별, 신체부위, 연령에 따라 다르게 나타난다.

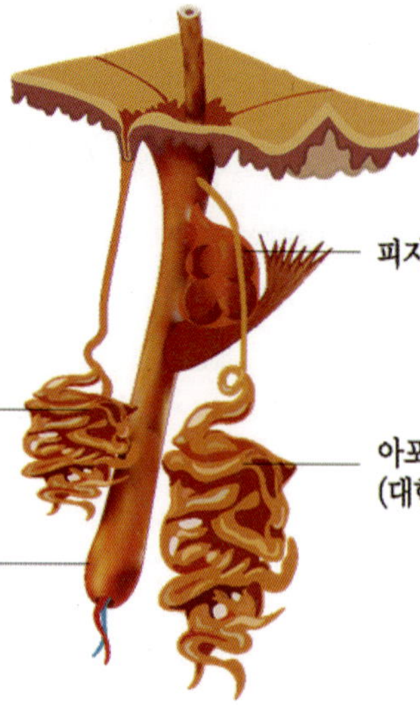

그림 3-2 피부 부속기관의 구조

1) 한선Sweat gland

한선의 기능은 한관을 통하여 피부 밖으로 땀을 분비하는 기능을 한다.

땀의 성분은 99%가 수분이며 약 1%는 고형질인 염분 · 요산 · 요소 · 아미노산 · 휘발성 지방산 등으로 땀 배출 시 각종 노폐물과 독성 물질이 함께 배출된다. 성인의 경우 하루 약 700~900cc 정도의 땀을 분비한다.

우리가 수면을 할 때나 매운 음식을 섭취하거나 긴장할 때 등 땀은 거의 하루 종일 분비된다고 해도 과언이 아니다. 땀에는 우로카닌산이라는 성분이 함유되어 자외선을 흡수하여 피부를 보호하는 기능도 담당하고 있으며 수분을 보유하는 한선은 단순한 체온조절에 기여하는 에크린 한선소한선과 아포크린 한선대한선이 있다.

에크린 한선은 입술 · 임부 · 손톱 등을 제외한 전신의 피부에 분포하고 있으며, 아포크린 한선은 겨드랑이 · 외음부 주변 · 젖꼭지 주변 · 배꼽 주위 · 귀두 등에 분포한다.

땀의 이상분비 증상으로는 다한증Hyperhidrosis과 소한증Hypohidrosis이 있다.

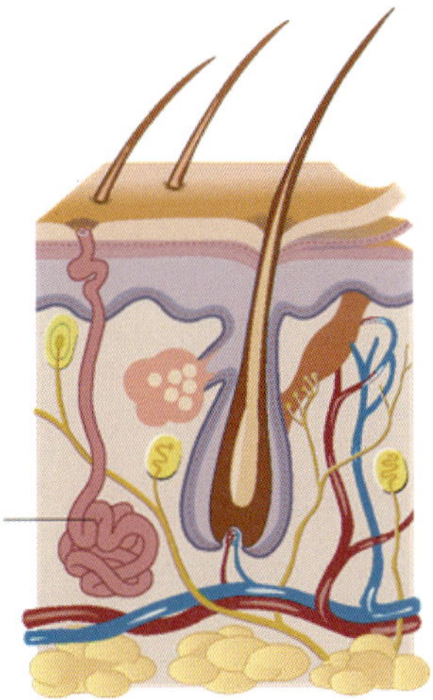

그림 3-3 에크린 한선의 단면

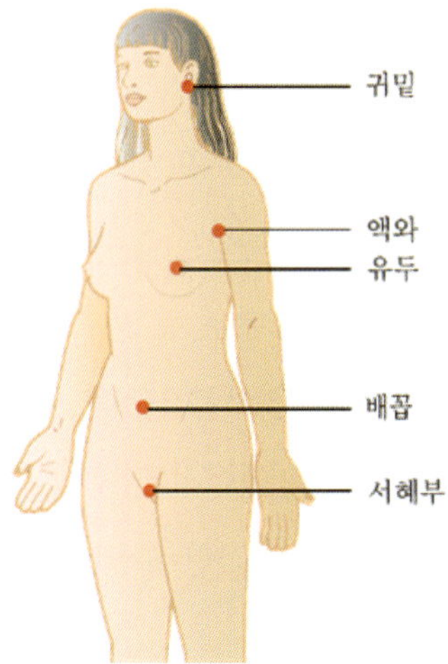

그림 3-4 아포크린 한선의 분포

2) 피지선

피지세포는 염증과 연관된 사이토카인 cytokine 을 분비하며 신경 peptide 의 분비를 조절한다. 피지의 분비는 호르몬과 밀접한 관계가 있다. 남성 호르몬(안드로겐)은 피지선을 자극하여 피지분비를 활성화하며, 여성 호르몬(에스트로겐)은 피지분비를 억제하는 효과가 있다. 피지는 사춘기에 성호르몬의 영향으로 피지분비가 많아지며 일반적으로 남성은 80대까지, 여성은 50대까지 분비율이 유지되기도 한다. 반면 폐경기 여성의 경우에는 피지분비가 현저히 감소된다. 3~5개의 주머니가 모낭과 연결되어 있고 모공을 통해 피부표면으로 피지를 분비하는데, 피부표면 지질 중에서 각질세포 간 지질이 피부의 투과장벽 기능에 있어서 중요한 역할을 한다.

3) 모발

모발은 일정기간이 지나면 성장과 탈락 및 신생의 주기라는 모주기 Hair cycle 를 갖는다. 피부표면에 나와 있는 모간과 내부의 모근으로 모발의 단면은 모표피, 모피질, 모수질로 나뉜다. 모발은 형태에 따라 직모 · 반 곱슬모 · 곱슬모로 분류하며, 굵기에 따라 성모 · 연모 · 길이에 따라 장모와 단모로 구분한다.

모발의 생장주기는 모주기라고 하며 성장기는 퇴화기와 휴지기를 거치며 탈락한다. 특히 성장기에는 세포 분열이 왕성한 시기로 여성은 4~6년, 남성은 3~5년이며 전체 모발의 80~90%가 이 시기에 속한다.

모발의 물리적 특성은 흡수성(흡습성), 다공성, 탄력성이다.

특히 모피질은 매우 길고 모발의 길이 방향으로 고정된 세포들로 구성되며 체모의 가장 중요한 부분으로서 체모 무게의 90%를 차지하고 간충 물질과 멜라닌 색소를 함유하고 있어서 모발의 색상을 결정한다. 모발은 건강상태, 질병, 영양, 호르몬, 연령, 유전적인 요인에 따라 자라는 모주기가 달라질 수 있다.

4) 조갑 손톱, 발톱

① 조갑의 특성

조갑은 손가락과 발가락의 끝을 보호 및 지지 해주는 케라틴 단백질로 이루어진 피부부속기관이다.

② 조갑의 구성

눈으로 보이는 각질세포 부분을 조체爪體, nail body라 하며 조체를 둘러 싼 부분을 조벽爪壁, nail wall, 조갑의 조갑 밑에 숨겨진 부분을 조근爪根, nail root이라고 한다.

③ 조갑의 성장

조갑은 세포 분열을 통해 계속적으로 손톱을 성장하게 하는데 이 부분을 조모라고 한다. 조갑의 성장은 태아의 9주째부터 생겨나 20주째에 거의 완성된다. 표피의 반투명 각질세포가 변하여 4~5개 층으로 강하게 결집된 경단백질로 7~12%의 수분과, 0.15~0.79%의 지방으로 구성되어 있다. 조갑은 생장주기 없이 계속 자라며(하루 0.1mm), 계절 · 연령 · 건강 상태에 따라 다르게 나타난다.

④ 조갑의 질환

조갑의 질환으로는 조갑층상분열증, 형태의 변형증상, 손톱 끝이 위로 젖혀지는 현상이 나타난다.

조갑의 변성이나 질병 발생은 유전적인 요소와 네일 에나멜의 잦은 노출과 각종 화학물질 · 열 · 자주 물에 노출하는 경우 그리고 폐 · 심장질환 · 내분비질환 등도 원인이 될 수 있다.

손톱이 얇아지거나 저색소성의 빈혈은 손가락 끝의 혈류의 흐름이 나빠지는 경우에 발생한다.

3. 피부의 기능

피부는 "내장의 거울"이라는 표현을 할 정도로 건강의 지표가 되기도 한다. 실제로 피부가 맑고 윤택하며 부드럽고 촉촉한 상태로 보이는 사람은 신체 내부도 건강하며 오랜 질병에 노출되거나 큰 수술 등을 한 사람의 안색은 거칠고 칙칙하며 수분도가 떨어지고 몹시 민감한 상태로 보인다.

이처럼 피부는 건강상태, 즉 내부의 생리적 기능과 직접적인 관계가 있다. 그러므로 건강한 피부의 관리는 매우 중요하다고 할 수 있다.

1) 보호 기능

표피의 각질층에 존재하는 케라틴은 부드럽고 탄력성이 있으며 외부의 대한 강한 저항력을 가진다. 표피의 팽창성, 진피의 탄력성, 피하조직의 쿠션 역할 등으로 물리적인 자극에 대한 피부 보호의 역할을 한다.

또한 외부 유해 물질, 화학적인 자극에 대한 보호와 피부표면의 피지막과 각질층의 케라틴 단백질이 화학적 요인에 저항하도록 하며, 피부의 알칼리 중화능력으로 피부표면의 약산성을 유지하도록 돕는다.

세균의 발육 저해와 자외선에 대한 보호 및 표피의 멜라닌 색소가 자외선을 흡수하여 자외선이 피부 속으로 침투하는 것을 차단하는 피부보호 기능을 한다.

2) 체온조절 작용

모세혈관의 수축 및 확장, 땀의 분비량 조절에 의한 정상체온(36.5℃) 유지 및 체온 조절작용을 한다.

대부분의 열 손실(80%)은 피부를 통해 이루어지고 나머지 열 손실(20%)은 호흡기계와 분비물을 통해 이루어진다.

피부의 존재하는 혈관 · 땀샘 · 털세움근이 체온조절을 하는데, 체온이 상승하면 혈관이 확장되고 많은 혈액이 피부로 흘러 표면으로 열을 이동시켜 발한 · 땀샘 활동이 자극받아 발한하여 땀이 체표면에서 증발하게 되면 열이 소실된다.

반대로 체온 하강 시 혈관수축이나 피부로 가는 혈액 감소 및 혈액과 열을 더 깊은 조직에 잡아 놓아서 땀샘이 덜 활성화되고 입모근이 수축되어 열손실을 방지하게 된다.

3) 감각작용

외부의 자극을 뇌에 즉시 전달하여 감각을 느끼게 하는 감각기관이 분포하는데, 온각 · 냉각 · 통각 · 압각 · 촉각의 감각기관이 진피에 존재한다. $1cm^2$당 촉점 25개, 온점 1~2개, 냉점 12개, 압점 6~8개, 통점 100~200개의 비율로 분포한다. 감각작용의 기능은 통증에 대해 가장 민감하고 따뜻함에 대해 가장 둔감하다.

4) 분비 및 배설작용

피지(피지선)는 피부와 털에 매끄러운 윤기를 부여하며 한선을 통해 피지와 땀을 분비하고 배설하여 체온 조절을 한다.

남성은 여성에 비해 남성호르몬의 영향에 의해 여자보다 피지분비량과 땀의 배출량이 많다.

5) 비타민 합성작용

피부는 비타민D를 만드는 공장이라고 할 수 있다. 각질형성세포와 섬유아세포에서 콜레스테롤을 원료로 피부에서 비타민D를 합성한다.

자외선에 의해 비타민D가 합성되며 비타민D는 우리 몸에 칼슘의 양을 정상으로 유지해 주는 역할과 뼈의 발육 및 혈액 내의 칼슘농도 유지 기능을 하게 한다.

성인의 경우에는 비타민D의 합성을 위해 영양분과 UVB Ultraviolet-B 자외선 조사가 필요하다.

6) 피부호흡

폐호흡의 1%는 피부를 통해서 이루어진다.

만약 피부에 바른 일부 화장품을 제거하지 않고 지속적으로 둔다면 일부 성분은 피부를 통해서 흡수되어 혈관을 통해 순환계로 침투되고 신체에 염증을 유발시킬 수도 있다. 그러므로 피부 호흡이 잘 이루어지도록 피부를 깨끗하고 건강하게 유지하도록 한다.

7) 피부흡수

표피의 모공을 통해서 화장품 및 기타 물질의 흡수 기능을 한다. 특히 지방성 물질의 흡수가 용이하다.

8) 재생작용

재생작용의 특성은 피부조직의 상처 세포분열로 인해 일정시간이 경과한 후에 원래 상태로 돌아가게 한다. 털이 많은 부위는 다른 부위에 비해 재생력이 높다.

9) 저장작용

피부는 지방이 과다하게 축적되면 여분의 영양물질을 지방으로 전환하여 피하조직에 저장한다. 이렇게 저장된 지방은 에너지원으로 활용된다.

10) 면역작용

피부를 통해 신체 내부로 들어오는 이물질이나 세균 등에 의한 면역반응에 관련된 세포들이 분포되어 생체방어기전의 기능에 관여한다.

11) 피부장벽의 기능

피부장벽은 천연보습인자, 각질세포간 지질, 교소체로 이루어진다. 상부로 갈수록 지질성분이 점차 적어지고 교소체의 결합도 약해져서 맨 위 층의 각질이 탈락된다.

피부장벽에 영향을 주는 요인으로는 습도, 온도, 침수, 노화, 스트레스이다. 특히 정신적 스트레스가 증가되면 당질 코르티코이드corticoid는 피부장벽의 회복을 억제한다.

12) 피부의 흡수

① **흡착** adsorption : 물질과 피부 구조 성분과의 결합

② **흡수** absorption : 물질의 피부 각질층의 통과

③ **침투** penetration : 물질의 총체적인 피부 침입

④ **투과** permeation : 침윤으로 보이는 피부의 관통

천연보습인자 NMF, natural moisturizing factor

① 천연보습인자는 모발이나 피부의 수분을 일정하게 유지하는 역할을 한다.

② 주요성분은 아미노산 40%, 피롤리돈카르복실산 12%, 젖산염 12%, 요소 7% , 염소 6%, 나트륨 5%, 칼륨 4%, 암모니아 1.5%, 기타 미량의 성분들로 구성된다.

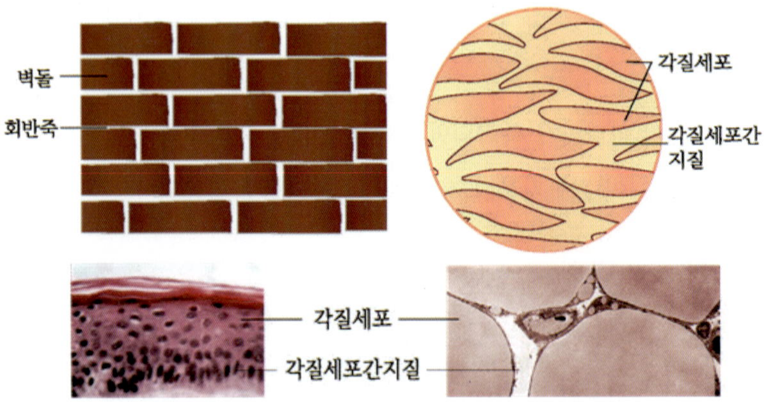

그림 3-5 벽돌과 회반죽 모델(brick and mortar model)

피부의 장벽 흡수

① 피부가 손상되면 피부장벽은 즉각적인 회복작용을 시작한다.

② 표피 과립층은 층판소체의 분비를 앞당기고 자유지방산과 콜레스테롤의 합성을 증가시킨다.

③ 세라미드 ceramide 의 합성이 증가되고 DNA 합성이 활발히 진행된다.

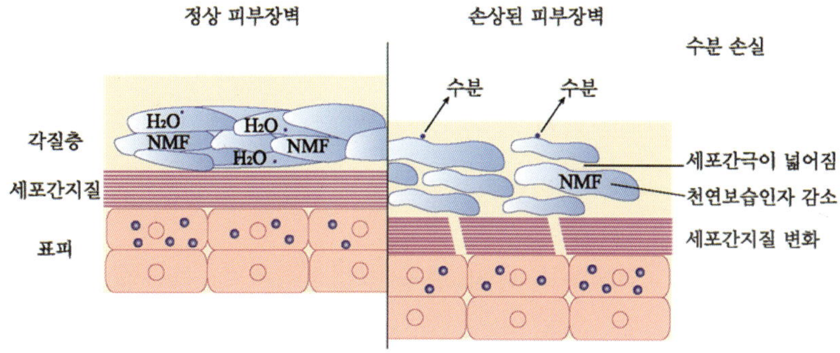

그림 3-6 각질층을 통한 흡수

피부 부속기를 통한 흡수

① 흡수의 대부분을 차지하는 가장 중요한 흡수경로로 각질층에 의해서 조절되는 수동적인 확산 작용diffusion이다.

② 모낭과 피지선 및 에크린 한선을 통한 피부 흡수경로이다.

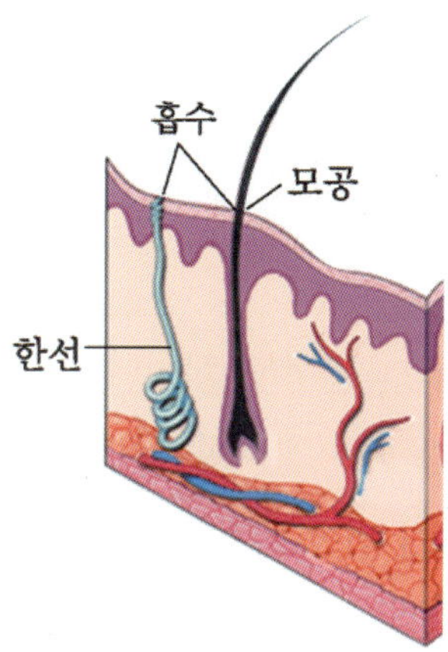

그림 3-7 각질층을 통한 흡수

4. 문제성 피부

(1) 여드름의 발생과 기전

1) 여드름의 정의

여드름은 모피지낭pilosebaceous follicle을 침범하는 만성 염증성 질환이며 면포comedones, 구진 · 농포 · 낭종 · 결절 · 반흔 등의 증상이 얼굴 · 등 · 어깨 · 목 등의 신체의 중심부에 주로 나타난다. 여드름의 진단 특히 면포가 원발진이 된다. 사람의 85%가 12~25세 사이에 여드름을 경험하며, 남성은 16~19세에, 여성은 14~16세에 가장 많이 발생한다.

2) 여드름의 두 가지 유형

① **면포성 여드름** : 지성 피부 위에 면포만 보이는 가벼운 여드름이다.

면포 코메돈comedon은 검은 깨와 흰 깨로 나누어진다. 자세히 보면 누구나 쉽게 구별할 수 있다. 흑두open comedone : black head, 또는 검은 깨는 모공이 비교적 열려 있는 타입이며 손으로 짜도 비교적 쉽게 기름덩어리가 쏙 빠져 나온다.

② **염증성 여드름** : 염증성 구진이 넓게 퍼져 있으며, 피부가 거칠고 지성 피부인 젊은 남성에게서 더 많이 발생한다.

백두closed comedone : white head 또는 흰깨는 모공이 심하게 좁아져 있기 때문에 아크네 익스트렉터acne extracter, 면포압출기를 이용하여도 힘을 주어야 깊이 박힌 기름덩어리가 배출된다. 백두는 짜기 전에 메스, 주사침, 레이저를 이용하여 작은 구멍을 낸 후에 짤 수도 있다.

③ 증상

면포가 있으면 여드름이다. 화농성을 동반하면 통증을 느끼고 각질이 잘 생기며, 칙칙하고 끈적거림을 느낀다.

④ 원인 및 기전

남성 호르몬androgen, 모낭의 이상 각화abnormal follicular keratinization, 염증inflammation, 세균 증식의 원인, 영양의 불균형, 자외선, 화장품 등이다.

모낭충Demodecidosis은 정상 피부에도 모낭에 존재하는 0.3~0.4㎜ 크기 이하의 기생충이지만, 스테로이드 도포 등으로 비정상적으로 증식할 경우에는 적색 구진 · 농포 · 혈관 확장의 증상을 야기한다.

여드름

사춘기에 증가한 남성 호르몬(안드로겐)은 활성화된 피부의 피지선(기름샘)을 커지게 한다. 피지선은 여드름이 흔히 발생하는 얼굴, 등, 가슴 부위에 많이 존재한다. 피지는 모낭의 개구를 통해 피부 표면으로 배출되지 못하고 축적될 경우, 모낭의 내벽을 자극하여 내벽 세포가 더 빨리 탈락되게 하고 탈락된 세포들이 엉겨서 모낭의 구멍을 막아 세균이 발생하고, 탈락된 죽은 세포들이 피부로 방출되어 홍반 · 부종 · 뾰루지를 만든다.

① 청결

피부 타입에 맞는 세안과 두피관리로 여드름이 발생하거나 악화되지 않도록 주의한다. 손으로 뾰루지를 절대로 건드리거나 쥐어짜지 않는다.

② 음식

여드름은 음식에 의해 발생되거나 식습관의 제한 그 자체로 피부를 깨끗하게 할 수는 없다. 반면에 어떤 사람들은 자신의 여드름을 악화시키는 특정 음식을 발견하기도 하는데 그러한 경우에 그 음식은 피하는 것이 좋다. 그러나 여드름은 호전되었다가 악화되는 반복적인 현상을 보인다.

③ 자외선

자외선이나 뜨거운 사우나 등은 피지선을 자극하여 여드름이 더 악화될 수 있다. 그러므로 일광화상이나 선탠 등은 피해야 하며 여드름 환자는 기름기 없는fat-free 젤 타입의 자외선 차단제를 사용하는 것이 좋다.

④ 화장품

리퀴드 파운데이션이나 모이스처라이저를 사용할 경우 기름기 없는 제품을 선택해야 한다. 또한 '비면포성'(면포를 발생하지 않음) 또는 '비여드름성'(여드름을 일으키지 않음)이라고 표기된 제품을 선택하고 매일 밤 비누와 물로 화장을 제거해야 한다. 머리도 밤에 감고 청결하게 잠자리에 드는 것이 좋다. 헤어스프레이나 젤, 헤어린스를 사용할 때는 얼굴을 닿지 않게 주의한다.

⑤ 관리 및 치료

만약 6~8주 여드름 관리나 치료를 진행해도 좋아지지 않는다면 치료 방법을 바꿔 볼 필요가 있다.

여드름 유형에 따라 치료방법이 달라지는데 간혹 전에 사용했던 메이크업이나 로션 또는 복용약 등에 의해 여드름으로 보이는 발진이 생길 수 있다. 드물게는 호르몬 불균형에 의해 여드름이 생길 수도 있으므로 피부과 전문의에게 기존에 사용했던 화장품에 복용약 등의 정보를 알려주어야 한다.

(2) 색소침착의 원인과 기전

1) 색소침착의 정의

색소침착은 멜라닌 세포의 활성으로 생성된다. 기저층에 존재하는 멜라닌세포가 외부의 자극이 전달되면 피부를 보호하기 위한 방어기전을 하는 과정으로 피부에 색소를 만들게 된다.

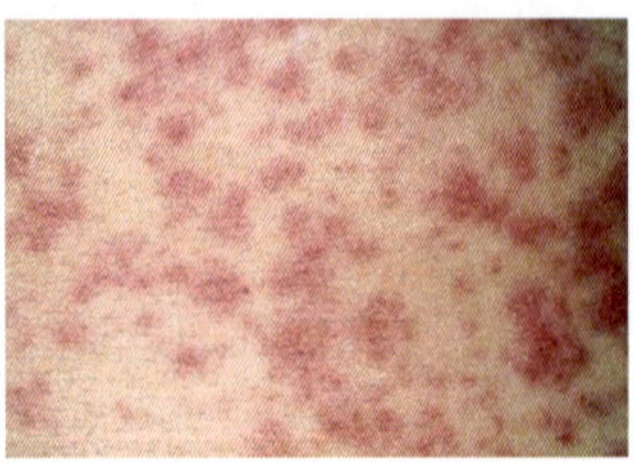

← 기미 피부

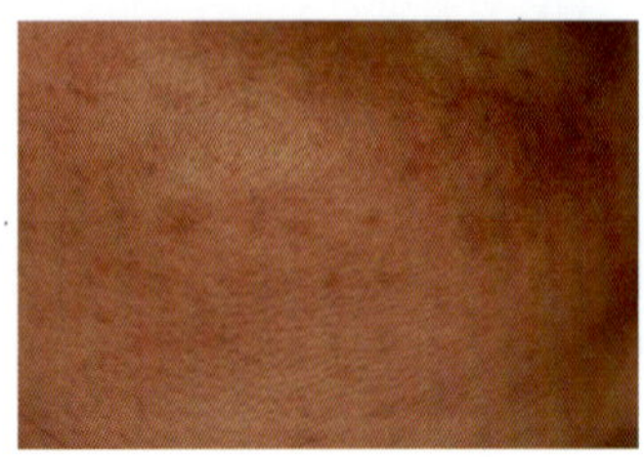

색소침착이 →
심한 피부

2) 색소침착의 변화 유형

피부유형	자외선에 의한 피부 변화
Ⅰ형	항상 심하게 붉고 검게 되지 않는다.
Ⅱ형	쉽게 붉어지고 거의 검게 되지 않는다.
Ⅲ형	보통으로 붉어지고 중간 정도로 검게 된다.
Ⅳ형	약간 붉어지고 쉽게 검게 된다.
Ⅴ형	약간 붉어지고 반드시 검게 된다.
Ⅵ형	전혀 붉어지지 않고 매우 검게 된다.

3) 색소침착의 원인

색소침착은 흔히 기미 피부Melasma, Chloasma, Mask of pregnancy를 말한다. 주로 가임기의 여성에게 나타나며, 과도한 자극 및 강한 자외선의 노출에 의해 나타나는 후천적인 색소침착의 현상으로, 과도한 자외선은 일광화상, 피부암, 광독성 또는 광 알레르기 반응, 피부노화 및 색소침착의 원인이 된다.

색소침착 피부 관리로는 기미 피부 화장품에 사용되는 유효성분이 함유된 제품을 사용하고 기기관리는 이온토포레시스iontophoresis나 초음파를 사용하여 치료하는 것이 좋다.

또한 치료중일 때는 특히 자외선을 철저히 차단해야 하는데, 피부의 신진대사를 하는 각질층은 자외선을 난반시켜서 기미 생성을 예방할 수 있기 때문이다.

또한 광합성 작용이나 여드름 등 각종 피부질환에 광선치료와 광화학요법에 활용되는 이로운 점이 있는 반면, 과도한 자외선은 일광화상 · 피부암 · 광독성 또는 광 알레르기 반응 · 피부노화 및 색소침착의 원인이 된다.

4) 색소침착의 기전

① 홍반 Erythema

홍반반응은 자외선에 의해 일시적으로 붉어지는 현상으로 발생 초기에는 자외선에 노출된 부분에 붉은 반점이 생기며 시간이 지나면서 서서히 엷어진다.

그러나 홍반에 지속적으로 노출되면 피부에 색소나 화상을 입을 수 있다. 홍반이 발생하면 즉시 진정시켜 주고 자외선을 차단하는 것이 중요하다. 홍반은 자외선이 표피의 각질형성세포에 분비된 히스타민이라는 물질이 혈관벽을 확장시키고 혈관벽을 투과시켜서 발생한다.

② 일광화상

일광화상은 햇볕에 노출된 피부의 화상을 의미한다. 자외선에 노출된 후 48시간 정도 지난 후 피부가 가렵고, 붉어지며, 심한 경우에는 물집을 동반하기도 한다. 일광화상은 기미, 검버섯, 수포, 염증, 주근깨 등을 일으키며 지속적인 햇볕 노출은 피부암을 일으키기도 한다. 피부화상을 입었을 때는 빠른 시간 내에 얼음찜질 등을 통해 피부의 열을 제거해서 2차 감염이 되지 않도록 한다.

③ 광노화

장시간 강한 자외선에 노출되어 피부의 수분을 감소시키고 혈액순환을 방해하여 노화가 촉진되는 것을 의미한다. 광노화의 특징은 각질이 비후하여 잔주름, 탄력저하와 깊고 굵은 주름을 형성한다.

④ 피부암

피부암은 우리나라를 비롯한 아시아 권역에서도 종종 발생한다. 오존층의 파괴 및 과도한 자외선 노출이 원인으로 알려져 있다.

⑤ 비타민 D 형성

자외선은 체내에서 비타민 D를 합성하게 한다. 하루 20분 이상 햇볕을 쬐면 뼈의 건강에 관여하는 칼슘과 인의 흡수를 돕는다.

자외선은 체내 비타민D 합성과 칼슘흡수를 도와 구루병 예방과 뼈, 치아, 골다공증 예방에 작용한다. 또한 식욕을 촉진해 주고 소독 · 살균력이 있다.

① 색소 침착을 예방하기 위해서는 자외선 차단을 하며 기미 피부 화장품에 사용되는 유효성분이 함유된 제품을 사용한다.
② 전문 관리를 받을 때일수록 자외선을 철저히 차단하고 충분한 수분을 섭취하는 것이 좋다. 비타민C 복용과 스트레스 관리를 잘 해야 한다.
③ 피부의 신진대사를 높이기 위해 규칙적인 피부 관리를 한다.
④ 이온토포레시스나 초음파기기도 도움이 된다.

5. 근육과 림프계

(1) 근육

근육은 신축성 있는 모든 조직을 칭하는 일반적 용어이다. 중요한 3가지 근육으로 뼈대근, 민무늬근, 심장근이 대표적이다.

근육은 대략 650여 개의 근육들로 이루어져 있으며 체중의 약 40~45%를 차지한다. 또한 근육은 신체를 움직이고 자세를 변동시키며 중력에 대항하며 체중을 지탱시킨다.

근육의 작용은 적어도 2개 이상의 점에서 2개 이상의 뼈와 연결되어야 하며 근육의 수축에 이동하는 점을 운동점, 이동하지 않는 점을 고정점, 고정점에 부착하는 점을 기시Origin 점, 운동점에 부착하는 점을 정지insertion 점이라고 한다.

1) 근막Fascia muscle

근막은 신체의 모든 근육을 머리에서 발끝까지 서로 이어 주는 삼차원의 거미줄 망과 같은 강인한 결합조직막이다. 근막의 배열상태grain와 두께는 근육의 작용과 방향이 결정한다. 근육을 싸고 있는 근막 마사지는 근육의 피로회복이나 유연성을 좋게 한다.

2) 근막의 기능

신체와 신체 부분의 모양을 형성하고 경계선을 제공하고 제자리에 고정시켜 근력을 증가시키는 역할을 한다. 감염infection의 확산을 억제하며 건과 인대의 회복을 촉진시키고 결합조직이 적합한 두께를 유지하도록 돕는다.

3) 근육통

근육통은 근육에 나타나는 통증을 말하며 운동 외에도 정신적 스트레스와 교통사고 · 외상 · 바르지 않은 자세 등으로도 발생하며 근섬유염 · 근육통 · 근육성 류머티즘 · 근막통 등 다양한 용어가 있다. 신체의 갑작스러운 움직임으로 근육에 충격을 주거나 무거운 물건을 드는 동작, 그 외 다양한 구조적 · 기능적인 요인이 근육의 미세손상의 요인이 된다.

4) 얼굴 근육

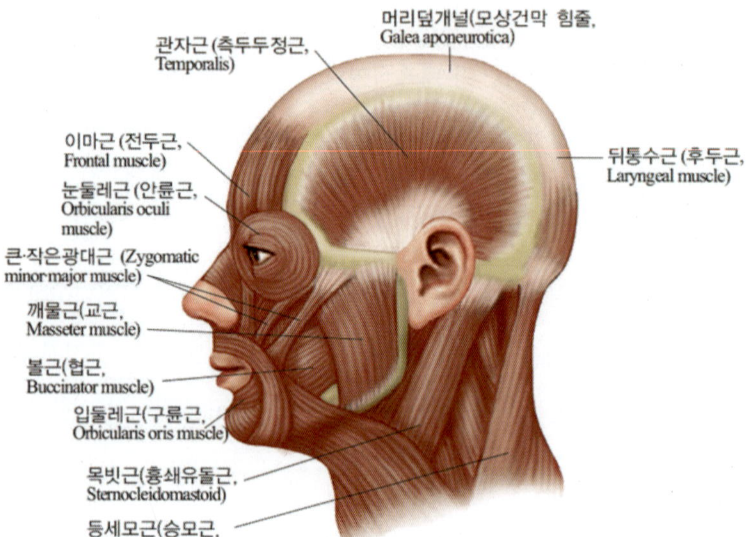

그림 3-8 얼굴의 표정근 옆면

(a) 머리 덮개근epicranial muscle

머리뼈를 위쪽에서 덮고 있는 근육들

① **이마근**전두근, frontal belly

이마근(전두근)은 앞이마를 덮는 근육으로 이마에 주름형성이나 놀란 표정을 지을 때 작용한다. 뒤통수근은 뒤통수를 싸고 있는 근육으로 두피의 주름을 형성한다.

② **눈둘레근**안륜근, orbicularis oculi muscle

안륜근이라고도 하며 눈 주위를 고리 모양으로 둘러싸고 눈꺼풀 틈새를 닿는 작용으로 눈을 깜빡이게 하거나 윙크를 하는 기능이다.

③ **코근**비근, nasalis

코근(비근)콧구멍을 넓게 하는 기능을 한다.

④ **입둘레근**구륜근, orbicularis oris

입주위를 둘러싸고 있으며 입을 다물게 한다. 입을 오므려서 휘파람을 부는 것이 가능하게 한다.

⑤ **입꼬리당김근**소근, risorius muscle

입꼬리를 당기게 하여 볼에 보조개를 만든다.

⑥ **작은광대근**소관골근, zygomaticus minor

윗입술을 위로 당기게 하여 부정적인 표정을 짓게 한다.

⑦ **입꼬리내림근**구각하제근, depressor anguli oris

입 꼬리를 내리게 한다. 슬픈 표정을 짓게 한다.

⑧ **볼근**협근, buccinator

입안의 압력을 유지하고 성난 표정을 짓게 하는 부착점이다.

(b) **씹기 근육**저작근, masticatory muscle

① **깨물근**교근, masseter muscle

깨물근의 발달은 사각턱을 만들고 어느 한 쪽의 깨물근의 빈번한 사용은 얼굴의 비대칭을 일으킬 수 있다. 두꺼운 근육으로 음식물을 씹는 기능을 한다.

깨물근도 관자근과 마찬가지로 문제가 생기면 두통이 생기고 턱관절 윗니, 어금니 및 위아래 턱뼈, 눈썹 부위, 관자놀이 부분에 문제를 일으킬 수 있다.

입을 크게 벌린 다음 2, 3, 4번째 손가락을 입 속에 넣었을 때 들어가지 않는다면 깨물근과 관자근의 문제로 인한 턱관절 손상을 의심해볼 수 있다. 통증은 입 뒤쪽, 혀, 목구멍, 턱관절 주위, 귀 주변에 나타난다. 음식을 삼키기 힘들고 입을 크게 벌리지 못하며 저작의 기능이 약해진다.

② **관자근**측두근, temporalis

관자놀이 부근의 근육으로 아래턱뼈까지 닿는 근육이다.

관자근의 문제는 긴장성 두통을 유발하며 턱관절의 문제를 일으킬 수 있으며 치통으로 이어질 수 있다.

(c) 등의 근육

① 등세모근승모근, trapezius muscle은 견갑근, 빗장뼈에 닿으며 양쪽어깨를 펴게 하는 근육이다. 척추측만증, 척추후만증, 척추전만증 등은 가로막에 변화를 주어 호흡에 문제를 일으킬 수 있다.

② 넓은등근광배근, latissimus dorsi은 위팔을 모으고, 위팔을 뒤로 할 수 있게 하는 근육으로 수영이나 노젓기 드에 관여한다.

③ 어깨올림근견갑거근, levator scapulae은 등세모근에 덮여 있으며 어깨를 위로 당기는 역할을 한다.

④ 목빗근흉쇄유돌근, sternocleidomastoid muscle의 문제는 마사지가 효과를 나타내나, 과한 마사지압은 얼굴을 붓게 할 수 있다.

높은 베개를 사용하거나 TV를 볼 때 가까이서 고개를 들고 보는 경우, 한쪽으로 오랫동안 고개를 돌리고 있을 경우 등에 무리가 된다.

5) 근육의 임상적 용어 정리

① **통증유발점**Trigger point

신체의 외상으로 인한 멍이나 상처가 없지만 신체를 마사지할 때, 근육 기능을 평가할 때, 누를 때마다 통증을 호소하는 부위를 통증유발점이라고 한다.

근막 통증유발점은 과중한 일을 하거나 반복적 움직임으로 몸을 사용할 때, 갑작스러운 근육운동을 하여 근육에 스트레스가 가해질 때 생긴다. 통증유발점은 골격근 조직의 단단한 띠에서 발견되며 극도로 민감하게 특유한 형태로 통증이 표출된다.

② **과민반응점** Hyperirritable spot

통증유발점을 촉진할 때 국소적으로 압통을 나타내는 부분이다.

③ **건** Tendon

근육이 뼈에 붙어 있는 부위로 '힘줄'이라고 표현한다.

④ **긴장성** Tension

지속적인 불수의적 근육의 수축에 의해 통증이 나타나는 상태로 정서적 또는 물리적인 요인이 원인이다.

⑤ **근경련** Muscle spasm

극심한 통증을 동반하는 근육의 급성기능장애의 일종으로 약화된 근육의 과다한 신장이나 외상에 대한 보호성 근긴장이다. 근육의 급격한 과다사용 등에 의해 나타나는 지속적이고 불수의적인 근육의 수축으로 장딴지의 저림 현상과 경직 및 급성개구불능 등이 나타나는 현상이다.

[예] 장딴지의 쥐, 강직, 급성개구불능 등

⑥ **근부전** Muscle deficincy

근부전은 운동부족이나 외상, 그리고 장기간의 운동제한 등에 의해 발생한 근력의 약화를 의미하는데, 근육통과 더불어 근육의 강직에 의한 유연성의 소실이 나타난다.

⑦ **근막통증증후군** Myofascial pain syndrome, MPS

근육이나 근막 및 연부조직에 매우 예민한 통점과 단단한 소결절이 있으며, 돌발된 근육의 운동범위를 제한하는 근약증과 피로감 및 압박 시 원위부로 향하는 관련통증을 동반하는 증후군이다.

⑧ **활동성통증유발점** Active trigger point

근육과 근막에 있는 과민반응점은 직접적 압박으로 인해 항상 관련통증이 유발되며, 유발된 근육의 충분한 신전을 제한하고 근력을 저하시킨다.

⑨ **잠복성통증유발점** Latent trigger point

근육과 근막에 있는 과민반응점으로 촉진 시에만 자발적인 통증을 유발한다.

⑩ **위성통증유발점** Satellite trigger point

원래의 통증유발점과는 떨어져 있지만 연관통이 있는 부위에 발생한 통증유발점으로 1차적 통증유발점이 있는 근육의 동일 그룹 내에 연관된 통증의 패턴을 가지고 있다. 다른 근육의 심부층에서 발생하는 과민반응점이라고 할 수 있다.

⑪ **도약반응** 놀란반응, Jump sign

통증유발점에 압력을 가할 때 고함치며 소스라치게 놀란 반응과 움찔거리며 고함치며 펄쩍 뛰는 행동을 한다.

⑫ **단단한 밴드 형태** Palpable or taut band

근육의 주행방향을 따른 근섬유의 일부 또는 근막통증유발점과 결합된 근섬유가 밧줄처럼 견고하게 뭉쳐서 띠를 형성한 것이다. 대부분 근육 내에서 발생하지만 건이나 인대에도 발생한다.

(2) 림프계

1) 림프의 정의

우리 몸은 방어기제의 역할, 이물질이 들어오면 이물질로 인식, 특수한 세포기능을 하는 림프가 면역, 림프계통에 의해서 병원균을 물리치는 일에 참여하여 강력한 화학물질을 방출하고 방어하여 싸우고 나면 부스러기가 체액에 남는다. 림프는 이러한 찌꺼기를 치우는 일을 담당한다.

전달체계와 면역계통의 막사로 심혈관 계통과 유사한 제2의 순환계이다. 심혈관에서 손실되는 체액의 재순환과 병원균을 림프절로 운반한 후 파괴하고 일부 백혈구를 저장 · 성숙 시키며 음식의 글리세롤과 지방산을 흡수하기도 한다.

2) 림프계의 순환 경로

혈액 → 조직 → 모세림프관 → 림프관 → 림프절 → 림프집합관 → 림프줄기 → 빗장 및 정맥 → 혈액

3) 지라의 역할

지라spleen는 오래되고 손상된 적혈구세포의 제거 혈류에서 병원균을 여과하거나 파괴하는 매우 중요한 기관이지만 생명유지 기관에는 속하지 않는다.

4) 가슴샘의 역할

림프구로 둘러싸여 있으며 림프구가 성숙해서 백혈구 형태의 T 림프가 되며 가슴샘thymus은 림프구에서 T림프구의 성숙을 촉진하는 호르몬을 배출한다.

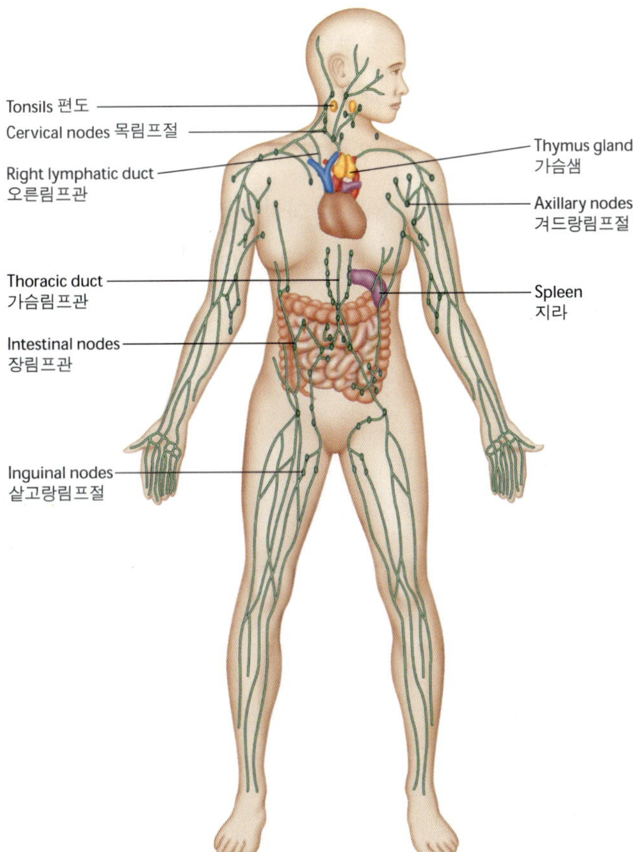

그림 3-9 림프계통의 구조

5) 항원 Antigens

세포막의 외부 표면에 아군과 적군을 구분하는 분자이다.

자기인지 Selfrecognition, 비자기인지 nonselfrocognition : 면역세포가 자기세포인지 아닌지를 구분하는 것을 말한다.

6) 항체 Antibodies

낯선 항원이 몸 안에 침입할 때 작용한다.

① 선천성 면역 Innate Versus

경험에서 배우고 변하는 정밀한 면역체계로 병원균의 침입을 인지하며 침입을 막고 감염, 확산인지 활동을 한다. 그러나 침입자는 분별해 내지 못하며 비교적 미성숙 형태이다.

항원이 탐지되면 중성구는 외부항원을 섭취하고 파괴하고 화학물질을 방출, 세포질분열 cytokine의 방출과 유발된 염증은 대식세포와 NK 세포를 감염 주위로 유인하고, 이들은 각각 감염된 세포를 파괴한다.

감염된 세포는 포식 작용, 유독성 화학물질, 막의 파열, 응집, 분사구조의 변이 등의 공격을 받고 화학물질은 시상하부를 자극하여 체온이 상승한다.

선천성 공격은 모든 것을 무차별 공격하므로 그 과정에서 감염되지 않은 세포도 파괴될 수 있다.

② 후천성 면역 Adaptive Immunity

- 림프구의 활성화 : 항원을 인식한 순간 활성화 되며 림프구로 하여금 혈류 주변을 돌면서 병원체가 싸우게 된다.
- 림프구의 증식 : 보조 T 세포와 다른 유형의 림프구의 증식으로 나뉜다. 더 많은 양의보조 T 세포를 생산하고 그 후에 B세포와 다른 유형의 T 세포의 증식을 돕는다.

7) 면역계통 Immune system

① **장벽** : 물리적 장벽(피부, 눈의 점막, 소화기관, 호흡기관, 생식기관), 화학적 장벽(눈물, 콧물, 소변, 점액 및 땀)

② **세포** : 백혈구(다형핵 과립구, 무과립구 또는 다핵세포)

8) 백혈구의 종류

① **대식세포** : 변형된 무 과립구의 한 종류

② **중성구** : 포식 작용을 하는 과립 골수에서 생성

③ **호염기구와 비만세포** : 염증을 촉진하는 화학 물질을 방출

④ **호산구** : 호염기구 비만세포의 활동과 반대로 작용하는 과립구

⑤ **가지세포** : 변형된 가지세포, 항원표시세포의 역할, 선천성 면역과 후천성 면역 사이에서 다리 역할

⑥ **자연 살해세포** : 림프구의 일종 낮선 항원으로 보이는 모든 물질을 죽이는 화학물질을 방출하여 주위에 있는 세포를 모두 제거

림프구

① **T- 림프구** : 항체매개 면역으로 알려진 후천성 면역을 책임지는 림프구로 보조 T 세포, 조절T, 기억T세포로 나뉨

② **B- 림프구** : 항체 매개 면역으로 알려진 후천성 면역을 책임지는 림프구로 형질세포와 기억세포로 나뉨

2. 피부분석과 피부유형

1. 피부분석

고객의 피부 유형과 상태를 관찰하여 그 특징에 적합한 피부관리 계획을 수립하고 홈케어 관리를 조언해 줄 때 필요한 작업이며 피부 관리 과정에서 발생될 수 있는 문제를 최소화하기 위한 기초자료로 활용된다.

피부분석은 피부유형을 분석하여 피부관리 계획을 수립하기 위한 첫 번째 단계이다. 피부분석을 정확히 하지 못할 경우에 피부 관리의 결과가 좋지 않으므로 피부유형 분석은 매우 중요하다. 피부분석 절차는 먼저 클렌징 작업을 깨끗이 하고 어떠한 제품도 적용하지 않은 환경에서 피부상태를 분석하는 것으로 진행된다.

(1) 피부 분석 방법

1) 문진 問診

고객에게 질문하고 답변에 의한 자료를 바탕으로 분석하는 방법이다. 고객의 기본적인 가족관계 · 직업 · 복용하고 있는 약 · 병력 등은 차트에 직접 자유롭게 작성하게 하고, 환경 · 생활습관 · 스트레스 요인, 다이어트 등은 문진하여 기록한다.

2) 촉진 觸診

① 손가락으로 부드럽게 쓰다듬어 피부의 거친 정도, 각질화 정도, 피부결 상태를 파악한다.

② 손가락으로 만져 보아서 손에 묻어나는 피지의 분비량을 확인한다.

③ 엄지와 검지로 눈 밑, 볼 근육을 살짝 위로 밀어올려 보거나 잡아당겨 보아 피부 두께와 탄력 상태를 파악한다.

④ 스파튤라Spatula로 앞가슴 부위 또는 이마 부위에 가볍게 +자를 그어 민감도를 파악하며, 이때 고객이 불편감을 느끼지 않도록 주의한다.

3) 견진 見診

① 클렌징 후 육안으로 보이는 피부의 앞면이나 옆면 등 전체 얼굴색과 부분적으로 색의 분포도가 동일한지 살펴본다.

② 피부 표면의 결이 부드러운지 거친지 살펴보고, 하얗게 각질이 들떠 있는 부분이 있는지 살펴본다.

③ 건조한 정도와 번들거림의 정도를 살펴보고 모공의 크기를 파악한다.

④ 이마 · 미간 · 눈가 · 입가 팔자주름 · 목주름 등 주름 상태를 살펴보고 트러블 유무와 트러블 부위를 파악한다.

⑤ 부분적으로 색소침착이나 모세혈관 확장 및 뾰루지 등 안면의 피부 상태를 살펴본다.

(2) 피부분석 과정 Procedure for skin analysis

전문적인 피부유형과 상태를 결정하는 과정으로 피부관리 계획수립과 향후 홈케어 조언 및 피부관리에 사용할 제품, 미용기기, 제품 등을 결정하는 기준이 된다.

① 전문적인 세안단계에 따라 철저히 세안한다.

② 클렌저를 닦아내고 눈에 패드를 대어 확대경이나 우드램프로부터 눈을 보호하도록 한다.

③ 분석이 진행되는 과정에 대해 고객이 알게 한다. 확대경 아래에서 얼굴 전체와 목의 피부를 세심하게 살펴본다.

④ 양손의 가운데 손가락을 사용하여 손가락 사이에 피부의 작은 부분을 집어 피부의 조직과 모낭의 구멍 크기를 보기 위해 살짝 당긴다. 숙련된 피부관리사는 깨끗한 모공과 막힌 모공의 차이를 알아야 한다. 주름과 벗겨짐 등 다른 문제들도 확대경 아래에서 분명하게 보인다.

⑤ 고객의 피부유형과 피부상태 및 관리 목적과 방법에 대하여 설명한다.

(3) 피부분석 절차 및 피부관리 계획수립

피부미용 유형분석	클렌징	피부유형별 상태에 따라 클렌징 제품을 선택한다.
		포인트 메이크업 전용 리무버를 이용하여 눈썹 · 눈 · 입술의 메이크업을 잔여물이 남지 않도록 깨끗이 제거한다.
		피부 유형에 맞는 클렌징 제품을 선택하여 자극 없이 부드럽게 클렌징 한다.
		소독한 해면(되도록이면 1회용 해면 사용)을 이용하여 깨끗이 클렌징 제품을 닦아낸다.
		온습포로 닦아내고 토닉으로 피부를 정돈한다.
	피부유형 분석	피부 문진 · 견진 · 촉진을 통해 피부의 탄력도, 피부결, 조직의 두께, 예민도, 유 · 수분 함량, 각질의 상태 등을 파악한다.
		피부진단미용기기를 이용하여 피부유형 진단을 한다.
		피부유형분석 평가를 통해 피부유형의 결과를 얻고 기록한다.
	피부관리 계획 작성	고객의 피부유형에 따라 피부관리 계획을 수립한다.
		고객의 피부유형에 맞는 피부관리 제품을 선택한다.
		피부 관리를 위해 고객에게 제품을 설명하고 피부관리 추진 계획을 추천한다.

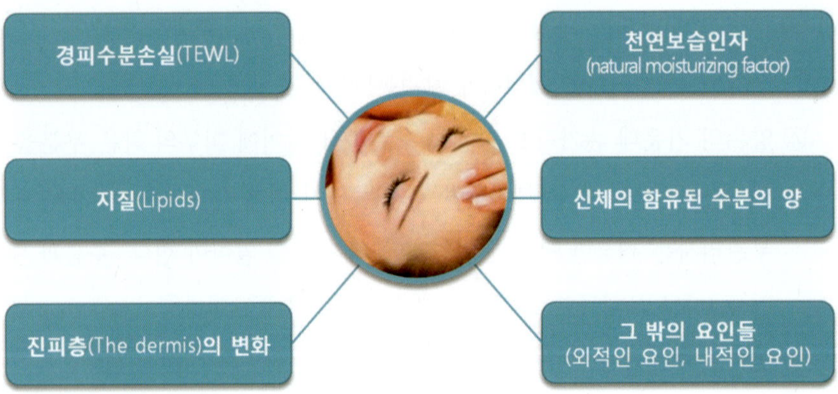

피부 타입을 결정하는 요인

2. 피부 진단기기

1) 우드램프 Wood lamp

인공자외선 파장을 이용하여 피부 상태를 분석하는 기기이다. 피부의 유형 상태에 따라 각기 다른 색조가 나타난다.

표 3-1 우드램프 피부 분석 결과

피부유형상태	인공자외선 파장으로 보이는 색상
정상피부	푸른빛을 띠는 흰색 형광(청백색)
건성피부	밝은 보라색
지성피부(면포 부위)	오렌지색, 분홍색
색소침착(점)	암갈색
각질 부위	흰색
민감하고 얇은 피부	형광빛 자주색

2) 확대경 Magnifying lamp

육안의 3.5~5배율의 확대경을 통해 모공상태, 면포, 잔주름, 색소침착 등의 상태를 분석하는 기기이다. 여드름 압출 때도 모공의 염증 등이 확대되어 잘 보이므로 적절히 사용하면 편리하다.

3) pH 측정기 Skin-pH-meter

피부 표면의 산성도와 알칼리도 지수를 측정하는 기기로 피부의 정상 pH(약산성 4.5~ 5.5)를 기준으로 피부가 산성도로 치우치거나 알칼리로 치우치는 수치를 파악하여 피부의 건강상태를 파악할 수 있다.

4) 스킨 스캐너 Skin scanner

피부의 상태를 육안으로 보는 것보다 사진과 객관적인 수치로 파악할 수 있어서 좀더 정확하고 체계적인 피부관리를 할 수 있게 돕는 피부분석기기이다.

온도측정센서, 유 · 수분측정 센서를 포함하며 이미지를 형상화하여 모공, 주름, 피부 톤 데이터를 계산할 수 있다.

5) 수분측정기 Corneometer

표면에 접촉하는 프로브 Probe 를 통해 전달되는 미미한 전류의 정전부하 용량을 계측을 통해 피부 표면 수분량의 상대적 크기를 수치로 표시하는 기기이다.

6) 유분측정기 Sebumeter

피부 표면의 유분 측정용 반투명 지질 흡수 테이프를 이용하여 피부에 부착시켜 묻어나오는 피지량을 광학적 반사원리로 측정값을 얻는 기기이다.

7) 피부 · 두피진단기 Skin & Hair microscope

두피의 피부유형 상태는 얼굴 앞면의 피부상태와 비슷하므로 피부유형분석 시 측정에 도움이 된다. 표면을 20~800배가량 확대하여 피부상태와 두피 및 모발상태를 관찰할 수 있는 기기이다.

8) 기타 미용기기

① **이온토포레시스** : 양으로(+극) 피부 방어막으로 인해 들어갈 수 없는 영양분을 깊게 침투시킨다.

② **석션기** : 적당한 압력을 통해 림프순환, 혈액순환, 신진대사 촉진, 피지선의 활성화 효과. 베이비오일 도포 후 사용한다.

③ **고주파직접법** : 교류를 이용한 직접법으로 혈액순환 증진, 살균소독 효과가 있다.

④ **고주파간접법** : 고객에게 유리봉을 쥐어준 후 하이드로크림을 도포하고 한쪽봉은 관리사가 잡고 관리한다.

3. 피부 유형

(1) 피지상태로 분석한 피부 유형

확대경이나 육안으로 보이는 피부의 피지선에서 분비되는 피지 분비량은 피부유형을 결정하는 가장 중요한 요인이라고 할 수 있다.

표 3-2 피지상태로 분석한 피부 유형

피부유형	판단기준
① 정상 피부 (Normal skin)	• 피부표면이 잡티나 뾰루지 등이 없으며 유 · 수분의 양이 적당하다. • 육안으로 보았을 때도 촉촉하고 투명해 보인다. • T존에 피지가 분비되며 각질이 일어나거나 번들거림이 없다. • 유분과 수분이 적절한 상태로 표면이 매끄럽고 촉촉하다.
② 지성 피부 (Oily skin)	• 피부표면이 번들거리고 피지량이 과분비되어 끈적거리고 피부결이 거칠다. • 흑색면포, 백색면포가 동반되어 보일 수 있고 관리를 잘하지 못하면 여드름 피부로 전화되기 쉬운 피부유형이다. 피지분비가 왕성하여 피부표면이 번들거리고 끈적거린다. • 손으로 만지면 기름이 묻어난다.
③ 건성 피부 (피지분비 부족피부, Dry skin)	• 피부표면에 유 · 수분이 부족하여 윤기가 없어 보인다. • 세안 직후 바로 건조함을 느끼고 제품을 바른 후에도 근방 제품이 흡수되어 버린다. • 심한 경우 피부 통증을 느끼기도 한다. • 피지분비량의 부족으로 윤기가 없고 당기는 느낌을 준다.
④ 예민성 피부 (Sensitive skin)	피부가 얇고 붉으며 피지가 부족하고 건조함을 호소하고 일반적인 화장품에 민감한 상태를 보인다.
⑤ 복합성 피부 (Combination skin)	T존은 피지분비량이 많아 번들거리고 U존은 윤기가 없고 건조하다.
⑥ 모세혈관 확장피부 (Telangiectasis skin)	• 의학적으로 명확하게 정의하지 않으며 고객의 주관적인 호소로 나타나는 증상이다. • 건조와 자극에 민감하게 반응, 피부표면이 투명하고, 주름살, 모세혈관이 드러나 보인다. • 피부가 쉽게 건조해짐, 피부 당김이 심함, 색소침착현상이 생기기 쉽다.

(2) 수분상태로 분석한 피부유형

육안으로 보거나 손으로 만져봐서 수분상태 파악하거나 유수분측정기Sebumeter를 이용할 수 있다.

1) 표피수분부족피부 Superficial dehydration skin

① 외관상 건조해 보이고 탄력이 없으며 예민해 보인다.

② 각화현상이 있고 피부표면 수분 부족으로 당김과 가려움이 있다.

③ 유연성이 부족하고 잔주름이 있다.

④ 피부 당김과 늘어짐 현상도 급격히 진행된다.

2) 진피수분부족피부 Deep dehydration skin

① 피부조직에 탄력이 없고 깊은 주름살이 많이 나타난다.

② 눈꺼풀, 눈, 뺨, 턱, 입가 등에 당김과 늘어짐이 심하게 나타난다.

③ 외관상 피부노화현상이 나타난다.

④ 피부 색소침착 현상이 고착된다.

(3) 피부결로 분석한 피부유형

1) 얇은 피부 Fine texture

① 피부조직이 얇아 투명해 보인다.

② 모공이 보이지 않고 결이 섬세하다.

③ 전체적인 느낌이 매우 예민해 보이며 실핏줄이 비쳐 보인다.

2) 정상 피부 Normal texture

① 모공이 작고 결이 고르고 부드럽다.

② 피부가 투명하지 않다.

③ 외관상 매끄럽고 탄력이 있어 보인다.

④ 일반적으로 좋은 피부조직이다.

3) 두꺼운 피부 Thick texture

① 피부결이 거칠고 고르지 않다.

② 모공이 눈에 보인다.

③ 과각화 현상으로 각질층이 두껍고 딱딱해 보이며 매끄럽지 않다.

표 3-3 모공상태 / 연령으로 판단한 피부분석

	정상 피부 Nomal skin	지성 피부 Oily skin	복합성 피부 Combination skin	건성 피부 Dry skin
피부 트러블	없다.	여드름의 발생률이 높다. 면포형성이 생길 수 있다.	뾰로지, 면포형성, 여드름으로 발전할 수 있다.	각질이나 버짐이 생길 수 있다.
피부결	부드럽고 촉촉하며 윤기가 난다.	거칠고 질기며 번들거린다. 피부가 두꺼워질 수 있다.	T존 부위는 거칠다. U존 부위는 얇고 윤기가 없다.	거칠고 윤기가 없다. 까칠하다.
주름	없다.	별로 없다.	눈가에 잔주름이 많이 발생한다.	주름이 쉽게 생긴다.
혈색	전체적으로 연한 핑크색으로 혈색이 좋다.	붉은 색을 띤다.	얼굴 부위에 따라 다르게 보일 수 있다.	혈액순환의 저하로 인해 창백하게 보일 수 있다.
연령대	0~20대 초반	20세 전후	20대 초반 ~30대 전반	30대 중반 이후
모공상태	모공이 섬세하다.	모공이 넓다.	T존 부위에는 모공이 넓다. U존 부위에는 별로 보이지 않는다.	모공이 작거나 별로 보이지 않는다.
유분과 수분관계	수분이 많고 유분은 적다.	유분이 많다.	T존 부위에는 유분과 수분이 많고 U존 부위에는 유분과 수분이 적다.	수분도 적고 유분도 적다.
색소	없다.	색소침착이 생길 수 있다.	광대뼈 부위에 색소침착이 생길 수 있다.	색소침착이 생길 수 있다.

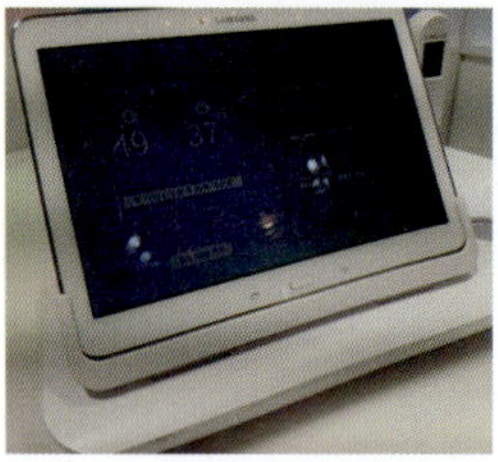

피부분석시스템

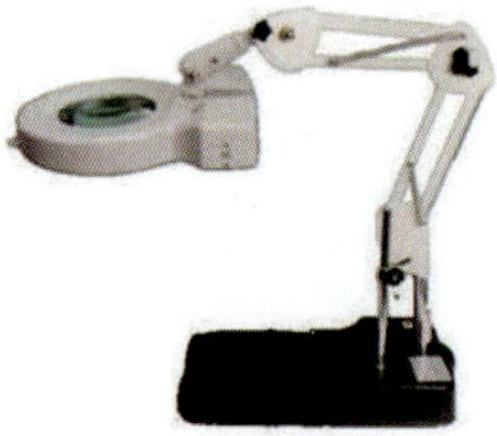

확대경

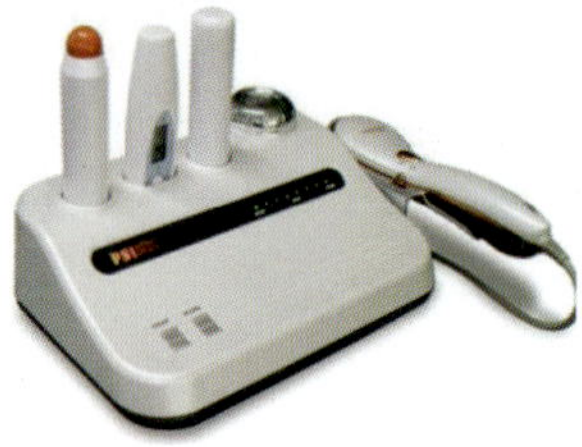

유수분측정기

그림 3-10　피부 진단기기

3. 피부관리 화장품

1. 화장품의 이해

(1) 화장품의 정의와 목적

화장품이란 "인체를 청결 · 미화하여 매력을 더하고 용모를 밝게 변화시켜서 피부와 모발의 건강을 유지 또는 증진시키기 위하여 인체에 사용되는 물품으로 인체에 대한 작용이 경미한 것을 말한다."라고 화장품법 제2조제1항에서 정의하고 있다. 화장품은 치료나 예방을 목적으로 사용하는 것이 아니며 사용대상, 사용목적, 인허가 조건 등이 의약품이나 의약부외품, 그리고 의약외품과는 차이가 있다. 또한, 화장품은 주로 정상인이 장기간 지속적으로 사용하기 때문에 부작용이 동반되어서는 안 된다.

화장의 목적은 햇볕이나 추위 등 자연의 위협으로부터 몸을 지켜서 건강을 유지할 뿐만 아니라 미학적으로 아름답게 하며 노화예방 및 피부 청결을 위한 행위이다.

(2) 화장품의 분류

화장품은 사용하는 목적, 사용 범위 또는 부위, 화장품의 구성 성분 등에 따라 다양하게 분류할 수 있는데, 일반적으로 화장품의 사용범위와 사용목적에 따라 분류하면 다음과 같다.

표 3-4 화장품의 분류

사용범위	분류	사용목적	주요제품
피부	기초 화장품	세안	클렌징 폼, 클렌징 로션, 클렌징크림
		피부정돈	화장수, 팩, 마사지로션, 마사지크림
		피부보호	로션, 에센스, 영양크림
	색조 화장품	베이스메이크업	파운데이션, 베이스메이크업, 파우더, 컨실러
		포인트메이크업	립스틱, 립글로스, 립 라이너, 아이라이너, 마스카라, 아이섀도
		네일	네일리무버, 네일 에나멜
	바디 화장품	세정	비누, 바디 샴푸, 보디 클렌저, 입욕제
		자외선차단	선스크린 오일, 선크림, 선스크린 스프레이
		방취, 제모	방취제, 데오드란트
		제모	제모크림, 제모로션
모발 (두피)	모발 용품	세정	헤어샴푸
		트리트먼트	헤어트리트먼트, 헤어팩, 헤어린스
		스타일링	헤어스프레이, 헤어무스, 포마드
		퍼머넌트웨이브	헤어퍼머넌트 로션1제, 2제
		탈색, 염색	블리치, 헤어컬러, 컬러린스, 염모제
	두피 용품	발모, 양모	헤어토닉, 두피에센스, 양모제, 육모제
		트리트먼트	스캘프 트리트먼트
구강	구강용 용품	치마제	치약
		구강청정제	구강청정제, 구강워셔
체간	방향제품	방향제	퍼퓸, 오드퍼퓸, 오드트알렛, 오드코롱

2. 기초화장품

기초화장품은 피부를 깨끗하게 하는 동시에 피지막이 해주는 피부보호기능을 유지할 수 있도록 도와주는 역할을 담당한다. 기초화장품을 사용하는 것은 피부의 청정 작용, 수분 공급에 의한 보습작용, 피부보호를 위한 유·수분 균형 작용, 영양물질 공급에 의한 신진대사 촉진 작용 등의 목적이 있다. 이러한 목적에 따라 기초화장품을 분류하여 그 기능을 살펴보면 다음과 같다.

표 3-5 기초화장품의 기능

구분	기능
세정제	피부의 노폐물, 외부환경의 오염물질, 메이크업 잔여물 등을 제거하여 청결한 피부 유지
화장수	피부에 수분을 공급하여 건조한 피부를 예방하고 피부결을 정돈하여 안정된 피부 유지
유액 에센스, 크림류	유분과 수분을 공급하여 피부의 균형 유지 및 영양물질 공급으로 피부의 신진대사 촉진
팩제	피부 속 노폐물 제거 및 혈액 순환 촉진을 활성화

(1) 세안용 화장품

세안용 화장품은 피부에 묻어 있는 오물, 메이크업 잔여물, 공기 중 먼지나 오염물질 등을 제거하기 위한 목적으로 사용한다. 계면활성제형과 용제형 세안용 화장품으로 나눌 수 있다.

① **계면활성제형 세안용 화장품** : 씻어내는 타입으로 피부 표면의 피지와 물이 계면 활성제에 의해 유화됨시켜서 유성 성분의 피지나 오염물질 등을 씻어 낼 수 있다. 비누, 보디 클렌저, 클렌징 폼, 셰이빙 폼 등이 있다.

② **용제형 세안용 화장품** : 녹여내는 타입으로 물에 녹지 않는 오염물질이나 유성 원료의 함량이 많은 메이크업용 화장품 등을 지울 때 주로 사용된다. 오일 성분이 많이 함유되어 있어 유성 물질을 용이하게 제거할 수 있다. 클렌징 로션, 클렌징 크림, 클렌징 오일, 클렌징 워터, 클렌징 젤 등이 있다.

1) 클렌징의 종류 및 특성

클렌징은 피부에서 분비되는 땀과 피지 및 각질 등 노폐물과 메이크업 잔여물, 먼지, 매연과 같이 환경적 오염을 제거하는 과정으로 피부 관리의 기초가 된다.

클렌징은, 첫째, 피부 노폐물과 세균, 메이크업 잔여물 등을 깨끗이 제거하는 세안효과가 있다. 둘째, 진피와 피하조직에 분포된 신경과 혈관을 자극하여 혈액 순환을 촉진하고 신진대사를 건강한 피부를 유지하는 데 도움을 주는 마사지 효과가 있다. 셋째, 각화된 각질을 제거하여 피부표면을 유연하게 하고 세포 재생을 촉진하는 각질 제거효과가 있다. 그리고 넷째, 클렌징 다음 단계에 사용하는 화장품 유효성분의 흡수를 높여 주는 화장품의 흡수효과가 있다.

① 포인트메이크업 리무버 point makeup remover

눈과 입술의 화장을 지울 때 사용되는 전용제로 눈물과 비슷한 pH 7.2~7.4로 눈에 자극적이지 않으며 자극 없이 예민한 부분인 눈의 화장품을 깨끗하게 제거할 수 있는 눈과 입술 전용 화장품이다.

② 클렌징 로션 cleansing lotion

친수성 O/W 타입으로 수분을 많이 함유하고 있어 퍼짐성이 좋고 산뜻한 느낌으로 피부에 부담이 적으며 물에 잘 녹는다.

정상, 건성, 지성, 복합성, 민감성 등 모든 피부에 사용이 가능하다.

③ 클렌징 크림 cleansing cream

친유성 W/O 타입으로 세정력이 우수하며 무대화장이나 분장 같은 진한 화장 제거 시에 사용하며 건조한 가을이나 겨울, 건성, 노화 피부 등에 사용하면 효과적이다.

④ 클렌징 오일 cleansing oil

세정력이 우수하여 진한 화장이나 매트matte, 광택이 안나는한 화장 제거 시에 사용하며 건성, 노화, 수분이 부족한 지성 피부에 사용하면 효과적이다.

⑤ 클렌징 젤 cleansing gel

피부자극이 적어 민감성을 동반한 피부에 주로 사용하며 미온수로 간단히 제거되어 산뜻하고 시원하여 청량감은 훌륭하지만 클렌징 효과는 다소 약한 편이라서 가벼운 화장을 제거할 때, 또는 외출 후 피부에 남은 잔여물 제거 시에 가볍게 문지르며 사용한다.

또한 지루성이면서 지성인 피부, 일반지성, 민감성, 여드름, 특히 화농성 여드름 피부에 사용하면 효과적이다.

⑥ 클렌징 워터 cleansing water

유화제를 넣어 만든 세정용 화장수로 끈적임이 없는 것이 특징이다.

부분화장 제거 시, 가벼운 화장 제거 시, 번들거림이 많은 지성피부, 여드름 피부에 사용하면 좋다.

2) 딥 클렌징의 종류 및 특성

딥 클렌징은 일반 클렌징을 한 후 남아있는 모공 속 노폐물 제거와 떨어져 나가지 못한 각질을 제거하는 목적으로 사용한다. 딥 클렌징 역시 피부타입별로 선택하여 사용해야 하며 피부 특성에 따라 사용하는 횟수를 다르게 해야 한다.

① 스크럽 Scrub

입자 성분(살구씨나 아몬드 등)을 혼합하여 연마작용을 통해 각질과 노폐물을 제거하며 화농성여드름 피부나 예민한 피부에는 사용하지 말아야 하며 지성 피부나 정상 피부 등에 사용하되 자극을 최소화하며 가볍고 부드럽게 문지르면서 사용한다.

② 고마지 gomagi

동 · 식물성 각질분해 효소로 크림 형태로 되어 있어 피부 도포 후 일정 시간이 지나 건조된 후에 손동작으로 문지르면서 제거한다. 노화 피부에 사용한다.

③ 효소

단백질 분해효소로 각질을 제거하는 목적으로 사용한다. 거의 모든 피부에 사용 가능하다.

④ AHA

알파히드록시산Alpha Hydroxy Acid은 천연 과일 유기산으로 주로 사탕수수, 사과, 포도, 감귤류에서 추출하며 8~10%의 농도로 눈 주변에 들어가지 않도록 주의하고 도포 후 5분 정도 후에 해면으로 제거한다.

3) 기타 클렌징 기기

① **전기세정** : 피부미용 클렌징 기기를 사용하여 모낭 속의 과잉으로 축적된 고형피지를 용해시키는 목적으로 사용한다. 모든 피부에 적용 가능하다.

② **브러시** : 피부자극이 작은 천연모(염소털 or 산양털)로 만든 다양한 크기의 브러시를 기기에 연결해 회전속도로 클렌징하는 기능으로 예민한 피부나 화농성 피부에는 자극되지 않도록 주의하여 사용한다.

③ **스티머** : 스티머에서 분사되는 미온의 증기가 피부온도를 상승시켜 온열효과로 모공을 확장시켜 세정작용을 돕고 습윤 작용으로 보습효과를 돕는다. 거의 모든 피부에 적용 가능하지만 피부에서 30~40cm 정도 거리를 두고 턱 쪽을 분사되도록 한다.

(2) 화장수/토너 Toner

세안 후 피부에 수분을 공급하여 보습효과를 주며, 피부를 유연하게 하고 흐트러진 피부결을 정돈하여 피부의 안정을 유지해 준다. 메이크업 잔여물제거와 피부를 청결하게 유지할 목적으로 사용한다. 유연 화장수, 수렴 화장수 등이 있다.

① 유연 화장수

피부에 적당한 수분을 공급하여 보습효과를 주는 데 주로 사용하는 가장 일반적인 화장수이다. 알칼리 고유의 특성에 의해 표피의 각질을 연화 또는 융해시켜 피부를 매끄럽고 유연하게 해주는 알칼리제를 배합하여 사용하기도 한다.

② 수렴 화장수

수렴작용에 의해 일시적으로 피부 모공을 수축시켜 땀이나 피지의 과도한 분비를 억제하는 효과를 갖는 수렴제를 배합한 화장수를 말한다.

지성 피부와 여름철에 알맞은 화장수로 청량한 사용 감촉과 피부조직을 조여 정돈하는 효과가 있다. 수렴제 성분으로는 염화알루미늄, 아연산, 퀸산quinic acid, 클로로이드록시알루미늄 등을 배합하여 사용한다. 특히 남성용 화장품인 애프터 셰이브나 애프터 셰이빙 로션 등이 모공을 수축시켜 면도 후의 피부결을 정돈시켜 준다.

(3) 유액 로션 Lotion

유분과 수분의 적절한 배합으로 피부에 공급하여 피부 균형을 유지시켜 준다. 유액류는 에멀션으로 수중유형oil in water의 형태를 가지고 있으며, 특성화된 배합제에 따라 영양물질 등을 공급하여 피부의 신진대사를 촉진시킨다.

화장수와 크림의 중간적 성질로 크림에 비해 수분양이 많아 피부에 얇고 부드럽게 도포되어 스며들며 산뜻한 사용감을 줄 수 있다. 또한 화장수에 비해 유분양이 많아 피부 도포 시에 밀착감이 좋고 부드러우며 얇은 유막을 형성하여 유분과 수분 이탈을 방지하여 피부를 보호해 준다.

유성 원료로는 고급 탄화수소 · 고급 지방산 · 고급 알코올 등이 사용되고, 수성 원료로는 정제수 · 보습제 · 에탄올 등이 기본 원료로 사용된다. 여기에 점증제가 배합되어 약간의 점성을 띠게 된다.

(4) 에센스 Essence

피부에 유익한 각종 유효 성분이 고농축으로 함유되어 있는 것이다. "미용액"으로 불리기도 하는 기초화장품으로 세럼serum이라고도 한다. 진정, 여드름, 영양, 미백, 수분공급의 성분으로 구분되어 있다. 스킨타입, 로션(유화타입), 젤 타입, 크림 타입이 있다.

(5) 크림 Cream

크림은 로션처럼 수용성 성분과 유용성 성분이 혼합된 형태의 제품으로 다량의 유분과 보습 젤을 배합할 수 있어 피부의 밸런스를 일정하게 유지시킨다. 유성원료와 수성원료를 기본으로 하고, 이를 유화시켜 주는 유화제가 크림의 주원료이다. 유화제로는 비이온 계면 활성제, 음이온 계면 활성제, 양이온 계면 활성제 등을 혼합하여 사용하기도 한다.

피부 보습크림, 에몰리언트 크림, 마사지 크림, 클렌징 크림, 아이크림, 화이트닝 크림, 선스크린 크림, 선탠크림, 각질제거 크림 등이 있다.

(6) 팩Pack제

팩은 일시적으로 외부의 공기를 차단함으로써 피부 위의 온도가 상승되어 피부의 신진대사를 원활하게 해준다. 또한 피지 등의 노폐물이 분비되어 모공 속의 오염 물질이나 각질을 제거하여 피부를 청결하게 해주고, 피부의 수분 증발을 막아 촉촉한 피부를 유지하는 효과도 있다.

피막 형성제 · 수성원료 · 보습제 · 분말물질 · 가용화제를 기본원료로 하며, 여기에 향료 · 방부제 · 산화 방지제와 약효 성분이 있는 콜라겐이나 비타민 등을 배합하여 사용되기도 한다.

① **필오프 타입** Peal off type : 도포된 팩제가 필름막을 형성하며 제거하는 타입으로 팩이 건조되는 동안 피부를 조여 주는 효과가 있어 피부 탄력에 도움을 준다. 피막형성제와 점증제가 배합되어 있다.

② **워시오프 타입** Wash off type : 도포된 팩제를 적당한 시간이 되면 미지근한 물로 씻어내는 형태로 노폐물 제거와 피부 진정효과가 있다. 물로 씻어내기 때문에 민감한 피부에 유용하며 이후 보습제를 바르는 것이 중요하다.

③ **시트 타입** Sheet type : 사용하기에 아주 간단하며 보습에 특히 효과적이다. 얼굴 모양에 맞게 만들어진 부직포나 기제 등에 미리 도포된 팩제를 얼굴 위에 올려서 사용하면 된다.

④ **분말상 팩제** : 분말물질을 유성 원료에 배합하여 균등하게 분산시켜 물과 적당히 혼합하여 안면 위에 도포한 후 적당한 시간이 되어 팩이 굳어지면 떼어내는 타입으로 피부에 강한 긴장감을 주어 탄력이 생기게 한다.

3. 기능성 화장품

기능성 화장품은 화장품 본래의 기능인 피부의 항상성 유지 외에 새로운 기능을 추가하여 피부를 아름답고 건강하게 하기 위한 제품을 의미하며 미백, 주름개선, 여드름, 노화예방, 자외선 차단제, 세포 재생에 도움을 주는 화장품이다. 피부 건강을 중시하는 문화 확산으로 기능성 화장품이 급성장하고 있으며 피부에 좋은 원료에 대한 관심이 증가되고 있다. 한방성분과 자연주의 제품의 선호도 증가하고 있다. 현행법으로 규정하는 기능성 화장품의 범위는 다음과 같다.

① 피부에 멜라닌 색소가 침착하는 것을 방지하여 기미 · 주근깨 등의 생성을 억제함으로써 피부의 미백에 도움을 주는 기능을 가진 화장품

② 피부에 침착된 멜라닌 색소의 색을 엷게 하여 피부의 미백에 도움을 주는 기능을 가진 화장품

③ 피부에 탄력을 주어 피부의 주름을 완화 또는 개선하는 기능을 가진 화장품

④ 강한 햇볕을 방지하여 피부를 곱게 태워 주는 기능을 가진 화장품

⑤ 자외선을 차단 또는 산란시켜 자외선으로부터 피부를 보호하는 기능을 가진 화장품

(1) 미백화장품

표피의 기저층에 멜라닌 세포에 의해서 피부는 흑갈색의 색소를 만든다. 멜라닌이 황갈색, 갈색, 흑갈색이나 피부 표면에 가까워지게 되면 산화되어서 점점 검게 된다. 이처럼 피부색이 어둡게 되면 예전의 피부색으로 되돌리려는 심리적 현상으로 외모를 아름답게 가꾸려고 미백화장품을 찾게 된다. 멜라닌 생성을 억제하기 위한 목적으로 개발된 것으로 자외선에 의한 기미나 주근깨 완화의 목적이 있다.

식약청 고시제품 : 닥나무 추출물, 알부틴, 비타민C와 유도체, 니아신아미드 niacin amide, 알파, 비사보롤bisabolol

식약청 고시 외 원료 : 코지산kojic acid, 리놀렌산, AHA

(2) 자외선 차단제

피부를 곱게 태워주거나 자외선으로부터 도움을 주는 화장품을 말한다. 유해한 자외선의 침투를 막아 피부를 보호하기 위한 것으로 선크림 또는 선 블록으로 불리워지고 있으며 일반적으로 로션이나 크림 형태이다.

① 자외선 산란제 : 자외선의 침투를 막기 위해 자외선 차단제가 배합되며 자외선 차단제에는 이산화티탄과 같은 무기물질을 이용하여 물리적인 산란 작용에 의해 피부 속으로 침투되는 것을 막는 방법이다.

② 자외선 흡수제 : 옥틸디메틸파바octyldimethyl PABA와 같은 유기물질을 이용하여 화학적인 방법으로 자외선을 흡수시켜 소멸시키는 방법이다.

(3) 주름개선 화장품

내인성 노화는 생리적, 내적 원인에 의해서 발생하며 외인성 노화는 광선과 같이 주변 환경이나 생활환경에 지속적으로 노출되어 피부노화를 촉진시킨다. 또한, 노화현상은 케라티노사이트 기능저하로 피부의 지질과 NMF를 감소시키며 피부의 위축 증상을 발생 · 변화시킴으로써 탄력이 감소하여 잔주름과 굵은 주름이 발생한다.

주름개선 화장품의 특성은 섬유아세포의 성장, 콜라겐, 프리라디칼을 제거하는 물질이 함유되어 있어 노화예방 관리를 돕는다.

식약청 고시원료 : 레티놀, 레티닐팔미테이트, 아데노신

식약청 고시 외 원료 : 코엠자임 Q 10, 올레산oleic acid, 그 외 리포좀 화장품, 레티노이드 화장품 등

(4) 화장품 원료

1) 수성 원료

화장품의 주원료가 되는 성분으로 성분 함량이 높아 화장품의 전 성분 표기에서 가장 앞에 나열되는 것이며 화장품을 만드는 기초 물질로 사용되며 제조 공정에 있어서도 세정액이나 희석액으로 사용한다. 에틸알코올Ethyl Alcohol은 알코올의 한 종류로 화장품의 원료로 사용 되는 에탄올을 말하며, 곡정 또는 주정이라고 한다. 휘발성이 있는 무색투명의 액체물 또는 유기 용매와 잘 섞인다. 수렴, 청결, 살균제 · 가용제 · 건조 촉진제 등 목적으로 사용하며, 저분자보습제로는 글리세린(현재 가장 보편적을 사용되는 보습제) · 프로필렌글 리콜 · 1,3 부틸렌글리콜 · 폴리에틸렌글리콜 · 솔비톨이며, 고분자 보습제는 히아루론산 · 콘드리친 · 황산 · 콜라겐 등이 있다.

2) 계면활성제

물에 녹기 쉬운 친수성 성분과 기름에 녹기 쉬운 친유성 성분을 동시에 가지고 있는 화합물이다. 화장품, 비누, 세제 등을 제조하는 데 활용된다.

그 구조에 따라 다양한 기능을 가지고 있으며 음이온 계면 활성제, 양이온 계면활성제, 양쪽성 계면활성제, 비이온성 계면활성제 등으로 분류한다.

[계면 활성제의 성분]

① 팩제 : 폴리비닐 알코올

② 헤어스프레이 세팅제 : 폴리비닐 피돌리돈

③ 아이라이너, 마스카라 : 폴리 초산비닐

④ 네일 에나멜 : 니트로셀룰로오스

⑤ 손상모코팅제 : 고분자 실리콘

⑥ 선오일, 리퀴드 파운데이션 : 실리콘 레진

3) 방부제

방부제의 사용은 화장품이 미생물에 오염되면 감염증을 유발할 수 있어 위험하고 품질력이 저하되기 때문에 미생물에 오염되거나 부패를 방지하기 위해서 첨가한다. 미생물의 1차 오염경로는 화장품 공장 제조 시에 오염 되는 것(제조자 오염), 2차 오염경로는 소비자의 제품 사용 시에 오염된다.

천연방부제는 자연 친화적으로 미생물을 제거하고 방향치료 효과가 있다.

4) 점증제

점증제는 화장품 총량의 0.5~1% 정도를 사용하며 화장품의 점도를 증가시켜 보존 기간을 늘리며 유화된 상태가 유지되어 기름이 흐르거나 원래의 제품의 모양이 변하지 않도록 하기 위해서 사용한다. 점증제의 종류로는 사탕수수에서 추출한 분말형태의 점증제로 젤 타입의 제품을 만들 때 첨가된다. 하이셀은 천연 셀룰로우스를 주원료로 하는 분말 형태, 천연 셀룰로우스는 필름 형성과 접착성을 높이는 데 사용하여 볼륨감과 매끄러움을 부여하는 데 사용한다. 그 외 젤라틴, 폴리쿼터, 카보리, 카보풀 프리젤 등이 있다.

(5) 색채화장품

화장품에 색채가 배합되어 채색의 역할과 피복력을 갖게 하며 자외선 차단기능을 한다.

1) 유기 안료 Organic pigment

유기 안료는 구조 내에 가용 성기를 갖지 않고 물, 기름 등의 용제에 용해하지 않는 유색 분말이다. 색상이 화려하지 않는 반면에 빛, 산, 알칼리에는 약하다.

유기 합성색소 중 염료는 물 또는 염료, 알코올에 녹는 색소로 화장품기제 중에 용해 상태로 존재하며 화장품 자체에 색상을 부여하기 위해 사용한다.

레이크Lake는 유기 합성색소Oganic synthetic dye로 물에 녹기 어려운 염료를 칼슘 등의 염으로 물에 불용화한 것이다. 적색 201,204,206,207 호 등이며 립스틱, 에나멜, 블러셔 등에 안료와 함께 사용된다. 천연색소는 코치닐, 베타카로틴, 안토시아닌 등이 포함된다.

2) 무기 안료

천연에서 산출한 천연 유기 안료로 광물성 안료라고 불린다.

백색안료는 이산화 티탄, 산화 아연, 착색안료는 산화철 적색, 흑색, 황색 산화크롬, 군청,감청, 카본블랙, 체질안료로는 탈크, 마이카, 탄산칼슘, 탄산 마그네슘, 카올린,체질 타울린 등이 많다. 진주광택 안료는 운모티탄, 어린박, 옥시염화비스머스, 특수기능성 안료는 질화붕소, 포토크로믹, 불소 금운모, 철 함유합성금운모, 미립자 복합분체, 고분자 안료는 라일론파우더, 폴리메탈케타 아크릴레이트 등이 있다. 그리고 기능성 안료는 합성마이카, 보론나이트라이드Boron Nitride 등이 있다.

3) 향료

① 천연향료

표 3-6 천연향료의 오일 함량과 용도

분류	에센셜오일 함량	용도
퍼퓸	10~25% 함유	향수. 밤 외출 시나 파티 참석 시 사용
오데퍼퓸	9~12% 함유	퍼퓸보다 강도가 낮은 향수. 낮시간 외출 시 사용
오드투알렛	5~8% 함유	엷은 향의 가벼운 향수로 전신에 뿌림. 사무실 등에서 사용
오드코롱	2~7% 함유	상쾌함을 주는 의미로 샤워나 운동 후에 뿌림
룸코롱	1~3% 함유	방향제

식물성 향료는 과실(레몬 베르가모트, 오렌지)의 껍질에서 추출하는 것과 종자(바닐라, 고수, 오이)에서 추출하는 것, 꽃(장미, 자스민)에서 추출하는 것, 과목(샌달우드, 계피)에서 추출하는 것이 있으며 기타 이끼류에서도 천연향료를 추출한다.

동물성 향료는 사향(사향노루의 선낭)과 영묘향(사향 고양이의 포대 모양의 분비 선낭), 해리향(생식선을 따라 분비선낭), 용연향(샤향 고래의 소화불량으로 생긴 결석) 등이 있다.

② 합성향료

합성향료는 단일 화학 구조를 갖는 향료를 말하며 천연향료에서 단일 향료만 분리해 낸 향료이다. 화학적 합성에 의해 만들어진 순 합성 향료이다.

③ 조합향료

조향사가 필요한 용도에 따라 천연 향료에 천연향료를 혼합한 것을 말하며 향료의 사용목적은 화장품을 이용해 사용하는 사람의 매력을 이끌어내어 자기의 매력을 현출하는 데 있다. 또한 화장품 냄새를 감추기 위한 목적으로 첨가하거나 향이 가지는 생리 · 심리 효과로 인해 상품 가치를 높이기 위해 첨가한다.

4. 에센셜 오일

향초香草에서 추출한 에센스Essence인 에센셜 오일Essential oils을 향유香油 또는 정유精油라고 하며, 천연 식물(또는 방향성 식물)의 각 부분(꽃, 목질, 뿌리, 열매, 과피 등)에서 추출한 순수한 천연 오일 100%의 성분으로 휘발성 · 방향성 · 지용성 성질과 향기와 효능을 가지고 있어야 한다.

(1) 아로마의 역사

기원전 2000년경 중국의 황제내경에서도 향기요법에 대한 기록이 있다. 종교의식에서 전례용으로 사용되어 왔고 이집트 시대는 질병의 치료나 시체부패를 위한 행위로 미라에 방부제로 사용되었다. 기원전 4세기경 히포크라테스에 이르러 그 체계가 정립되었으며, 중세에도 전염병과 질병의 예방목적, 치료제로 사용되었다. 아로마 테라피라는 말은 1928년 가업으로 향수업을 하고 있던 프랑스의 화학자 카테포세Rene-Maurice Gattefosse가 처음 만들었다. 프랑스 의사이자 과학자인 장 발레Jang Valnet 박사는 특수한 병이나 정신장애를 치료하는 프로그램에 에센셜 오일을 사용함으로써 치료효과를 높였으며, 그 내용을 기록한 책인 "아로마 테라피"를 1964년에 출판하였다.

미용술에 응용한 사람은 마거리트 모리Marguerrite Maury 여사이다. 20세기 중반 이후부터는 조향사들에 의해 향수 · 화장품 · 식료품의 재료로 사용되고 그 사용 범위가 점차 다양해지며 일반 보편적으로 사용되었다.

장 발레

마거리트 모리

카테포세

(2) 아로마 테라피의 정의

향 또는 향기 "aroma" 와 치료를 의미하는 "therapy"의 합성어를 아로마 테라피Aroma Therapy라고 한다. 이 용어는 1928년 프랑스의 화학자 르네 모리스 카테포세Rene-Maurice Gattefosse가 책 "Aromatherapie"를 쓰면서 처음으로 사용되었다. 아로마 테라피란 향기나는 식물에서 방향성의 물질을 추출하여 신체와 정신건강 또는 상처치유 등을 하는 것으로 향기요법 또는 방향요법이라고 한다.

천연 식물에서 추출한 독특한 향을 간직한 방향 물질essencial oil을 인체에 흡입 · 흡수 시킴으로써 육체적 · 정신적인 자극 등에 작용하여 면역기능을 향상시키고 우리 몸의 기능을 정상화하여 주는 대체의학의 한 분야이다,

(3) 에센셜 오일의 추출방법

에센셜 오일의 추출방법에는 크게 수증기 증류법, 압착법, 용매추출법 등이 있다. 그 외 추출방법과 추출부위, 최종 추출산물과 아로마 오일의 종류는 다음과 같다.

표 3-7 아로마(에센셜) 오일의 추출법

<table>
<tr><th>추출법</th><th>명칭</th><th>추출 대상</th><th>방법</th><th>중간 산물</th><th>방법</th><th>최종산물</th><th></th></tr>
<tr><td>exudation</td><td>침출법</td><td>가지, 뿌리</td><td>상처</td><td></td><td></td><td>수액 레진(침출액)</td><td></td></tr>
<tr><td>expression</td><td>압착법</td><td>열매껍질</td><td>기계, 손</td><td></td><td></td><td>정유</td><td>감귤류</td></tr>
<tr><td rowspan="4">distillation</td><td>증류법</td><td rowspan="4">채집한 식물을 그대로 또는 건조시킨 것</td><td>끓는물</td><td></td><td></td><td></td><td></td></tr>
<tr><td>수증기 증류법</td><td>수증기</td><td></td><td></td><td>정유</td><td>대부분의 식물</td></tr>
<tr><td>증기증류법</td><td>수증기</td><td></td><td></td><td>정유 (true)</td><td></td></tr>
<tr><td>건류법</td><td>증류가마</td><td></td><td></td><td>코크스</td><td>코파이버 오일, 자작나무 타르 오일 (birch tar)</td></tr>
<tr><td rowspan="5">extraction</td><td>온침법</td><td>꽃</td><td>지방</td><td>Pomade</td><td>알코올</td><td rowspan="3">Absolute (앱솔루트란 시간이 지나도 절대 변하지 않는 것을 의미함)</td><td>장미, 오렌지, 아카시아, 미모사 등</td></tr>
<tr><td>냉침법</td><td>꽃</td><td>지방</td><td>Pomade</td><td>알코올</td><td>장미, 재스민, 라벤더, 일랑일랑, 튜베로즈, 셀비어, 올리바눔, 제라늄, 오리스, 오크모스 등</td></tr>
<tr><td rowspan="2">용매 추출법</td><td rowspan="2">꽃잎, 잎, 이끼, 레진 등 많은 향식물</td><td>솔벤트</td><td>concrete</td><td>알코올</td><td>앱솔루트 재스민의 99%</td></tr>
<tr><td>이산화탄소</td><td></td><td></td><td>CO_2 오일</td><td>CO_2 오일</td></tr>
<tr><td>침적법</td><td></td><td>알코올</td><td></td><td></td><td>Tincture</td><td>사향, 영묘향 등, 벤조인, 요오드, 캄퍼 등</td></tr>
</table>

(4) 노트별 증발율

노트별 증발률은 상향(톱노트), 중향(미들노트), 하향(베이스노트)으로 나눌 수 있다.

표 3-8 노트별 증발율 1~100

노트	증발시간	감정	향초
상향 (톱노트)	1~15 (3시간 이내 증발)	밝고 가벼운 향	감귤류, 페퍼민트, 타임 등
중향 (미들노트)	16~70 (6시간 이내 증발)	감정을 일치시키고 마음을 열어주는 향	라벤더, 로즈우드, 마조람 등
하향 (베이스노트)	71~100 (24시간 내 증발)	은은하고 깊은 향으로 오래 지속되는 향	샌달우드, 프랑킨센스, 미르 등

(5) 향유의 주요성분

① 모노테르펜 monoterpene

② 세스키테르펜 Sesquiterpene

③ 모노테르페노이드 monoterpenoid 와 세스키테르페노이드 Sesquiterpenoid

④ 알코올

⑤ 페닐 프로판 유도체 –페놀류

⑥ 에테르

⑦ 케톤

⑧ 에스테르

⑨ 알데히드

⑩ 산화물 옥사이드

⑪ 락톤과 쿠마린

⑫ 미량 구성성분 Trace constituents

(6) 식물에 향 물질이 있는 이유

① 식물끼리의 경쟁에서 우위에 서기 위해

② 자가 치료를 위해서 – 항균, 항염, 상처 회복효과

③ 미생물로부터 자신을 보호하기 위해

④ 곤충이나 동물에게 먹히지 않기 위해서

- 향이 강한 식물을 초식동물에 먹히지 않는다.
- 동물은 정유가 없다. 이유는 움직일 수 있기 때문이다.

⑤ 생식을 위해서 (곤충을 유인)

- 페로몬 기능 – 상대방의 대사에 영향(변화)을 준다.
- Hormone – 자체 대사기능 바뀜. ㉮ 식물의 향이 나비의 성 호르몬을 활성화하고 변화를 유발한다.

⑥ 수분 손실을 막기 위해서

(7) 에센셜 오일의 사용 시 주의사항

① 순수하게 100% 다 식물에서 얻은 것이어야 한다.

② 직접 피부에 바르거나 음용하는 경우 부작용을 일으킬 수 있다. (라벤더 티트리 제외)

③ 에션셀 오일 사용 시 어린이나 노약자는 성인의 1/2을 사용한다.

④ 에센셜 오일을 사용할 때 정확한 사용량을 지킬 것(피부염증, 두통, 메스꺼움 등 신체적 현상이 나타날 수 있음)을 당부한다.

Jasminum sambac

Jasminum sambac 'Grand Duke of Tuscany'

Jasminum grandiflorum

Jasminum officinale

(8) 에센셜 오일 블렌딩

1) 에센셜의 블렌딩 작용 및 효능

'블렌딩'은 향을 사용목적에 맞도록 적절히 선택하여 혼합시키는 일이다. 향은 향수같이 기분전환을 위해서도 사용되지만 치료목적으로 사용되는 경우가 대부분이다. 무좀이나 홍반 같은 단순히 피부에 도포하여 그 효과를 기대할 경우에는 냄새의 좋고 나쁨이 크게 문제는 되지 않겠지만, 흡입이나 후각자극을 목표로 한 향의 배합은 신중히 이루어져야 한다. 향의 노트 · 작용 시간 · 강도 · 효능 등을 면밀히 따져보아야 하며, 사용하는 사람의 취향에 따르는 것은 중요한 일이다. 또한, 향끼리의 억제 및 시너지를 고려해야 한다. 에센셜 오일은 한가지 향만을 사용하는 것보다는 두 가지 이상을 블렌딩하여 사용하면 시너지 효과를 얻을 수 있으며 개인의 취향에 따라서 다른 두 가지 또는 세 가지의 향을 섞으면 냄새나 효과면에서 훨씬 뛰어난 결과를 얻을 수 있다.

2) 에센셜 블렌딩 시 주의사항

① 블렌딩은 다른 냄새가 나지 않는 조용한 곳에서 한다.

② 선택된 향유에 대한 알레르기 부작용이나 나쁜 기억 등이 없는지를 확인한다.

③ 블렌딩 목적과 함께 사용자의 감각에 맞는 향을 선택하도록 한다.

④ 보통 3~4 종류의 향유를 블렌딩한다.

⑤ 베이스노트와 미들노트의 향유를 먼저 섞은 후 톱노트의 향유는 방울방울 떨어뜨리면서

⑥ 향이 변화하는 추이를 살핀다.

⑦ 선택된 향의 BF blending factor 들을 파악하여 방울 수를 정하고, 블렌딩 목적에 맞도록 방울 수를 가감한다.

⑧ 사용자에게 혼합된 향을 맡도록 한다.

⑨ 적절한 캐리어오일을 섞는다. 혼합이 잘 되도록 여러 번 흔들어 블렌딩을 완성한다.

3) 향유 보관법

① 일정한 온도의 서늘한 곳에 보관한다.

② 어두운 곳이나 햇빛이 들지 않는 곳에 보관한다.

③ 어두운 색의 병에 보관한다.

④ 드로퍼dropper나 스포이트spuit가 있는 병이 좋다.

⑤ 병속에는 약간의 공기가 있도록 한다.

⑥ 플라스틱 용기에는 저장하지 않는다.

⑦ 뚜껑이 꽉 잠기는 병을 사용한다.

4) 캐리어 오일

캐리어 오일이란 향유를 피부 깊숙이 전달하는 매개체이다. 거의 모든 캐리어 오일은 식물에서 추출하므로 식물유라고도 한다. 식물유는 비타민과 미네랄 성분이 풍부하지만, 대부분은 지방질지방산로 이루어진 오일이다. 지방질은 물에 녹지 않는 성질을 가지고 있다. 그래서 물을 통과시키지 않는 생체막의 구성성분이 되며 인산지방질phospholipid과 스테롤sterol, 또한 에너지의 주요 저장 형태이다. 중성지방질 · 그 밖의 지방질은 비록 양에 있어서는 상대적으로 적으나, 효소의 보조인자 · 전자운반체 · 광흡수 색소 · 소수성 닻 · 에멀션 인자 · 호르몬, 그리고 세포 내의 신호전달의 중요한 역할을 하고 있다.

① 스위트 아몬드Sweet almond, Prunus amygdalas var. dulcis

서아시아 산지로 비터와 스위트 아몬드가 있으며 비터 아몬드는 사용하지 못한다. 영양분이 많아서 조리, 샐러드 드레싱dressings으로 사용된다.

- 팔미트산(-9%), 올레산(65%), 리놀렌산(26%).
- 비타민 A, B_1, B_2, B_6.
- 퍼짐성이 좋고 가벼운 느낌
- 윤기없는 피부, 거칠고 지친 피부, 건조한 피부, 특히 찰과상이나 기저귀 땀띠, 튼 손, 가려움, 염증성 질환(습진, 발진), 피부연화제, 가슴관리에 사용

② **올리브 오일** Olive oil, Olea europapaea

올리브 오일은 오일의 왕으로 불리며, 건강과 미적인 면 모두에 압도적인 평을 받는다. 스페인에서 가장 많이 생산되는데, 올리브 과일을 냉압착으로 짜서 만든다. 그러면 1% 정도의 오일을 얻게 된다. 올리브 오일은 짜내는 순서에 따라 extra virgin(냉압착), virgin(약간 정제한 것), B등급(virgin 오일 추출 후 남은 것들과 새 올리브들을 넣어서 정제 및 용매 추출법으로 추출한 것)으로 나눈다. 식용, 비누, 섬유윤활용, 머릿기름, 포마드용, 의약용으로는 관장제, 연고로 이용된다. 그리스, 스페인, 이탈리아에서 요리에 가장 널리 사용되고 있다.

- 팔미트산(14%), 올레산(77%), 기타 불포화 지방산(9%),
- 비누화물질(1%), 폴리페놀
- 약간 끈적거리는 느낌 – 류마티스 관절에 사용됨
- 보습작용이 탁월하여 손상되고 갈라진 모발, 손, 발톱과 빨갛게 오른 여드름과 발적된 피부에 좋다.

③ **맥아 오일** Wheatgerm 윗점, Tritcurm duruim or T. sestivum

맥아 오일은 밀 중에 일부인 소맥(2%)의 씨눈에서 고온의 압착법 warm press 혹은 용매추출법으로 추출한다.

- 포도씨에서 추출
- 피부 흡수력이 뛰어남
- 비타민 E 다량 함유
- 알레르기 피부에도 가능
- 피부 침투력 보습력이 우수
- 모든 피부, 민감피부 특히 지성 피부에 적절

④ **호호바 오일** Jojoba, Simmondsia chinensis

호호바 오일은 피부에 자연스럽게 수분을 유지해 주는 성분으로 인체피지와 유사하며 값비싼 화장품에 이용할 수 있는 구성요소 중 하나이다. 항산화작용과 항

박테리아 작용이 있다. 순수한 냉압착유cold pressed oil는 번들거리지 않고 피부에 빨리 흡수된다. 건조한 피부, 민감성 피부, 기름진 피부, 가려운 피부인 습진, 건선에 효과적이다. 눈 아래 연약한 피부에 바르면 피부를 보호해 주는 역할도 한다. 특히 자유 지방산 수치를 축소하므로 얼굴 마사지 베이스 오일로 좋다.

- 여드름, 건성, 습진, 피부 탄력증대
- 지방분해 효과, 결합조직 강화, 비만관리 시 사용
- 피지분비 조절

⑤ 로즈힙 오일 Rose hip oil, Rosa rubiqinosa

- 칠레 안데스 산에서 자란 야생 로즈힙의 씨를 솔벤트 방식으로 추출한 것이다. 뛰어난 피부 재생효과를 가진 오일이다. 남아메리카 의사들의 실험에 의하면 화상, 얼굴 주름, 수술 후 생긴 상처자국 치료 등에 큰 효과가 있다고 한다. 특히 입가, 눈가의 깊은 주름에 효과가 있으나 햇빛에 건조해지는 역효과가 있다. 리놀레산linoleic acid의 다량 함유로 피부 재생에 중요한 역할을 한다.

⑥ 살구 씨 오일 Peach Kernel, Prunus armen iaca

고도의 불포화 유지지방산이 풍부하고 피부에 쉽게 흡수되어 피부를 연하게 하고, 피부나 헤어에 윤기와 탄력을 준다. 찰과상으로 벗겨진 피부의 건조를 막아준다. 얼굴 마사지용으로 탁월하며, 순수한 밀도와 부드러운 오일 성분으로 부드럽고 민감한 피부를 가진 어린이에게 좋고, 피부가 짓눌려서 생긴 증상에 좋다. 건조한 피부나 나이가 들어 탄력이 없어진 피부나, 민감성이고 종기가 나는 얼굴에 이상적으로 쓰인다.

- 모든 피부에 사용 가능하며 매우 가볍고 감촉이 좋음
- 얼굴 마사지용
- 미네랄, 비타민E 함유

⑦ 아보카도 Avocado, Persea americana

아보카도 나무는 남아메리카 늪지대에서 처음으로 발견되었다. 별명은 악어배라고 불린다. 과육에 30% 정도의 순수한 오일이 있어 이 부분에서 오일을 추출한다. 비타민A와 D, 레시틴, 칼륨 등이 풍부하여 예로부터 피부 관리에 인기가 있는 오일이다. 짙은 에메랄드 색깔로 엽록소가 풍부한 오일이고 부드러운 땅콩 냄새를 가지고 있다. 피부에 깊게 스며들어 건조한 피부나 나이가 들어 퇴화한 피부에 수분을 유지시키며 건조한 날씨에 따른 피부 건조를 막아준다.

- 건성 · 수분부족, 노화피부에 사용
- 단독사용을 금함
- 침투력 뛰어남

(9) 에센셜 오일의 실제

① 마사지법

정신적 스트레스의 해소 효과가 탁월하며, 피부 및 호흡기 질환이나 소화기 질환, 부인과 질환의 경우에 유용하게 쓰인다.

전신 마사지에서는 피부가 손상되지 않도록 정유를 캐리어 오일에 희석해서 사용한다. 향유의 희석 비율은 2~3% 정도이다. 얼굴마사지에서는 1%의 희석 비율을 사용하며 피부 타입에 맞추어 적당한 캐리어 오일을 선택한다. 또한 산화 방지를 위하여 이브닝 프라임로즈evening primerose나 그레이프시드 오일grapeseed oil 또는 비타민 E를 5% 정도 첨가하는 것이 좋다.

국소나 일부의 부위를 마사지할 때에는 사용용도에 따라서 희석 정도를 적절히 선택한다. 좁은 부위의 마사지에는 치료 용도와 그 범위에 맞추어 농도를 증가시킬 수는 있으나 발적 및 부작용 발생을 항상 염두에 두어야 한다.

② 흡입법

흡입법은 후각을 자극하고 향유를 흡수하는 중요하고 효과적인 방법이다. 향유들은 후각 신경을 자극하고 변연계limbic system로 직접 신호를 전달하여 감정과 기억, 정서를 관장하는 뇌의 부위로 그 신호를 전달한다. 호르몬 분비가 활성화되어 신체 기능의 균형을 잡는다. 또한 흡입된 향은 폐로 들어가 혈액에 용해되어 신체 각 기관에 퍼지게 된다.

정신적인 문제가 복잡하거나 휴식이 필요할 때, 호흡기 질환, 호르몬 불균형 등의 경우에 유용하다.

③ 발향확산법

향유를 대기 중에 확산시켜 그것을 장시간 흡입하는 방법으로 원리는 흡입법과 동일하다.

향을 확산시키려면 향유의 온도를 높여야 하며, 전기 램프, 촛불, 물, 히터 자동분사기 등의 여러 방법이 있을 수 있다. 공기 중에 향을 발산하는 것이므로 농도가 중요한데 발향 시에는 3.3m^2 당 1방울 정도가 적당하며, 거실에서의 유지 농도는 외출 후 문을 열었을 때 가벼운 향이 코 끝에 스칠 정도면 적당하다. 방에서는 하루 1~2회 정도의 사용이 적당하다.

④ 건식 흡입법

부정기적인 증상이나 언제 나타날지 모르는 증상에 즉각적으로 대응하는 방법이다. 손수건이나 티슈, 혹은 손등에 향유 1방울을 떨어뜨려 흡입한다. 불안, 멀미, 두통, 집중을 위한 방법이며 증상이 없어질 때까지 약 3분 정도 지속한다.

⑤ 스프레이 흡입법

향유를 증류수나 알코올에 희석하여 펌프로 분사시키는 기법이다. 손에 스프레이를 뿌린 다음 손을 코에 대고 흡입한다. 주로 부정기적인 증상이 있을 때 사용하면 효과적이다. 만성 비염, 불안증, 공황 장애에 유용하게 쓰일 수 있다. 비염의 경우 박하나 유칼립투스 향을 5% 정도로 희석하여 코가 막힐 때마다 코 밑에 분사하면 좋다. 불안증이나 공황 발작이 있을 경우 라벤더나 일랑 향을 2~5% 희석하여 코끝에 분사한다.

⑥ 목욕법 Bath

마사지를 통해 피부로 향유가 흡수되는 경로와 증기 흡입으로 뇌와 폐로 향유가 침투하는 경로를 단번에 할 수 있는 방법이다. 부인과 질환, 폐경기 질환, 생리 전 긴장 증후군, 알레르기 질환 등에 사용되며 향유가 급속히 피부와 인체로 침투하기 때문에 주 4회를 초과하지 않도록 한다. 목욕법과 같은 원리의 효과를 기대하는 것으로 족욕법이 있다. 족욕법은 목욕법의 효과에 무좀 같은 발 피부 질환에도 효과를 기대할 수 있다.

⑦ 연고 흡입법 Ointment

크림이나 연고로 만들어서 향기 치료를 하는 것이다. 방식은 흡입과 마사지 두 가지가 있다. 비염의 경우에는 베이스로 바셀린vaseline을 써도 된다. 건선이나 습진처럼 문질러야 될 때는 피부 흡수도 촉진하고 자극도 없는 밀랍beeswax을 베이스로 하여 향유와 2～5% 농도로 희석하여 연고를 만들어 사용한다.

⑧ 습포법 Compress

따뜻한 수건이나 차가운 수건에 증상에 따른 오일을 필요한 양만큼 떨어뜨린 후 환부를 감싸고 치료효과를 얻는 방법으로 타박상이나 근육통, 부은 곳에 쓴다.

연인을 위한 아로마 이야기(스토리)

1. 베르가모트bergamot : 신선한 과일향, 부드럽다.
2. 클라리세이지clarysage : 행복감 부여, 여성 호르몬
3. 재스민jasmine : 매혹적, 정열
4. 만다린mandarin : 젊음, 부드러움, 달콤함
5. 네롤리neroli : 우아한 꽃향기, 순수의 상징
6. 파촐리patchouli : 따스함, 풍부, 흙 냄새의 신비, 최음효과
7. 로즈 앱솔루트roseappsolut : 생명력, 깊은 최면, 에로틱
8. 샌달우드sandalwood : 내적 평온, 고요
9. 일랑일랑ylang-ylang : 자극적이며 자신감, 따스함

4. 피부관리의 실제

1. 고객관리 차트작성

(1) 고객카드 작성의 필요성

① 고객의 피부 분석에 앞서 주로 문진問診으로 개인의 신체적 · 심리적 · 환경적 정보를 수집하여 피부유형 파악과 관리 프로그램 계획 시 기초 자료로 활용하기 위함이다.

(2) 카드작성 시 상담내용

① **고객명** : 고객의 이름을 기재한다.

② **생년월일** : 피부 분석 시 참고가 되는 중요한 요소이며 광노화, 조로피부 여부를 확인하는 자료로 사용된다. 고객의 나이를 기록한다.

③ **직업** : 생활환경에 따라 피부상태 및 체형에 미치는 영향이 크므로 근무형태를 기록하고 주부의 경우 가정 생활환경과 취미를 알아본다.

④ **연락처** : 휴대전화번호 등 연락하기 가장 쉬운 번호를 기입한다.

⑤ **주소** : 기초 자료화를 위해 연락 가능한 주소를 상세히 기록한다.

⑥ **방문동기** : 광고, 지인소개 또는 스스로 왔는지 등 관리실을 선택하고 방문하게 된 계기를 알아본다.

⑦ **개선하고 싶은 피부 문제점** : 이는 곧 방문 목적이 되므로 고객의 생각대로 체크하고, 복수응답의 경우 우선으로 희망하는 개선사항을 꼭 알아본다.

⑧ **병력사항** : 피부 이상증, 당뇨, 심장병, 혈압이상, 간질 등의 질병과 수술 경험, 특히 체내 금속 유무를 알아본다.

⑨ **식습관 및 다이어트** : 규칙성과 양에 대해 알아보고 영양소 섭취는 피부 상태와 밀접한 관련성이 있으므로 좋아하는 음식의 종류, 섭취 방식, 인스턴트 식품 섭취 정도, 하루 물의 섭취량과 다이어트 경험을 알아본다.

⑩ **운동** : 운동량은 혈액순환과 노폐물 배출에 영향을 미치므로 운동여부와 운동의 종류 및 빈도를 알아본다.

⑪ **흡연, 음주 및 수면** : 커피, 알코올 등의 섭취량과 흡연 유무 및 수면의 정도를 알아보고 피부 상태와의 관련성을 파악한다.

⑫ **알레르기** : 특정 알레르기 증상이 있는지 여부와 원인 물질에 대해 알아본다. 특히 화장품의 특정 성분에 대한 알레르기가 있는 경우 원인을 상세히 기록하여 부작용을 미리 예방하도록 한다.

⑬ **생리주기, 피임과 출산 경험**

⑭ **스트레스** : 고객의 스트레스 정도와 성격적인 예민함의 정도를 알아보고 피부관리 시 환경과 분위기 조성에 참조한다.

⑮ **체형타입**

마른형 (Leptosom)	• 키에 비해 마른 체형이며 사지가 길고 좁은 어깨와 골반, 작고 편편한 가슴이 특징 • 섬세한 모공과 얇고 건조한 피부유형
스포츠형 (Athletiker)	• 골격이 크고 발달된 근육과 넓은 어깨가 특징 • 큰 모공과 여드름을 동반한 지성피부 유형
여성형 (Pygniker)	• 둥글한 전형적인 여자 몸매로 어깨보다 골반이 크고 둥근 얼굴형태 • 섬세한 피부결과 매끄럽고 부드러운 정상적인 피부유형

⑯ **현재 복용약물** : 항생제, 수면제, 진통제, 피임약 등의 복용여부를 확인하여 호르몬과 피부와의 관련 여부를 알아본다.

⑰ **사용 화장품** : 사용 화장품의 종류와 사용단계, 사용습관에 따른 피부상태와의 관련성을 파악한다.

⑱ **피부관리 경험** : 피부관리의 지속성과 연계성을 활용한다. 고객의 관리경험 파악은 고객요구 분석에 중요한 자료가 될 수 있다.

[고객상담 카드]

고객번호 :	관리자 성명 :	일자 : 20 년 월 일

고객명		생년월일	세
성별	남□ 여□	결혼여부	기혼□ 미혼□
직업		연락처	
주소			
방문동기	광 고□ 지인소개□ 기 타□		
개선하고 싶은 피부 문제점	주 름□ 건성/각질□ 색소침착□ 피 지□ 여 드 름□ 모세혈관확장□ 예 민□ 모 공□ 기 타□		
병력사항	피 부 병□ 당 뇨 병□ 심 장 병□ 고 혈 압□ 저 혈 압□ 천 식□ 간 질□ 체내금속□ 기 타□		

생활습관		
	식 습 관	규칙적□ 규칙적□ 규칙적□
	다이어트	경험 있음□ 경험 없음□ 진행중□
	운 동	규칙적□ 불규칙적□ 전혀 안함□
	흡 연	많음□ 보통□ 전혀 안함□
	음 주 일 회	많음□ 보통□ 전혀 안함□
	수 면 일 시간	충분□ 보통□ 부족□

건강상태		
	다이어트	아토피□ 화장품□ 약물□ 식품□ 기타□
	생리주기	규칙적□ 불규칙적□ 폐 경□
	피 임	있 음□ 없 음□ 기 타□
	출산경험	있 음□ 없 음□ 임신중□
	스트레스	높 음□ 보 통□ 낮 음□

체형타입	마른형 Leptosom □ 스포츠형 Athletiker □ 기타 Pygniker □
현재 복용약물	
사용 화장품	
피부관리경험	
기타	

(3) 피부분석 카드

고객피부의 문제 · 결함 등을 파악하여 피부유형을 분석하여 기록하는 카드

고객번호 :	관리자 성명 :	일자 : 20 년 월 일

피부유형	피지상태	이마[ ] 코[ ] 턱[ ] 볼[ ] 목[ ]
	수분상태	낮음□ 보통□ 높음□
	피부결	거침□ 보통□ 섬세함□
	모공상태	넓음□ 보통□ 좁음□
	피부유형평가	정상□ 건성□ 지성□ 복합성□
피부상태	혈액순환	부족□ 보통□ 좋음□
	민감도	정상□ 민감□ 과민감□
	탄력도	부족□ 보통□ 좋음□
	여드름	백색면포□ 흑색면포□ 구진□ 농포□ 결절□ 낭포□
	주름상태	표면주름□ 표정주름□ 노화주름□
	색소침착	기미□ 주근깨□ 검버섯□ 기타□
	UV민감도	
	다모부위	없음□ 있음□ 부위 :

〈피부상태를 항목별로 표시〉	
• 면포	• 사마귀
• 구진	• 흉터
• 농포	• 켈로이드
• 비립종	• 과색소 침착
• 주사비	• 자색소 침착
• 모세혈관확장	• 다크서클
• 거미줄	• 모반(점)
• 혈관종	• 주름
• 섬유종	• 기타

(4) 관리계획 카드

고객의 피부유형과 피부상태 분석에 따른 관리 목적과 관리 프로그램을 계획하고 실제적인 관리의 진행 과정을 기록하는 카드

고객번호 :	관리자 성명 :	일자 : 20 년 월 일

<table>
<tr><td>주요관리목적</td><td colspan="2"></td></tr>
<tr><td>클렌징</td><td colspan="2">상품제형 [ ] 주성분 [ ]</td></tr>
<tr><td>염색과 눈썹정리</td><td colspan="2">눈썹색상 [ ] 속눈썹색상 [ ] 눈썹수정색상 [ ]</td></tr>
<tr><td>딥 클렌징</td><td colspan="2">스크럽□ 고마쥐□ 효 소□ AHA□
전기세정□ 브러시□ 스티머□ 기 타□</td></tr>
<tr><td rowspan="2">피부상태</td><td>기기종류</td><td>이온토포레시스□ 석션기□ 파라딕□
고주파직접법□ 고주파간전법□ 기타□</td></tr>
<tr><td>관리목적</td><td></td></tr>
<tr><td rowspan="3">매뉴얼테크닉</td><td>상품제형</td><td>Oil□ Cream□ Gel□</td></tr>
<tr><td>주요성분</td><td></td></tr>
<tr><td>관리목적</td><td></td></tr>
<tr><td rowspan="3">마스크</td><td>상품제형</td><td></td></tr>
<tr><td>주요성분</td><td></td></tr>
<tr><td>관리목적</td><td></td></tr>
<tr><td>향후 관리 계획</td><td colspan="2"></td></tr>
<tr><td>피부관리조언</td><td colspan="2"></td></tr>
</table>

<table>
<tr><td colspan="6">홈케어 조언</td></tr>
<tr><td colspan="2">구분</td><td>낮</td><td>밤</td><td>주간</td><td>화장품 주요성분</td></tr>
<tr><td rowspan="4">클렌징</td><td>눈/입</td><td></td><td></td><td></td><td></td></tr>
<tr><td>클렌저</td><td></td><td></td><td></td><td></td></tr>
<tr><td>물세안</td><td></td><td></td><td></td><td></td></tr>
<tr><td>토너/로션</td><td></td><td></td><td></td><td></td></tr>
<tr><td colspan="2">딥클렌징</td><td></td><td></td><td></td><td></td></tr>
</table>

보습	얼굴				
	눈				
	목				
	특수크림				
마스크/팩	얼굴				
	눈				
	목				
기타조언					

(5) 고객응대

1) 상담자의 자세

① 고객의 말을 경청하여 고객의 요구사항이 무엇인지 파악한다.

② 긍정적 사고와 성실한 태도로 고객의 입장에서 상담한다.

③ 전문 지식과 응용 능력으로 원인 및 문제를 파악하고 고객에게 충분히 설명한다.

④ 상담 시 고객이 관리에 대한 문의를 하게 될 때 관리사는 일련의 관리과정을 제시하고 관리에 대한 정확한 정보를 제공해야 한다.

⑤ 기대효과에 대해 과장하여 설명하지 않도록 한다.

2) 고객응대 시 유의사항

① 가능한 한 독립된 공간에서 상담하여 고객의 개인적인 사항들을 존중해준다.

② 고객의 개인정보 및 사생활에 대하여는 비밀을 유지한다.

③ 고객을 차별하지 않으며 정신적 안정감과 긍정적 결과를 갖도록 자신감을 심어준다.

④ 상담자는 몸의 청결함을 유지하고 단정한 머리, 깨끗한 복장과 신발, 밝은 표정으로 전문가답게 고객을 맞이하여 신뢰감을 형성한다.

2. 피부상태 분석 · 평가 기초 피부관리학

(1) 피부상태 분석 목적

고객의 피부유형과 상태를 관찰하여 그 특징에 따른 적합한 피부관리 계획을 수립하고 홈케어 관리를 적용하는 데 그 목적이 있다. 분석 결과는 피부관리 과정에서 발생될 수 있는 문제를 최소화하기 위한 기초자료로 활용한다.

(2) 피부상태 분석 방법

1) 문진問診

① 고객에게 질문하고 답변에 의한 자료를 바탕으로 분석하는 방법이다.

② 병력, 연령, 가족관계, 연령, 가족관계, 환경, 생활습관 등에 관한 질문에 고객이 답변한 것을 상세하게 기록한다.

2) 촉진觸診

① 손가락으로 부드럽게 쓰다듬어 피부의 거칠기, 각질화 정도 등 피부결 상태를 파악한다.

② 손가락으로 만져보아 손에 묻어나는 피지의 분비량을 확인한다.

③ 엄지와 검지로 눈 밑, 볼 근육을 잡고 당겨서 피부 두께와 탄력 상태를 파악한다.

④ 스패튤러(주걱)로 앞가슴 부위 또는 이마 부위에 가볍게 +자를 그어 민감도를 파악한다.

3) 견진見診

① 안면 전체 얼굴색과 부분적으로 색의 분포도가 동일한지 살펴본다.

② 피부 표면의 결이 부드러운지 거친지 살펴보고, 하얗게 각질이 들떠있는 부분이 있는지 살펴본다.

③ 건조한 정도와 번들거림의 정도를 살펴보고 모공의 크기를 파악한다.

④ 이마, 미간, 눈가, 입가 · 팔자주름, 목주름 등 주름상태를 살펴보고 트러블 유무와 트러블 부위를 파악한다.

⑤ 부분적으로 색소침착이나 모세혈관확장 상태를 살펴본다.

3. 클렌징 Cleansing

(1) 클렌징의 정의

클렌징의은 모든 피부 관리의 기본이 되는 단계이며 피부관리 시 제일 먼저 시행하는 가장 중요한 과정으로 피부에서 분비되는 피지 · 각질 · 땀 등의 노폐물과 기초 메이크업 및 색조 메이크업의 잔여물 등을 제거하는 과정이다.

표 3-9 클렌징 방법

구분	방법
아침 세안	수분과 영양이 부족한 건성피부는 물로 가볍게, 피지가 많이 분비되는 지성피부는 클렌징 폼이나 클렌징 로션 등을 사용한다.
저녁 세안	하루 동안 피부에 쌓인 피지와 각질 및 노폐물 등과 색조 메이크업의 잔여물을 제거해야 하기 때문에 눈이나 입술은 전용 메이크업을 사용하여 먼저 제거하고 피부유형에 맞는 클렌징 제품을 선택하여 클렌징한다.

(2) 클렌징의 목적

① 외부환경 : 메이크업 잔여물, 대기 중의 먼지와 공해물질을 제거한다.

② 생리적인 분비 : 피부와 피지와 땀, 묵은 각질 등을 제거한다.

③ 청결과 위생 : 피지막을 손상시키지 않으면서 피부를 청결하게 한다.

④ 생리적 기능 : 혈액순환을 원활히 하여 피부의 톤을 맑게 한다.

⑤ 유효성분 흡수 기능 : 모공을 청결히 하여 제품의 흡수를 돕는다.

(3) 클렌징의 효과

① 청결과 위생

② 혈액순환과 신진대사 촉진

③ 청량감

④ 건강한 피부상태 유지

⑤ 정확한 피부유형 분석을 도움

(4) 클렌징 단계

① 1차 클렌징 : 아이메이크업 리무버를 이용하여 눈과 입술의 색조화장을 지운다.

② 2차 클렌징 : 피부유형에 적합한 클렌징 제품으로 얼굴과 데콜테 부위를 약 5분 정도 클렌징한다.

③ 3차 클렌징 : 적절한 영양물질이 함유되어 있는 화장수로 닦는다.

(5) 클렌징 제품의 종류

1) 씻어내는 타입 거품상태, 계면활성제형 세정화장품

① 클렌징 워터 cleansing water

- 액상 비누liquid soap에는 비누, 물, 알코올, 광물유 등의 성분이 들어있다.
- 가벼운 메이크업 화장을 지울 때 사용한다.
- 피부자극이 없고, 이중세안에 적당하다.
- 수성 오염물질의 세정이 가능하다.

② 클렌징 폼 cleansing foam

- 부드러운 거품(크림) 상태의 비누로 미용비누 대용으로 사용한다.
- 피부자극이 없다.
- 이중세안에 적당하다.
- 수성의 오염물질을 세정 가능하다.

③ 비누 soap

- 비누는 '고급 지방산염'을 총칭하며, 일반적으로 천연유지(소기름과 야자유)와 지방산 알칼리염(수산화나트륨, 수산화칼륨)의 계면활성 작용을 한다.
- 알칼리성 비누 : 피부 피지의 클렌징 효과가 우수하고, 산성막을 파괴하고 살균력이 뛰어나다.

- 올바른 비누 세안법 : 적당량을 손에 덜어 손바닥으로 여러 번 마찰하여 충분히 거품을 일으킨 후 피부결에 따라 가볍게 문지른다.

2) 녹여내는 타입 용제형 세정화장품

① 메이크업 리무버 makeup remover

- 눈에 들어가도 자극을 주지 않아서 효과적이다.
- 색조화장을 지우는 데 효과적이다.
- 피부자극이 적어 주름을 예방한다.
- 눈 주위의 아이섀도, 마스카라, 아이브로펜슬, 아이라이너를 닦아낸다.
- 메이크업 잔여물이 남지 않게 꼼꼼하게 제거한다.

② 클렌징 밀크 Cleansing milk

- 정상, 건성, 노화, 민감피부 등 모든 피부 타입에 사용가능하다.
- 건조를 방지하고 끈적임이 없다.
- 크림 타입보다 세정력이 약하다.
- 크림 타입에 비해 비교적 가격이 높고 장기간 보관이 어렵다.

③ 클렌징 크림 cleansing cream

- 끈적임으로 이중세안이 필요하다.
- 비교적 가격이 싸고 세정력이 우수하다.
- 로션 타입에 비해 잘 부패하지 않는다.
- 예민한 피부에는 가급적 사용을 자제한다.

④ 클렌징 오일 cleansing oil

- 물과 친화력이 있는 친수성 오일 성분배합이다.
- 신피부 침투성이 좋아 땀이나 피지에 강한 화장에도 세정력이 우수하다.
- 물에 유백색으로 쉽게 용해된다.
- 제품에 따라 오일 성분의 끈끈함이 남는다.

⑤ 클렌징 젤 cleansing gel

- 흡착력이 좋아 오염물 제거 효과가 좋고 모공이 넓은 피부에도 좋다.
- 신선한 청량감을 느낄 수 있다.

⑥ 클렌징 워터 cleansing Water

- 지성 피부에 적당하다.
- 유성 성분에 대한 세정력은 약하다.
- 화장수에 계면활성제와 에탄올을 소량 배합한다.

(6) 얼굴 클렌징 순서와 동작

1) 터번 감싸기

① 피부 관리를 하는 동안 화장품이나 팩제로부터 고객의 머리카락을 감싸 보호하기 위함

② 고객의 머리 위치가 터번의 중심에 오도록 하여 왼쪽부터 머리카락을 감싸고 정리하면서 이마 부분이 잘 드러나도록 당겨서 마무리

2) 손 소독하기

① 알코올 솜을 이용하여 시술자의 손등과 손바닥을 소독

3) 포인트메이크업 클렌징

① 눈화장 지우기

- **화장솜 얹어두기** : 적당한 크기의 화장솜 3~5장과 면봉에 포인트메이크업 전용 리무버를 적신다. 포인트메이크업 전용 리무버를 적신 화장솜을 눈과 입술에 10~20초 간 덮어 둔다.
- **아이섀도 지우기** : 화장솜으로 눈두덩이 앞쪽에서 눈꼬리 쪽으로 닦아낸다.
- **눈썹 지우기** : 눈위에 올려둔 젖은 화장솜을 걷어내어, 뒷면으로 눈썹 머리에서 눈썹 꼬리 쪽으로(안 → 밖으로) 닦아낸다.

• **아이라인 지우기** : 젖은 면봉에 메이크업 전용 리무버를 묻혀 눈 앞쪽에서 눈꼬리 쪽으로 눈꺼풀을 살짝 들어 꼼꼼하게 닦아낸다.

• **마스카라 지우기**속눈썹 세정 : 화장솜으로 아이라인, 마스카라를 닦아낸다. 메이크업 전용 리무버를 묻힌 젖은 화장솜을 반으로 접어 눈썹 아래에 놓고 면봉을 이용하여 다시 한 번 마스카라를 지운다.

② 입술 화장 지우기

• **입술 지우기** : 입술 위에 올려둔 젖은 화장솜을 걷어낸다. 한손은 입가 근육에 고정시키고 다른 한 손은 화장솜을 중지에 끼워서 안쪽을 향해서 닦아준다. 윗입술은 위 → 아래 쪽으로 닦아 내린다. 아래 입술은 아래 → 위로 닦아 올린다.

• **입술 전체 지우기** : 입술 중앙도 닦아주고, 입술 사이에 립스틱이 남아 있을 경우 면봉을 가볍게 이용하여도 무관하다. 다시 한 번 메이크업 전용 리무버를 적신 젖은 화장솜으로 가볍게 닦아준다.

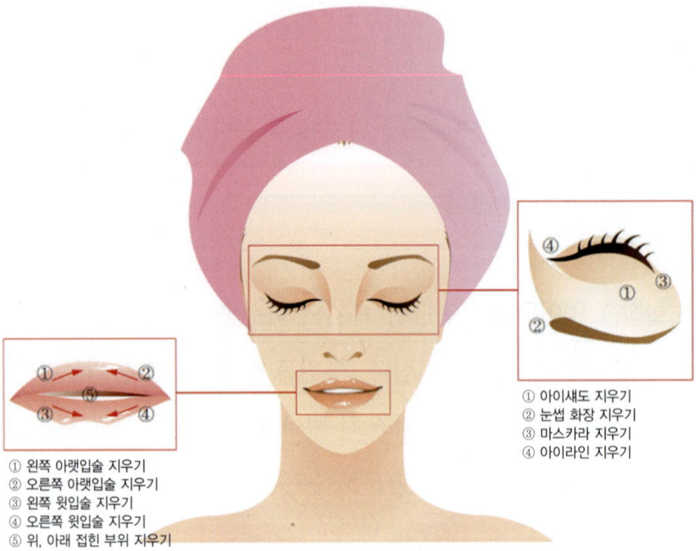

그림 3-11 입술화장 지우기

4) 얼굴 클렌징 순서

① 클렌징제 도포

- 피부타입에 적합한 클렌징제를 덜어서 데콜테 → 턱 → 뺨 → 이마 → 코 순으로 찍어 놓는다.
- 데콜테 → 목 → 턱 → 인중 → 뺨 → 코 → 이마 순으로 동작을 연결하여 신속하게 제품을 펴바른다.

② 클렌징 동작 순서

- 정해진 순서에 따라 동작을 시행한다. 클렌징 동작은 부드럽고 가볍게 시행하며 마사지 동작보다 빠른 속도로 시술하고 너무 오랫동안 문지르는 것은 삼간다.

③ 티슈로 닦기

- 티슈를 삼각형으로 접어서 코를 중심으로 오른쪽 뺨에 댄다. 피부결 방향으로 가볍게 누르며 쓰다듬는다.
- 왼쪽뺨으로 티슈를 넘겨 같은 방법으로 가볍게 누르며 쓰다듬는다.
- 코를 중심으로 위를 역삼각형으로 접힌 티슈를 가볍게 누른다.
- 코를 중심으로 아래를 역삼각형으로 접힌 티슈를 가볍게 누른다.
- 티슈를 접어 중지에 끼우고 구석진 부분의 잔여물을 제거한다.

④ 해면으로 닦기

- 피부관리 볼에 담가놓은 해면의 물기를 적당히 짠다.
- 양손의 검지 중지로 해면을 잡고 눈 위부터 부드럽게 닦아준다.
- 눈을 중심으로 윗부분, 다음 눈 아랫부분의 순서로 닦아준다.

5) 습포로 닦기

① 온습포의 효과

- 혈액순환 촉진
- 모공확장
- 먼지와 피지제거
- 죽은 각질제거
- 피지선 자극
- 적절한 수분 공급
- 다음 단계에 사용하는 화장품 흡수율 상승

[유의점]

- 사용 전 반드시 팔 안쪽으로 온도를 체크한 후 사용
- 50℃ 이상의 뜨거운 습포 사용 금지
- 민감성, 모세혈관확장피부 사용 금지
- 염증 유발 가능성이 있는 피부에 뜨거운 습포 사용 금지
- 제모나 강한 필링 후 온습포 사용 금지
- 피부 관리 시작 단계에 사용하면 효과적
- 소독된 타월을 사용
- 적용 시 자극을 최소화하도록 함

② 냉습포의 효과

- 피부를 수렴 진정시키고 탄력을 강화한다.
- 혈관을 수축시키고 염증을 완화한다.

[유의점]

- 온도를 적정하게 한다.
- 아하필링이나 제모 후에는 냉습포를 한다.
- 민감성, 모세혈관확장피부는 17℃ 이하의 아주 차가운 냉습포는 피한다.

[습포 사용법]

- 팔, 안쪽으로 온도 체크를 한다.
- 코를 기준으로 삼각형으로 습포를 얹어둔다.
- 오른손은 이마 오른손은 아래턱을 감싸듯이 지그시 눌러준다.
- 이마 눌러주기 → 양손을 횡으로 눈동자 위를 지그시 눌러준다.
- 지압점 차례로 압하기
- 입 주위 압하기
- 이마 압하기
- 얼굴닦기(눈 → 이마 → 콧망울 → 콧등 → 볼 → 입 주변 → 턱)
- 타월을 반으로 접어서 손으로 감싸쥔 후에 데콜테 닦기

6) 화장수로 닦기

① 화장수의 목적

- 피부에 남아있는 클렌징제의 잔여물을 닦아내는 역할
- 각질층의 수분 공급 및 피부 생리 작용의 조절
- 트리트먼트의 첫 보습단계로 피부를 매끄럽게 하고 유연성 향상
- 모공과 피부의 일시적 긴장감과 수축효과

② 화장수의 종류

- 유연화장수softening lotion : 보습제, 유연제의 함유의 함유로 피부 각질층을 촉촉하고 부드럽게 한다. 건성피부, 노화피부에 사용한다.
- 수렴화장수 astringent lotion : 흔히 아스트린젠트 astringent 혹은 토닝로션toning lotion 으로 불린다.
  - 각질층 보습
  - 모공을 수축시켜 피부결을 정리하고 신선감과 청량감을 줌
  - 피지분비 억제작용
  - 지성피부에 사용

(7) 얼굴 클렌징하기 실전

1) 클렌징 준비하기

[터번]

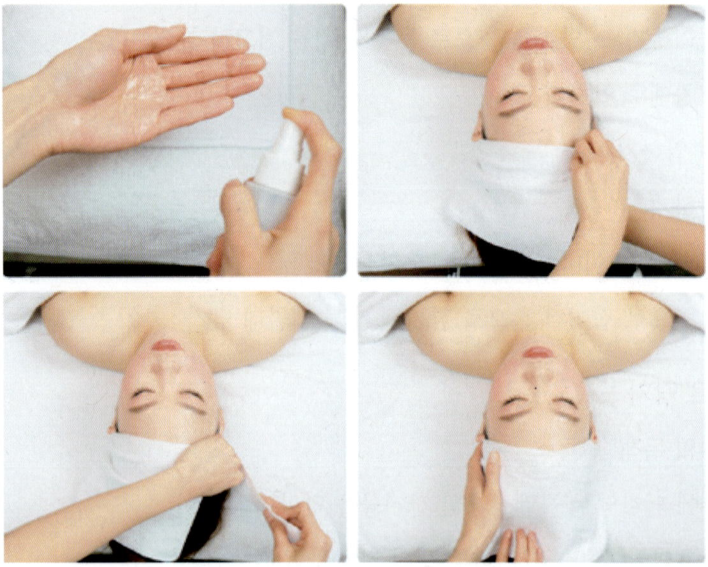

고객이 불편하지 않도록 터번을 착용시킨다.

[손 소독]

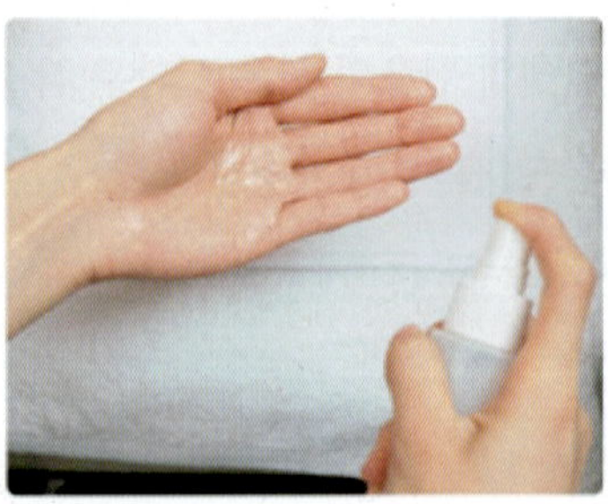

2) 포인트 메이크업 클렌징

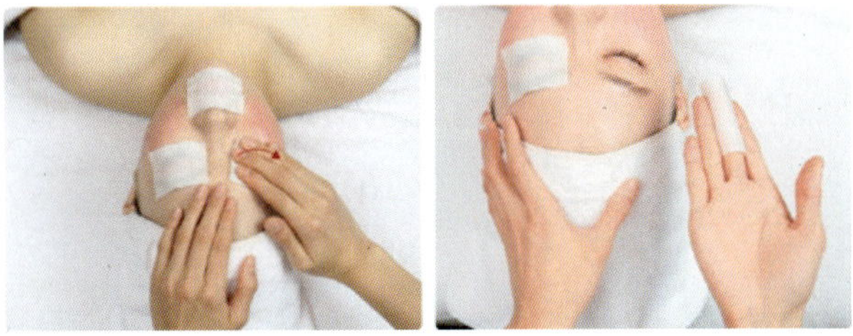

① 화장솜을 이용하여 눈두덩이 전체를 가로로 클렌징한다.

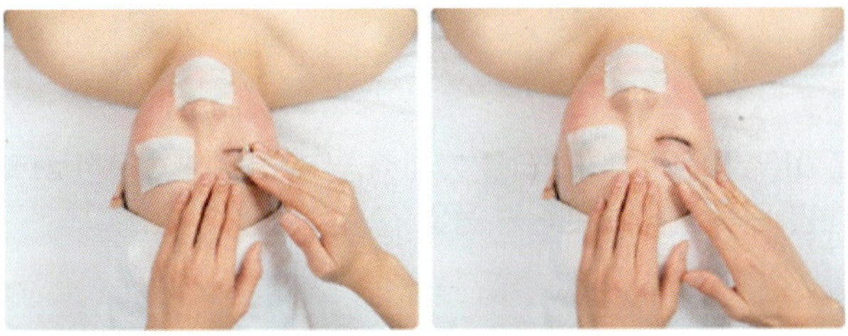

② 화장솜을 중지에 끼워 눈썹과 눈두덩을 클렌징한다.

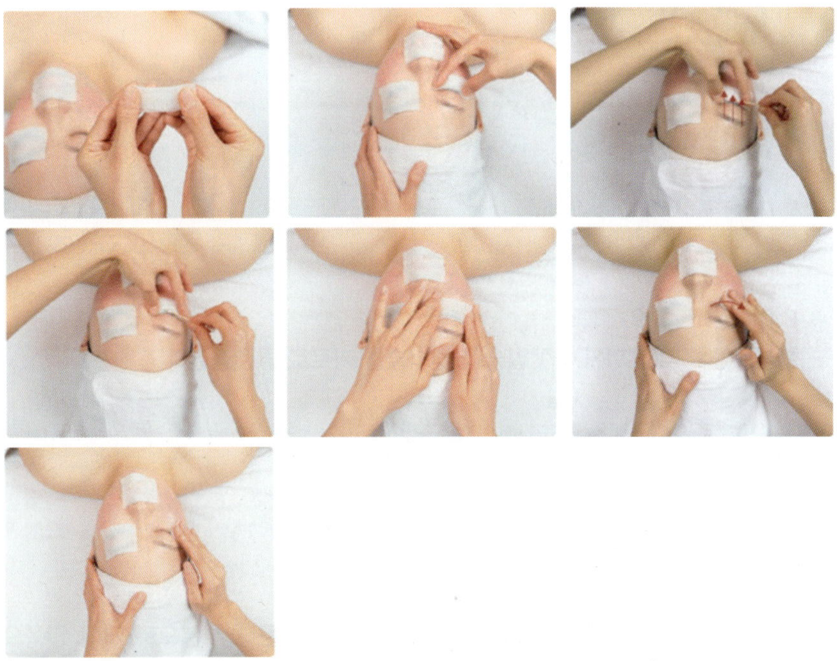

③ 화장솜을 반으로 접어서 눈썹 밑에 끼우고 리무버를 묻힌 면봉을 이용해서 눈썹을 클렌징한 뒤 눈썹길이만큼 화장솜을 접어올려 가로로 클렌징한다.

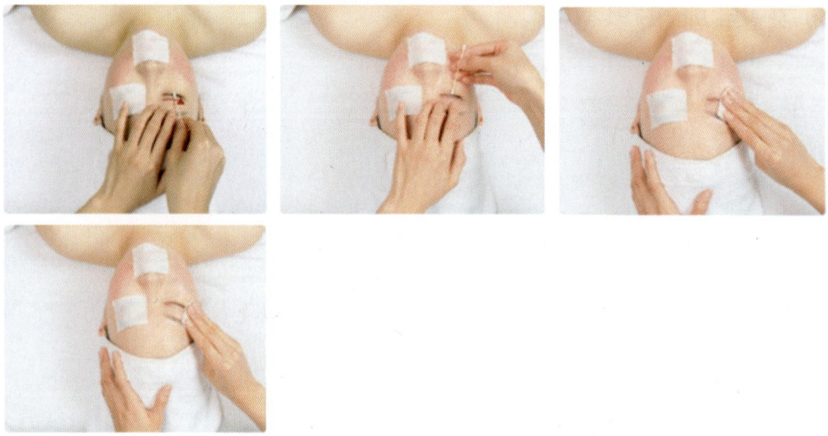

④ 리무버를 묻힌 면봉을 이용해서 아이라이너를 지워준 뒤 잔여물을 깨끗한 화장솜으로 지워준다. ※반대편 왼쪽 눈의 클렌징도 동일

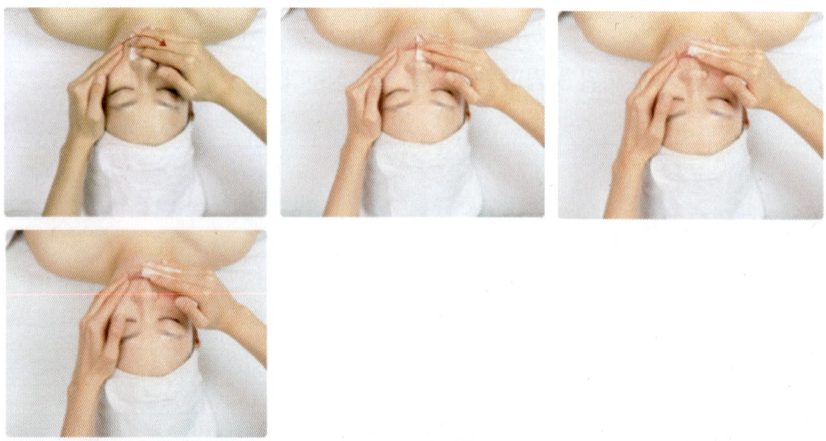

⑤ 화장솜을 중지에 끼워 아랫입술과 윗입술을 가로로 클렌징한다.

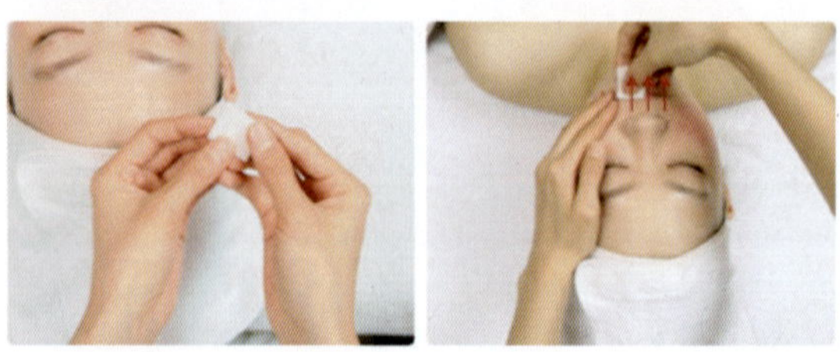

⑥ 화장솜을 반으로 접어서 윗입술은 밑으로 아랫입술은 윗부분으로 닦아 안쪽으로 모아서 클렌징한 뒤 면봉으로 다시 한번 클렌징한다.

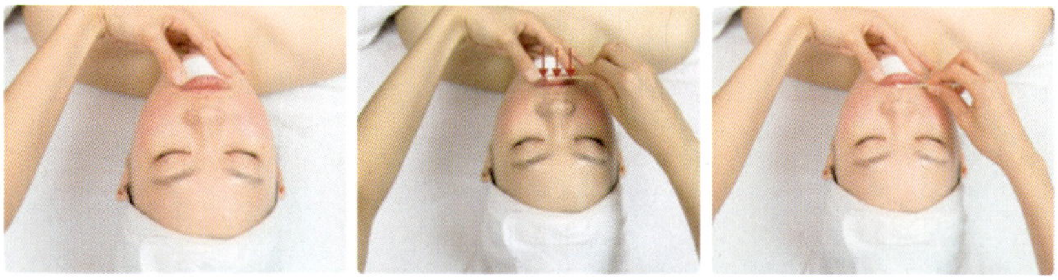

⑦ 면봉을 이용하여 세로방향으로 클렌징한다.

3) 클렌징 로션 준비하기

피부타입에 맞는 로션을 유리볼에 준비한다.

4) 티슈 사용

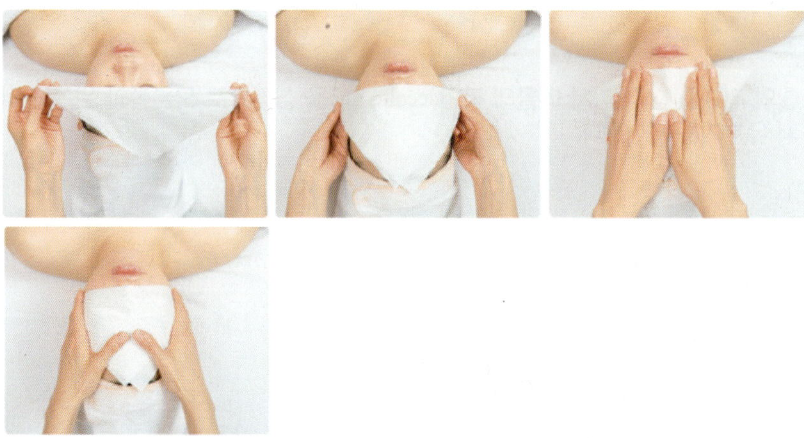

① 티슈를 삼각으로 접어서 코 윗부분을 지그시 눌러 유분기를 제거한다.

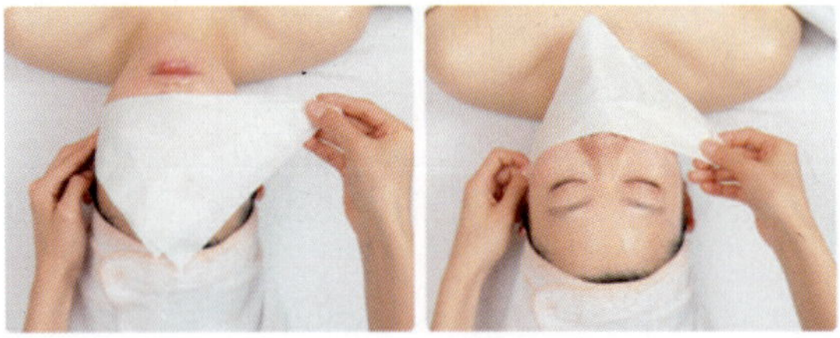

② ①의 티슈를 뒤집어 코 아랫부분을 지그시 눌러서 유분기를 제거한다.

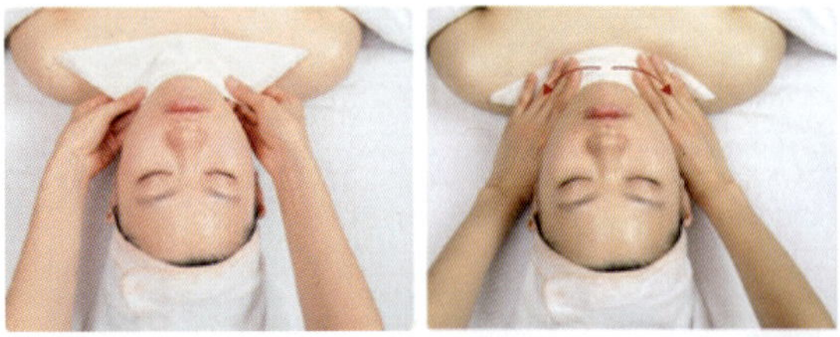

③ ②의 티슈를 반으로 접어서 목의 유분기를 제거한다.

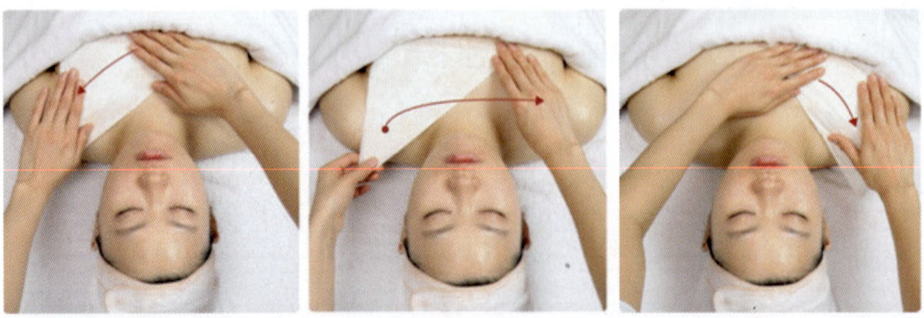

④ ③의 티슈를 다시 펴서 데콜테 라인decolte line을 삼각으로 오른쪽과 왼쪽을 나눠서 유분기를 제거한다.

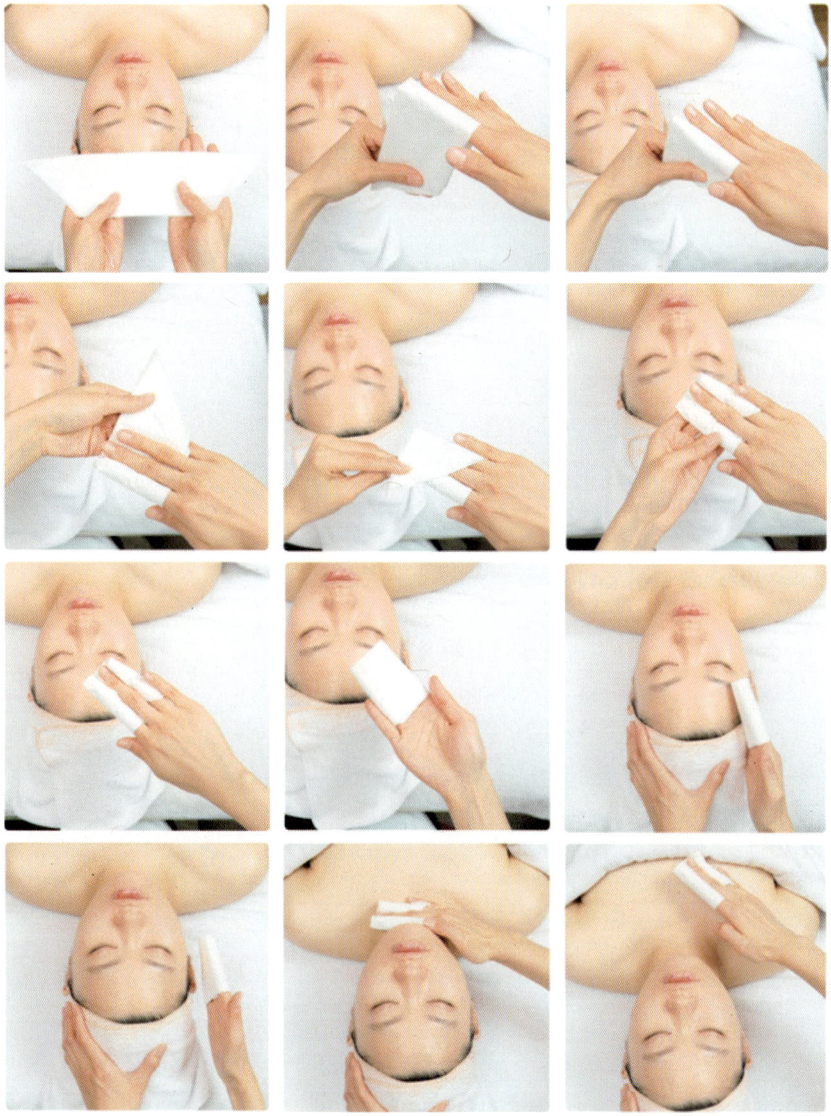

⑤ 티슈를 오른쪽 손가락에 감싸서 유분기를 제거한다.

5) 해면 사용

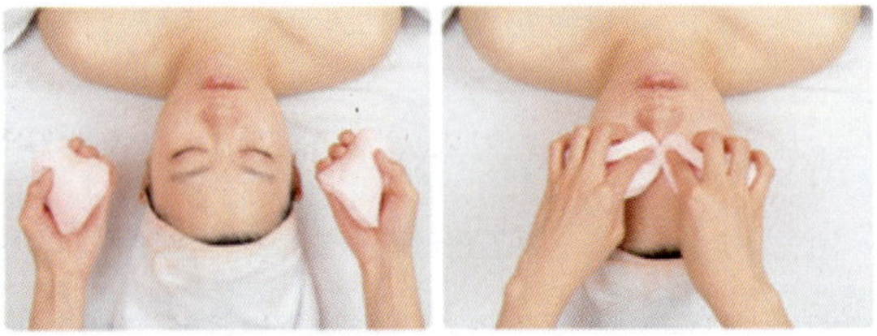

① 윗 눈꺼풀과 눈두덩을 닦아 준다.

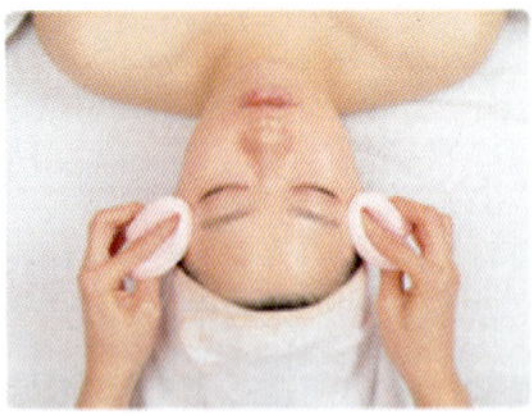

② 눈썹 부위를 닦아 준다.

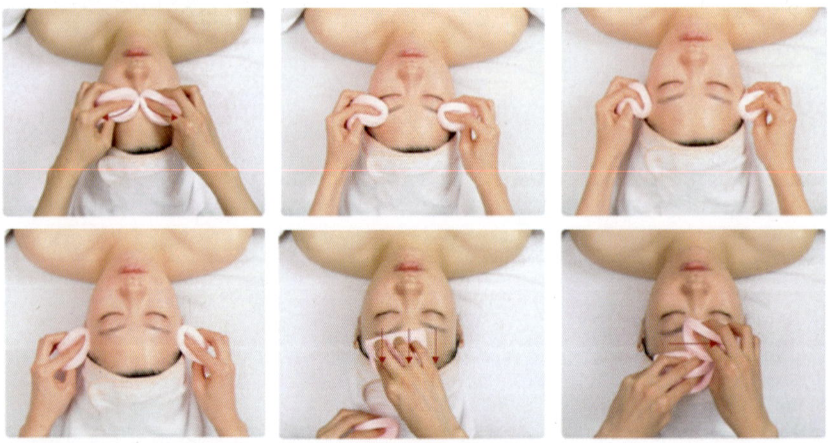

③ 이마를 가로방향으로 번갈아가면서 닦아 준다.

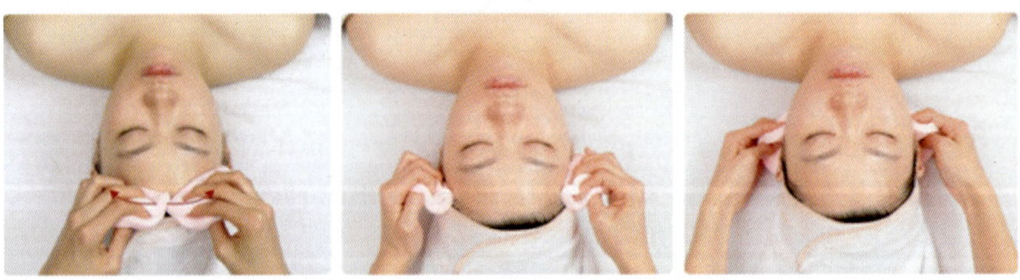

④ 이마의 윗부분을 가로로 세심하게 닦아 준다.

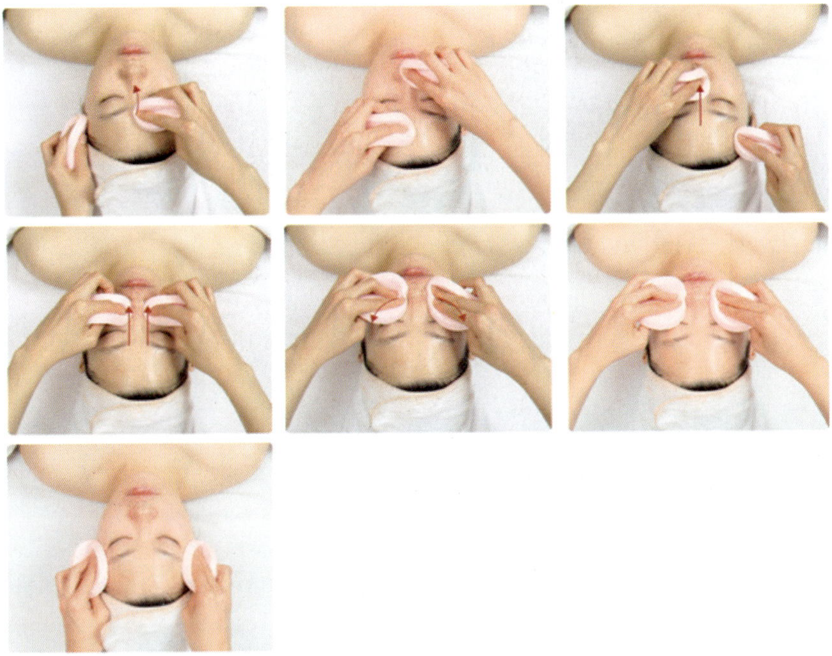

⑤ 콧망울 옆 부위부터 눈썹끝 부위까지 닦아 준다.

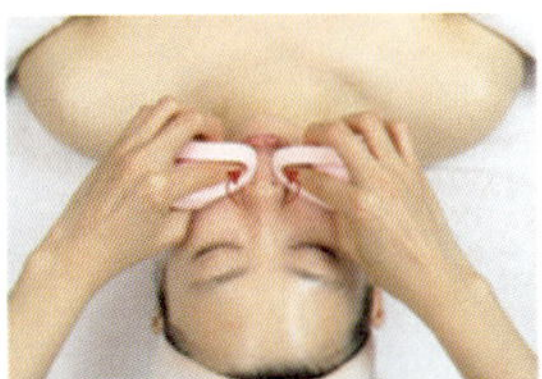

⑥ 콧날과 좌우측면 콧망울 부위를 가볍게 닦아 준다.

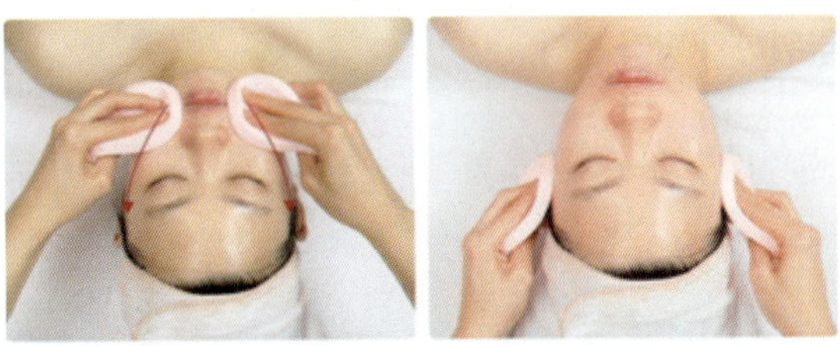

⑦ 입가 부위부터 귀 중앙 부위까지 닦아 준다.

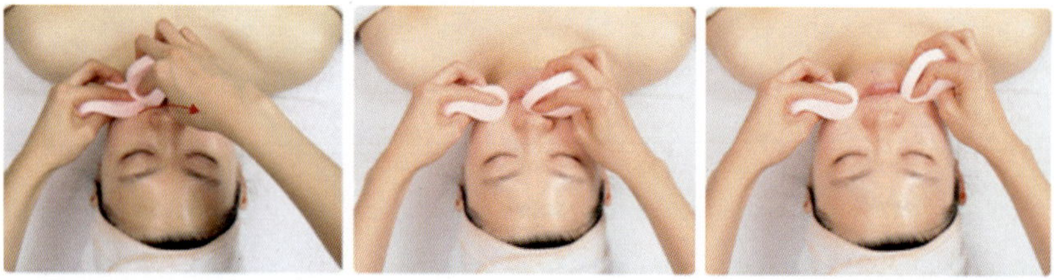

⑧ 입술 윗 부위를 닦아 준다.

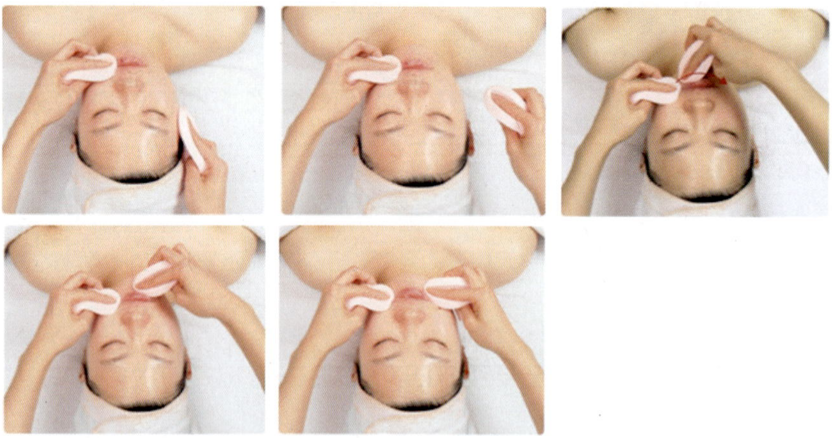

⑨ 입술 아래 부위를 닦아 준다.

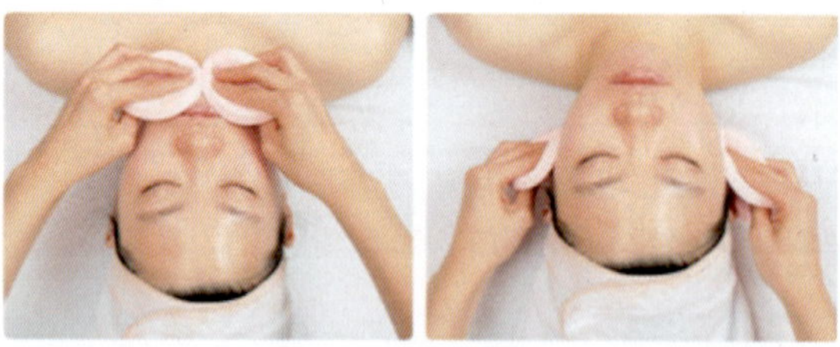

⑩ 입밑 중앙 부위부터 턱끝 부위까지 닦아 준다.

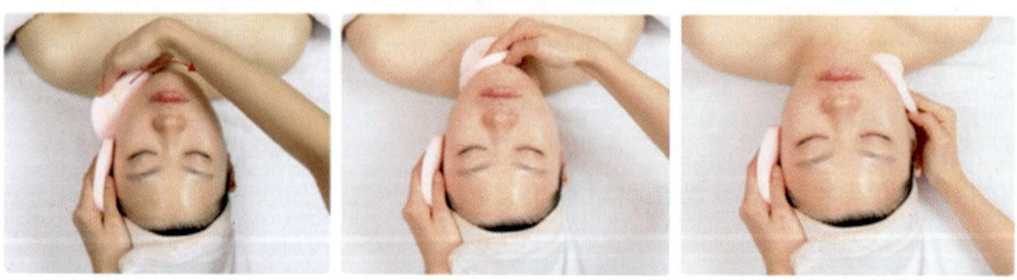

⑪ 턱 전체를 닦아 준다.

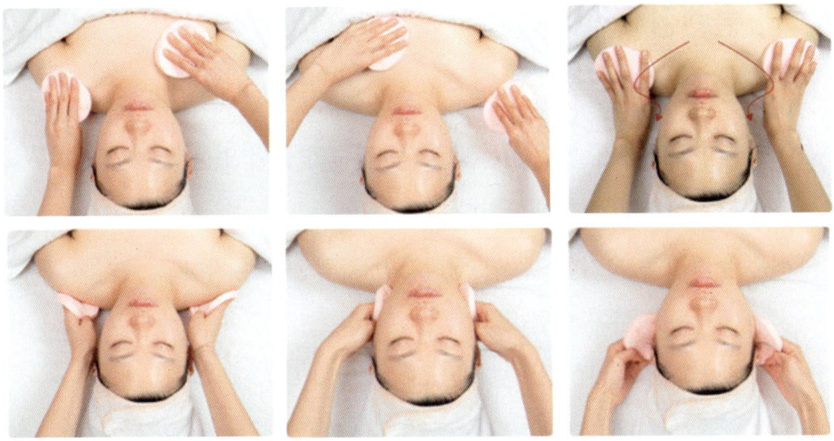

⑫ 데콜테를 가로로 닦아 준다.

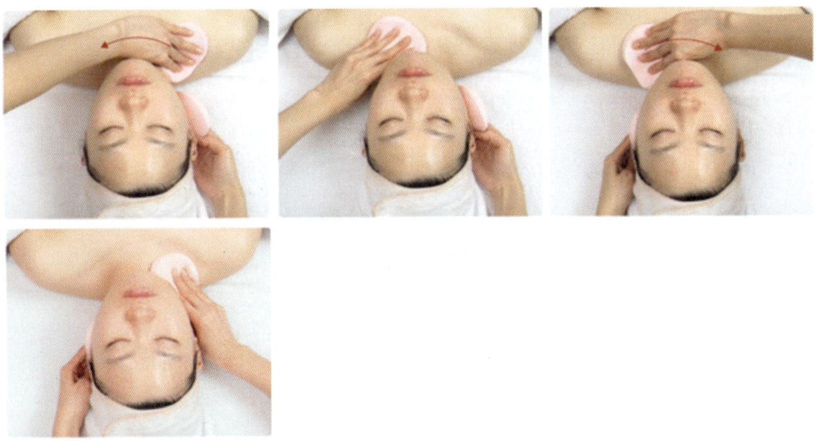

⑬ 목을 가로로 닦아 준다.

[해면 정리]

사용한 해면 정리 상태

4. 딥 클렌징 Deep Cleansing

(1) 딥 클렌징의 목적

① 클렌징으로 제거할 수 없는 모공 속 깊숙이 들어 있는 노폐물과 피부표면의 각질을 제거하기 위함이다.

② 죽은 각질을 제거함으로써 정상적인 각질층을 유지하고, 건강하고 매끈한 피부를 만들기 위함이다.

③ 피부의 노화를 지연시키고 예방하기 위함이다.

(2) 딥 클렌징의 효과

① 모낭 내 불순물과 피지를 쉽게 제거한다.

② 다음 단계의 제품 기초제품 및 영양물질 의 흡수를 용이하게 한다.

③ 세포를 활성화하고 재생시킨다.

④ 죽은 각질을 제거함으로써 피부의 색소침착을 개선시킨다.

(3) 딥 클렌징제의 종류와 사용방법

1) 스크럽 Scrub, 물리적

① 미세한 알갱이가 들어 있어서 세안제로 피부의 죽은 각질을 제거

② 민감성 피부타입은 사용금지

③ 사용방법

- 얼굴에 도포한 후 손끝에 물을 묻혀 가볍게 문지른 후 해면 및 온습포 처리
- 심한 핸들링을 피하고, 마사지 동작을 해서는 안 된다.

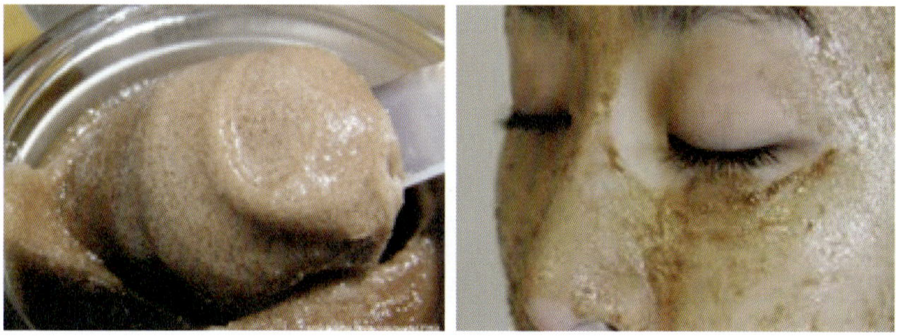

그림 3-12 스크럽 이미지

2) 고마지 Gommage, 물리적

① 알갱이가 들어 있는 제품으로 바른 후 마르기 시작하면 손으로 밀어 제거

② 마른상태에서 근육결대로 가볍게 밀어줌

③ 사용방법

- 손끝에 물을 묻혀 제거한 후 해면, 온습포 처리
- 지성피부, 노화피부 등 두꺼운 피부에 좋다.

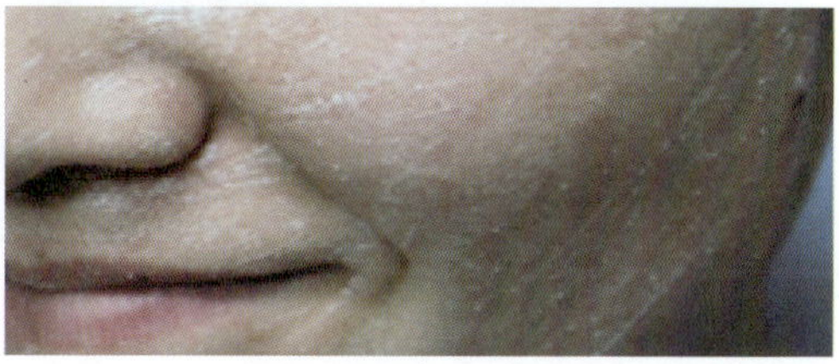

그림 3-13 고마지 이미지

3) 효소 Enzyme, 화학적

① 모든 피부에 사용

② 파파야 나무에서 추출한 단백질 분해효소인 파파인papain 성분으로 노화된 각질을 연화시켜 제거

③ 시간, 온도, 습도농도가 중요

④ 사용방법

• 분말형태의 효소 1~2 스푼에 미지근한 물(36.5℃)을 넣어 잘 섞은 후 팩 붓을 이용하여 눈과 입술을 제외한 얼굴 전체에 펴 바른 후 15~20분 후 온습포를 처리한다.

4) AHA Alpha Hydroxy Acid, 화학적

① 주로 과일류에서 추출한 산으로 죽은 각질 세포를 제거하고 진피층의 콜라겐 생성을 촉진함

② 피부관리실 : AHA 10% 이하 성분 사용

③ 대표 성분 : 글리콜산, 젖산(BHA의 대표적인 성분, 살리실산)

④ 사용 방법

• 용액을 볼에 덜어 면봉 또는 팩 붓을 이용하여 얼굴에 바른 후 찬 해면, 냉습포 처리한다.

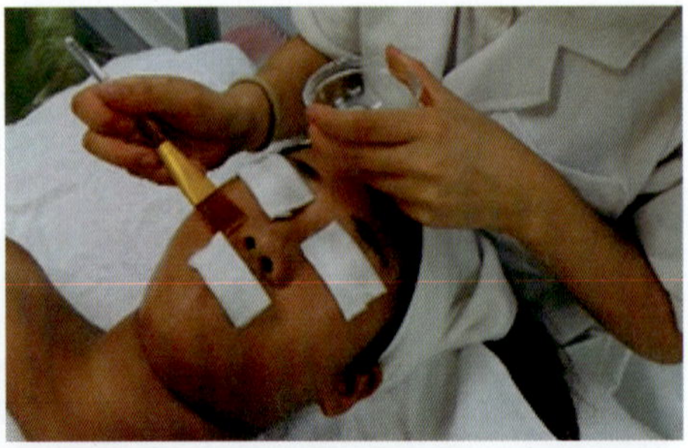

그림 3-14　AHA(Alpha Hydroxy Acid)

5) AHA Alpha Hydroxy Acid, 각질 제거용 화장품

[기능]

① pH 3.5 10% 미만 사용 = pH 3.4~4.0

② 각질세포 사이의 결합력을 약화시킴

③ 과일산으로 수용성 물질로 두꺼운 피부에 사용

• 각질을 제거해도 수분을 공급해 주어 건조하지 않음

④ 광노화, 지성피부, 여드름 등의 개선효과

표 3-10 각질 제거용(AHA) 화장품의 종류와 특성

종류	추출물질	특성
글리콜산 (Glycolic acid)	사탕수수	– 가장 분자량이 가장 작아 침투력이 우수함 – 5% 내 : 보습효과, 8~10% : 각질제거효과
젖산(Lactic acid)	발효된 우유	– 보습효과가 뛰어나 건성 민감에 사용 – 10~12% 사용
구연산(Citric acid)	레몬, 오렌지	– 화장품의 pH 조절제, 산화방지용
말산(Malic acid)	사과, 복숭아	– 면역 기능 보조제
주석산 (Tartaric acid)	포도주를 담글 때 침전하는 주석에 함유	– 세균류의 성장을 억제하거나 방지 – 부작용 : 발암 가능, 간장 변화, 염색체 – 약간의 흡습성은 있으나 구연산보다는 약하고 신맛은 구연산의 1.2~1.3배이다.

6) BHA Beta Hydroxyl Acids, Salicylic acid

① 버드나무 껍질에서 추출 = 주성분은 아스피린

② pH 3.0~3.5 = 0.5~2% 내외

③ 지용성 물질로 피부 깊이 침투

④ 자연노화, 지성피부 개선효과

5. 매뉴얼 테크닉의 정의와 분류

(1) 마사지의 정의

"마사지Massage의 어원은 '두드리다', '어루만지다' '주무르다'라는 뜻에서 유래되었다.

나라별 어원 유래

- 아랍어 'Mass' 또는 'Mass'h '부드럽게 누른다, 가볍게 누름'의 뜻
- 라틴어 'Manus', 'Massa' '주무르다'의 뜻
- 그리스어 'Massin' 또는 'Masso', '나는 주무른다', '손'의 뜻
- 프랑스어 'Masser' '주무른다'의 뜻

마사지란 사람의 손 · 팔꿈치 · 발 등을 사용하거나, 특수한 기계와 기구를 사용한다. 일정한 손기술이나 방법으로 사람의 피부를 쓰다듬고 문지르고 주무르고 압박하고 당기고 두드리는 등의 물리적 자극을 줌으로써 혈액과 림프의 흐름을 개선하고, 통증을 완화하여 대사균형Matabolic balance을 증진시킨다. 이외에도 신체적 · 정신적 · 육체적으로 도움을 주기 위해 실시하는 체계적인 '도수치료' 라고 정의할 수 있다. 즉, 질병의 예방과 치료, 자세의 교정, 미용의 효과, 피로회복을 도모할 목적으로 하는 손 기술 요법을 말한다.

마사지는 손으로 피부를 자극하는 방법으로 생체 반응을 일으켜 피부의 기능을 촉진하는 작업을 일컫는다. 오늘날 스웨디시 마사지로 잘 알려진 몸의 동작 체계로 변화한 기법이 사용된다.

피부미용을 위해서는 피부타입에 알맞은 크림이나 오일을 이용하여 손가락과 피부의 마찰을 통해 피부의 기능을 활성화하는 방법을 말한다.

(2) 마사지의 효과

① 조직의 노폐물을 제거하여 피부의 청정작용을 한다.

② 림프와 혈액순환 촉진으로 신진대사를 증진시킨다.

③ 긴장된 근육에 이완효과가 있다.

④ 신경을 진정시켜 피부조직의 긴장과 탄력성을 증가시킨다.

⑤ 기분 상승 등의 심리적 안정을 주고, 신경을 진정시켜 긴장을 풀어준다.

⑥ 화장품의 흡수율을 높인다.

(3) 매뉴얼 테크닉의 기본요소

매뉴얼 테크닉의 효과와 고객의 만족도를 높이기 위해서는 정확한 테크닉의 기본 요소에 대한 이해가 필요하다. 관리사의 자세와 방향 등이 매우 중요하고, 균등한 리듬의 유지와 정확한 속도, 해당 부위에 정확한 손동작, 적당한 자세 유지, 근육과 조직부위에 따라 규칙적인 압력 등의 기본 요소를 반드시 준수하여야 한다.

1) 방향

① 마사지 부위의 근육결을 고려하여 실시한다.

② 정맥과 림프순환 방향을 기본으로 말초에서 중추로 향하는 구심성 방향으로 실시한다.

③ 피부는 중력에 의해 아래쪽으로 쳐지므로 신체의 안에서 바깥으로, 아래에서 위로 관리한다.

2) 손의 압력과 밀착감

① 고객의 연령, 성별, 건강 및 피부상태를 고려하여 고객의 선호에 따라 안정된 압력을 사용한다.

② 체중을 이용하여 부드럽게(약) → 강하게 → 부드럽게(약) 순으로 천천히 진행한다.

③ 매뉴얼 테크닉은 손을 피부에 직접 접촉, 밀착감을 유지하면서 실시한다.

3) 리듬 및 속도

① 고객의 연령, 성별, 건강 및 피부상태를 고려하여 균등한 리듬을 유지하여야 한다.

② 일반적으로 처음에는 부드럽고 천천히 쓰다듬기 Effleurage → 점점 빠르고 강하게 → 다시 속도를 낮추어 부드럽게 천천히 쓰다듬기 Effleurage 로 마무리한다.

4) 매개체

① 동작의 유연성과 제품 성분의 효과를 부여하기 위해 피부유형에 적합한 크림이나 오일 등의 제품을 활용한다.

② 신경자극 등 효과를 높이기 위해 스톤, 보석, 지압봉, 목기, 괄사 등의 도구를 활용한다.

5) 시간과 횟수

① 안면마사지는 10분~15분 정도 소요되지만 피부상태와 관리목적에 따라 ±5분을 조절한다.

② 전신마사지는 40~50분 정도 소요된다.

③ 전체 횟수는 1~2회이고, 부위마다의 횟수는 3~6회, 5~8회가 일반적이다.

6) 자세

① 안면마사지의 경우 어깨에 힘을 빼고 팔을 겨드랑이로부터 뗀 상태에서 양팔을 삼각형 모양으로 벌려서 실시한다.

② 전신마사지는 양발을 어깨만큼 벌려서 체중을 균등하게 실은 상태에서 체중의 이동에 의해 생기는 압력을 이용한다.

7) 손의 유연성

① 손의 유연성을 유지하기 위해서 지속적이고 충분한 손동작 운동으로 항상 손을 부드럽고 관리한다.

8) 동작의 연결성

① 수기요법을 실시할 때 양손이 고객의 몸에서 동시에 떨어지지 않게 연결해서 실시함으로써 고객들은 편안한 관리를 받을 수 있다.

(4) 매뉴얼 테크닉의 기본 동작과 효과

1) 경찰법 무찰법, Effleurage : 쓰다듬기

① **동작** : 매뉴얼테크닉의 시작이나 마무리할 때 주로 사용한다.
손바닥 전체를 이용하여 가볍게 천천히 쓰다듬기

② **효과** : 피부진정, 긴장완화, 신경이완, 혈액순환 촉진

2) 강찰법 Friction : 마찰하기

① **동작** : 손가락을 이용하여 피부내층에 적절한 압력을 가하면서 문지르는 동작으로 경찰법보다는 강하며, 유연법보다는 강도가 약하다. 손가락 끝으로 원을 그리듯 이동하면서 강하게 문지르기

② **효과** : 피지분비, 신진대사 촉진, 노폐물 제거

3) 유연법 유찰법, Petrissage : 반죽하기, 집어주기

① **동작** : 손가락 전체를 이용해서 피부를 깊게 맞잡듯이 반죽하듯이 주무르기

② **효과** : 노폐물 제거, 지방분해, 피부 밑 조직에서 움직인만큼 강한 테크닉

- 강한 유연법인 풀링 Fuling : 피부를 주름잡듯이 행하는 동작
- 압박 유연법인 롤링 Rolling : 피부를 나선형으로 굴리는 동작
- 린징 Wringing : 양손을 이용하여 비틀듯이 행하는 동작
- 처킹 Chucking : 피부를 가볍게 상, 하로 움직이는 동작

4) 진동법 Vibration : 떨어주기

① **동작** : 어깨와 필에 힘을 주고, 손 전체와 손가락 끝에 힘을 주어 섬세하게 진동을 준다.

② **효과** : 피지분비, 신진대사 촉진, 노폐물 제거, 긴장, 경직된 피부를 풀어준다.

5) 지압법 압박법, Pinching : 누르기

① **동작** : 지압점을 정확히 찾아 엄지와 검지, 중지를 이용하여 힘을 준 후 서서히 뺀다.

② **효과** : 혈액순환 촉진, 피지 조절 효과, 근 골격이완, 림프 흐름 촉진

6) 고타법 Patting : 두드리기

① **동작** : 목적에 따라 손가락과 손바닥 전체, 손의 측면, 손등으로 피부를 빠르게 두드려 준다.

② **효과** : 혈액순환 촉진, 피부 탄력 증가, 경직된 근육 이완

③ **방법**

- 태핑 Tapping : 손가락 전체를 이용, 피아노 치듯
- 슬래핑 Slapping : 손목의 관절 이용, 손바닥으로 쓸어 올리듯이
- 커핑 Cupping : 손바닥을 오목하게 이용
- 해킹 Hacking : 손의 바깥 측면을 이용, 손목을 위 아래로 두드리듯이
- 비팅 Beating : 주먹을 가볍게 살짝 쥐고 두드리듯이

표 3-11 마사지의 기본테크닉 명칭 및 효과

우리말	한문표현	영어	효과
쓰다듬기	경찰법	Effleurage	피부진정, 긴장완화, 신경이완, 혈액순환 촉진
마찰하기	강찰법	Friction	피지분비, 신진대사 촉진, 노폐물 제거, 물질대사 촉진
집어주기	유연법	Petrissage	피하지방을 분해, 노폐물 제거
두드리기	고타법	Tapotment	혈액순환 촉진, 근육수축력 증가, 피부탄력성 증가
떨어주기	진동법	Vibration	혈액순환 촉진, 근육 수축력 증가, 피부탄력성 증가, 신경안정
누르기	압박법	Presser	근 · 골격 이완

※ 내과 의사인 존 조지 메저 Johan Georg Mezger는 마사지의 기본테크닉을 프랑스식 용어로 스웨디시 마사지에 사용하여 보급해 최고의 마사지로 만들었다.

6. 팩과 마스크

(1) 팩 Pack

① 'Package'에서 유래된 말로 '포장하다', '둘러싸다'라는 뜻

② 마르지 않은 상태에서 닦아내며, 바른 후에 굳어지지 않으며 공기를 통과시킨다.

(2) 마스크 Mask

① 고무마스크와 석고마스크의 두 종류가 있다.

② 바른 후 단단하게 굳어져 공기를 차단시킨다.

(3) 팩과 마스크의 목적과 효과

1) 목적

① 피부의 유형별 관리 목적에 따라 선택하여 피부의 문제를 개선시키고 완화시키기 위해 사용한다.

2) 효과

① 신진대사 촉진, 혈액순환을 촉진시킴

② 유효 성분 공급 영양공급

③ 피부 청정 효과, 살균효과

④ 수분공급으로 진정효과

⑤ 미백효과

3) 주의사항

① 피부 타입, 상태에 따라 팩 종류를 선택한다.

② 계절 및 주변 실내 온도를 반영하여 도포 시간을 엄수한다.

③ 도포 및 제거시 눈, 코, 입에 들어가지 않도록 한다.

④ 굳어서 딱딱해지는 종류의 팩을 할 때는 얼굴을 움직이지 않도록 한다.

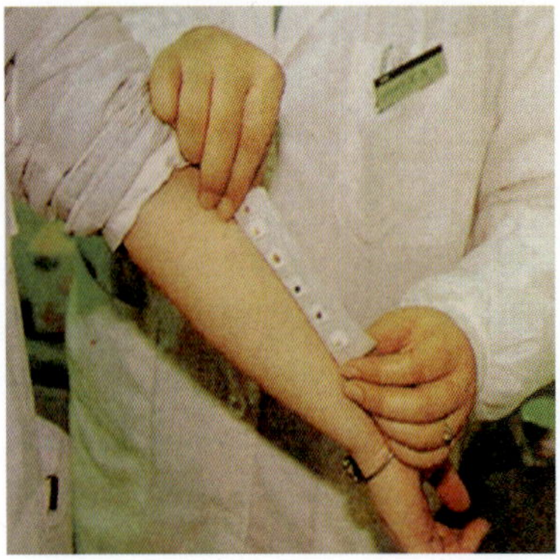

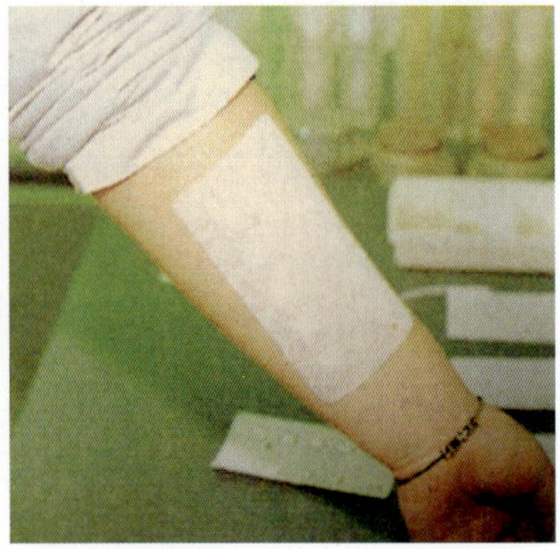

팩은 피부 상태를 잘 파악하여 선택하고 주의사항을 지켜 패치 테스트를 시행한다.

(4) 팩 마스크 의 종류

1) 워시 오프 타입 Wash Off Type

① 팩을 도포 후 일정한 시간 후 물로 닦아내는 형태의 팩

② 점토 타입, 진흙타입, 젤타입

③ 피부에 자극이 적음

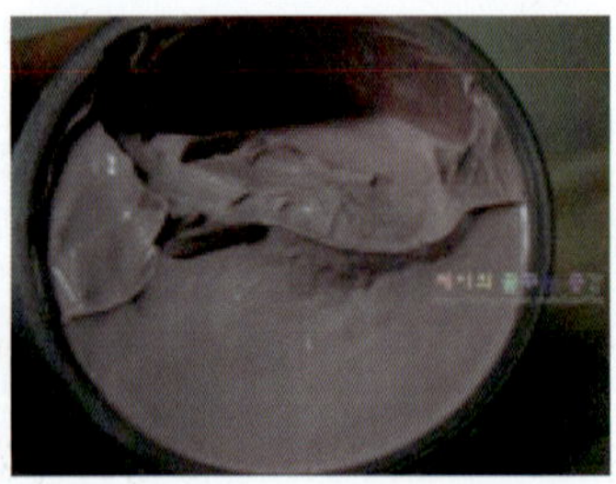

2) 필 오프 타입 Peel Off Type

① 모델링 마스크, 석고마스크, 필름 형태의 마스크

② 바른 후 건조되면 얇은 필름 막이나 굳어져 벗겨지는 타입

③ 피지나 죽은 각질이 함께 제거됨

④ 떼어낼 때 피부에 자극이 가지 않도록 주의

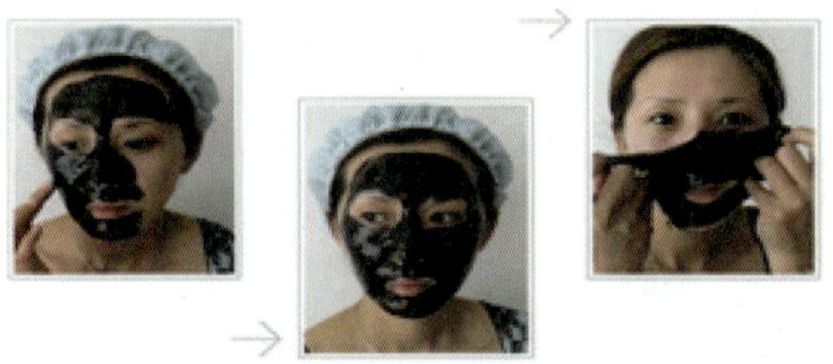

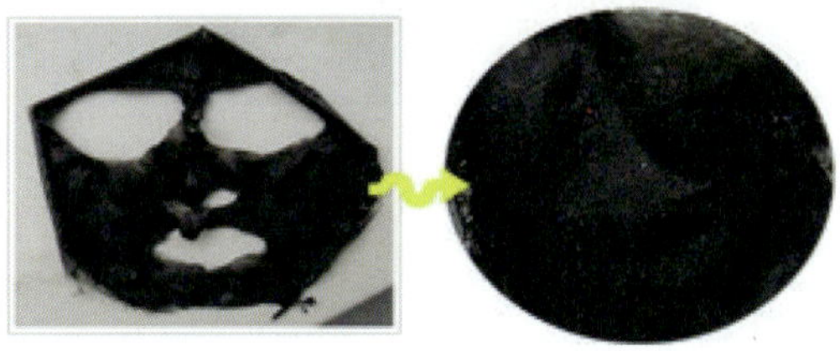

3) 티슈 오프 타입 Tissue Off Type

① 크림팩 / 팩제를 Tissue로 제거하는 제품

② 팩이 피부에 남아 있어도 상관 없으며 보습, 영양공급 효과가 뛰어난 제품

③ 건성, 노화피부에 효과적이며, 여드름, 지성피부에는 적합하지 않음

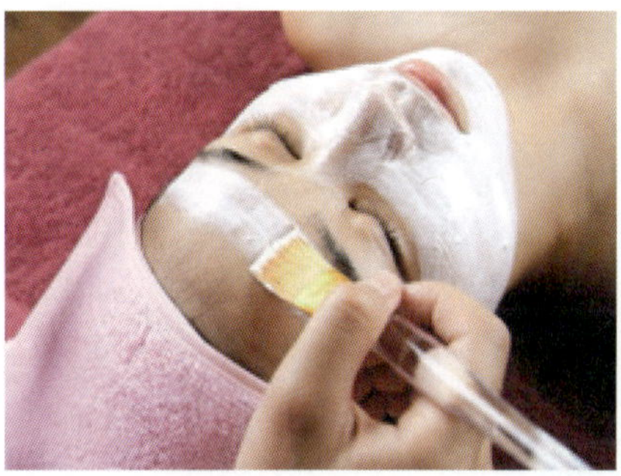

4) 특수 팩

① 석고 마스크

- 발열마스크로 영양물질들의 침투를 용이하게 하여 보습효과를 높임
- 열(40℃ 이상) 10~15분 정도 지속적으로 공급함
- 재생, 리프팅효과 : 노화, 건성피부에 효과적
- 주의사항 : 예민피부 금지, 폐쇄공포증 고객은 미리 체크

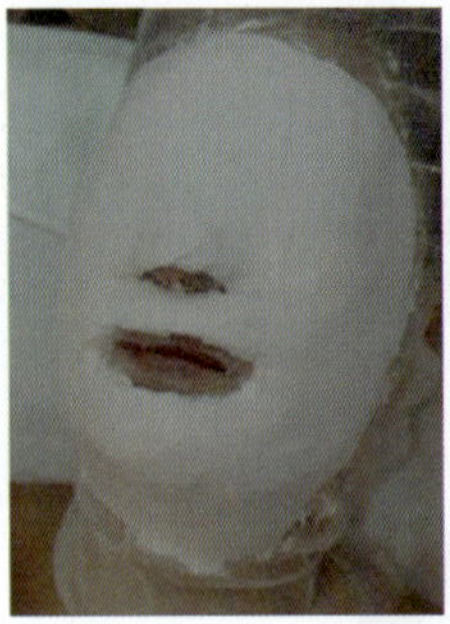

② 모델링 마스크

• 홍반, 진정, 청정, 림프순환 목적

• 모든 피부에 효과적

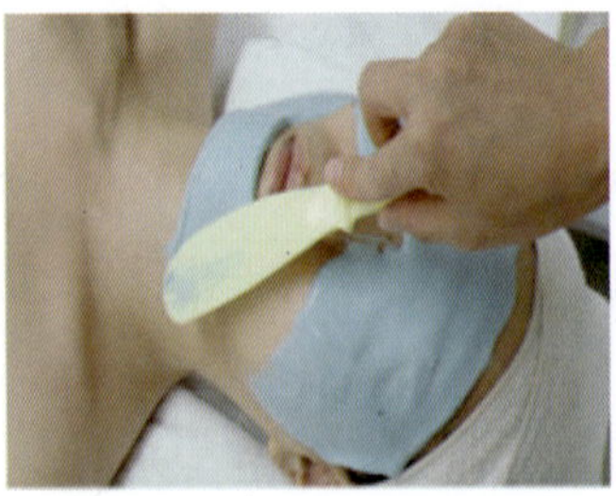

③ 콜라겐 벨벳 마스크 시트타입

• 수분, 탄력, 재생력 증가

• 건성피부, 노화피부, 예민피부, 필링 후 재생피부에 효과적

• 콜라겐 벨벳 마스크에 기포가 형성되지 않도록 밀착시킨다.

④ 파라핀 팩

• 열에 의한 팩으로 예민한 모세혈관확장피부에 사용은 피함(45℃ 이상)

⑤ 머드 마스크

• 지성피부용으로 과도한 피지와 노폐물 흡착에 효과적인 마스크임

7. 미용기기에 사용되는 전류와 미용기기의 분류

(1) 미용기기에 사용되는 전류

1) 피부미용 기기의 필요성

① 화장품이 함유하고 있는 활성성분을 피부 깊숙이 침투시킴

② 피부미용 기기를 이용한 관리, 손을 이용한 관리, 활성 성분을 함유한 기능성 화장품 처방 → 시너지 극대화

③ 고객에게 과학적인 프로그램과 신속한 서비스 제공

④ 피부미용관리 시 피부미용사의 능률 향상, 체력소모 저하

2) 생체전기

① 생체전기 개념

- 생물체 내에서 일어나는 미세한 전기현상생물체에 함유되어 있는 염기성물질이 이온화하여 전기발생

② 생체전기의 역할

- 영양물질 흡수, 세포 활성화, 노폐물 배출, 세포막의 농도차를 이용하여 삼투작용 심장수축, 근육수축작용, 뇌와 중추신경활동, 산성막형성, 케라토히알린을 분비하여 과립층에서 화학작용

3) 에스테틱과 생체전기

① **전기영동현상** : 피부의 전기적 이온화를 통해 화장품의 유효성분을 피부 깊숙이 침투피부층에 함유된 수분의 농도에 따라 단순확산, 촉진확산 작용에 의해 침투

② **전기미용기기와 생체전기** : 화장품 유효 성분을 피부 깊숙이 침투시키거나 노폐물을 밖으로 배출이온결합을 와해함으로써 각질층의 부착력을 약화시켜 박피작용

③ 갈바닉 기기나 리프팅 기기 : 수분이나 화장품 유효 성분을 이온화

④ 초음파기기 : 열 에너지가 피부층에 전도되어 온열효과로 신진대사 활동 촉진

4) 전기와 전류

① 전기의 발생 : 전자가 한 원자에서 다른 원자로 이동하는 현상은 (-)극에서 (+)극 으로 이동하면서 마찰된 물체에 전기가 생겨서 서로 다른 물체를 끌어당기는 힘

표 3-12 전기의 구성

구분	특성
원자	• 물질을 구성하는 최소단위 원자핵 양성자, 중성자 전자로 구성 • 전자는 핵 주위를 돌고 있다.
전하	• 물질을 구성하는 입자가 띠고 있는 전기
이온	• 양이온 : 원자가 전자를 잃어버려 양(+)전하를 띤다. • 음이온 : 원자가 양 + 전하를 받아들어 음(-)전하를 띤다.

표 3-13 전기의 분류

구분	특성
정전기 (Staticelectricity) 마찰전기	• 특성 : 마찰에 의해 전기를 띤 물체 표면에 있는, 잘 움직이지 않는 전하 • 인력 : 서로 다른 종류의 전기를 띤 물체 사이에 당기는 힘 • 척력 : 같은 종류의 전기를 띤 물체 사이에 밀어내는 힘
동전기 (Dynamic electricity)	• 물질을 구성하는 입자가 띠고 있는 전기
전도체와 비전도체	• 전도체 : 금, 은 등의 금속과 물에 용해된 소금 및 인체 등 전류가 잘 통하는 물질 • 비전도체 : 유리나 고무와 같이 저항이 커서 전류가 잘 통하지 않는 물질표

표 3-14 전류의 방향과 세기

구분	특성
전류의 방향	• 특성 : 마찰에 의해 전기를 띤 물체 표면에 있는 잘 움직이지 않는 전하 • 인력 : 서로 다른 종류의 전기를 띤 물체 사이에 당기는 힘 • 척력 : 같은 종류의 전기를 띤 물체 사이에 밀어내는 힘
전류의 세기	• 특성 : 1초 동안 도선을 따라 움직이는 전하량 • 단위 : 암페어(A)전류는 높은 전위에서 낮은 전위 쪽으로 흐른다. • 전하량의 단위 : 쿨롱(C)
전압	• 전류를 흐르게 하는 능력, 전압의 단위=볼트(V)
전기저항	• 전류의 흐름을 방해하는 정도 전기저항의 단위=옴(Ω)의 법칙 • 암페어=볼트/옴 전류=전압/저항표

표 3-15 전류의 분류

구분	특성
전류 흐름에 따른 분류	• 직류전류(DC) : 전류의 흐르는 방향이 시간의 흐름에 따라 변하지 않는 전류 (갈바닉전류, 리프팅기기) 평류전류, 단속평류전류 • 교류전류(AC) : 전류의 크기가 시간의 흐름에 따라 주기적으로 변하는 전류(고주파기) 정현파전류, 감응전류, 격동전류
주파수에 따른 분류	• 저주파 전류 : 1~1,000Hz 이하의 주파수 • 중주파 전류 : 4,000~4,500Hz 정도 • 고주파 전류 : 100,000Hz 이상의 주파수

표 3-16 전류의 효과

구분	특성
발열 효과	• 생체조직에서 발생되는 열 효과 : 전류의 직접적인 효과와 전자장 효과에 의해 발생된다. • 혈액 및 근육 등 수분 함량이 높은 조직에서는 저항이 낮고 전도도가 매우 높아 전류량이 많기 때문에 열 발생량이 많아진다. • 조직에서 열 발생은 전극의 위치, 전류의 강도에 따라 피부 및 피아지방에서 상대적으로 저항이 높아 열이 발생된다.
생리화학적 효과	• 살균효과 : 세포 내 활성 억제, 부종감소, 통증완화, 체액이동 증진, 이온화 효과가 있다.
전자기 효과	전류도 자석처럼 자기장을 형성한다.

표 3-17 전류가 피부에 영향을 미치는 메커니즘

<table>
<tr><td colspan="2">전류 current 감소</td><td colspan="2"></td></tr>
<tr><td colspan="2">신경 nerve /근육 muscle 감소</td><td colspan="2"></td></tr>
<tr><td colspan="2">근육수축 muscle contraction ↓</td><td colspan="2"></td></tr>
<tr><td>혈액순환. 혈관팽창↓</td><td>림프운반↓</td><td>신진대사.
지방대사↙↓</td><td>근육탄력. 근육이완↓</td></tr>
<tr><td>재생</td><td>셀룰라이트 감소,
연결조직탄력</td><td>체중감소</td><td>주름감소표</td></tr>
</table>

표 3-18 피부미용기기의 종류와 기능

기기분류	종류
피부분석과 진단	확대경, 스킨스코프, 우드램프, 수분측정기, 유분측정기, pH측정기
안면 피부미용 기기	스팀기, 브러싱, 후리마톨, 진공흡입기, 패터기, 분무기, 갈바닉, 고주파기기, 초음파기기, 리프팅기기
광선관리	적외선램프, 자외선(인공선탠기), 컬러테라피기기

(2) 기기의 분류와 효과

1) 스티머, 증기 염무기Steamer, Vapozone, Vaporizer

① **원리** : 클렌징이나 딥클렌징시 사용되고, 피부미용관리 중에 사용되는 기기 중에서 안면관리 시 가장 많이 사용되는 기기이다.

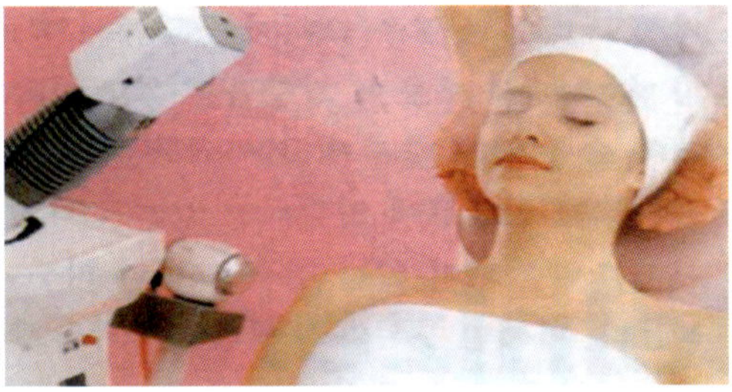

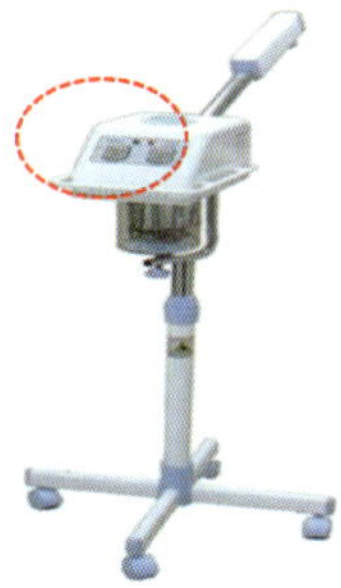

그림 3-15 스티머 기기

표 3-19 피부 상태에 따른 시술시간

피부상태	사용시간
건성, 노화피부	5분
지성피부	약 10~15분
정상피부	6~8분
여드름피부	약 10분
복합성피부	약 8~10분

② 기능

- 죽은 표피의 각질층에 수분공급을 하여 부드럽게 연화시켜 각질제거를 용이하게 함
- 모공을 열어 주어 피지, 블랙헤드, 메이크업 잔여물, 그 밖의 노폐물을 제거
- 온도를 상승시켜 혈관확장(혈액순환 증진)시켜 마사지의 효과 증가
- 다음 관리 단계에 사용되는 화장품의 활성성분의 흡수효과를 높임
- 오존기가 부착된 경우 발생기산소의 작용으로 살균효과

③ 스티머의 사용방법

- 거리 : 얼굴에서 20~30cm 정도 간격유지
- 위치 : 사용 10분 전에 켜서 스팀이 나오기 시작하면 턱을 중심으로 위쪽에서 절반, 아래쪽에서 절반
- 물 : 정제된 물 사용

④ 사용 시 주의사항

- 상처, 일광화상인 경우 사용제한
- 피부타입에 따라 스티머의 시간 조절
- 스팀이 나오기 시작하면 오존 스위치를 켠다.
- 오존(O_3) 사용 스티머는 아이패드 사용 : 여드름 피부의 살균효과
- 일반 스티머는 아이패드 사용 안 함

⑤ 비적응증

- 민감 피부
- 상처 부위
- 알레르기 피부
- 심한 화농성 피부
- 일광에 손상된 피부
- 모세혈관확장 피부
- 피부 감염 시

2) 진동브러시Brushing machine, Frimator

① 원리

- 피부의 자극이 적은 천연모인 염소 또는 산양의 털을 사용하고, 여러 가지 크기의 브러시를 기기에 연결시켜 회전하는 속도를 조절하여 피부미용 관리 시 적용하는 원리

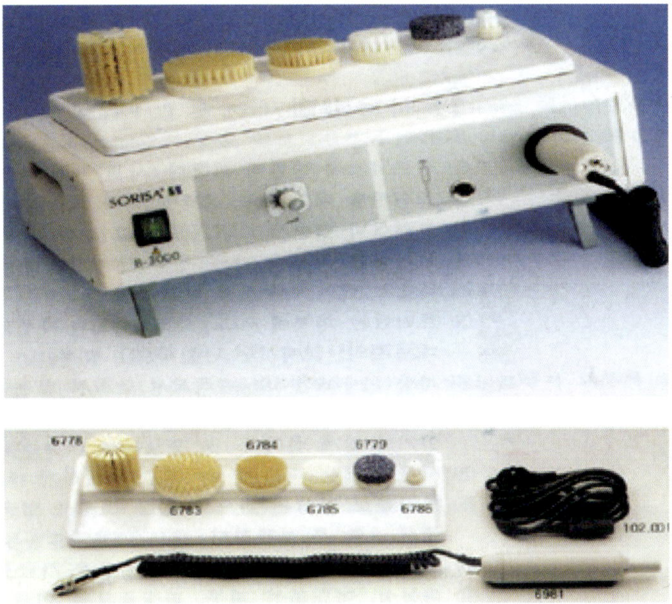

그림 3-16 브러시 기기

② 기능

- 클렌징효과 : 피부 표면의 모공, 땀구멍, 여드름 상흔 등 피부 깊은 부분까지 섬세하게 클렌징하여 메이크업 잔여물과 먼지 등의 더러움을 없애줌
- 필링효과 : 묵은 각질을 제거해서 피부색을 맑고 투명하게 함
- 마사지효과 : 브러시 회전은 피부에 부드러운 마찰을 주어 혈액순환을 촉진시키고 신진대사를 활성화함

③ 시술방법

- 직각(90°)으로 목에서부터 턱, 볼, 윗입술, 코, 이마로 진행
- 1분에 수천 번씩 돌아감 마사지 효과, 혈액순환 촉진
- 민감성 피부인 경우 : 회전속도를 느리게 해서 사용
- 거친 솔 : 피부가 두껍고 지성인 피부 적용
- 부드러운 솔 : 건성피부, 민감성 피부 적용

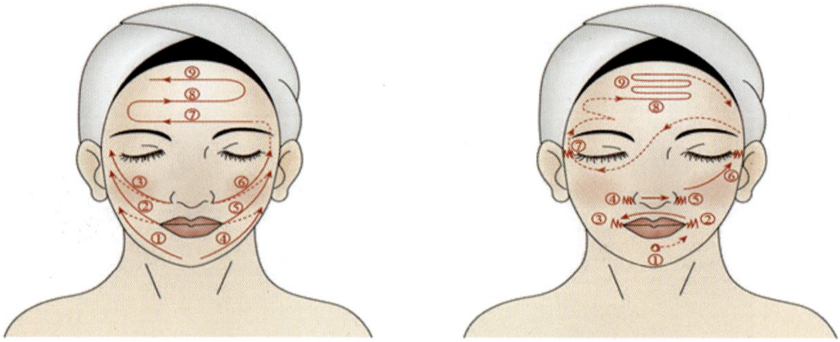

그림 3-17 진동브러시를 이용한 안면관리

표 3-20 브러시 호수에 따른 사용부위

호수	사용부위
1호	눈, 입, 콧망울, 콧망울 라인 등 좁은 부위
2호	이마, 볼, 턱, 목 등 넓고 평평한 부위
3호	목과 팔, 어깨의 굴곡이 있거나 넓은 신체부위

④ 주의사항

- 모세혈관 확장피부, 화농성 피부, 알레르기성 피부, 심하게 손상된 피부 등

3) 진공 흡입기 Vacuum, Suction

① 원리

Vacuum은 진공, Suction은 '빨아들임', '흡입력'이라는 뜻으로 진공으로 빨아 올리는 공기압이 작용하는 유리컵 ventouse 을 피부에 접촉하여 흡입함으로써 혈관이 확장되어 혈액순환과 림프순환이 촉진된다.

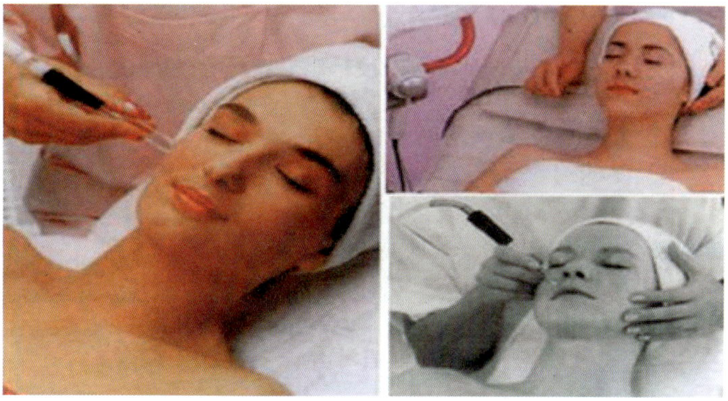

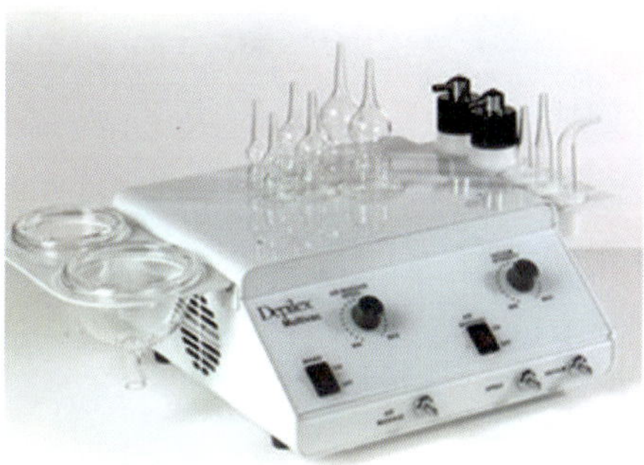

그림 3-18　진공 흡입기

② 기능

- 모공 깊숙이 클렌징, 과도한 피지, 노폐물 등을 제거
- 피부의 혈액순환과 림프순환 촉진
- 체지방 감소와 셀롤라이트 분해 촉진
- 긴장된 근육의 릴렉싱 마사지 효과
- 이중턱 관리
- 안면주름wrinkle, 아이백eye bag, 다크써클dark circle의 개선효과

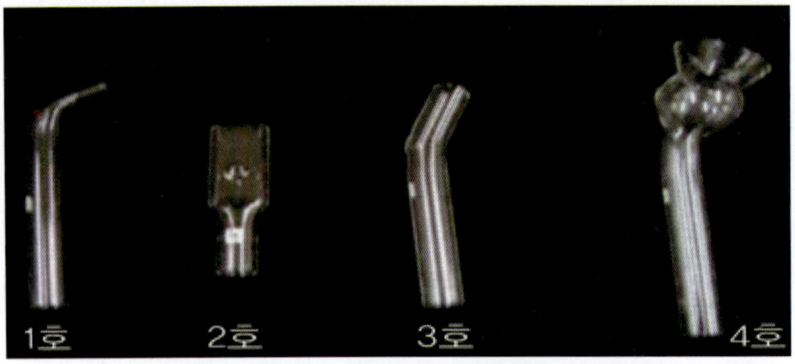

그림 3-19　크기에 따른 벤토즈 호수

표 3-21　벤토즈의 종류와 사용부위

호수	사용부위
1호	화농성 여드름의 고름과 피지제거용
2호	잔주름 부위의 마사지와 지성 피부의 피지제거용
3호	눈 주위, 입 주위, 코 부위 등 좁은 부위의 마사지 및 피지제거용
4호	얼굴, 가슴, 목 등의 넓이 부위 마사지 또는 림프 마사지용

③ 스티머의 사용방법

- 유리관의 압력은 적당한지 관리사의 손톱등, 팔 안쪽에 먼저 확인 후 알코올 소독하고 고객에게 적용한다.
- 피부에 오일을 소량 도포하여 벤토즈를 밀착시켜 부드럽게 움직일 수 있게 하고, 림프절 방향으로 이동한다.

④ 사용 시 주의사항

- 한 부위를 강하게 흡입하거나 한자리에 오래 머무르면 멍이 생길수 있다.
- 사용 후 벤토즈는 미온수와 중성세제로 세척한 후 알코올로 소독 후 자외선에 살균보관한다.

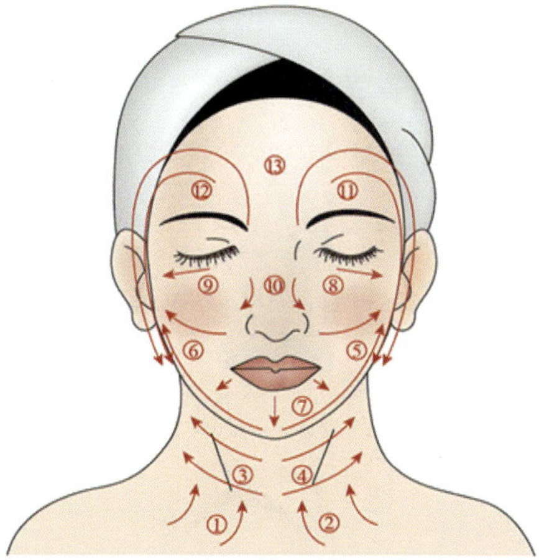

그림 3-20　진공 흡입기를 이용한 안면 테크닉

4) 진공 패터기 Vac patter

① 원리

일반적으로 진공 패터기 Vac patter는 석션 suction 기에 부착되어 있는 기기로 패터 스위치를 누르면 기기작동 시 피부흡입방식 및 속도가 석션기와 상이하게 나타난다.

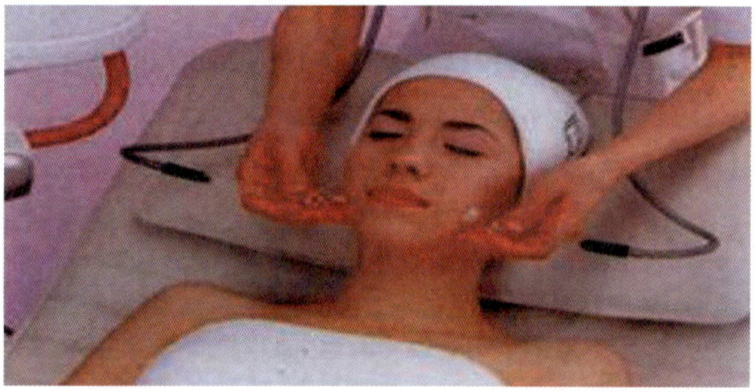

② 기능

- 컵 모양의 벤토즈를 림프의 흐름에 따라 부드럽게 사용할 경우 림프 순환이 원활하게 이루어져 노폐물 배출
- 부종현상이 원활하게 제거
- 셀룰라이트 분해 용이

③ 사용 방법

- 관리사의 몸에 알맞게 줄을 조절
- 적당한 강도를 조절하여 피부에 밀착시킨 후 시술
- 림프절을 따라 5~8분 동안 시술
- 시술 후 벤토즈를 잘 씻은 다음, 70% 알코올에 20분 정도 담근 뒤, 잘 건조하여 자외선소독기에서 소독

④ 관리순서

①

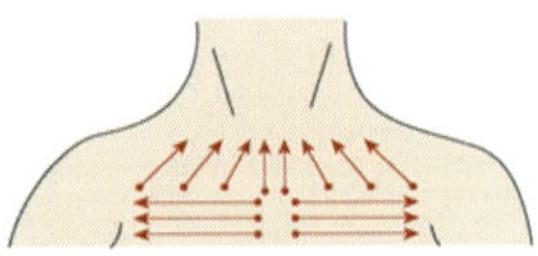

②

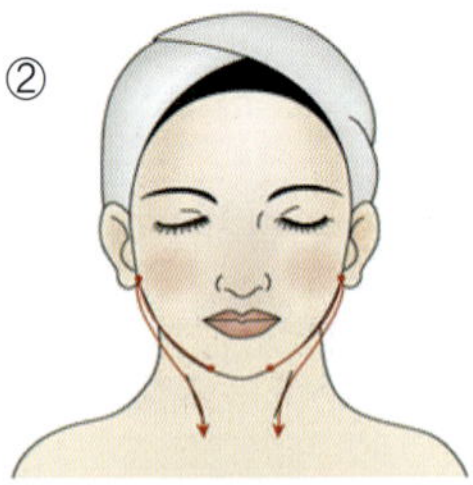

③

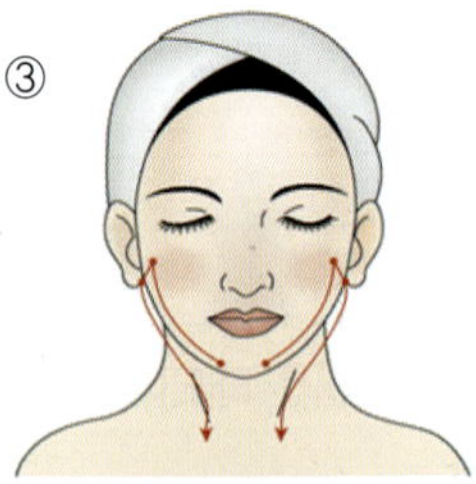

④

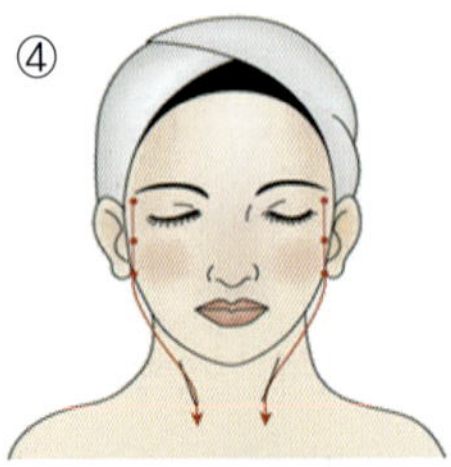

⑤

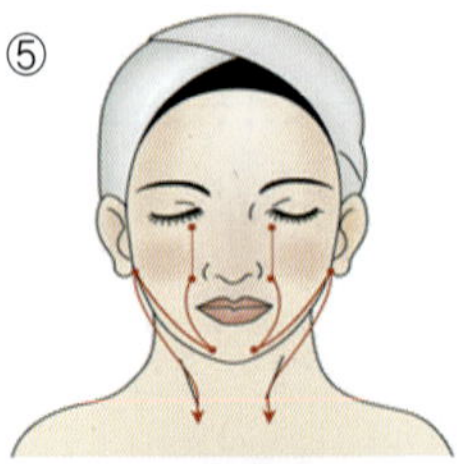

⑥

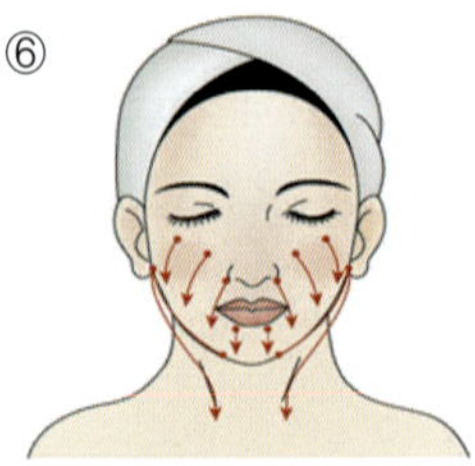

⑦

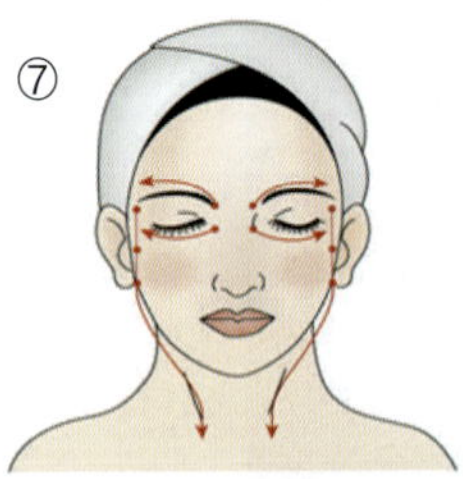

⑧

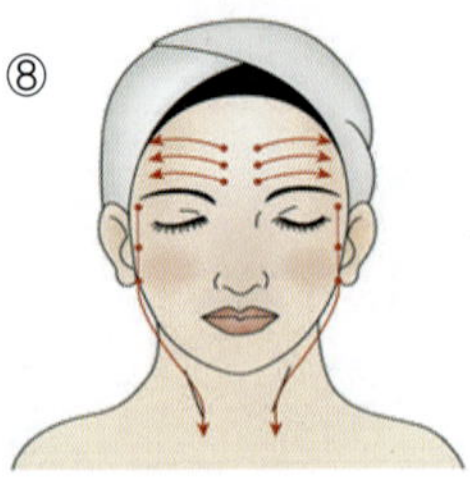

5) 갈바닉 기기

(a) 이온토포레시스(이온영동법, 이온도입법)

① 원리

피부흡수가 어려운 수용성 비타민 C 등의 농축액의 유효성분을 피부 깊숙이 침투시키는 관리 방법이다.

Check point

- **카타포레시스**Cataphoresis : 갈바닉 전류중 양극(+)은 산성 반응을 하는데, 산성 제품을 피부 속으로 스며들게 하는 것
- **아나포레시스**Anaphoresis : 갈바닉 전류 중 음극(–)극은 알칼리성 반응을 하는데, 알칼리 용액을 피부 속으로 스며들게 하는 것

② 기능

- 혈액순환과 신진대사를 향상
- 피부조직에 수분흡수력 증가로 보습력 유지
- 피부 재생력 향상
- 색소침착예방과 미백 효과

③ 관리전 주의사항

- 관리전 고객의 몸에 금속류가 있는지를 확인한다.
- 관리 전 해당부위 유분기를 제거한다.

④ 시술 방법

- (–)극은 고객이 손에 쥐게 하고 오렌지를 반으로 잘라 (+)극에 끼운다. 기기를 켜고 오렌지로 색소침착부위 가볍게 두드리면 피부가 표백bleaching이 된다.
- 롤러 부분에 솜을 끼워 정제수를 적신 후 짜 놓다.
- 반대극의 전극판을 물에 적신 패드를 끼워서 고객의 신체(손, 팔뚝, 등 부위)에 부착(+), (–)극을 맞춘다.
- 고객의 피부타입에 따른 앰플을 젖은 화장솜에 싸서 딴 후 얼굴에 잘 펴서 바른다.
- 스위치를 on으로 하고 전류의 강도를 서서히 조절한다.
- 이온도입법을 실시한다.

(b) 전기세정 Desincrustation

① 원리

- 딥클렌징의 단계로 갈바닉 전류의 음극봉(−극)에서 발생하는 알칼리(수산화나트륨, NaOH)에 의해 피지를 유화시켜 용해하고 각화된 각질세포 제거와 모공 속의 노폐물을 제거하는 세정관리이다.

② 기능

- 딥클렌징 앰플 사용
- 피지와 건조한 피부가 유연
- 모공확장과 혈액의 흐름을 촉진
- 피부에 알칼리 반응 유발

③ 시술 방법

- 고객의 손에 양극봉을 쥐어준다.
- 관리사가 잡고 있는 면패드나 솜에 디스인크러스테이션 용액을 적신다.
- 음극에 적신 용액을 천천히 고객의 피부에 주입한다.
- 디스인크러스테이션 용액은 고객이 쥐고 있는 양극으로 이동한다.
- 여드름 피부, T존 부위가 지성인 경우에 적당하다.

(c) 스킨 스크러버 skin scrubber

① 원리

주파수는 28,000Hz 의 낮은 주파수를 사용하고, 기계적 큰 에너지를 가지고 있으며 초음파 진동을 피부에 전달시키는 원리이다.

② 기능

- 침투력도 강하고, 부작용이 없이 안정성이 뛰어나 문제성 피부 개선
- 세정 및 딥클렌징 효과
- 스케일링 효과
- 세균에 의한 감염방지 효과

• 피부 염증 완화

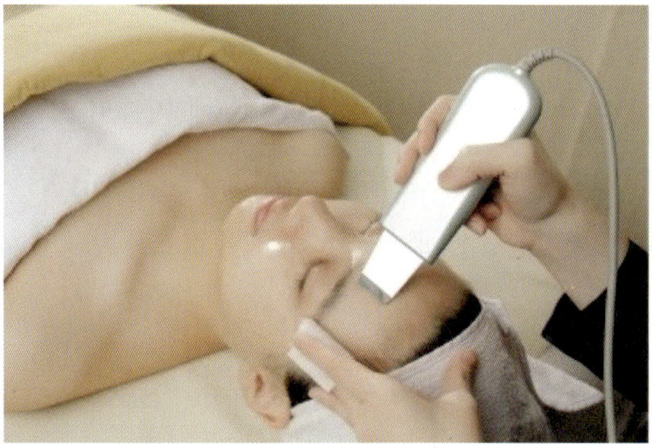

그림 3-21　스킨스크러버 기기

6) 냉온마사지 기기 Hot and Cool Massager

① 원리

- 피부표면의 온도변화를 주어 신진대사를 촉진시켜 피부의 물질 흡수와 탄력을 증진시켜 주는 기기이다.
- 여드름 압출 후나 메이크업 전 피부관리 시에 많이 이용된다.
- 고온, 전온의 온도조절 장치가 내장되어 적정온도에 맞추어 혈관과 근조직의 신진대사의 영행을 미치는 미용기기이다.
- 고온은 38~39℃, 저온은 19℃정도, 고온과 저온 교차사용도 가능하다.

② 기능

- Hot and Cool : 모세혈관을 수축 · 이완시켜 혈관을 튼튼하게 한다.
- Hot 페르체 Peltier : 크림, 에센스의 친화성을 높여 피부 깊숙이 침투시킨다.
- Cool 페르체 : 피부의 화끈거림을 진정시키며 모공을 수축시킨다.

③ 시술 방법

- 피부상태에 따라 고온, 저온 또는 고온, 저온을 교대로 사용할 것인지 체크한다.
- 14~40℃ 범위 내에서 2초 이상 한 곳에 머물지 않도록 주의한다.
- 피부 타입에 따라 아로마오일, 에센스, 앰플을 선택한다.
- 선택 스위치를 켜고 관리하고자 하는 피부부위에 마사지하듯이 기구를 굴리면서 시술한다. 시술 후 스위치를 off한다.
- 사용 후 소독용 알코올로 적신 면으로 닦아낸다.

7) 초음파기

① 원리

- 초음파는 진동 주파수가 17,000~20,000Hz 이상으로 매우 높아 인간의 감각으로는 감지가 어려워 들을 수가 없는 불가청 진동음파이다.
- 초음파의 진동은 분자 간의 마찰에 의해 열을 발생시킨다.
- 피부온도를 약 1℃ 정도 올려 혈액순환과 신진대사 기능을 촉진시킨다.

② 기능

- 딥 클렌징 효과 즉, 모공 세정 효과 : 살균 및 소독
- 온열효과 및 제품 활성성분 침투 효과
- 수화작용, 리프팅, 재생 효과
- 섬유아세포의 활성화 및 지방분해 효과
- 마사지 효과, 근육이완, 통증완화

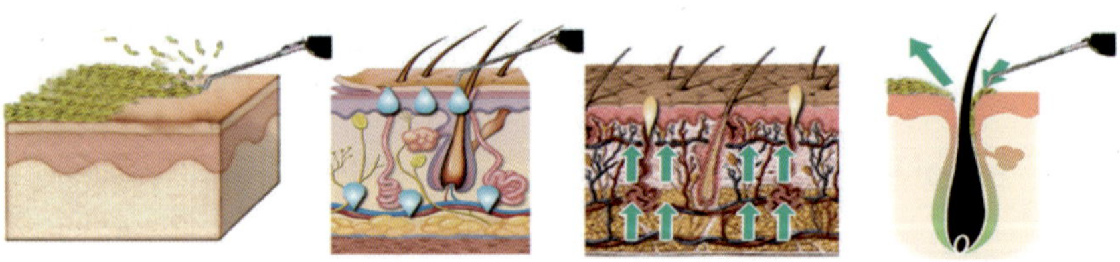

각질제거 잔주름 관리 피지 제거 여드름 제거

그림 3-22 초음파 기기의 활용

③ 시술방법

- 기기의 세기는 피부상태에 맞춰 사용하고, 도자에 초음파 젤을 바르고 적용피부에 부드럽게 얼굴 근육방향으로 가볍게 움직인다.
- 한 부위에 오래 머물지 않고, 관절부위에 사용하지 않는다.
- 눈 가까이, 눈두덩이, 목젖은 피한다.
- 관리 후 도자를 깨끗이 닦고 70% 알코올로 마른솜에 묻혀 소독한다.

그림 3-23 초음파 안면관리 순서

8) 고주파 기기

- 주파수가 초당 100,000Hz 이상 범위의 교류 전류로 인체의 혈액순환 및 살균과 소독효과가 있다.

(a) 직접고주파

① 원리

- 직접법은 살균과 소독효과 목적이다.
- 고객의 피부와 닿는 유리 전극봉을 사용한다.

• 유리관 내의 공기와 가스가 이온화 되어 전류가 유리관을 통하여 피부로 전달되는 원리이다.

② 기능

• 스파클링 기능에 의한 오존으로 세균 살균효과
• 신경 진정효과
• 피부신경 종말 자극으로 모공수축작용
• 열의 발생
• 적용 대상자 : 지성 및 노폐물 과다피부, 칙칙한 피부, 염증성 여드름, 흉터개선 효과가 있다.

③ 주의사항

• 관리전 고객의 몸에 금속류가 있는지를 확인한다.
• 안면에 클렌징과 딥클렌징을 마친 후 무알코올 토너로 닦아낸 후 적용한다.
• 강도를 천천히 내리면서 유리전극봉이 고객 전체에 닿아 있을 때 스위치를 끈다.
• 사용한 전극봉은 자외선 살균기에 30분 살균한 다음, 통풍이 잘되는 곳에 본체와 함께 보관한다.

④ 시술방법

방법	사용방법 및 주의사항
롤링법	• 고객의 얼굴 위에 전극 유리 액서서리를 직접 적용하는 방법이다. • 고객의 눈에 아이패드르 가려 보호하고, 고객얼굴에 거즈를 깔거나 유리전극봉에 거즈를 감싸 준다. • 유리전극봉이 들뜨지 않도록 피부에 밀착시키고, 마무리는 서서히 전류 세기를 낮추어 스위치를 끈 다음에 유리전극봉을 뗀다.
스파킹법	• 전류를 약간 높인 상태에서 염증 및 농포부위에 0.5~0.7cm 이내에서 5~6회 정도 조사한다. • 피부 적용시 오존 냄새가 날 수 있으며, 소음이 있고 따가울 수 있다.

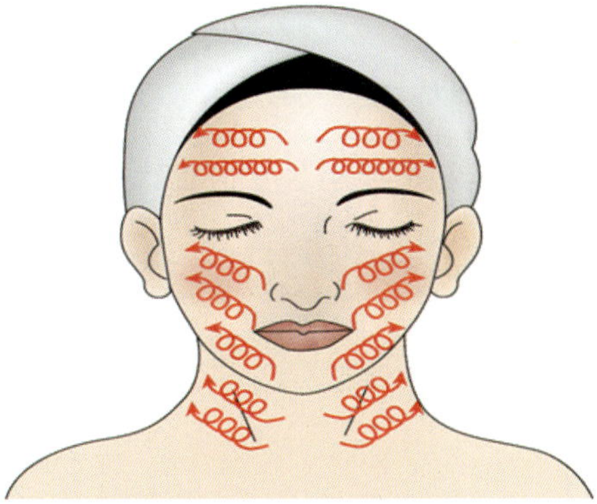

그림 3-24 고주파 직접법 관리

유리전극의 종류	유리전극봉의 명칭
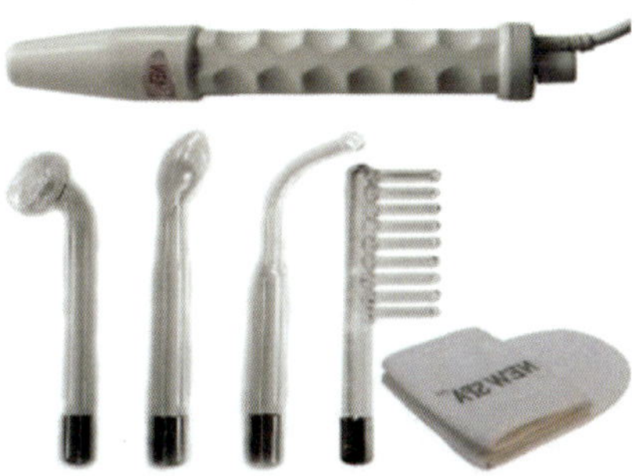	① 버섯형 전극 mushroom electrode ② 롤러형 전극 roller electorde ③ 빗모양 전극 comb electrode ④ 말굽형 전극 ⑤ 스파킹 전극봉 ⑥ 세추레이터 saturator electrode

(b) 간접고주파

① 원리

- 간접 고주파는 혈액순환 촉진 및 심부열 상승이 목적이다.
- 간접법은 고객의 손에 전극봉을 잡게 하고, 고객의 얼굴에 크림을 바른 후에 관리사의 손으로 마사지한다.
- 전류가 고객이 잡은 전극봉에서 고객 몸으로 흐르고, 고객 얼굴 위에 얹은 관리사의 손을 통해 다시 고객에게 흐르게 한다.
- 기기의 도자열을 이용하여 피부를 통해 신체조직 속으로 투과시켜, 전해질을 이용하여 조직의 온도를 상승시켜 주로 온열요법에 이용한다. 심부투열, 심부가열이라고 한다.

② 기능

- 혈액순환 및 신진대사 기능 향상
- 온열작용으로 노화피부와 건성피부 개선효과
- 감각신경 종말에 진정효과
- 근육의 긴장 완화
- 이온크림 흡수력 증가
- 마사지 효과

③ 주의사항

- 관리 전 고객의 몸에 금속류가 있는지를 확인한다.
- 안면에 클렌징과 딥클렌징을 마친 후 무알코올 토너로 닦아낸 후에 적용한다.
- 강도를 천천히 내리면서 유리전극봉이 고객 전체에 닿아 있을 때 스위치를 끈다.
- 사용한 전극봉은 자외선 살균기에 30분 살균한 다음, 통풍이 잘되는 곳에 본체와 함께 보관한다.

④ 시술방법

- 딥클렌징된 피부에 크림을 도포하고, 고객의 손에 탈크파우더를 발라준다.
- 코일이 내장된 우리전극봉이 끼워진 홀더를 잡게 한다.
- 관리자는 두손을 고객의 안면에 밀착시킨 후 고객이 직접 스위치를 켜고 강도를 고객의 느낌에 알맞게 조절한다.
- 가볍게 누르듯 쓰다듬기 동작으로 손을 밀착시켜 마사지한다.
- 일정시간 동안 관리를 마친 후 고객이 서서히 강도를 낮추어 스위치를 끈 다음, 관리자는 고객 피부에서 손을 떼도록 한다.

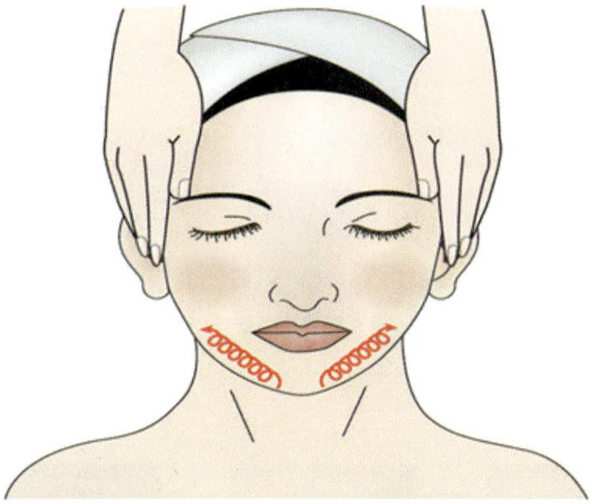

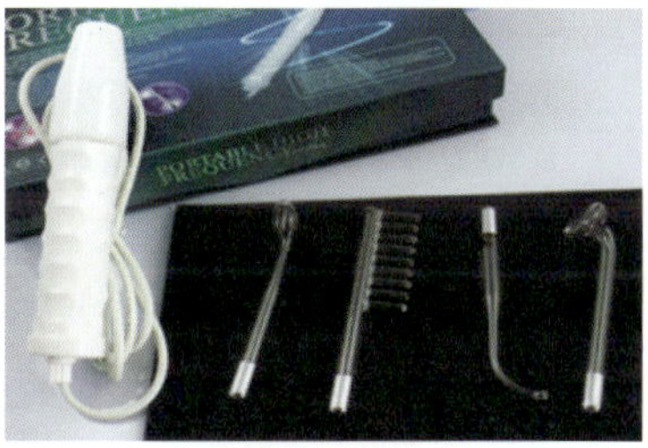

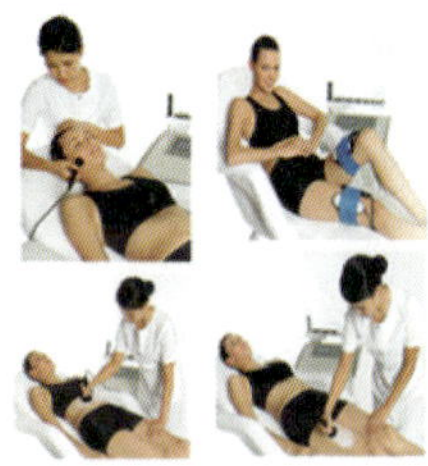

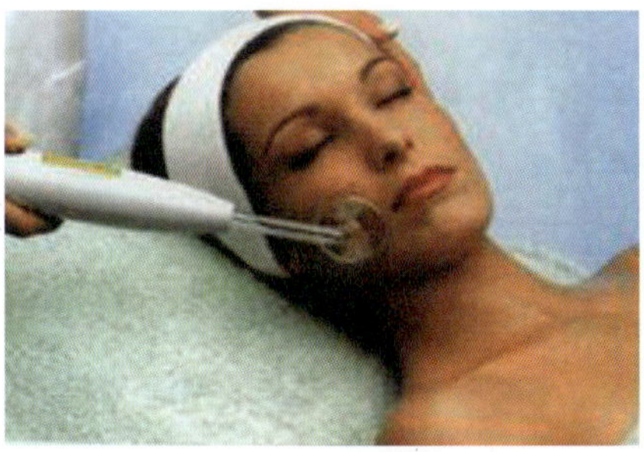

직접고주파

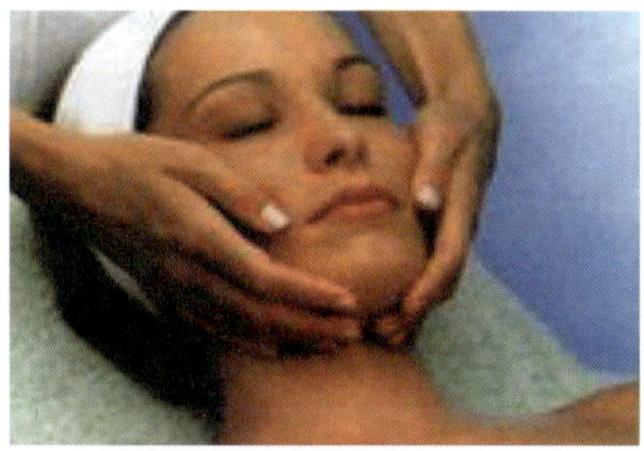

간접고주파

그림 3-25 고주파 간접법

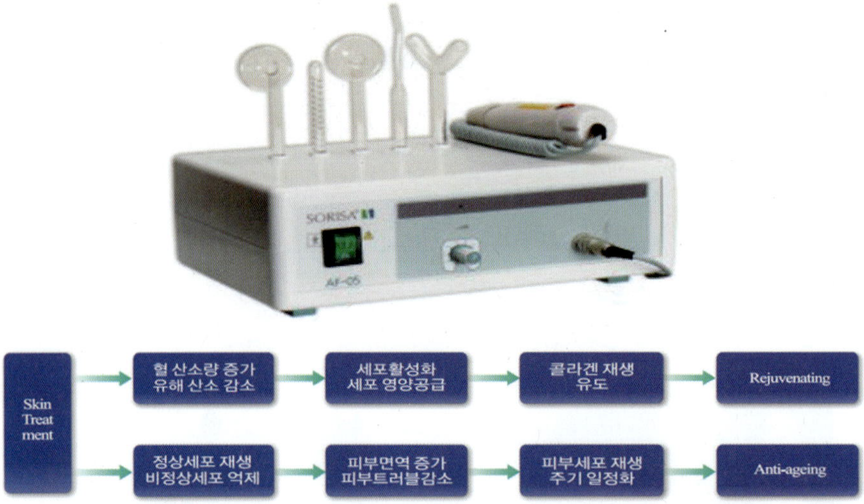

그림 3-26　고주파기를 이용한 얼굴 관리

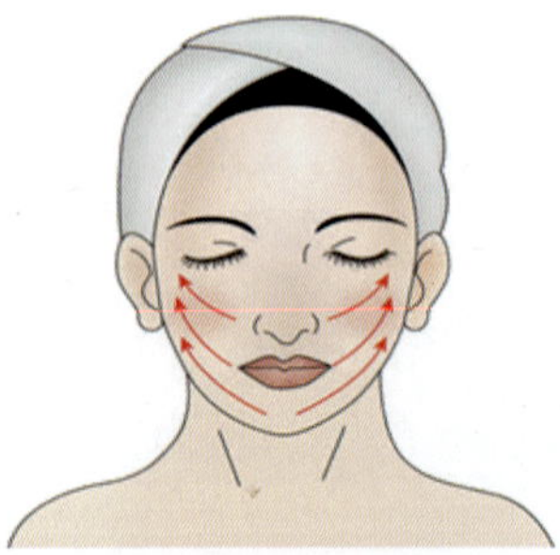

① 3등분하여 쓸어준다.

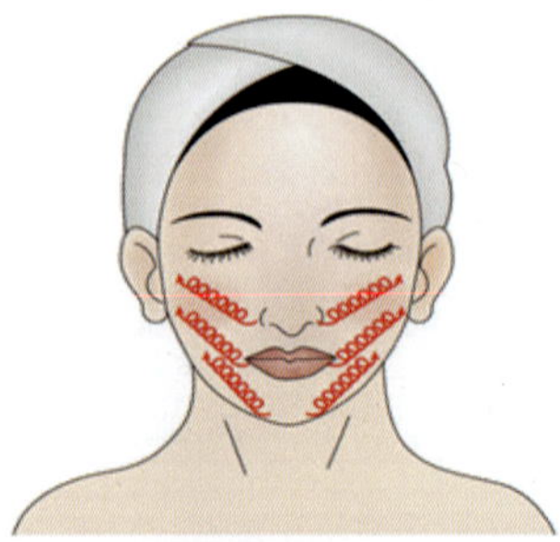

② 원을 그려주며 3등분으로 관리한다.

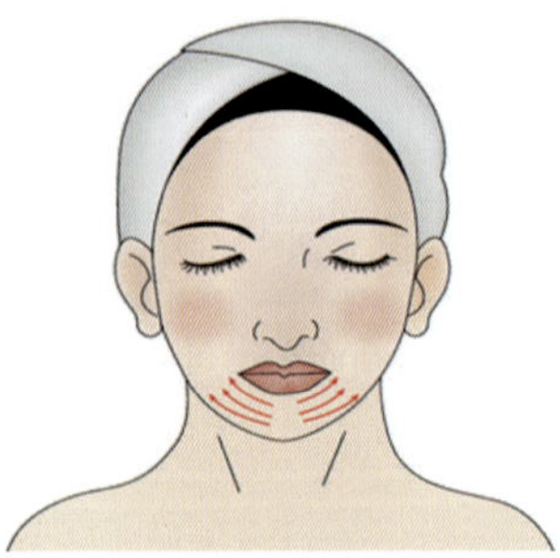

③ 턱에서 사선을 그려주며 올려준다.

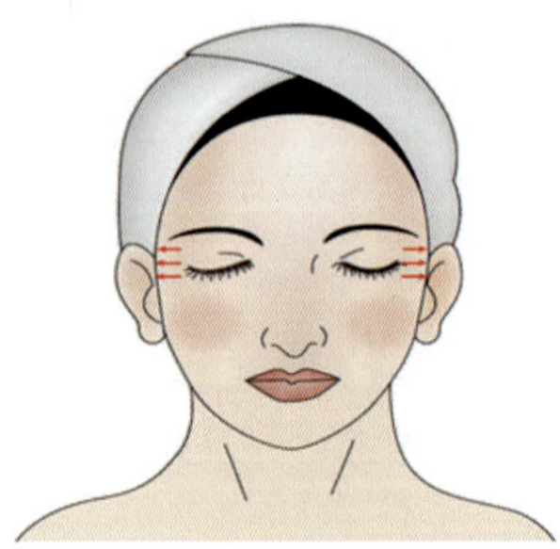

④ 눈꼬리 쪽을 끌어올린다.

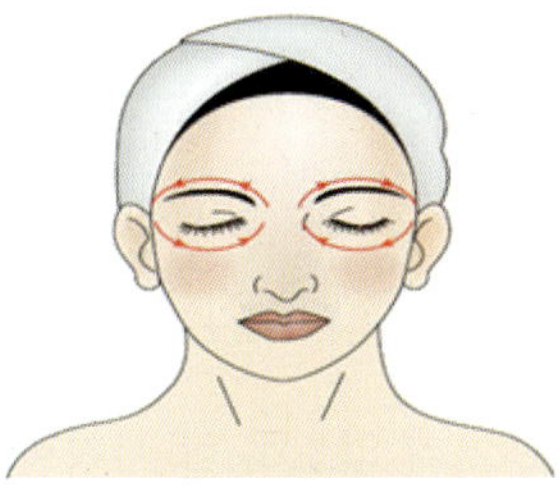

⑤ 눈 밑을 돌면서 지압한다.

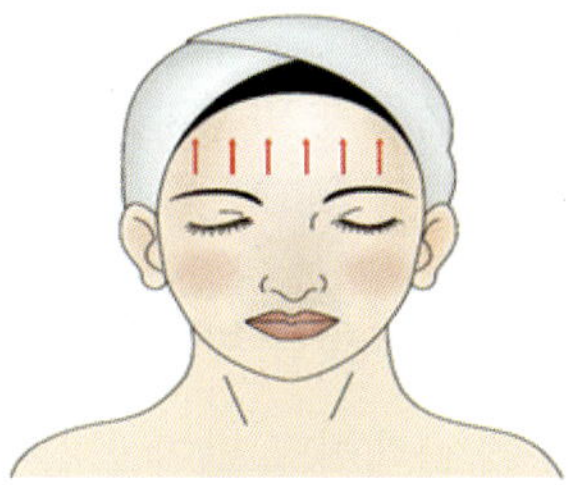

⑥ 이마를 쓸어준다.

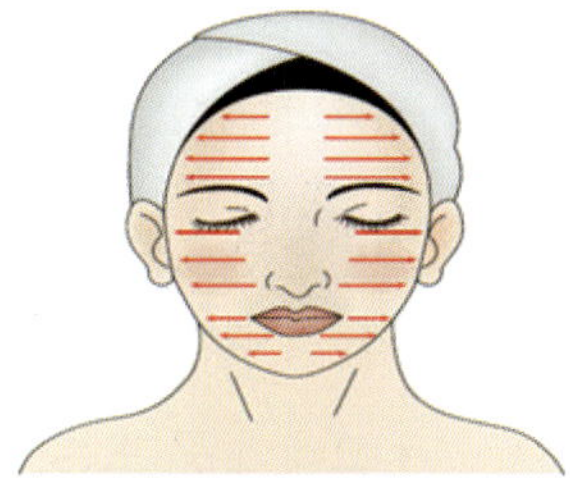

⑦ 얼굴 전체를 안에서 밖으로 쓸어내린다.

(c) RF 고주파RF High Freguency

① 원리

- 100,000 Hz 이상의 교류 전류를 테슬러 전류라고 한다.
- RF는 Radio Frequency로 라디오 송신 주파수이다.
- 인체조직 통전시 감각이나 운동신경을 자극하지 않아 관리시의 불편함이나 근 수축없이 신체 조직안의 특정 부위에 열을 발생시켜 생체열 또는 심부 발열기라고 부른다.
- 심부에 평균 39~45°C의 지속적인 온열을 유지하면서 반복적으로 마사지하듯이 전달함으로써 혈관이 확장된다.
- RF고주파로 페이스 및 바디를 순환Circulation 시킨다. '생체 열에너지발생' 고주파 전류는 인체조직을 통전할 때 진동 폭이 매우 짧기 때문에 이온 운동이 거의 일어나지 않으며 전기화학적 반응 또는 전기 분해 현상이 없다. 고주파 전류가 인체 내에 통전되면 조직에서 열이 발생한다.

② 기능

- 조직의 온도를 상승시켜 세포의 기능을 증진
- 모세혈관 확장으로 혈류량을 증가 휴식시보다 4~5배 증가
- 혈액 순환 촉진 및 신진대사가 증진
- 산소, 영양물질, 항체, 백혈구 등의 공급이 증가
- 모세혈관의 정수압이 증가되어 림프 순환이 촉진

③ 주의사항

- 관리 전 고객의 몸에 금속류가 있는지를 확인함

④ 시술방법

- 관리 부위에 고주파 전용 크림을 바르고 관리함
- 고객의 등 또는 복부에 플레이크 판이 공간이 생기기 않도록 잘 부착함
- 도자를 손바닥으로 감싸쥐어 스파크 발생이 일어나지 않도록 함
- 기계의 작동이 멈춘 뒤 도자를 고개의 몸에서 떼도록 함

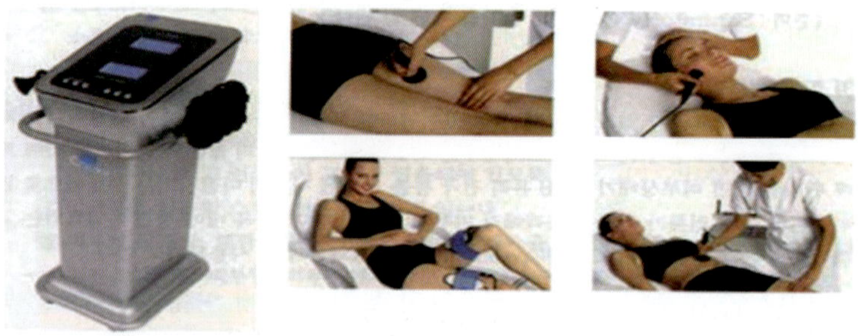

그림 3-27　고주파 기기

9) 중주파 Middle frequency current

① 원리

- 중주파 기기는 1,000~10,000Hz 사이의 전류를 말한다.
- 근육운동에 가장 적합하여 고객이 느끼는 통증이나 불쾌감은 적고 부드러우며 안정이 높아 관리가 용이하다.

② 기능

- 피부세포의 신진대사와 혈액순한 촉진
- 근육 및 연결조직의 강화로 탄력증진
- 림프순환 촉진으로 부종 완화
- 지방분해 및 셀룰라이트 분해 부분 비만 관리 및 체형관리
- 피부 흡수작용 촉진
- 적용 부위에 체온 높여 근육통 감소

③ 주의사항

- 관리전 몸의 금속류가 있는지를 확인
- 안면에 클렌징과 딥클렌징을 마친 후 무알코올 토너로 닦아냄

④ 시술방법

- 관리전 패드에 초음파 젤을 도포함
- 패드를 붙일 때는 근육의 정확한 위치를 파악하고 +, − 극을 붙이며 떨어지지 않도록 고정함
- 전류의 흐름을 천천히 올려서 불쾌감을 주지 않도록 함

그림 3-28 중주파 기기

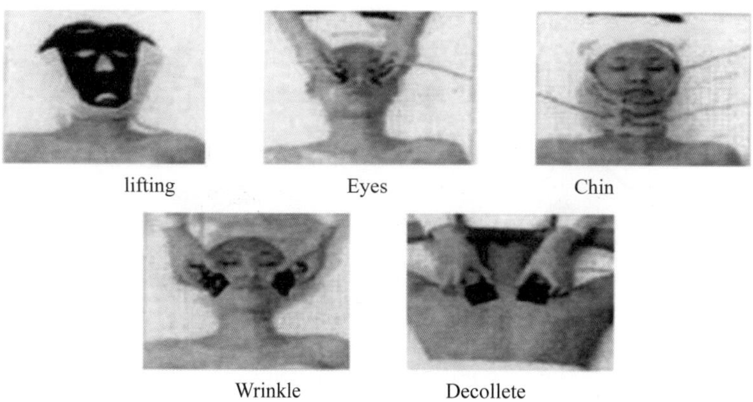

그림 3-29 중주파를 이용한 얼굴관리 프로그램 패드 부착요령

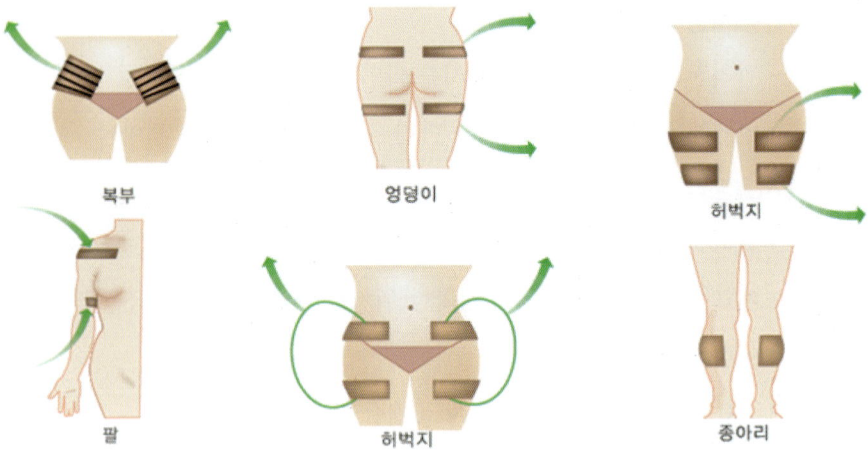

그림 3-30　중주파를 이용한 체형관리 프로그램 패드 부착요령

10) 저주파 Low frequency current

① 원리

- 저주파 기기는 1~1000Hz 사이의 전류를 이용한다.
- 비틀리는 효과에 의해 에너지를 발산한다. 즉, 근수축을 일으켜 지방분해를 촉진시킨다.

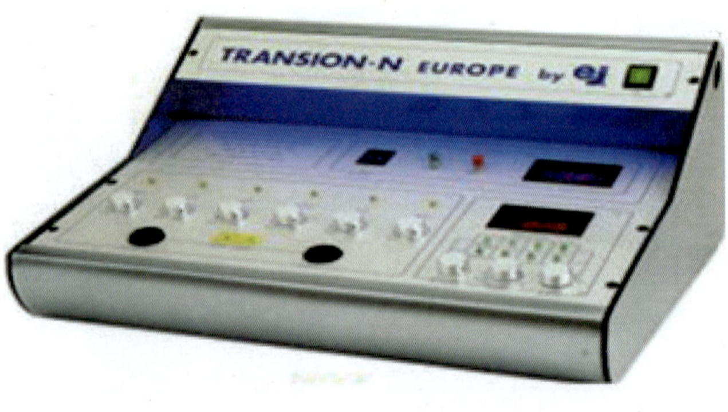

그림 3-31　저주파 기기

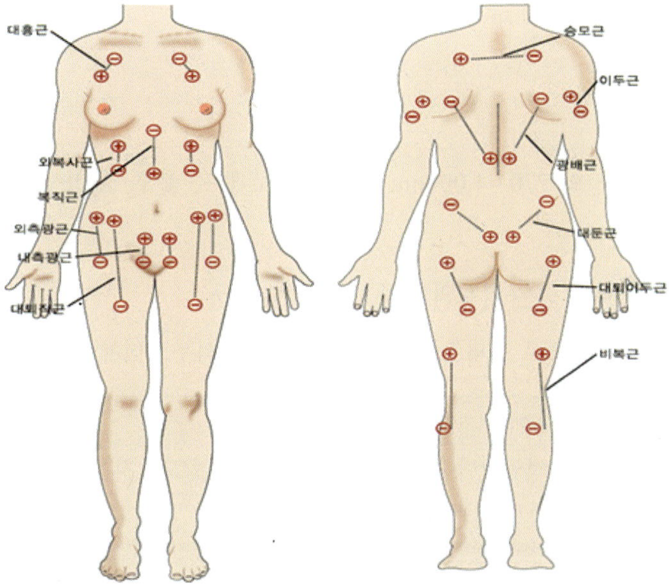

그림 3-32 저주파 기기 사용 시 패딩방법

② 기능

- 근육 탄력 및 근육 강화
- 지방분해 및 셀룰라이트 분해시켜 슬리밍 효과를 유도
- 수분 및 체내 노폐물 배출효과 부종 완화
- 특정부위를 쉽게 선택하여 관리 가능
- 짧은 시간 내에 효과적 근육운동 가능

③ 주의사항

- 관리전 몸의 금속류가 있는지를 확인
- 안면에 클렌징과 딥클렌징을 마친 후 무알코올 토너로 닦아냄

④ 시술방법

- 깨끗이 닦은 스펀지를 따뜻한 물로 적시고 젖은 스펀지에 금속판을 끼워 넣음
- 두 겹의 스펀지 부분이 신체에 접촉되도록 장치하여야 하며, 각 스펀지를 고무밴드로 잘 고정시켜 고무밴드가 작동 시에 움직이지 않게 고정시킴

11) 광선관리 light therapy

(a) 적외선

① 원리

- 긴 파장의 770~4,000nm LED Light(레드, 블루, 보라색)를 이용한 광선 기기
- 파장과 광선은 열선의 일종
- 분자운동으로 표피조직에 열을 발생시켜 심부조직에 전달하는 것

종류	특징
비발광기	원적외선이 방출되어 눈으로 볼수 없으며 저온의 상층부 침투
발광기	고온의 피부 심층침투

② 기능

- 온열효과 : 혈액과 림프순환, 감각신경의 완화, 신진대사촉진
- 진정효과 : 여드름이나 지성피부
- 근육조직의 이완증진, 한선활동의 증가
- 식균작용 염증부위 배농 증가
- 화장품 흡수 및 민감한 피부를 진정하는 데 도움

③ 시술방법

적외선 미용 기기 구분	특징
적외선램프	혈액순환증가, 노폐물과 독소배출, 영양분을 피부 깊숙이 침투시키는 데 효과적
원적외선 사우나	발한작용, 노폐물과 땀 배출
원적외선 비만관리기	노폐물 제거와 지방 연소효과

(b) 자외선 화학선 ultraviolet rays

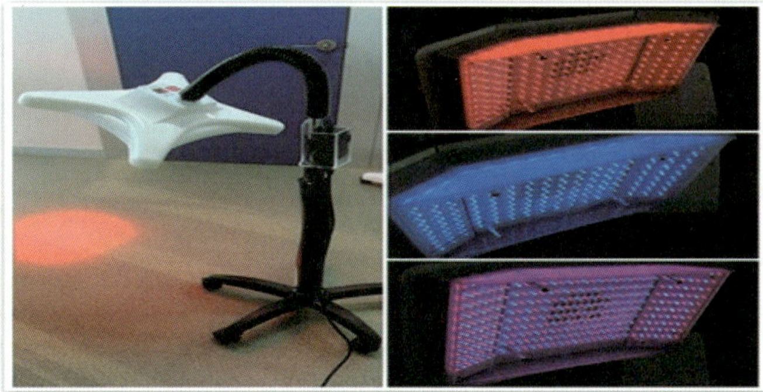

① 원리

- 200~400nm의 열이 없는 차가운 광선으로 피부에 화학작용을 일으킴

② 기능

- 태닝(인공선탠기), 감염에 대한 저항력 증진(면역력 증가)
- 혈액순환증가, 자극에 대한 동통완화 효과(퇴행성 관절염, 류머티즘의 동통)
- 전신강장효과(식욕과 수면증진, 피곤함과 예민성 감소)
- 살균효과, 피지감소

③ 주의사항

- 램프와 고객과의 거리는 50~90cm 유지, 평균 60cm
- 고객의 눈을 솜으로 보호
- 관리 후 혈압강하로 두통이 생길 수 있음
- 원적외선 사우나 및 비만관리기기를 이용할 경우 면 가운 착용

④ 시술방법

적외선 미용 기기 구분	특징
원적외선 비만관리기	노폐물 제거와 지방 연소효과
자외선미용기기 인공선탠기	적당한 피부색을 갖기 위하여 인공적 자외선 발생기에 의해 색소를 만들어주는 기기로 스탠드형, 베드형이 있음 UVA만 방출, UVB, UVC는 흡수

5. 마사지의 분류와 방법

마사지가 전 세계적으로 인정받으면서 세계 3대 마사지에서 세계 5대 마사지로 종류도 다양하게 널리 퍼지고 있다.

표 3-22 세계 마사지의 종류

구분	분류
세계 3대 마사지	스웨디시 마사지, 타이 마사지, 시아츄
세계 5대 마사지	스웨디시 마사지, 로미로미 마사지, 딥티슈 마사지, 아로마 마사지, 뱀브 마사지

1. 마사지의 분류와 특성

(1) 스웨디시 마사지 Swedish massage

① **유래** : 19C초 스웨덴 사람인 스웨디시 펜싱 체육학 교육자 피터링 Pehr Henrink에 의해 스웨디시 시스템 체육과 운동재활에 도입된 연부조직 수기치료의 한 형태로 시작되어 정립된 과학적이고 체계적인 기본 마사지 형태로 발전되었다.

② **방법** : 매뉴얼테크닉 경찰법, 강찰법, 유연법, 고타법, 진동법을 이용하여 피부에 자극을 주면서 피부의 기능을 정상화한다.

③ **목적** : 혈액순환을 촉진시키기 위함이다.

④ **효과** : 전신 피로해소 및 스트레스 완화, 경직된 근육이완, 올바른 체형관리, 심신 이완효과 등을 얻기 위함, 독소 및 노폐물 배출

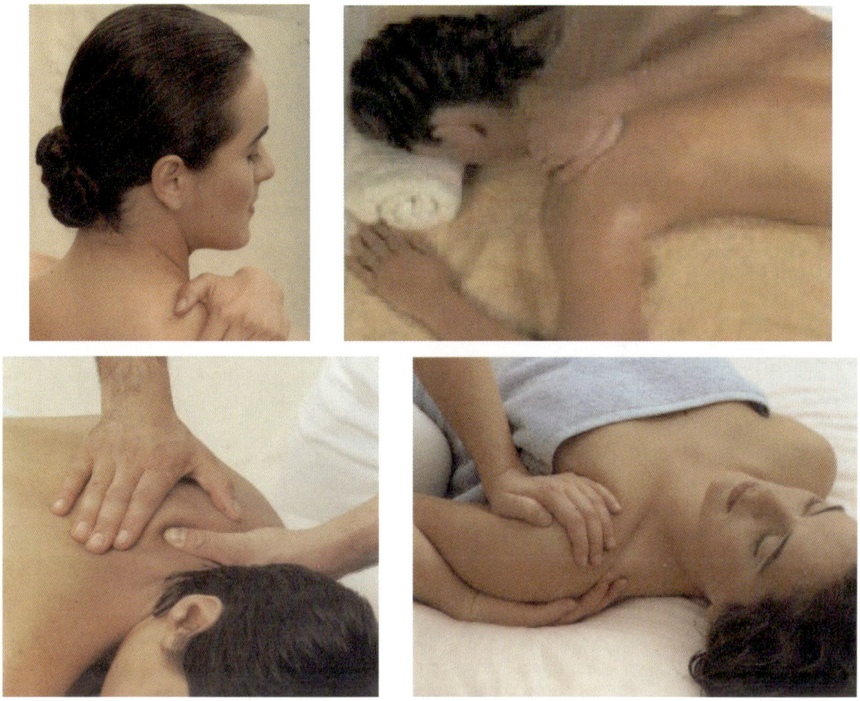

그림 3-33　스웨디시 마사지

(2) 림프 드레니지 Lymph Drainage

① 유래 : 1930년대에 덴마크의 생물학자이면서 마사지사인 Dr. Emil Vodder와 그의 부인 Estid가 최초로 림프 드레니지에 대해 발표했다. 그 후 1936년에 파리에서 이 새로운 마사지법인 림프마사지manuelle Lymphdrainage를 의학계에 발표했다. 1957년에는 비엔나에서 개최된 CIDESCO 세계대회에서 림프마사지가 피부관리사들 앞에 선보였다.

② 방법(기법) : 원동작, 회전동작, 퍼올리기 기법, 펌프기법으로 전신의 노폐물 및 독소를 배출시킨다.

③ 목적 : 림프배농을 촉진시키기 위함이다.

④ 효과 : 자율신경계, 반사작용, 혈관과 림프관의 연근육 영향, 림프의 무물질의 배출효과가 있다.

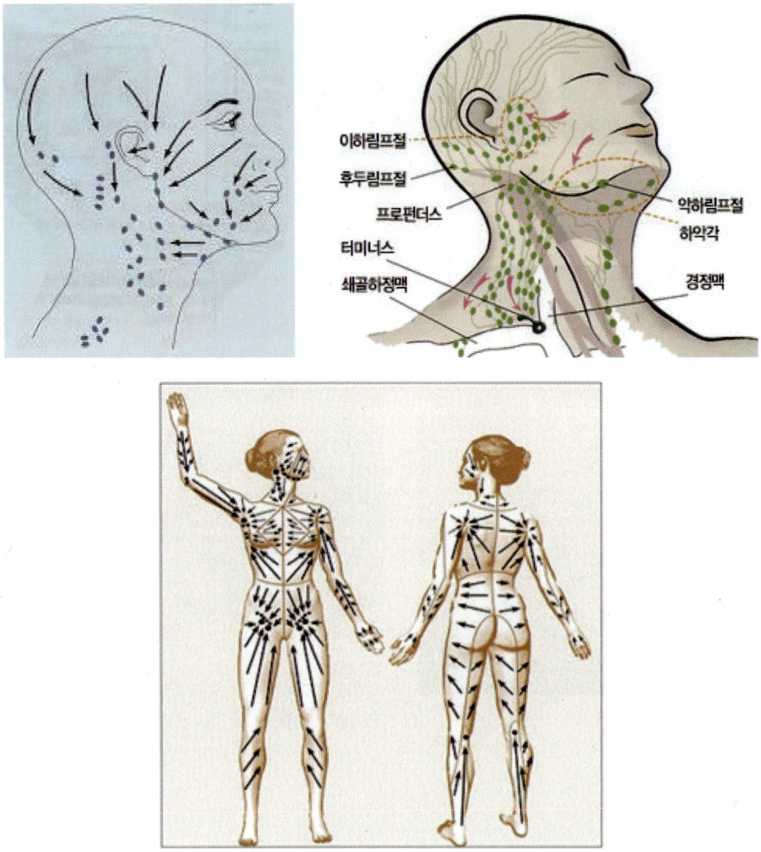

그림 3-34　림프 드레니지

(3) 한국형 미용경락 Meridian therapy

① **유래** : 경락마사지의 유래는 기원전 약 4700여 년 전 중국의 황제라는 사람이 세계 최초로 황제내경이라는 의서를 직접 편찬하여 백성들을 가르치고 치료했다는 것으로 전해지고 있다. 동양 의학의 바탕에는 기氣라는 개념이 전제가 된다. 동양철학적 관점에서 보면 세상만물의 [창조 → 성장 → 소멸]이라는 과정 자체가 기의 변화일 뿐이다. 그러나 그 범위를 인간의 몸으로 축소해서 생각한다면 기氣는 근원적 생명에너지로, 기의 건강한 순환이 곧 생명 그 자체의 특징이 된다.

16세기 후반 프랑스에서 마사지의 효용에 대해 활발한 논쟁이 벌어지고 난 후에 각광을 받게 되었다. 18~19세기 스웨덴의 링이 치료 체조를 제창하고 마사지와 병용하는 것을 강조하고 나서부터 독일과 프랑스 및 네덜란드 등 여러 나라에 보급되기 시작했다.

② **방법** : 인체에 있는 기와 혈의 순행하는 길이 있으며, 여기에 에너지인 기가 통하는 통로가 있다. 즉, 기가 잘 통하게 하는 요법을 말한다.

③ **목적** : 전신의 기, 혈의 순행을 촉진시키기 위함이다.

④ **효과** : 신진대사 작용, 세포조직의 활성화, 올바른 체형관리, 독소 및 노폐물 배출

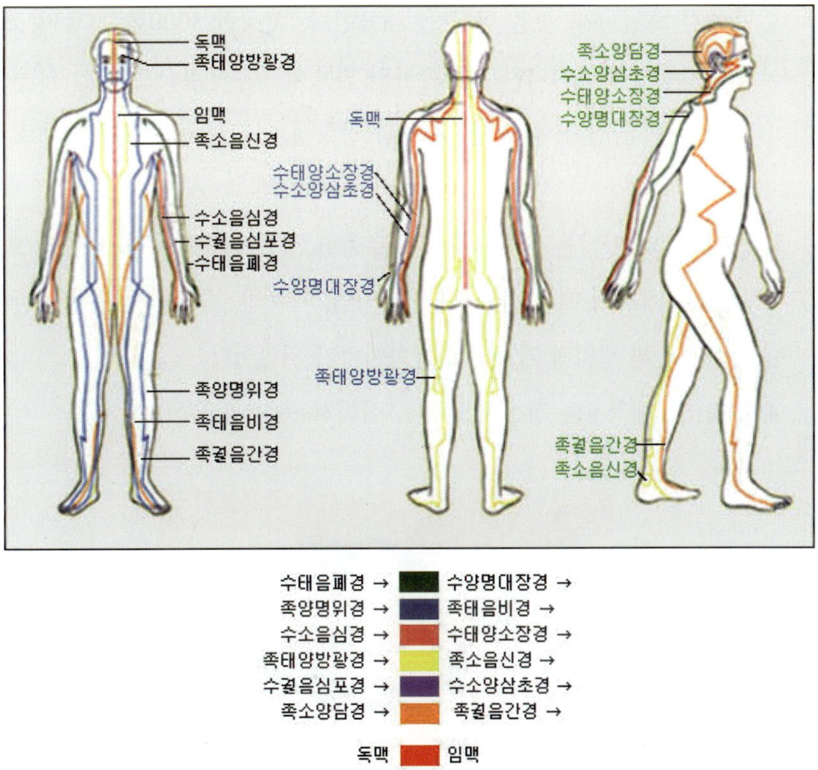

그림 3-35 한국형 미용경락

(4) 아로마 테라피

① **유래** : 아로마 테라피는 기원전 4000년경 고대 중국 의서에도 종교의식과 치료제로 사용했다는 기록이 있고, 기원전 3000년경에 이집트에서는 시신의 방부 처리, 미용, 의료의 목적이나 중요한 의식에 사용되었고 클레오파트라는 최음효과가 있는 재스민과 로즈 등을 향수나 피부미용에 이용하였다. 그리스 히포크라테스(기원전 460~370)는 아로마 성분을 이용하여 병을 치료하였으며 로마 전쟁 중에는 몰약을 가지고 상처를 치료하는데 사용하였다. 예수 탄생시 동방박사의 세가지 예물 중 방부효과와 신성함을 상징하는 유향Frankincense, 몰약Myrrh은 아로마 에센셜 오일(herb에서 추출한 오일aroma, 향을 말함)을 대표한다. 기원전 3000년경 제3왕조시대 조세르왕의 건축가이자 천문학자인 임호테프는 인퓨즈드 오일(식물성 기름에 허브를 담가 우려 낸 오일)과 방향성 연고 등을 치료목적으로 사용했다.

② **방법** : 향기가나는 식물Herb에서 추출한 정유Essential oil와 식물성 오일을 브렌딩희석하여 매뉴얼테크닉과 흡입법, 목욕법, 습포법 등을 응용한다.

③ **목적** : 신체 생리적 기능의 정상화시키기 위함이다.

④ **효과** : 신체적전신, 정신적스트레스, 심리적안정인 치유한다.

그림 3-36 아로마 테라피

(5) 아유르베딕 : 인도의 전통의학

① **유래** : 기원전 5000년부터 시작된 고대 인도 의학으로, 인도 문명에 기원을 둔 전통 치료법으로 산스크리트어로 '생활삶'을 뜻하는 '아유스aayus'와 과학진리, 학문을 뜻하는 베다veda의 합성어이다. 신체에 대한 고대의 영적 가르침에 그 뿌리를 두고 있다. 일부 의학 역사학자들은 아유르베다가 한의학의 기원일 것이라고 생각하고 있다.

② **방법** : 전통약초와 식물성 오일, 에센셜오일 등을 이용하여 '바타 도샤', '피타 도샤', '카파 도샤'의 3가지 체질로 나누어 각 체질에 맞는 전신 마사지 방법이다.

③ **목적** : 질병 치유, 증상을 완화시키기 위함이다.

④ **효과** : 머리를 맑게 하고 심신의 피로회복, 증상을 완화시킴

(6) 타이마사지 : 태국전통마사지

① **유래** : 인도의 "지바카 코마르 밧챠Jivaka-komarabhacca"가 인도에서 태국으로 건너와 태국인들에게 불교와 의술인 타이마사지를 전해 주었다.

② **방법** : 명상, 요가, 호흡법을 함께 이용하여 신체 조직을 누르거나 비틀거나 이완시킨다.

③ **목적** : 근, 골격을 이완시켜 신체 정화 및 스트레칭을 시키기 위함이다.

④ **효과** : 전신을 이완, 근 · 골격을 튼튼하게, 체형관리, 혈액순환 촉진

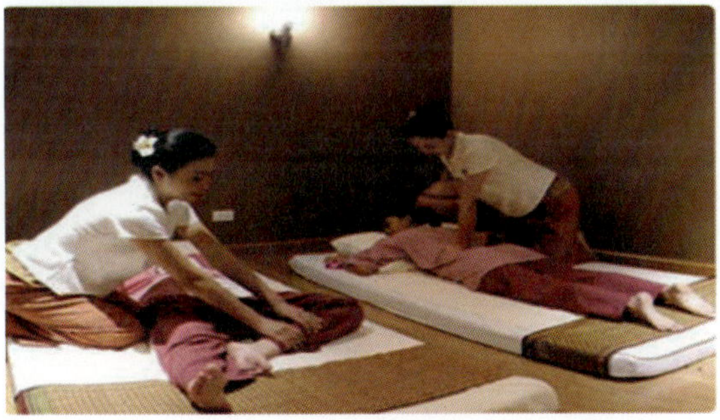

그림 3-37 타이마사지

(7) 시아츄 : 일본의 안마 / 손가락으로 누르기

① **유래** : 일본의 도쿠지로 나미코시는 자신의 어머니가 현재 류머티즘으로 알려진 질병을 앓게 되자, 특정 부위에 손가락으로 압을 가하는 행위가 효과적임을 알고, 1925년 최초의 시아츄 학원을 홋카이도에 설립하였다. 1953년부터 미국, 캐나다, 호주 등지로 확산되면서 현재 시아추는 세계적인 자연 치유 요법으로 인정받고 있다.

② **방법** : 시아츄는 손가락으로 '누르기'란 의미로 손가락, 손바닥, 팔꿈치, 무릎으로 인체의 특정 부위와 포인트에 압을 주어 안마하듯이 내적으로 문제가 있는 곳을 치유한다.

③ **목적** : 육체와 내부 에너지를 조절하기 위함이다.

④ **효과** : 병을 물리치고 건강을 유지

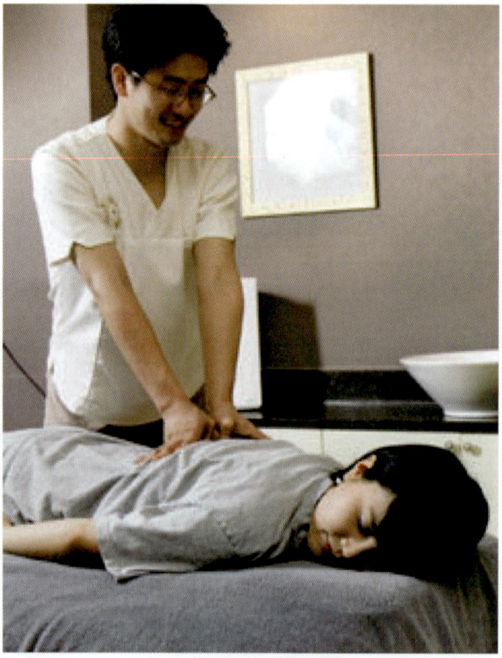

그림 3-38 시아츄

(8) 반사요법 : 반사되어 나타나는 장기와 기관

① **유래** : 5000년 전 고대 전통의학의 하나이다. 춘추 전국시대(기원전 403~221년) 황제내경에 손이나 발에 인체 내장 조직들이 분포되어있으므로 이 위치를 자극하여 질병을 치료했다는 관지법이 기록되었다.

② **방법** : 신체에 나타나는 반사구 손, 발, 귀 등 를 손과 도구로 자극을 주어 장기와 기관을 튼튼하게 한다.

③ **목적** : 신체의 기능의 정상화, 음양의 균형과 조화, 노폐물을 배출시키기 위함이다.

④ **효과** : 혈액순환 촉진, 반사구의 해당 장기를 튼튼하게 함

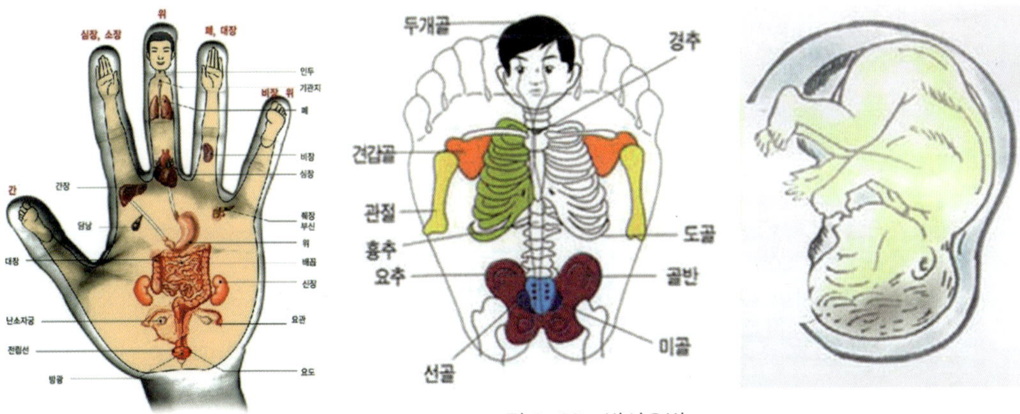

그림 3-39 반사요법

(9) 라스톤 요법 LaStone therapy

① **유래** : 미국 아리조나의 메리 넬슨 하니간Mary Nelson hannigan이라는 관리사가 개발해낸 방식이며, 자연의 에너지가 응축된 돌을 이용하여 신체에 적용한 테라피이다.

② **방법** : 뜨겁고 찬 돌을 바꿔가며 신체에 깊숙이 파고드는 마사지 기술과 돌Stone이 가지는 고효율의 에너지를 적용하는 지열 테라피Geothermal Therapy의 원리를 이용한다. 스톤의 종류, 온도, 적용시간, 적용방법에 따라 효과가 다를 수 있다.

표 3-23 라스톤 요법의 특징

구분	특징
핫스톤 현무암	현무암은 다결정질 감락석과 철-마그네슘 규신염 등 광물질을 많이 함유한 것으로 결이 미세하고 밀도는 물의 2.5배로 높으며 검은색을 띤다. 화산 및 퇴적작용에 의해 형성된 변성 화성암으로 불에 강하며 모든 종류의 암석들 중에서 열을 오랫동안 간직하는 성질이 있다.
쿨스톤 대리석	콜로라노 마블에 있는 동굴에서 수집한 대리석(인디언들의 기를 받아냄)은 지구 대양의 위치가 달랐던 때에 바다밑에 있었던 돌이다. 일종의 변성암으로 찬 기운을 가장 오랫동안 간직하는 성질을 갖고 있다. 스톤요법은 자연 친화적인 마사지요법으로 주술적인 냄새가 나기도 하지만 현대인의 정신적인 부분까지 관리할 수 있는 테크닉으로 알려져 있다. 냉동된 돌을 사용하면 인체는 항상성을 유지하려고 하기 때문에 스스로를 가열하기 시작한다. 따라서 스톤 요법을 열 치료라고 부르기도 한다.

③ **목적** : 물리적인 경험의 전형적인 마사지를 넘어서 생리적인 반응들을 변화시켜 치료를 촉진시키는 것이다. 즉, 깊은 차원의 휴식, 건강 그리고 육체와 정신과 영적인 치유를 위해서 행한다.

④ **효과** : 혈액순환 촉진, 스트레스 해소, 명상, 건강증진 등이다.

그림 3-40 라스톤 요법

(10) 뱀부 마사지 Bamboo Massage

① **유래** : 고대 힌두교, 페르시아와 이집트에서 대나무를 이용하여 관리하던 마사지 테라피이다.

② **방법** : 오래된 치유 예술 마사지 중 하나로 신체에 마찰을 주어 질병관리를 했던 요법이다.

③ **목적** : 신체에 압전기(압력, 얼얼한 느낌)와 초전기(열에 의해 활성화, 따뜻해지는 느낌)의 두가지 요소를 동시에 적용하여 근섬유질의 국소부위 통증과 심층근막에 새로운 자극능력을 극대화시키기 위함이다.

④ **효과** : 림프순환 촉진 독소 배출, 혈액순환 촉진 신진대사 촉진, 스트레스 등이 있다.

그림 3-41 뱀부마사지 이미지

(11) 딥티슈 마사지 Deep Tissue Massage, DTM

① **유래** : 스웨디시 마사지를 근간으로 발전된 서양의 대표적인 마사지로 1929년 독일의 여성 수기 물리치료사 엘리자베스 디케 박사에 의해 창시되었다.

② **방법** : 심부연부 조직과 결합조직에 가하는 마사지 테라피이다.

③ **목적** : 문제에 초점을 둔 치료적 개념 형태의 인체 결합조직(근육, 근막, 건, 신경, 인대, 장기, 혈관)의 기능개선과 신체구조 통합을 목표로 바른 근육과 골격구조, 올바른 자세를 유지하기 위함이다.

④ **효과** : 굳게 뭉친 조직과 짧아진 조직의 최대 이완과 정상화, 만성적 통증 소멸, 근근막 유착 분리, 티슈 구조의 재정열 등

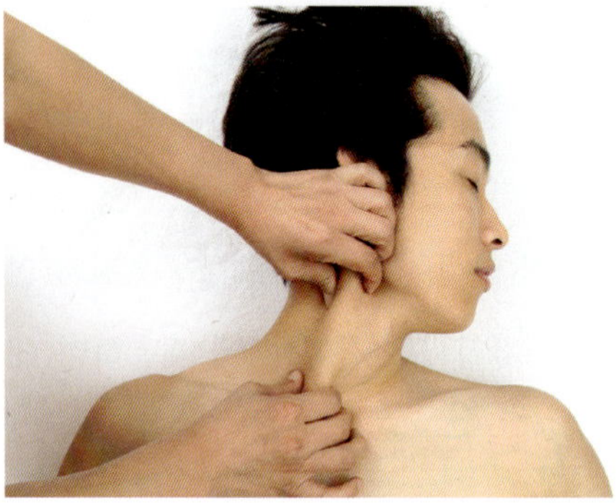

그림 3-42 딥티슈 마사지

(12) 로미로미 마사지 Hawaiian Massage, Lomilomi

① **유래** : 원래 하와이 가족들 사이에서 가족 단위로 계승되어오던 비밀스러운 치유법으로 1973년 하와이 원주민이자 카후나인 마가렛 마차도 Margaret Machado에 의해 체계화되었다. 로미로미Lomilom는 하와이의 전통 기법과 다양한 마사지테라피 및 약초와 화산돌을 활용한다.

② **방법** : 로미로미는 '사랑의 손' 이라는 의미를 담고 있는 하와이 전통 용어이다. 즉, 로미로미 마사지는 자연치유 마사지이며 하와이안 전통마사지이다. 오일을 쓰지 않고 마사지하는 것이 특징이다. 로미로미는 하와이 전통 피로법을 근간으로 가장 주된 테크닉은 마사지이다.

다음 여섯가지 내용과 함께 구성된다.

1. 기도 Prayer　　2. 호흡 Breath　　3. 믿음 Belief
4. 의식 Ritual　　5. 음악 Drums　　6. 춤 Dance

③ **목적** : 지친 몸과 영혼을 동시에 치유하기 위함이다.

④ **효과** : 혈액순환을 향상, 심장병 및 심장마비를 예방, 근육 성장, 통증을 완화, 독소를 제거, 육체, 정신 및 영혼의 균형 등

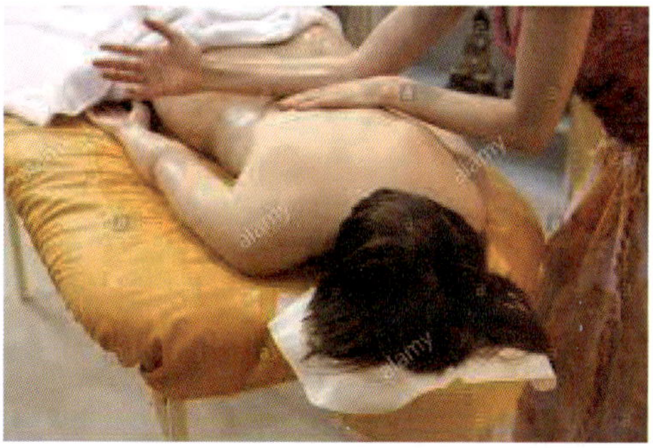

그림 3-43 로미로미 마사지

(13) 마사지 시 주의사항

① 소음을 차단하고, 주위 환경을 깨끗하고 안락하게 만든다.

② 관리사의 손은 따뜻하게, 손톱은 짧게, 위생적으로 관리한다.

③ 근육결 방향대로 밀착감 있게 행하며 강한 자극은 피한다.

④ 일광화상, 상처, 생리 기간 등 고객의 몸 상태가 좋지 않으면 시술하지 않는다.

6. 제모의 원리와 시술

1. 제모의 정의

제모는 미용상 인체의 불필요한 털을 제거하여 깔끔하고 정돈된 모습으로 가꾸는 것을 의미한다.

2. 제모의 목적과 효과

① 미관상 보기 싫은 노출 부위의 털을 제거하여 아름답고 매끄러운 피부를 유지할 수 있다.

② 심리적인 측면에서 건강하고 아름다움을 가질 수 있다.

③ 얼굴의 솜털을 제거하여 마사지 효과를 낼 수 있다.

3. 제모의 종류 및 시술방법

(1) 영구적인 제모 Epliation

1) 전기분해요법 직류법

① 모근에 전기침을 꽂은 후에 직류전류를 흘려보내 모낭을 파괴시키는 제모법이다.

② 털을 하나씩 제거하기 때문에 시술시간이 오래 걸리고 통증이 수반된다.

③ 영구제모를 위해서는 여러 번 시술을 해야 한다.

2) 전기응고법 응고법

① 고주파에서 발생하는 높은 열을 이용하여 모낭세포를 가열하여 응고시켜 털을 없애는 제모법이다.

② 털을 하나씩 제거하기 때문에 시간이 많이 소요된다.

3) 레이저 요법

① 레이저를 이용하여 모낭세포를 영구적으로 파괴시켜 털을 단시간에 제거할 수 있는 제모법이다.

② 눈 주위를 제외하고는 전신에 시술 가능하다.

(2) 일시적인 제모 Depliation

1) 화학적 제모 Chemical

① 화학성분을 첨가한 크림, 액체 연고, 로션, 거품 형태의 제모제를 사용하여 털을 제거하는 방법이다.

② 넓은 부위에 통증 없이 빠르게 제거하는 점과 사용하기 편리한 점이 장점이다.

③ 제모제는 알칼리성이므로 얼굴 사용을 주의하고 피부 자극에 유의해야 한다.(패치테스트)

④ 산성 화장수로 정리하고 진정 로션이나 크림을 바른다.

2) 물리적인 제모

(a) 면도기를 이용한 제모 Shaving

① 면도기를 이용해서 피부표면에 있는 모간만 제거하는 법

② 얼굴, 팔, 다리, 겨드랑이 부위의 털을 짧은 시간에 가장 손쉽게 할 수 있는 방법

③ 털의 성장방향과 반대로 밀어주어야 효과적으로 털을 제거할 수 있음

④ 피부염을 일으킬 수 있음

⑤ 정기적으로 제모를 해야 하고, 털이 점점 굵게 거세게 자람

(b) 핀셋을 이용한 제모 Tweezing

① 눈썹정리, 왁스 제모를 한 후 덜 뽑힌 털을 제거할 때 핀셋을 이용

② 통증이 있고 반복해서 시행해야 함

③ 털이 자라나는 방향으로 제거

④ 뽑기 전에 텐션을 주어 통증을 완화시키고, 뽑은 후에는 젖은 솜, 알로에 젤 등으로 진정을 도움

(c) 왁스를 이용한 제모 Wax

① 장갑을 낀 후, 알코올 솜을 이용하여 제모 부위를 소독

② 파우더를 이용하여 유분을 제거

③ 종이컵과 나무스틱을 이용하여 왁스를 적당량 덜어옴

④ 도포 전 손목안쪽에 온도를 체크하고, 제모 할 부위의 털이 난 방향으로 왁스를 도포

⑤ 부직포로 밀착시킨 후, 털이 난 반대방향으로 재빠르게 떼어냄

⑥ 제모부위를 손바닥으로 눌러 1차 진정을 시켜준 후, 족집게를 이용하여 남은 털을 뽑음

⑦ 젖은 솜을 제모부위에 올려 2차 진정, 진정젤을 도포하며 3차 진정을 시켜줌

그림 3-44 왁스의 종류와 특징

왁스의 종류	특성
Cool Cold Wax	• 왁스 온도 그대로 사용한다. • 외부온도가 너무 낮으면 굳어져서 잘 발라지지 않고 바를 때 아프다. • 암왁스warm wax에 비해 굵고 거친 털이 제거되지 않는다.
Warm Wax	– 소프트 왁스 Soft Wax • 왁스를 따뜻하게 데워서 사용한다. • 왁스 제모시에는 피부의 유분기를 완전히 제거하고 도포하여야 왁스와 털이 밀착되어 제모가 용이하다. • 왁스워머기 온도 조절기는 60℃로 일정하게 유지한다. – 하드 왁스 Hard Wax • 부직포를 사용하지 않고 털을 제거하는 방법이다. • 녹인 왁스를 피부에 바르고 굳혀서 왁스 자체를 떼어내는 방법이다. • 눈, 입가, 겨드랑이 부위에 많이 사용한다.

(3) 제모 시 주의사항

① 털을 제거하면 모공이 열려 피가 나는 경우도 있고, 균의 침투가 쉬워지기 때문에 소독을 철저히 하도록 한다.

② 왁스 워머가 있는 경우 온도 조절기로 60℃가 넘지 않도록 맞추어 놓고 사용한다.

③ 시술자는 본인 피부에 패치테스트를 실시하여 고객이 화상을 입지 않도록 주의한다.

④ 떼어낼 때 피부 스트레치 확인, 제모 후 왁스의 잔여물이 남았는지 확인한다.

4. 왁스를 이용한 제모 Wax 실전

(1) 팔, 다리 제모시술 방법 및 순서

① 알코올로 수험자의 손을 소독하고 라텍스 장갑을 착용한 후에 손소독을 다시 한 번 실시	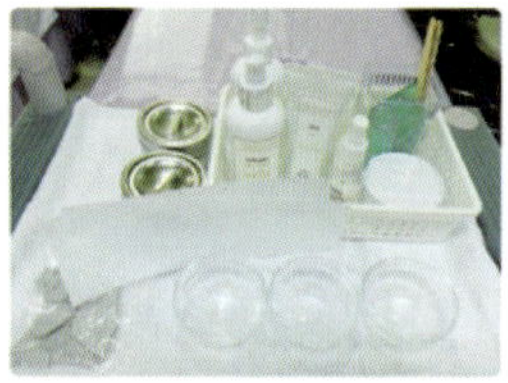 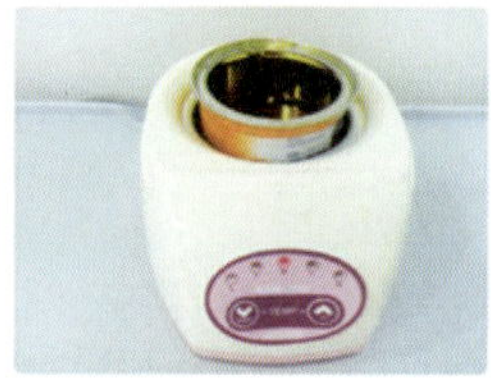 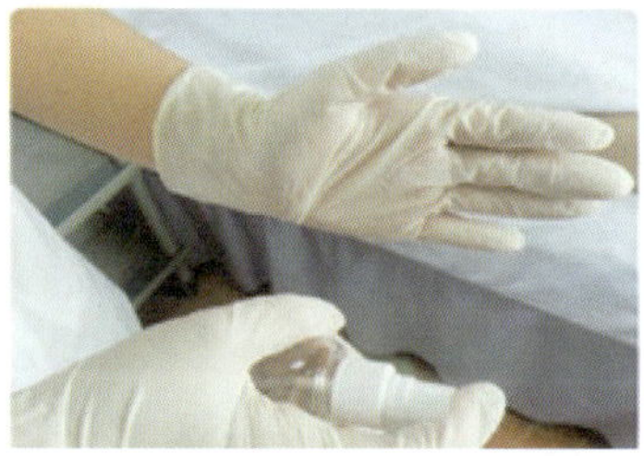
② 오른쪽 종아리 아래에 티슈를 깔아놓고, 제모에 필요한 재료를 세팅	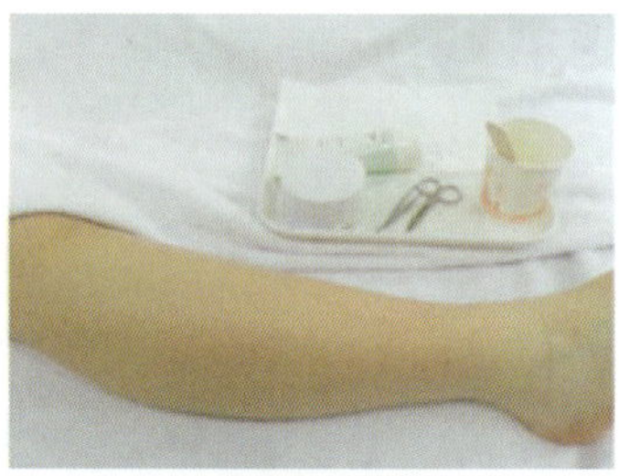
③ 알코올 솜을 이용하여 제모할 부위를 소독	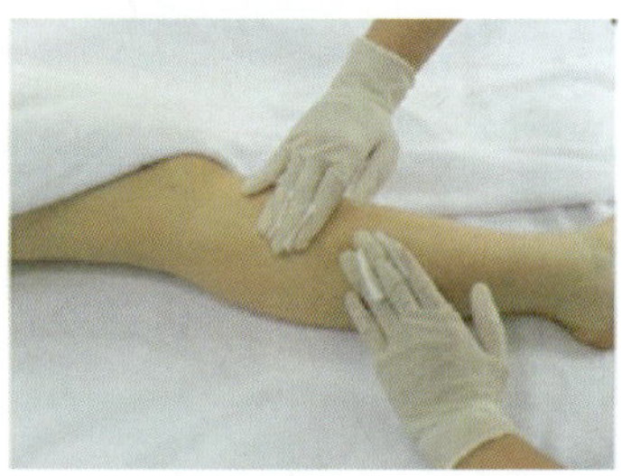
④ 탈컴 파우더를 이용하여 제모할 부위에 모가 난 반대방향으로 바름	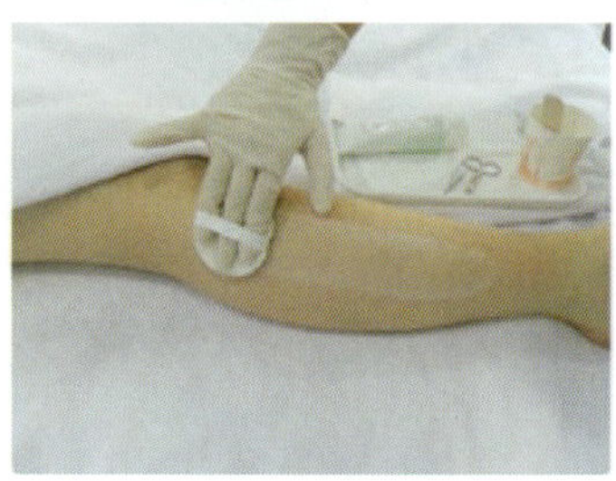

⑤ 나무 스패튤러에 적당량의 왁스를 덜어 종이컵에 받쳐서 이동	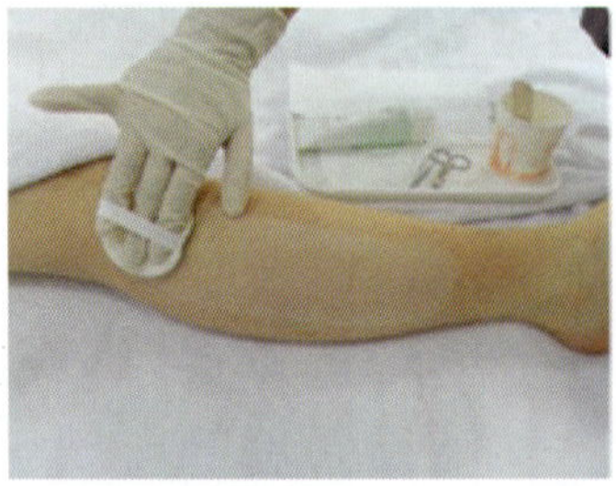
⑥ 손목 안으로 온도 체크를 한 후, 털이 난 방향으로 왁스를 도포	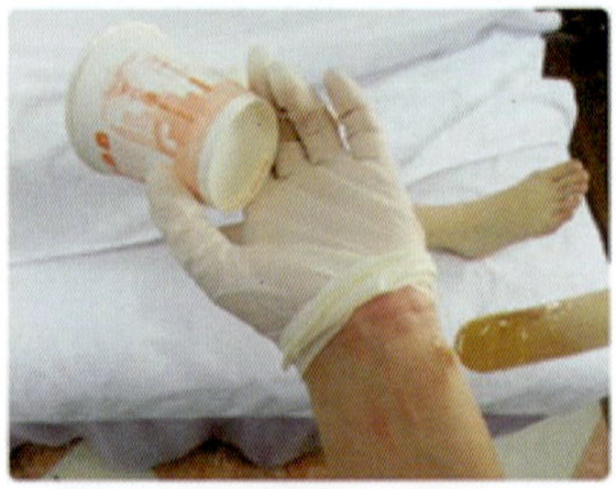
⑦ 작업 시에 도포 범위 (4～5 ×12～14cm) 기준에 적합하도록 도포	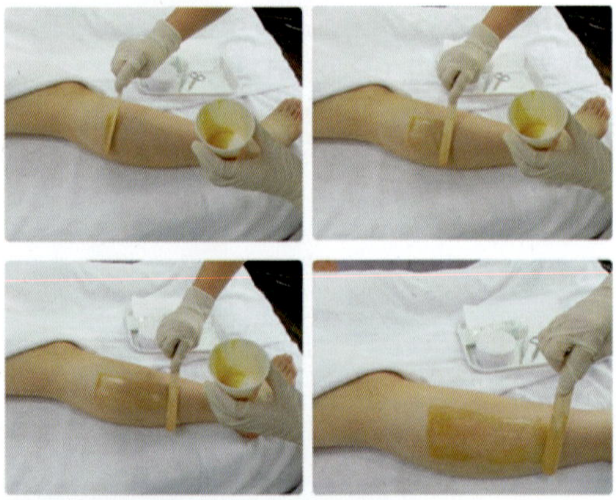
⑧ 부직포를 부착한 후, 털이 난 방향으로 쓰다듬어 부직포가 잘 부착되도록 함	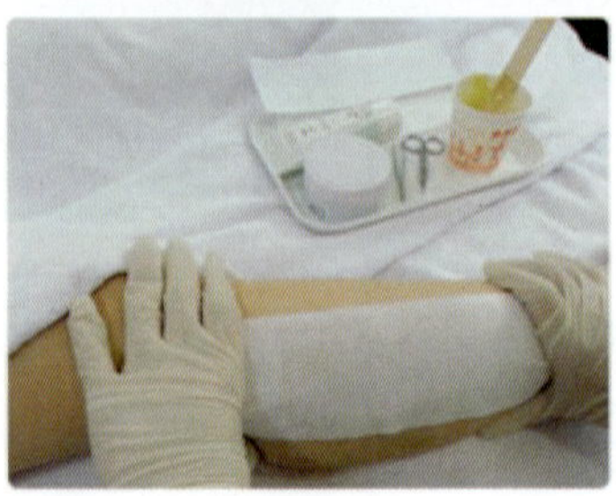

⑨ 부직포를 부착한 후, 손을 들어 감독위원을 부름	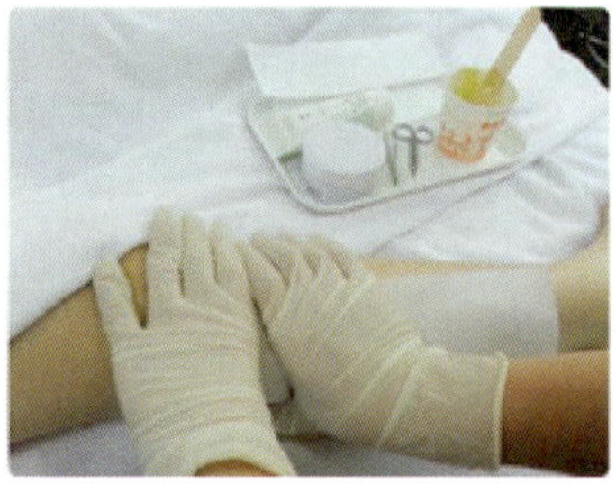
⑩ 스트레치 후 털이 난 반대방향으로 부직포 제거. 제거 후 부직포를 접어서는 안 됨	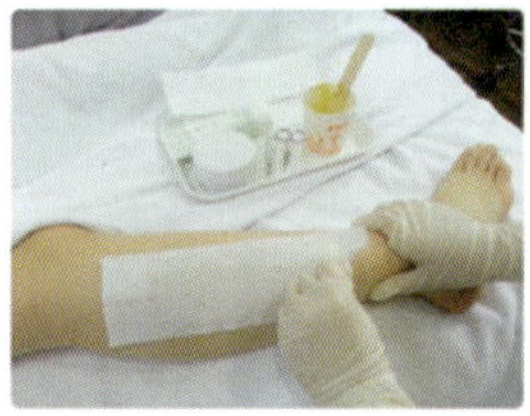 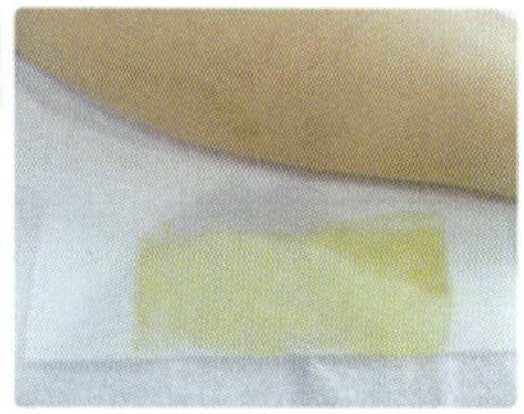
⑪ 감독관이 확인할 수 있도록 제모가 완료된 부직포를 베드 옆에 놓아둠	
⑫ 부직포에 왁스가 묻어있지 않은 부분으로 왁스의 잔여물을 제거 ⑬ 깨끗이 제거되지 않은 잔여 털은 족집게를 이용하여 뽑음 ⑭ 알로에 젤을 유리 볼에 덜어놓은 후 화장솜을 이용하여 제모한 부위를 진정시킴 ⑮ 감독위원이 다시 한 번 검사를 진행한 후 부직포를 잘 접어서 버림 ⑯ 위생 비닐에 사용한 재료를 넣어서 버림 ⑰ 장갑을 벗고, 베드세팅을 다시 한 번 점검	

(2) 액와겨드랑이 제모시술 방법 및 순서

1) 액와겨드랑이 제모의 필요성

겨드랑이는 평소에 마찰이 많은 부분이라 다른 부위에 비해 피부색이 짙다. 여성의 경우 겨드랑이 면도를 자주 하게 되면 피부에 자극을 주거나, 피부가 검게 변하는 색소침착이 생기게 된다.

2) 액와겨드랑이 제모 순서

① 피부에 남아 있는 노폐물을 따듯한 타월로 닦아준 다음 수기요법을 통해 액와를 풀어주어 림프관리 및 셀룰라이트를 분해한다.

② 겨드랑이 부분은 왁스를 털이 난 방향으로 도포하고 털이 많을 경우 시술이 끝난후 1~2회 정도 더 시술하여 마지막에는 파우더를 발라 흡수시켜 주고 피부와의 마찰과 땀을 방지한다.

③ 겨드랑이는 팔을 머리쪽으로 올리게 한 자세를 취하게 하고 털이 긴 경우 적당한 길이로 잘라 준다.

④ 겨드랑이는 다른 부위보다 털이 굵고 거칠어 많이 아플 수 있으며 면 밴드를 밀착시켜 털의 성장 반대방향으로 재빨리 떼어 낸다. 팔 제모방법으로 팔 위에서 아래 방향으로 왁스를 도포하고 반대 방향으로 털을 제거한다.

3) 기타 제모시술 방법 및 순서

① 다리 제모방법으로 대퇴부의 경우 위에서 아래방향으로 도포하는 방법을 사용한다.

② 눈썹 제모 방법으로 눈썹 윗부분 눈두덩이 눈썹 사이의 순서로 주변의 잔털을 왁스로 제모한다. 왁스 사용 후에 눈썹 가위와 핀셋을 이용하여 눈썹 형태를 완성시켜 준다.

③ 코밑의 털은 2가지 이상의 방향으로 자라며 왁스를 발라줄 때 입술에 묻지 않도록 주의해야 한다.

④ 입술 부위는 민감한 부위이므로 떼어낼 때 한손은 입술 중간 위에 대고 면 밴드를 사용하여 재빨리 떼어내야 한다.

(3) 제모 시 주의사항

① 위생과 사후처리진정, 마무리, 모근이 뽑혔는지 등을 확인한다.

② 제모부위에 털이 남았는지를 확인한다.

③ 정맥류 혈관 이상이나 당뇨병 등의 증상이 있는 경우 제모를 금한다.

④ 사마귀 점 부위에 털이 난 경우 제모를 금하며 제모 부위는 제모 전에 유분기와 땀이 없도록 청결하게 한 후 제모를 한다.

⑤ 피부감염 방지를 위해서 제모 후에 24시간 내에 목욕 비누사용, 세안, 메이크업 햇빛 자극을 피한다.

⑥ 햇빛이나 다른 요인에 의해서 피부가 자극을 받아서 예민해져 있는 경우라면 상처 피부질환 염증이 있는 경우 제모를 금해야 한다.

참고 문헌 및 사진 자료

• 권혜영 외 "뉴 피부과학", 메디시언, 2015.
• 김기영 외 "미용인을 위한 해부생리학", 메디시언, 2014.
• 정영애 외 "미용경락", 메디시언, 2015.
• 전숙경 외 "딥티슈마사지", 메디시언, 2014.
• 손은선 외 "미용과 건강", 메디시언, 2015.

Chapter Ⅳ

메이크업

1. 메이크업의 정의
2. 메이크업 디자인 표현
3. 페이스 프로모션
4. 메이크업 디자인 연출
5. 메이크업 디자인 분류

Chapter

4

메이크업

1. 메이크업의 정의

메이크업Make-up의 사전적 의미는 '제작하다', '보완하다' 등이 있다.

메이크업이란 용어는 프랑스어인 마뀌아즈Maquillage라는 분장을 의미하는 연극 용어였으며, 프랑스어로 뚜왈레뜨Toilette는 토일렛Toilet 화장실이라는 의미가 담긴 용어로 1540년경에 영국으로 전해지면서 메이크업을 포함한 몸치장 전반을 가리키는 용어로 통일되었다(이현주 외, 2010).

메이크업의 기원은 인류의 생존과 그 시기를 같이한다고 볼 수 있다. 의복이 발달하기 전인 원시시대부터, 인간은 자연에서 얻은 광물이나 동물의 기름 등을 얼굴과 몸에 발라서 추위를 견디거나 태양광선이나 건조한 기후로부터 몸을 보호하기 위하여 화장을 하였다. 또한, 성직자임을 나타내거나 종교 의식에서 신체를 채색함으로써 신에 대한 믿음을 표현하는 신앙적인 목적으로도 사용되었다.

현대에 이르러 메이크업은 단순하게 얼굴을 아름답게 치장하기 위한 행위뿐만 아니라, 얼굴의 결점을 보완하고 수정하여 개인이 갖고 있는 장점을 더욱 부각시켜 아름다움과 개성미를 표현할 수 있는 수단으로 발전했다. 사람들은 사회 속에서 자신의 이미지를 연출하고 심리적 안정과 자신감을 얻기 위한 다양한 목적으로 메이크업을 행한다(김은희 외, 2012).

이처럼 현대적 개념의 메이크업은 제 1차, 2차 세계대전을 통한 화학분야의 비약적 발달과 함께 성립되었다. 기초화장품과 색조화장품의 재료가 될 새로운 성분 개발 및 제조술이 기술의 혁신적 발달을 통해 대량생산 체계를 이룩함으로써 대중화되었다. 이와 함께 헐리우드 영화산업의 발달과 영화 속에 등장하는 아름다운 여배우들의 메이크업의 유행이 시작되었고 나아가서 현대 메이크업의 개념이 성립되었다.

현대의 인터넷과 매스미디어의 발달로 영상매체의 시각적 효과에 대한 중요성이 높아짐에 따라 인체에 다양한 방법으로 색을 부여하고 시각적 아름다움을 추구하는 메이크업은 미용산업 분야에서 중요성이 더욱 높아지고 있다.

그림 4-1

그림 4-2

그림 4-3

2. 메이크업 디자인 표현

메이크업에서 효과적으로 시각적 디자인을 표현하기 위해서는 점과 선, 면, 색, 질감 등의 디자인 요소들이 균형을 이루어야 한다.

1. 형태학적 디자인 요소

(1) 점

조형적 요소로 가장 작은 단위인 점은, 위치로서 2개 이상이 되면 '간격'이라는 성질이 갖는다. 점은 디자인 분야의 조형예술에서 형과 크기 및 면을 가질 수 있고, 점이 주는 시각적 공간감은 집중력을 발생시킬 수 있으며, 메이크업 디자인인 측면에서 점과 점 사이가 연결되면 새로운 이미지를 형성시킬 수 있다. 점이 복수로 존재할 때 위치와 점과 점 사이의 공간과 점의 배열에 따라 운동감, 리듬감이나 원근감 등을 나타낼 수 있다.

(2) 선

메이크업 디자인에 있어서 중요한 역할을 담당하는 선은 디자인의 본질을 결정하는 가장 중요한 요소이다. 형식이나 내용 없이도 인간의 감정을 충분히 나타낼 수 있는 선은 그 자체가 하나의 조형요소로서의 의미가 있다(진태연, 2006).

선의 효과는, 사용되는 메이크업 디자인 패턴의 구성에서 질감이나 색채에 따른 차이점을 고려해야 한다. 물체의 육곽을 나타내는 선은 표현하는 방향이나 굵기 및 모양에 따라 다양한 이미지로 표현된다. 직선은 남성적이며 강하고 상승의 이미지가 강한 반면, 곡선은 여성적이며 부드럽고 자유로운 이미지를 표현할 수 있다(김은희 외, 2012).

(3) 면

메이크업 디자인 측면에서 면은 채움의 원리로 평면의 형태를 가리킨다. 면이란 선이 그 자체에 담긴 고유한 방향과는 다른 방향으로 이동한 경로로, 길이와 넓이가 있으며 두께는 없는 공간구성의 기본 단위로 표현을 만드는 형상요소로 입체를 생성하는 기본적인 요소이다. 메이크업에서의 면은 입체적 표현과 공간의 경계를 만든다(김은희, 2012).

2. 색채학적 디자인 요소

메이크업에서의 색은 인간의 심리적인 느낌에 따라 달라지는 시각적 디자인의 요소로 가장 빠르고 효과적으로 메이크업 디자인을 전달하는 중요한 요소이다. 메이크업에서의 색의 활용은 모델의 피부 톤과 연출하고자 하는 이미지 등에 따라 달리 적용된다. 그러므로 다양한 색조화장품에 대한 명도와 채도의 변화에 따른 배색을 통하여 메이크업으로 연출하고자 하는 시각적 메시지를 직접적으로 전달할 수 있다.

메이크업을 연출할 때는 색과 빛에 대한 기본적인 지식을 먼저 익혀야 한다. 그럼으로써 적절한 색의 혼합과 빛의 조화를 통하여 계절별 메이크업 색채에 따른 분위기와 캐릭터 디자인 연출 효과를 향상시킬 수 있기 때문이다.

(1) 빛과 색채

영국의 물리학자 뉴턴I. Newton은 실험에 따라 '자연광은 무색투명하지만 이것이 물체에 닿아 흡수 · 반사 · 투과되어 다양한 색채를 나타낸다는 것'을 증명하였다. 1666년 뉴턴은 자연광이 프리즘을 통과할 때 굴절현상에 의해 분광됨을 발견하고 분광된 빛을 혼합하여 백색광으로 재현하면서 '색은 빛이다'라는 빛과 색의 관계를 증명하였다. 뉴턴은, 프리즘을 이용해 분광된 스팩트럼을 발견한 뒤에 1704년에는 스팩트럼의 빨강와 보라를 원형으로 연결하고 그 사이에 자줏빛을 삽입하여 실용적이고 자연스러운 순환의 고리인 컬러 서클Color Circle을 만들어 냈다.

이처럼 빛은 시신경을 자극하여 물체를 볼 수 있도록 하는 전자기파의 일종이다. 이는 각 파장의 길이에 따라 감마선, X선, 자외선, 가시광선, 적외선, 초단파 등으로 이루어져 있다. 이중 사람의 시각으로 볼 수 있는 빛의 파장은 380nm~780nm의 영역의 '가시광선'이라고 한다. 가시광선은 프리즘을 통하여 빨강Red, 주황Orange, 노랑Yellow, 초록Green, 파랑Blue, 남색Indigo, 보라Violet 등으로 분광된다. 이를 빛의 스팩트럼Spectrum이라고 한다(그림 4-4).

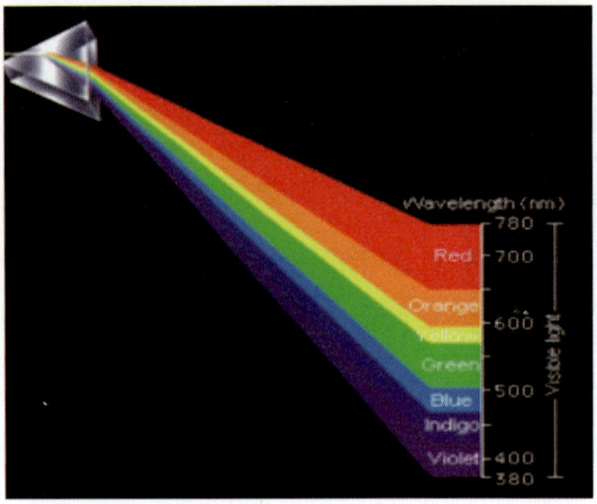

색상별 파장영역
빨강계열 : 640~780nm
주황계열 : 590~640nm
노랑계열 : 560~590nm
초록계열 : 480~560nm
파랑계열 : 380~480nm

편의상 분류
장파장영역(Red) : 600~700nm
중파장영역(Green) : 500~600nm
단파장영역(Blue) : 400~500nm

그림 4-4 뉴턴의 빛과 스펙트럼

(2) 빛과 시각

빛이 전혀 없는 곳에서는 사물을 지각할 수 없다. 이와 같이 우리가 색과 형태를 지각할 수 있는 것은 빛이 있기 때문이다.

빛에 대한 시각에는 빛의 강도에 따라서 밝기와 어둠을 식별하는 '명암시각'과 빛의 종류를 구별하는 '색의 감각', 밝기나 색의 감각과 빛이 오는 방향을 식별하는 '방향시각'이 있다. 또한 인간이 물체의 형태와 크기를 식별하는 형태 감각 등 물체의 모양 · 위치 · 거리 등을 알아내는 '공간감각'이 있다(김은희 외, 2012).

사람의 눈은, 빛의 자극을 시신경으로 뇌에 전달하여 색이 구분되도록 만드는 신체기관이다. 광원으로 비춰진 빛이나 물체에서 반사된 빛이 색으로 인식되기 위해서는 빛을 감지하는 수용기인 눈과 이를 색으로 인식하는 카메라의 필름film 역할을 담당하는 추상체와 간상체로 이루어진 시신경세포가 있어야 한다. 시신경세포들은 빛의 자극을 전기신호로 변화시켜 대뇌에 전달한다. 인간이 인지하는 색은 눈이 아닌 대뇌를 통하여 지각된다.

물체의 색은, 광원에서 나온 빛이 물체의 표면특성에 따라 어떠한 파장을 반사 · 흡수 · 투과하느냐로 결정된다. 빛이 물체의 표면에 100% 반사하면 '하얗'으로 보이고 50% 반사된 빛은 '회색'으로 전혀 반사되지 않은 색은 '검정'으로 보인다.

(3) 색의 3속성

색의 3속성은 색상, 명도, 채도로 구성된다.

1) 색상

색상은Hue은 빨강, 노랑, 초록, 파랑, 보라 등 다른 색과 구분되는 성질로 유채색에만 있다. 이러한 색상을 스택트럼 순서대로 동그랗게 배열한 것을 '색상환' Hue circle이라고 한다(그림4-5).

① **유채색** : 빨강, 파랑, 노랑 등과 같이 색상을 갖는 색채이다.

② **무채색** : 하양, 검정, 회색과 같이 밝고 어두운 차이는 있으나, 색상과 채도가 없다.

③ **보색** : 색상환에서 반대편의 위치에 있는 색의 관계이다.
보색관계에 있는 두 색을 혼합하면 '무채색'이 된다.

④ **색상환** : 스펙트럼의 색상변화를 시각적 등간격의 원의 형태로 배열한 것이다.

⑤ **유사색상** : 색상환에서 서로 근접한 거리에 있는 색상 간의 관계이다.
5R을 기준으로 5RP, 5YR은 유사색상이다.

⑥ **대조색상** : 색상환에서 서로 먼 거리에 있는 생상 간의 관계이다.
5R을 기준으로 5G와 5B은 대조색상이다.

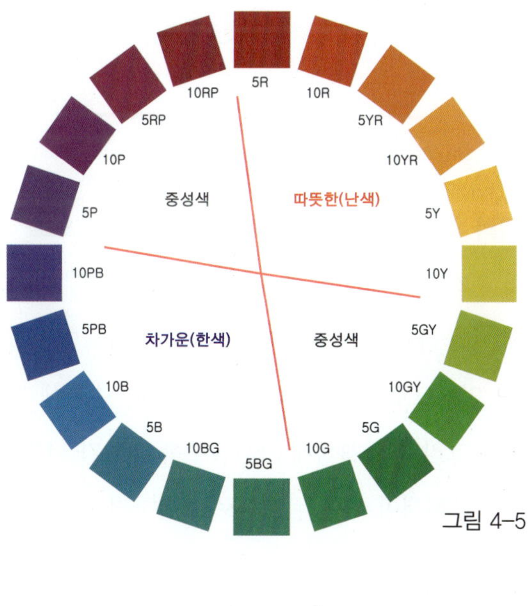

그림 4-5 먼셀의 20색상환

⑦ **보색색상** : 색상환에서 180° 반대편의 색상 간의 관계이다. 5R을 기준으로 5BG는 보색색상이다.

2) 명도

명도Value는 색의 밝고 어두운 정도로 명도가 가장 높은 색은 '하양'이며, 명도가 가장 낮은 색은 '검정'이다. 유채색은 하양에 가까울수록 명도가 높고 밝으며, 검정에 가까울수록 명도가 낮고 어둡게 된다. 색의 명도는 하양과 검정으로 조절하게 된다(그림 4-6).

① 물체의 표면이 모든 빛을 반사하면 **'하양'**, 모든 빛을 흡수하면 **'검정'**으로 보인다.

② 명도가 가장 높은 색은 **'하양(10)'**이고, 명도가 가장 낮은 색은 **'검정(0)'**이지만, 완전한 하양과 검정은 존재하지 않으므로 실제의 명도단계는 N1.5~N9.5이다.

③ 명도의 단계는 Neutral의 약호인 N으로 표기한다. (N1, N2, N3, …)

④ 저명도는 약 N1.5~N3.0이고, 중명도는 약 N4.0 ~N6.0이며, 고명도는 약 N7.0~N9.5이다.

Neutral	Color
N9.5	
N9	
N8	
N7	
N6	
N5	
N4	
N3	
N2	
N1.5	

그림 4-6 명도단계

3) 채도

채도Chroma는 색의 선명도, 순수한 정도를 나타내는 것으로 색의 맑고 탁한 정도를 말한다. 색의 진하고 연한 정도를 '순도'라고도 한다. 각각의 색상에서 채도가 가장 높은 '순색'이라 하며 색상에 따라 그 정도는 다르다.

무채색은 색상이 없으므로 채도가 '0'이므로 된다. 순색에 가까울수록 채도가 높고 진하며 강하다. 그리고 무채색에 가까울수록 채도가 낮고 연하며 약하게 된다. 채도는 유채색에 무채색이 섞이는 양으로 조절하게 된다(그림 4-8).

그림 4-7 채도차

4) 톤Tone의 이해

톤색조이란 색의 3속성 중 명도와 채도를 합친 개념으로 색의 이미지 표현에 활용된다. 명도와 채도를 연계하면 일정한 특징을 나타내는 11개의 군으로 나뉜다. 색상과 색조를 사용하면 색채의 3속성을 쉽게 파악할 수 있기 때문에 메이크업 디자인의 연출에 유용하게 활용할 수 있다. (그림 4-8, 4-9)

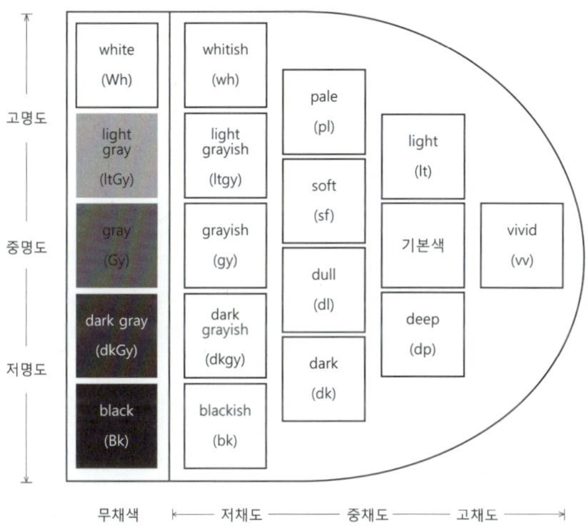

vivid : 선명한
bright : 빛나는
strong : 강한
deep : 진한
pale : 연한
light : 밝은
light grayish : 밝은 회색을 띤
grayish : 회색을 띤
dull : 탁한
dark : 어두운
very pale : 아주 연한

그림 4-8 톤의 이해

그림 4-9 톤의 분류

3. 페이스 프로포션 Face Proportion

메이크업 시술 전에 모델에 대한 시술자의 시각적 측정을 통하여 모델의 얼굴형과 생김새, 눈썹의 형태, 눈과 입의 형태와 크기, 표정과 움직임의 특징들을 관찰하여 파악해야 한다. 메이크업 디자인에 있어서 이상적인 얼굴의 비율에 가깝게 보이도록 결점을 보완하고 장점을 부각시켜 아름답게 보이도록 연출해야 한다.

정면 얼굴의 이상적인 비율 : 수평적 비율은 이마에서 턱선까지 3등분 수직으로는 한쪽 귀에서 반대쪽 귀까지의 길이를 5등분한 것이다.

세로의 등분선은 눈 하나의 길이를 기준으로 정해진다. 가로 등분선은 헤어라인부터 눈썹시작점, 눈썹부터 코까지, 코부터 턱까지를 기준으로 한다. 눈의 너비와 눈 사이의 너비는 동일하다(김은희 외, 2012).

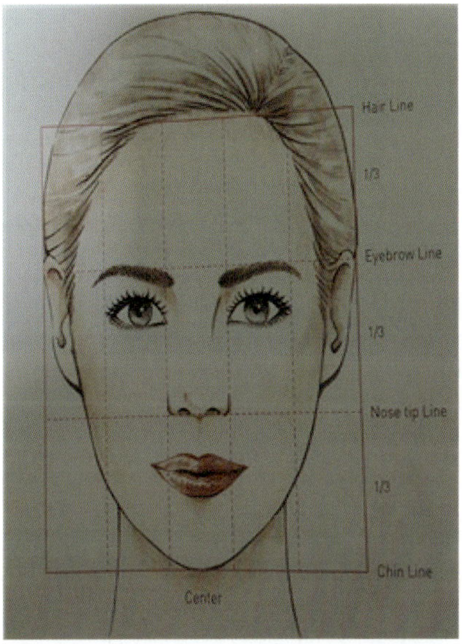

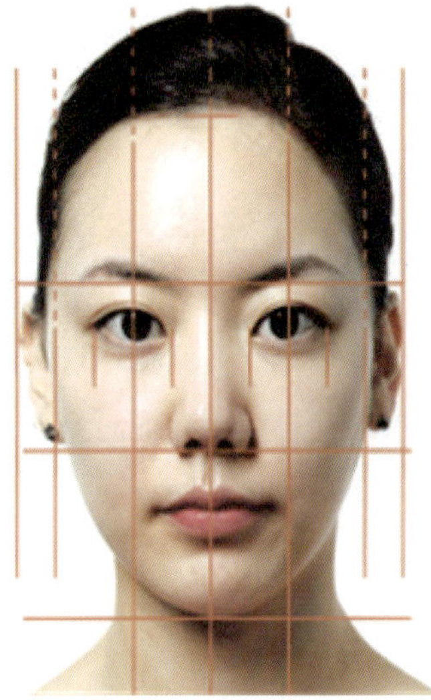

그림 4-10 정면 얼굴 비율

4. 메이크업 디자인 연출

1. 베이스 메이크업 제품

1) 베이스 컨트롤 Base Control

피부표현에 있어선 첫 단계이며 피부 톤과 피부결을 정돈해 주는 중요한 역할을 담당한다. 메이크업의 지속력과 파운데이션의 밀착력을 높여 준다. 모델의 피부색에 맞는 제품을 선택하는 것이 중요하다(표 4-1).

표 4-1 베이스 컨트롤의 종류

제품 유형	제품 적용 효과
핑크Pink	창백한 피부
보라색Violet	노란 피부를 중화하여 화사하게 표현
흰색White	어둡고 칙칙한 피부
초록색Green	기미, 여드름성 피부나 붉거나 모세혈관이 확장된 피부
파란색Blue	기미, 주근깨, 색소 침착이 많은 피부
오렌지Orange	태닝 피부와 어두운 피부톤
투명Transparent	무난하게 사용 가능

2) 파운데이션Foundation

외부 자극으로부터 피부를 보호하며, 피부색과 피부의 결점을 커버하는 기능이 있고 얼굴에 입체감을 부여한다. 메이크업 완성도의 대부분을 차지하는 중요한 단계이며 색조 메이크업을 돋보이도록 한다. 파운데이션의 종류로는 리퀴드 타입Liquid Type, 크림 타입Cream Type, 스틱 타입Stick Type, 팬 케이크 타입Pan Cake Type 등이 있다. 파운데이션을 고르는 기준으로는 모델의 피부색과 피부 타입에 맞는 제품을 선택하는 것이 중요하다.

3) 컨실러Concealer

파운데이션 사용 전 · 후 단계에 사용하며 눈 밑의 다크서클, 기미나 주근깨, 피부 잡티, 뾰루지 등과 피부결점을 커버해 준다. 컨실러의 종류에는 리퀴드 타입, 케이크 타입, 스틱 타입 등이 있다.

4) 파우더Powder

파운데이션 도포 후에 피부에 남아 있는 유분을 흡수하여 부자연스러운 광택감을 제거하고 파운데이션의 밀착력과 지속력을 높여주는 역할을 한다. 파우더의 종류로는 가루 형태의 다양한 컬러가 제품화된 '루스 파우더'Loose Powder가 있고, 루스 파우더를 압축한 형태의 수정 메이크업에 효과적인 압축 파우더Pressed Powder가 있다.

베이스 컨트롤　　파운데이션　　컨실러　　파우더

그림 4-11　베이스 메이크업 제품

2. 포인트 메이크업 제품

① 아이브로 펜슬 Eyebrow Pencil

눈썹의 형태와 짙고 옅음이나 두께 등을 조절 가능하다. 그리는 방법에 따라 얼굴의 전체적인 형태를 조화롭게 할 수 있어서 사람의 인상을 변화시켜 준다.

② 아이섀도 Eyeshadow

눈가에 음영을 주며 다양한 컬러와 질감의 제품 사용을 통해 입체적이고 다양한 디자인의 패턴을 연출하여 개성 있고 아름다운 눈을 만들 수 있다.

③ 아이라이너 Eyeliner

눈을 선명하고 뚜렷하게 보이게 하며, 다양한 컬러와 제품이 있으며 선을 그리는 기법에 따라 이미지의 변화를 효과적으로 줄 수 있다. 아이라이너는 펜슬 타입 Pencil Type, 젤 · 크림 타입, 리퀴드 타입, 케이크 타입 등이 있다.

④ 마스카라 Mascara

메이크업을 위한 마지막 단계로 속눈썹을 짙고 길게 보이도록 만들어 깊고 뚜렷한 눈매를 연출할 수 있다.

⑤ 립 Lip

립 제품은 입술의 건조를 방지하고 보호하는 효과가 있으며, 다양한 색상과 질감의 제품 적용을 통해 입술에 다양한 색채감을 줌으로써 얼굴 전체에 생동감을 부여하고 전체적인 메이크업 이미지 연출에 포인트 역할을 할 수 있다. 립 제품의 종류로는 립스틱Lip Stick, 릭스틱보다 많은 오일을 함유하고 있어 글로시한 질감을 연출할 수 있는 립글로스Lip Gloss, 입술의 윤곽선을 선명하게 잡아주는 립라이너Lip Liner, 착색제로 컬러의 지속성을 높여주는 립틴트Lip Tint, 입술에 수분과 영양을 공급하는 입술보습제인 립밤Lip Balm 등이 있다.

⑥ 블러셔Blusher

얼굴의 윤곽을 살려주어 입체감과 생기를 부여한다. 얼굴형에 따른 단점을 커버해 주고 피부색에 대한 보정효과를 줄 수 있다. 블러셔는 리퀴드 타입, 젤 · 크림 타입, 케이크 타입 등이 있다.

아이브로펜슬

아이섀도

아이라이너

마스카라

립

블러셔

그림 4-12 포인트 메이크업 제품

5. 메이크업 디자인 분류

1. 베이직 메이크업

(1) 내추럴 메이크업 (Natural Make-up)

내추럴 메이크업은 인위적인 테크닉보다는 꾸미지 않고 자연스럽게 연출하는 메이크업을 말한다. 얼굴의 윤곽이나 피부 톤 및 얼굴의 결점 등을 완벽하게 커버하기보다는 모델의 피부 톤과 유사한 소량의 베이스 메이크업 제품과 파스텔 색조의 아이섀도를 사용하여 보다 밝고 건강한 이미지를 연출할 수 있으므로 메이크업을 처음 접하는 초보자나 사회 초년생들에게 적합한 메이크업이다.

그림 4-13 내추럴 메이크업

(2) 계절별 메이크업 (Season Make-up)

컬러에 대한 시각적 이미지가 대중화되고 퍼스널컬러에 대한 고객들의 니즈가 높아지고 있다. 계절별 메이크업은 계절에 따른 다양한 색상을 적용한다.

봄의 전체적인 이미지는, 새로운 생명이 주는 싱그러움과 생동감을 연출할 수 있는 옐로우Yellow · 오렌지Orange · 그린Green · 핑크Pink 등의 메이크업 색상을 사용할 수 있다. 여름은 상쾌하고 시원한 청량감을 연출해 주는 블루Blue나 화이트White 등의 색상이 사용된다. 가을은 따뜻하고 부드러운 이미지로 차분한 분위기와 성숙한 고전미를 연출할 수 있는 클래식한 컬러인 베이지Beige, 골드Gold, 브라운Brown, 퍼플Purple 등의 색상이 사용된다. 겨울은 따뜻하고 깊이 있는 느낌의 버건디Burgun-dy, 레드 브라운Red Brown, 다크 브라운Dark Brown 등의 색상으로 화사하고 따뜻한 메이크업 이미지를 연출할 수 있다(그림 4-14, 4-15).

그림 4-14 S/S 메이크업

그림 4-15 F/W 메이크업

(3) 웨딩 메이크업 (Wedding Make-up)

신부의 얼굴형과 분위기를 고려하여 전체적으로 우아하고 깨끗한 이미지를 연출해야 한다. 웨딩 메이크업은 웨딩 드레스의 디자인과 예식장소의 분위기와 조명, 그리고 신랑과의 조화를 이루도록 하여야 하며, 신부가 화사해 보이도록 혈색이 도는 피부표현과 컨실러 제품을 사용하여 기미, 주근깨 잡티를 깨끗하게 커버하고 전제적인 얼굴의 윤곽을 수정과 예식진행 시간을 고려하여 메이크업의 지속력을 높여야 한다.

2. 트랜드 메이크업

(1) 패션쇼 메이크업 (Fashion Show Make-up)

패션쇼 메이크업은 패션 컬렉션을 위한 메이크업으로 무대에 등장하는 새로운 의상 디자인 콘셉트와 조화, 모델의 조건 등을 고려한 메이크업 디자인과 색상 · 텍스처Texture, 오브제Objet를 사용하여 의상을 부각시킬 수 있는 독창적이고 창의적인 메이크업 디자인을 연출해야 한다. 따라서 패션쇼에 선보이는 메이크업은 무대의 크기, 관객과의 거리와, 조명 등을 고려해야 한다. 패션쇼는 한 시즌 앞선 새로운 메이크업 트렌드가 제시되므로 메이크업 분야와는 유기적인 상관성이 있다(그림 4-16).

그림 4-16 패션쇼 스테이지 메이크업

(2) 미디어 메이크업 (Media Make-up)

미디어의 사전적 의미는 '매체', '수단'이라는 뜻으로 불특정 다수에게 많은 정보와 사상을 전달하는 매개체로, 신문 · TV · 라디오 · 영화 · 잡지 등이 대표적인 미디어 매체이다. 미디어 메이크업은 TV 광고, 영화, 잡지, 화보 등에서 행해지는 메이크업으로 모든 매체에서 요구되는 상황과 콘셉트에 맞는 캐릭터를 창출하여 목적에 따라 메시지와 이미지를 전달하는 것이 중요하다.

3. 아트 메이크업

(1) 판타지 메이크업 (Fantasy Make-up)

판타지 메이크업은 뷰티 메이크업에 다양한 소재의 오브제와 도구를 사용하여 예술성과 창작성이 부여된 조형예술의 한 분야라고 할 수 있다. 메이크업뿐만 아니라 아트 콘셉트에 맞는 의상과 헤어 및 액세서리들의 조화가 필요하므로 토탈 뷰티 스타일링이라고 할 수 있다. 작가의 의도에 따라 메이크업 디자인을 통하여 실제와 환상의 세계를 조합하는 동물이나 꽃과 나비 등과 같은 자연의 소재를 형상화하여 일정한 틀이나 제재 없이 예술적인 영감과 실험 정신을 반영하여 환상적인 느낌을 구체화하는 예술행위라 할 수 있다. 판타지 메이크업은 연극, 무용, 뮤지컬, 영화 등의 무대 예술분야나 축제나 파티 등에서 연출된다(박현화, 2012).

그림 4-17 판타지 메이크업

(2) 보디 페인팅(Body Painting)

보디 페인팅은 사람의 신체를 캔버스 개념으로 그 위에 채색을 하는 기법으로 전신 위주로 채색을 한다. 이러한 보디 페인팅은 1966년 아트디렉터인 마틴 리트 Martin Ritt에 의해 새롭게 현대적 미술로 표현되기 시작되었다. 보디 페인팅을 할 때에는 ㄴ신체의 골격의 구조을 이해하고 신체의 비율에 따른 균형미를 감안하여 디자인을 구상하여야 한다(여상미, 2013).

그림 4-18 보디 페인팅

4. 분장

(1) 무대분장

무대 분장扮裝이란 일반적인 뷰티 메이크업의 단순한 아름다움을 목적으로 하는 것이 아닌 극본이 요구하는 배역에 따른 인물상의 직업이나 지위 · 연령과 성격 등을 시각적으로 표현하는 것이다. 다시 말해 무대에 등장하는 캐릭터의 특색을 극중 인물화함으로써 관객의 극에 대한 이해를 돕는 작업을 의미한다. 연극 · 오페라 · 뮤지컬 · 무용 등의 무대분장 디자인 연출 시에는 극장의 크기에 따른 관객과의 거리감과 조명과의 상관관계를 파악하여 명도와 채도의 강약을 조절하고 명암처리에 따른 입체감의 정도를 계산하여 시각적 결점을 보완해야 한다(전인미, 2006).

그림 4-19 무대 분장

(2) 특수분장

특수분장의 영어는 'Special Effect Make-up'이라고 하며 약자로는 'FX Make-up' 또는 'SFX'이나 'SPFX Make-up'로도 표기한다. 우리말로는 '특수효과 분장' 또는 '특수분장'이라는 용어로 사용되고 있다. 특수분장은 다양한 소재를 활용하여 배우의 얼굴과 신체를 인위적으로 변형 또는 보강하여 캐릭터의 시각적인 이미지와 스타일을 창조하는 작업이다(윤지민, 2011). 기계와 과학기술의 발전에 따라 일반적인 특수분장의 개념과 애니매트로닉스Animatronics 및 컴퓨터 그래픽Computer Graphic이 결합하여 그 개념이 더욱 확장되고 있다(여상미, 2013).

그림 4-20 영화 특수분장

Chapter V

네일 미용

1. 네일의 기초이론
2. 네일 디자인 시술
2. 인조네일 디자인 시술

Chapter

5

네일 미용

1. 네일의 기초이론

1. 네일의 구조와 특성

(1) 손과 발의 구조

손톱과 발톱의 해부학적 용어는 오닉스onyx이다.

1) 손뼈의 구조

손은 한 손을 기준으로 할 때 27개의 뼈로 구성되어 있다.

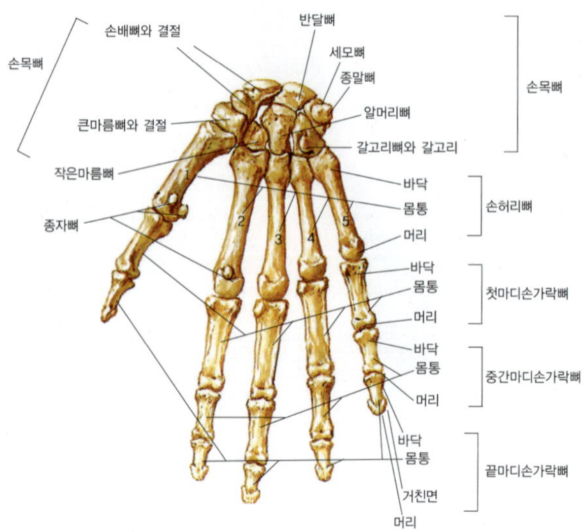

그림 5-1 손뼈의 구조

① 수근골(**손목뼈**) : 손목에 있는 8개의 불규칙한 형태의 단골로 대략 육면체를 이루며 4개씩 2열로 배열되어 있다.

② 중수골(**손바닥뼈**) : 손바닥에는 5개의 길고 가느다란 뼈가 있다. 요골 쪽부터 첫째~다섯째 중수골이라고 부른다. 첫째 것이 가장 짧고 둘째 것이 가장 길다.

③ 수지골(**손가락뼈**) : 손가락을 이루는 뼈로, 기절골 · 중절골 · 말절골이라는 3개의 뼈로 이루어져 있지만 엄지손가락은 기절골과 말절골 2개의 뼈로 이루어져 있기 때문에 모두 14개의 뼈로 구성되어 있다.

2) 발뼈의 구조

발은 한 발을 기준으로 할 때 26개의 뼈를 가지고 있다.

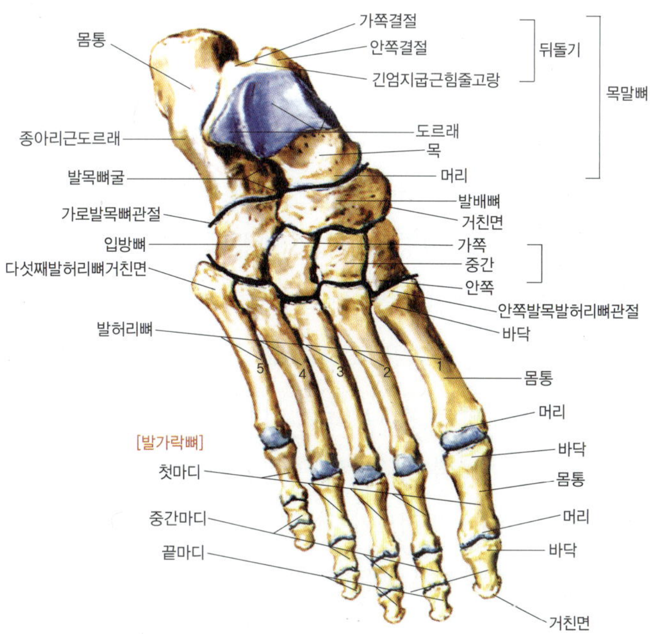

그림 5-2 발뼈의 구조

① 족근골(**발목뼈**) : 모양과 크기가 다른 7개의 뼈로 3개의 근위족근골과 4개의 원위족근골로 구성되어 있다. 몸무게를 지탱하는 역할을 하며, 종골(발꿈치뼈)은 족근골의 일부분으로 간주된다.

② 중족골(**발바닥뼈**) : 발허리를 형성하는 5개의 가늘고 긴 뼈로서 안쪽으로부터 첫째~다섯째 중족골이라고 부른다. 첫째 중족골이 가장 짧고 굵으며 둘째 중족골이 가장 길다.

③ 족지골(**발가락뼈**) : 수지골과 마찬가지로 발가락을 이루는 뼈로 손가락과 마찬가지로 엄지발가락에만 2개, 나머지 발가락은 3개의 뼈로 구성되어 있다.

(2) 조갑의 특성과 역할

손톱과 발톱은 조갑이라고도 하며 우리 몸을 구성하는 단백질 중 가장 단단한 것으로 알려진 케라틴Keratin으로 되어 있다. 피부의 일부가 진화되어 생겨난 것이며 대부분 피부의 각질층이 변형된 것으로 각질을 만드는 단백질인 케라틴으로 이루어져 있다. 조갑은 하나의 표피가 아닌 아주 얇은 층이 여러 겹으로 이루어져 단단하게 형성된 것이다.

손톱은 아미노산과 물질을 단단하게 만드는 시스테인cysteine 성분이 많이 함유되어 있다. 손톱은 죽은 단백질 성분이지만 비타민 또는 미네랄 등의 결핍에 의하여 영향을 받게 된다. 손톱은 생명력이 없기 때문에 흔히 피부의 기능을 못하고 숨을 쉬지 않는다고 생각하지만 조모나 조피 등은 살아있는 세포이므로 산소를 필요로 한다. 조모나 조피는 수많은 조상의 모세혈관으로부터 산소를 공급받기 때문에 손톱은 산소를 요구하는 것이고 숨을 쉬고 있다.

손톱은 매일 0.1~0.15mm씩 자라나며, 한 달에 약 3~5mm 정도 자란다. 개인차가 있지만 대체로 약 3개월 정도가 지나면 새 손톱이 형성된다. 손톱은 젊은 사람일수록 성장활동이 활발하기 때문에 윤택하고 잘 자라나지만, 나이가 들면 퇴화되거나 성장이 둔화된다.

건강한 손톱의 기준은 단단하고 탄력이 있어야 하며 올바르게 뻗은 형태와 분홍빛을 띠고 있는 것이 중요하다. 또한, 매끄럽게 윤기가 나는 아치형을 형성하고 적당한 수분(12~18%)을 포함해야 건강한 손톱이라고 할 수 있다.

손톱은 여러 가지 역할을 수행한다. 손톱 아래 피부를 보호하고, 주먹을 쥐어서 악력(握力)을 낼 수 있게 하며, 물건을 들어 올릴 수 있고, 무언가를 긁고 공격하는 기능도 있지만 아름다움을 나타내는 장식적 기능 역시 매우 중요한 역할을 한다.

(3) 조갑의 구조

1) 손톱 자체

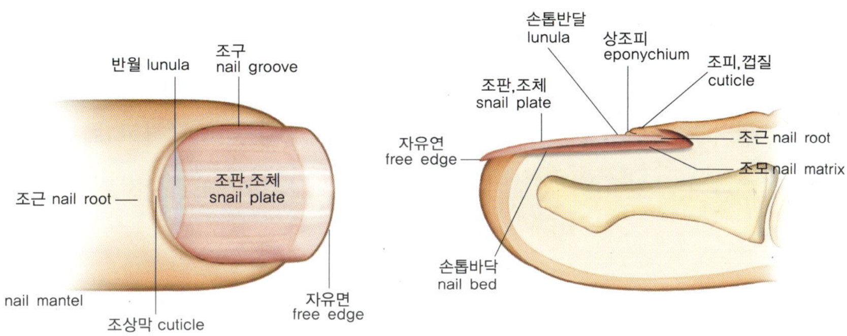

그림 5-3 손톱 자체

① **조근** nail root : 손톱피부 밑에 5mm 깊이에 위치한 손톱의 뿌리로, 얇고 부드러운 조직으로 손톱의 세포생성을 하는 곳이다. 오래되고 딱딱해진 세포들을 밀어 낸다. 조상의 모세혈관으로부터 산소 공급을 받는다.

② **조체** nail body : 손톱 전체를 말하며, 조판nail plate이라고도 하며 조상을 보호하는 역할을 한다. 네일 보디는 산소를 필요로 하지 않고, 신경과 혈관도 존재하지 않는다. 아미노산과 시스테인이 많이 포함되어 있으며 죽은 각질 세포로 이루어져 있기 때문에 손톱 아랫부분은 연약하고 윗부분은 강하다.

③ **자유연** free edge : 손톱의 끝부분이다. 조상 없이 자라기 때문에 길어 나오면 다듬거나 잘라주는 곳으로 다양한 디자인을 시도할 수 있는 부분이기도 하다.

2) 손톱 밑

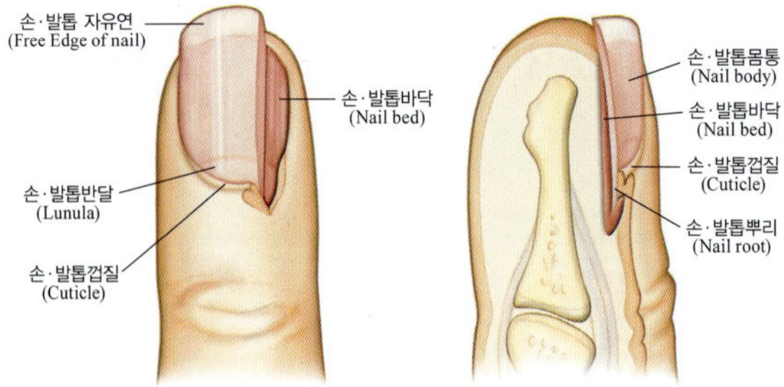

그림 5-4 손톱 밑

① **조모** 爪母, nail matrix : 조근 밑에 위치하여 손톱세포의 생성과 성장의 역할을 수행하는 곳이다. 손톱각질세포의 생산과 성장을 조절하고 혈관, 신경, 림프관이 분포한다. 조모가 손상을 입으면 손톱이 비정상적으로 자랄 수 있다.

② **조상** 爪床, nail bed : 조판을 받쳐주는 부분이다. 지각신경조직과 모세혈관이 있으며, 손톱의 영양과 수분 공급의 역할을 한다.

③ **반월** 半月, lunula : 완전한 케라틴keratin화가 되지 않아 미완성된 손톱과 조상의 결합으로 말미암아 손톱의 다른 부분보다 약한 부분이다.

3) 손톱 주위의 피부

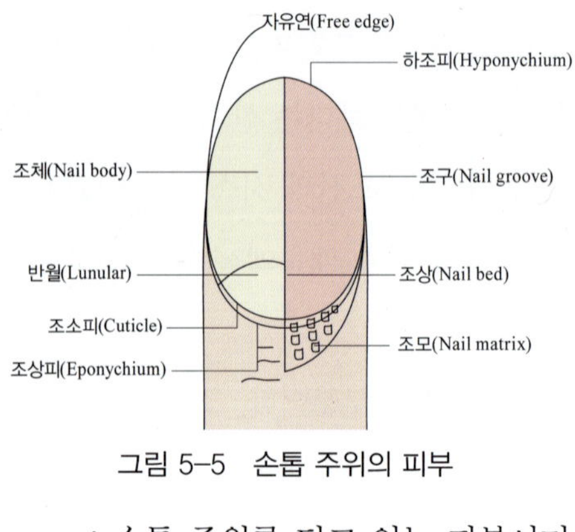

그림 5-5 손톱 주위의 피부

① **조소피** 爪小皮, cuticle : 손톱 주위를 덮고 있는 피부이며 병원균과 미생물의 침입을 막아 손톱을 보호하는 역할을 한다.

② **조주름** nail fold, nail mantle : 조근이 묻혀 있는 손톱 베이스에 피부 깊이 접혀 있는 부분이다.

③ **조구** nail grooves : 조상의 양쪽 측면에 좁게 패인 곳을 말한다.

④ **조벽** nail wall : 조구 위에 위치한 손톱의 양 측면을 지지하는 피부이다.

⑤ **상조피** eponychium : 손톱 베이스에 있는 피부의 가는 선으로써 반월을 부분적으로 살짝 덮고 있는 얇은 피부이다.

⑥ **조상연** perionychium : 손톱 전체를 감싸고 있는 피부의 가장자리를 말한다.

⑦ **하조피** hyponychium : 프리에지 free edge 아랫부분의 피부이며 박테리아의 침입으로부터 손톱을 보호하는 역할을 한다.

(4) 다양한 손톱의 부조현상

오닉스Onyx의 어원은 네일을 지칭하는 의학 용어로 손톱과 관련된 뜻을 가진 그리스어 오니코Onycho이다. 따라서 손톱의 비정상적인 상태는 대부분 그리스 어원에서 비롯되는 오니코로 시작되거나 끝나는 경우가 많다.

손톱의 부조현상은 손톱이 손상을 입었거나 질병 또는 인체의 불균형으로 인해 발생하는 이상현상을 말한다. 네일 미용사는 네일의 비정상적인 상태에 대한 지식을 가지고 있어야 하며 네일의 상태를 보고 경우에 따라서는 정확한 원인파악을 위하여 전문의에게 치료를 받도록 권유하여야 한다. 즉, 네일 관리 가능 여부를 판단할 수 있어야 한다.

1) 시술이 가능한 손톱질환

네일 질환 중 시술이 가능한 질환은 퍼로, 행 네일hang nail, 에그 셸 네일Agg shell nail, 변색된 네일, 무른 네일, 멍든 네일, 니버스Nevus, 테리지움Pthrygium, 오니 코파지Onychophagy, 스푼형 조갑, 오니코크립토시스Onychocryptosis, 오니콕시스Onychauxis, 오니코아트로피Onychoatrophy, 오니코렉시스Onychorrhexix, 로쿠니키아Louconychia, 무조증 등이 있다. 이런 경우 손톱 상태에 따라 적정한 시술을 적용하여야 하며 호전상태에 따라 시술이 제공되어야 한다.

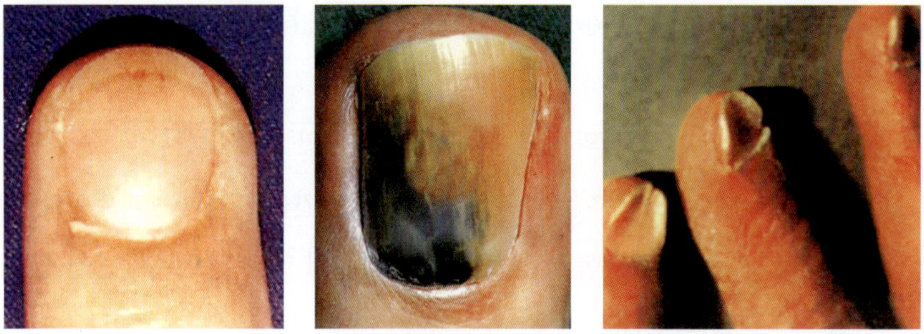

그림 5-6　시술이 가능한 손톱질환(행 네일, 멍든 손톱, 스푼형 조갑)

2) 시술이 불가능한 손톱 질환

네일 질환 중 시술이 불가능한 질환은 네일몰드Nailmold, 무좀, 파로니키아Paronychia, 오니키아Onychia, 오니코마이코시스Onychonycosis, 오니코그라이포시스Onychogryphosis, 파이로제닉 그래뉴로마Pyrogenic Granuloma, 오니코포시스Onychophosis, 오니코리시스Onycholysis 등이 있다. 이럴 경우 시술 대신 의사에게 갈 것을 권유하고 완전히 치유된 후에 서비스가 제공되어야 한다.

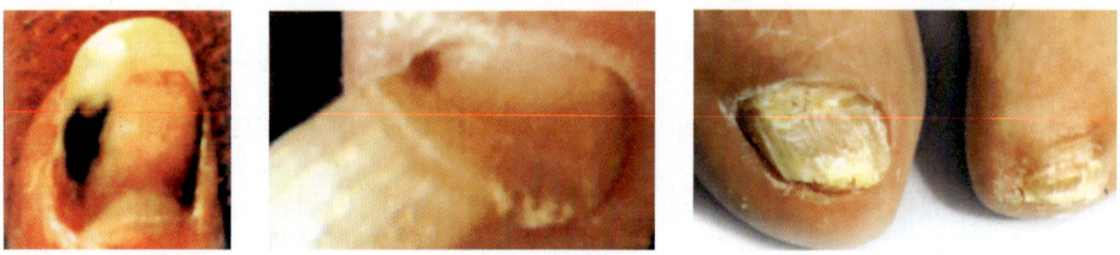

그림 5-7　시술이 불가능한 손톱 질환(사상균, 조갑염, 조갑진균증)

2. 네일 재료와 기구

(1) 네일 재료

① **스킨 소독제**antiseptic : 시술자와 피시술자의 손을 소독하기 위해 사용한다.

② **지혈제**styptics : 분말 또는 액상 타입으로, 작업 시 발생한 출혈을 멈추게 하기 위해 사용한다.

③ **리무버** remover : 퓨어 아세톤pure acetone 비아세톤non acetone으로 구분되며, 퓨어 아세톤은 인조 네일 등을 제거할 때 사용하고, 비아세톤은 폴리시를 제거하는 데 사용한다.

④ **필러 파우더** filler powder : 주로 네일 익스텐션 시술 시에 보강, 리페어 시술 시에 사용한다.

⑤ **실크** silk : 네일 랩의 종류로 얇은 실크 천이다.

⑥ **네일 팁** nail tip : 인조 네일의 일종으로 네일의 길이 연장을 위해 사용한다.

⑦ **라이트 글루** light glue : 점도가 낮은 글루이며 빠른 속도로 접착 시 사용한다.

⑧ **젤 글루** gel glue : 라이트 글루보다 점도가 높고 팁을 붙이기 위해 사용한다.

⑨ **젤** gel : 글루 도포 후 덧발라 주어 코팅의 역할을 하며, 견고함을 유지시켜 주기 위해 사용한다.

⑩ **글루 드라이어/엑티베이터** glue dryer/activator : 글루나 겔 글루, 겔을 빠른 속도로 건조시키기 위해 사용한다.

⑪ **네일 폴리시/에나멜** nail polish/enamel : 니트로셀롤로오스를 용해시킨 것으로 휘발성이 강하며 네일에 컬러링을 하기 위해 사용한다.

⑫ **베이스 코트** base coat : 폴리시를 바르기 전에 발라주어 손톱의 변색이나 오염되는 것을 막아주고 더욱 견고한 착색과 발색을 위해 사용한다.

⑬ **톱 코트** top coat : 송진 성분이 함유되어 있어 쉽게 벗겨지지 않으며, 폴리시를 바른 후에 발라주어 폴리시를 보호하는 데 사용한다.

⑭ **큐티클 오일** cuticle oil : 큐티클에 발라 큐티클을 부드러운 상태로 만들고 편한 큐티클 제거를 위해 사용한다.

⑮ **큐티클 리무버** cuticle remover : 큐티클을 빠른 속도로 유연하게 만드는 데 사용한다.

⑯ **시너** thinner : 폴리시가 굳어서 사용이 어려울 때 넣어서 용해시키기 위해 사용한다.

⑰ **네일 하드너** nail hardener : 찢어지거나 갈라지는 약한 네일에 베이스 코트를 바른다. 이런 식으로 약한 부위를 보강하는 데 사용한다.

⑱ **아크릴 리퀴드** acrylic liquid : 아크릴 파우더를 혼합하기 위한 용액으로 사용한다.

⑲ **아크릴 파우더** acrylic powder : 다양한 종류의 분말으로 아크릴 리퀴드와 혼합해서 사용한다.

⑳ **프라이머** primer : 아크릴을 자연 네일에 리프팅 없이 접착시키기 위한 촉매제로 사용한다.

(2) 네일 도구

① **파일** file : 에머리 보드Emery board라고도 하며, 거칠기grit 정도에 따라 다양한 종류가 있고 주로 네일 모양을 다듬고 네일 표면에 광택을 내는 데 사용한다.

② **샌딩 블록** sanding block : 파일의 일종으로 네일 표면을 매끄럽게 정리하기 위해 사용한다.

③ **삼색 파일** 3way : 파일의 일종으로 네일 표면에 광택을 내고 마무리할 때 사용한다.

④ **아크릴 브러시** acrylic brush : 아크릴을 네일에 얹거나 바를 때 사용한다.

⑤ **페이퍼 폼/투명 폼** paper form : 스컬프처드Sculptured 시술 시 모양과 C커브를 잡아주기 위해 사용한다.

⑥ **큐티클 니퍼** cuticle nipper : 네일 주위의 굳은살이나 거스러미를 제거할 경우 사용한다.

⑦ **푸셔** pusher : 큐티클과 네일의 이물질을 밀어 올리는 도구이며 45° 각도로 사용한다.

⑧ **핑거볼** finger bowl : 습식 매니큐어 시술 시에 물을 담는 그릇으로 손을 담그는 데 사용한다.

⑨ **클리퍼** clipper : 자연 네일이나 인조 네일을 잘라 길이를 조절할 때 사용한다.

⑩ **팁 커터** tip cutter : 팁을 자르는 데 사용한다.

⑪ **더스트 브러시** dust brush : 네일 시술(파일링, 인조 네일 시술 등)로 인해 생기는 네일 분진이나 이물질을 털어내는 데 사용한다.

⑫ **실크 가위** silk scissor : 네일 랩을 재단할 때 사용한다.

⑬ **페디 파일** pedi file : 발바닥의 각질을 제거할 때 사용한다.

⑭ **콘 커터** corn cutter : 발바닥의 굳은 각질을 제거할 때 사용한다.

⑮ **토 세퍼레이터** toe separator : 페디큐어 시술 시 발가락 컬러링을 할 때 발가락에 끼워 폴리시가 묻지 않게 하기 위해 사용한다.

⑯ **디스펜서** dispenser : 폴리시 리무버나 아세톤을 담는 용기로 펌프 식으로 편리하게 사용한다.

⑰ **오렌지 우드스틱** orange wood stick : 네일 시술 시 섬세한 작업을 하는 용도로 사용한다.

⑱ **디펜디시** dippen dish : 아크릴 네일 시술 시 아크릴 리퀴드를 담을 때 사용한다.

(3) 네일 기기

① **습식 소독기** sterilize muchine : 네일 도구의 소독이나 살균을 위해 사용한다.

② **파라핀 워머** paraffin warmer : 파라핀 왁스를 녹여주는 데 사용한다.

③ **왁싱 워머** waxing warmer : 제모 시술 시 허니를 녹여주는 데 사용한다.

④ **핸드 드라이어** hand dryer : 폴리시를 바른 후 빨리 건조시켜 주기 위해 사용한다.

⑤ 자외선/LED 겔 큐어링 라이트기UV/LED gel curing muchine : 겔을 경화하기 위해 사용한다.

⑥ 각탕기foot bathtub : 페디큐어 시술 시 발 피부를 유연하게 하고 발의 혈액 순환을 도와 피로를 풀어주기 위해 사용한다.

⑦ 페디 스파pedi spa muchine : 다양한 기능으로 편안한 페디큐어 시술을 받게 끔 하기 위해 사용한다.

⑧ 드릴drill : 조그만 휴대용 모터가 달린 장치로 파일링을 전기 동력을 이용해 빠르고 매끈하게 해주는 기기이다. 앞부분에 끼우는 비트를 교체함으로써 다양한 기능을 갖게 된다.

2. 네일 디자인 시술

1. 네일 테크닉의 기초

(1) 손톱 모양

1) 파일 잡는 방법

손톱 모양을 만들 때에는 파일을 이용한다. 파일을 올바르게 잡는 방법은 파일을 3등분으로 나누어 끝쪽 1/3 지점을 한쪽 면은 엄지손가락을 받치고 나머지 손가락으로 가볍게 쥐어준다.

2) 셰이프

셰이프shape란 손톱 모양을 뜻하며, 5가지 기본형이 있으며 손모양, 손가락의 길이와 굵기 직업과 취향을 고려하여 네일의 모양을 선택하여야 한다.

① **스퀘어 셰이프** square shape

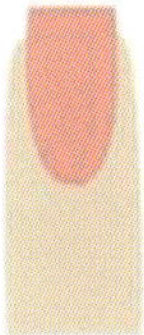

네모 형태로 파일링 시 파일 각도를 프리에지Free edge 단면과 90°를 유지하고 손톱 양쪽 모서리의 각을 살린 셰이프로 손끝을 많이 사용하는 사람에게 적당하며 도회적이고 샤프한 느낌이다. 파일링 방향은 시술자를 기준으로 왼쪽에서 오른쪽으로 한다.

② **오프 스퀘어 셰이프** off/round square shape

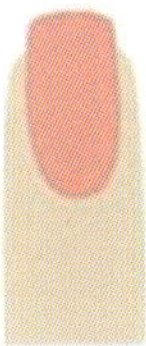

둥근 네모 형태로 파일링 시에 파일 각도를 프리에지 단면과 90° 유지하며, 손톱 양쪽 모서리의 각을 45°로 약간 둥글게 다듬은 셰이프로 자연스럽고 튼튼하여 오래 유지하는 이상적인 손톱 모양이다. 파일링 방향은 손톱 양쪽 모서리에서부터 중앙 방향으로 한다.

③ **라운드 셰이프** round shape

둥근 형태의 셰이프이며, 파일링 시에 파일 각도를 프리에지 단면과 45° 유지하며 파일링 방향은 손톱 양쪽 모서리에서부터 중앙으로 향한다. 남녀노소 누구나 즐기며, 공무원 · 회사원 · 남성들도 선호하고 평범하고 성실한 이미지에 적합하다.

④ **오발 셰이프** oval shape

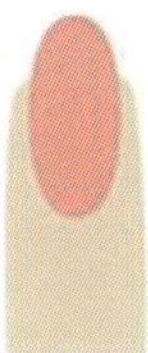

타원 형태로 파일링 시 파일 각도를 프리에지 단면과 15~30° 유지하고 손톱 양쪽 모서리가 라운드 셰이프보다 더욱 둥근 모양을 가진 셰이프로 역시 파일링 방향은 양쪽 모서리에서부터 중앙 방향이다. 직업상 손의 노출이 많은 상담직이나 여성스럽고 세련된 이미지를 추구할 때 적합하다.

⑤ **포인티드 셰이프** pointed shape

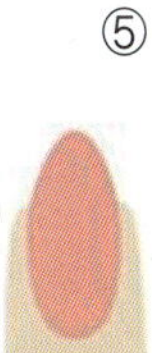

아몬드 형태로 파일링 시 파일 각도는 프리에지 단면과 10° 유지하여 손톱 양쪽 모서리를 더 갈아서 오발 셰이프보다 더욱 뾰족한 모양을 가진 셰이프로 손가락이 길고 가늘게 보이는 반면, 손톱 끝이 뾰족해 잘 부러지는 단점이 있다. 마찬가지로 파일링 방향은 양쪽 모서리에서부터 중앙 방향이다.

2. 컬러링

(1) 컬러링의 종류

① **풀 코트** full coat : 손톱 전체를 바르는 방법(가장 일반적인 타입)

② **프렌치** French : 손톱 전체에 바르지 않고 손톱에 여백을 두고 도포한다.

③ **딥프렌치** Deep French : 손톱의 반 이상 깊게 폴리시를 바른다.

④ **슬림라인/프리 월** slim line/free wall : 손톱이 좁고 가늘어 보이도록 손톱 양옆을 많이 비워두고 바른다.

⑤ **헤어라인 팁** Hairline Tip : 풀코트를 한 다음에 프리에지 부분만 지운다. 손톱 끝에서부터 컬러링이 빨리 벗겨지는 것을 방지한다.

(2) 컬러링 종류에 따른 바르는 방법

1) 풀코트 Full Coat 도포방법 Red

① 브러시를 45° 각도로 세워 끝을 둥글게 만들어 큐티클라인cuticle line을 정리한다.

② 오른손잡이는 왼쪽 사이드를 채우며 컬러를 가볍게 오른쪽으로 몰아가며 도포한다.

③ 오른쪽 사이드가 비어 있지 않도록 홈 그루브Groove쪽에 넘치지 않도록 정리한다.

④ 프리에지를 발라준다.

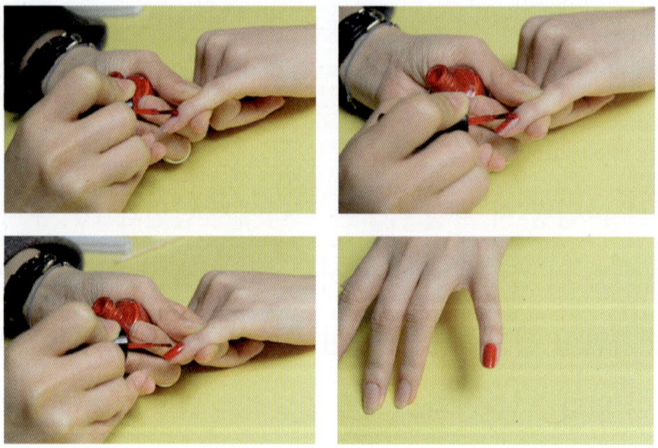

2) 프렌치French 도포방법White

① 스트레스 포인트 부분부터 브러시의 각도를 45°로 유지하며 컬러를 오른쪽으로 몰아 가며 스마일라인을 만들어 준다.

② 브러시 자국이 남지 않도록 컬러의 양을 프렌치를 바를 양만큼 조절한 후에 컬러링한다.

③ 프리에지 부분을 발라준다.

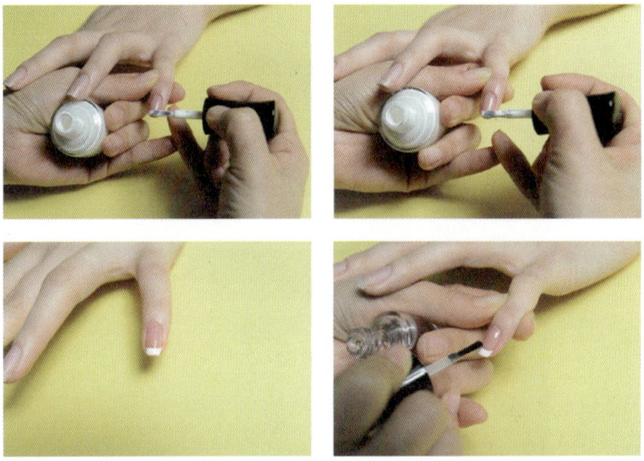

3) 딥 프렌치Deep French 도포방법White

① 손톱의 2분의 1이상을 올려 도포하는 방법으로 프렌치와 컬러링 방법은 동일하다.

② 프리에지를 바른다.

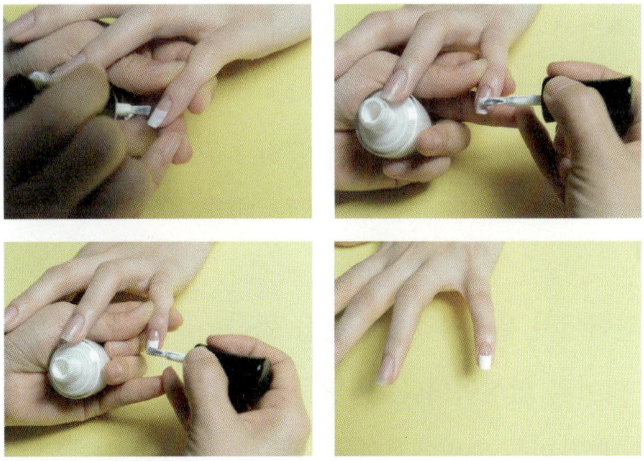

4) 그라데이션Gradation 도포방법White

① 스펀지에 흰색컬러와 베이스코트를 손톱의 2분의 1정도의 넓이로 도포하여 블렌딩한다.

② 손톱의 각도에 따라 스펀지의 각도를 맞춰 위아래로 찍어가며 왼쪽에서 오른쪽으로 찍어간다.

③ 두 번 반복한다.

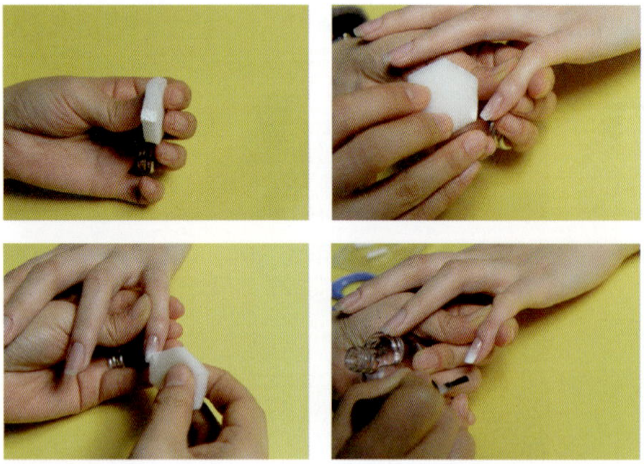

(3) 컬러링 시 주의사항

① 컬러 선택 시에는 계절과 고객의 피부색, 메이크업, 의상까지도 고려해서 신중을 기한다.

② 컬러링 전에 폴리시를 양 손바닥으로 비벼 돌려 섞어준다.

③ 폴리시는 큐티클 라인에 최대한 근접하게 바른다.

④ 브러시의 각도는 45°를 유지하여 바른다.

⑤ 컬러링은 가능하면 빠르고 얇게 함으로써 깔끔하고 오래 유지되도록 한다.

3. 습식 매니큐어

매니큐어란 용어는 라틴어에서 유래되었으며 손을 뜻하는 마누스manus와 관리를 뜻하는 큐라cura라는 단어의 합성어이다. 이렇듯 직접적으로는 손 관리hand-care로 해석할 수 있지만, 네일 미용 측면에서의 정의는 손의 관리 외에도 손톱관리 · 컬러링 · 마사지까지 포함된다.

더불어 매니큐어는 개인의 T.P.O(time, place, occasion) 또는 계절, 라이프스타일에 따라 타인에게 자신의 외모를 적절하게 표현할 수 있는 미용의 기능도 포함한다.

매니큐어의 종류는 대표적으로 습식 매니큐어water manicure, 파라핀 매니큐어paraffin manicure 등이 있다.

(1) 습식 매니큐어Water manicure란

습식 매니큐어는 네일 미용사가 되기 위한 기초 테크닉이며, 현재 네일 숍에서 가장 많이 시술하는 테크닉이다.

1) 습식 매니큐어 시술 과정

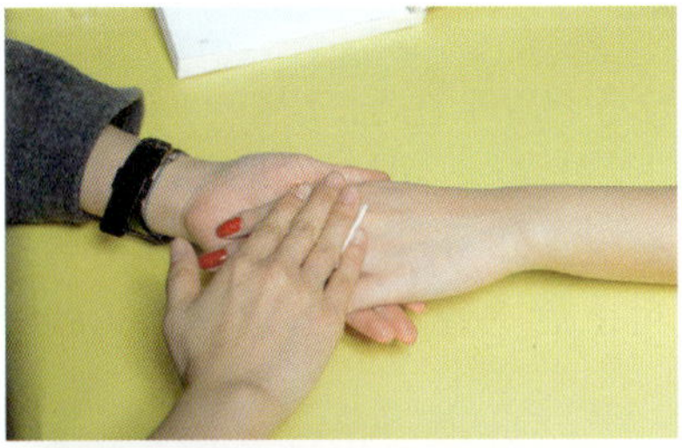

① 손 소독

항균 소독제를 솜에 묻혀 시술자와 고객의 손을 소독한다.

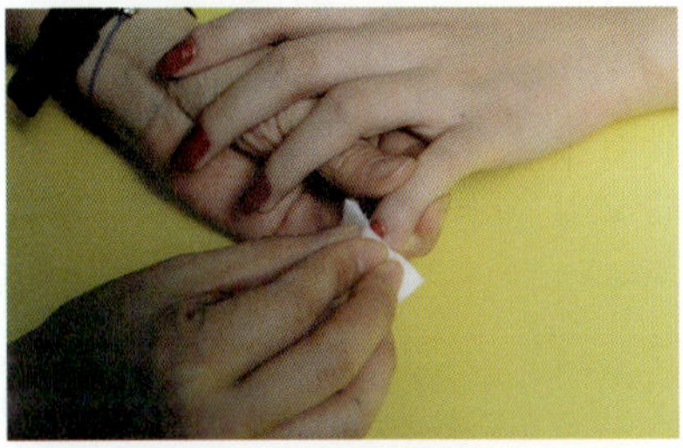

② 에나멜 제거

솜에 리무버를 묻혀 고객의 손톱에 남아있는 에나멜과 이물질을 닦아낸다.

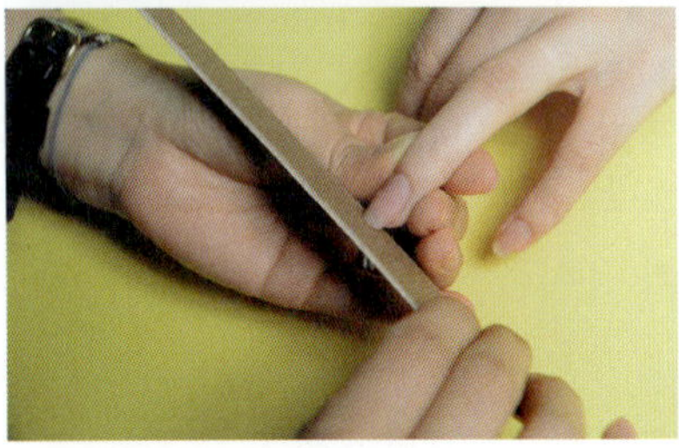

③ 손톱 모양잡기

우드파일을 이용하여 고객이 원하는 모양의 네일을 만들어 준다.

파일링을 할 때는 고객의 손톱이 손상되지 않도록 한쪽 방향으로 파일링한다.

④ 라운드 패드

파일링으로 형태를 잡은 뒤 프리에지 밑 부분의 거스러미를 라운드 패드를 이용하여 제거한다.

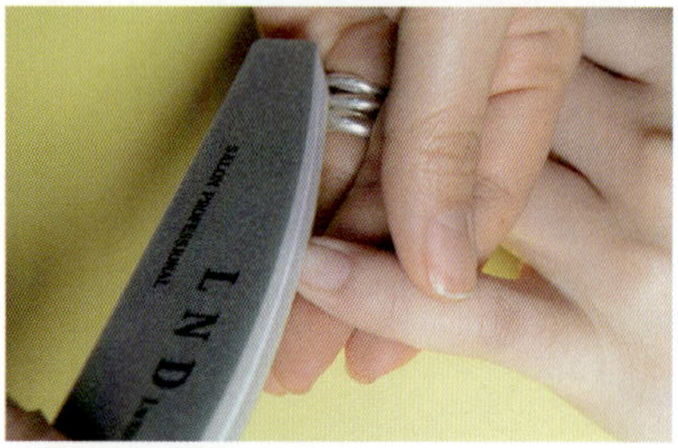

⑤ 표면정리

손톱의 거친 표면을 부드럽게 샌딩을 이용하여 정리한다.

⑥ 핑거볼에 손 담그기

따뜻한 항균 비눗물이 담긴 핑거볼에 손을 담그고 큐티클을 유연하게 하는 동안 다른 한 손을 2~5번 시술을 진행한다.

⑦ 큐티클 오일 바르기

유연해진 큐티클이 마르지 않도록 큐티클오일을 도포하여 촉촉하게 유지시켜 준다.

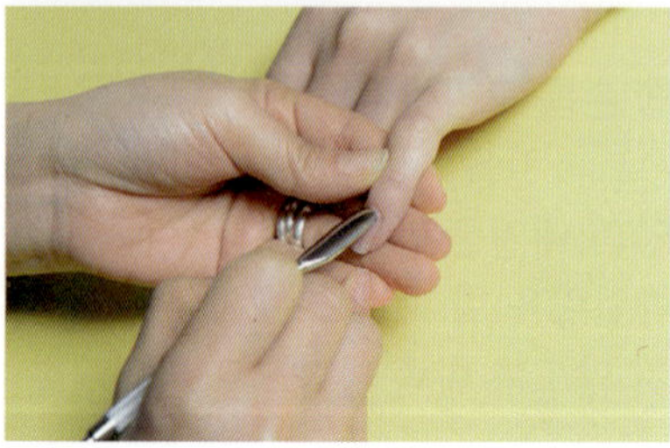

⑧ 큐티클 밀기

푸셔를 이용하여 손톱에 밀착되어 있는 큐티클을 밀어 올려주어 큐티클 제거가 용이하도록 만들어 준다.

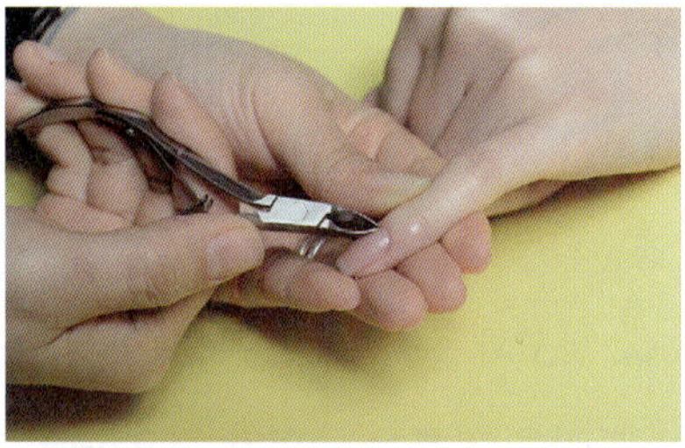

⑨ 큐티클 제거

니퍼를 이용하여 큐티클을 잘라낸다.

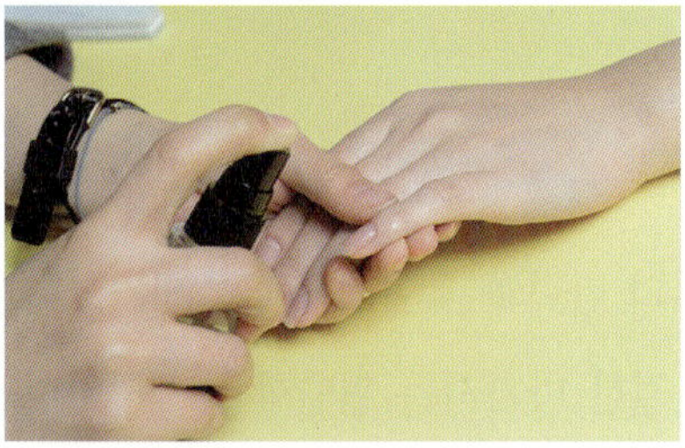

⑩ 중간 소독

미세한 상처를 통해 세균 감염이 될 수 있으므로 큐티클 정리가 끝난 후 소독제를 이용하여 한 번 더 소독해 준다.

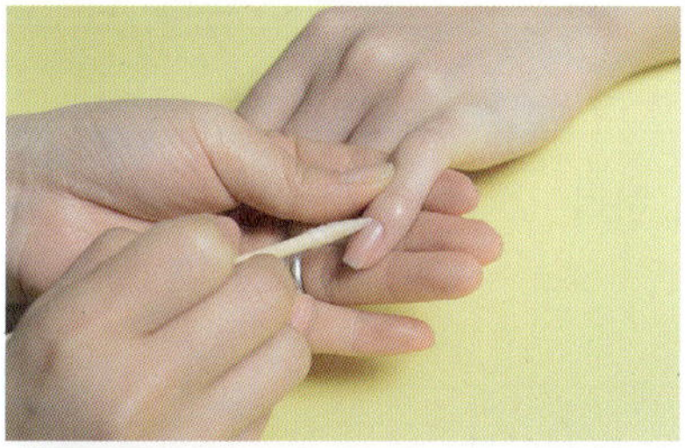

⑪ 손톱 유분제거

오렌지 우드스틱에 솜을 말아 손톱 표면의 큐티클오일과 유분기를 닦아 컬러링 시 밀착력과 지속력을 높여 준다.

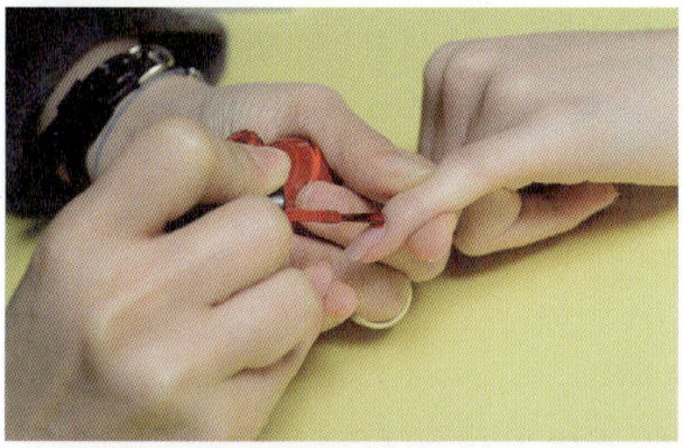

⑫ 컬러링

고객이 원하는 컬러링을 진행한다.

⑬ 마무리

컬러링 후 손톱 주변에 묻은 폴리시를 닦아내고 마무리한다.

(2) 파라핀 매니큐어 Paraffin manicure

파라핀 매니큐어는 거친 피부와 건조한 피부를 가진 사람들에게 수분과 열을 공급하는 역할을 하며, 관절염 환자에게 혈액순환을 촉진시킨다. 파라핀은 콜라겐collagen 및 유칼립투스Eucalyptus, 라놀린lanolin, 토코페롤tocopheral 등의 성분을 포함하고 있어 인체에 유익하지만, 상처나 화상을 입은 피부는 주의가 필요하다.

1) 파라핀 매니큐어 시술 과정

① 핸드 마사지 Hand massage

마사지는 피부나 근육을 이완시켜서 피부의 탄력과 유연성을 유지시키고 신진대사를 돕고 혈액순환 촉진에 탁월하다. 적절한 마자시는 편안함을 제공하지만, 마사지를 심하게 하는 경우는 오히려 피부에 해로운 영향을 줄 수 있다. 단, 고혈압 또는 심장병 환자는 혈액순환이 급격히 빨라짐으로써 위험할 수 있으니 주의하고 임산부는 특정 부위의 자극을 주의해야 한다.

② 핸드 마사지 시술 과정

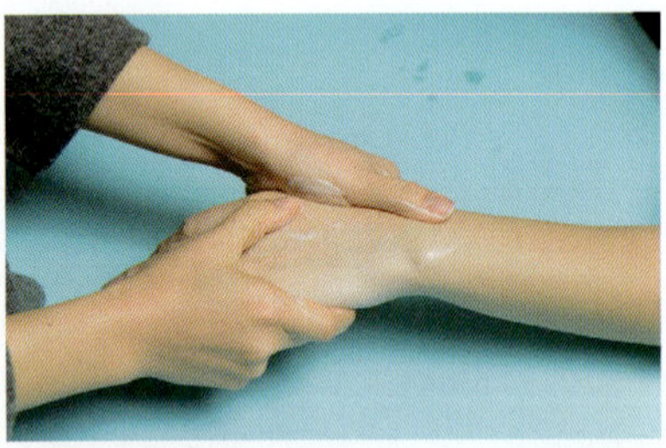

① 로션도포
적당량의 로션을 고객의 손등, 손바닥, 손목 등에 골고루 도포한다.

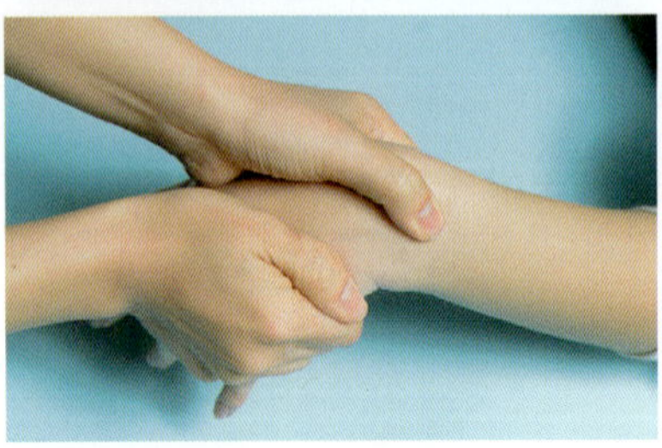

② 손목관절 마사지
고객의 손목을 아래쪽으로 젖혀 스트레칭 한 후 손목을 엄지손가락을 이용하여 마사지한다.

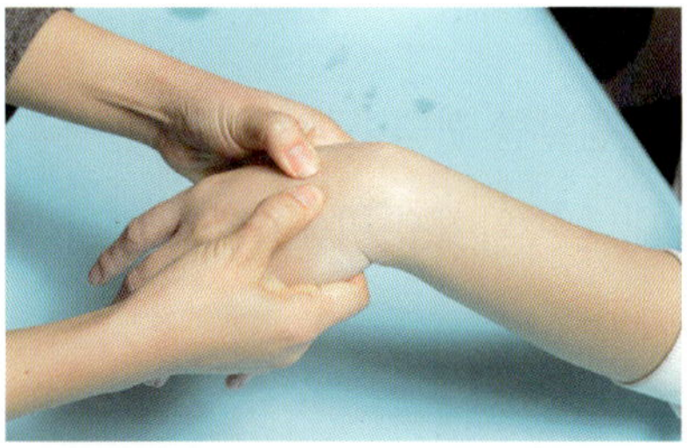

③ 손등 마사지

고객의 손등을 양쪽 엄지손가락을 이용하여 뼈 사이사이를 마사지하고 손등을 문지르며 마사지한다.

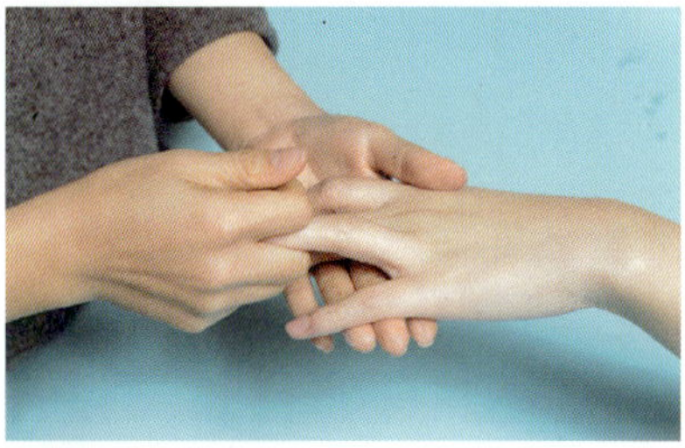

④ 손가락 관절 운동

손가락의 마디부분을 검지와 중지 사이에 끼워 눌러서 돌려주거나 잡아 빼주는 동작을 반복하여 마사지한다.

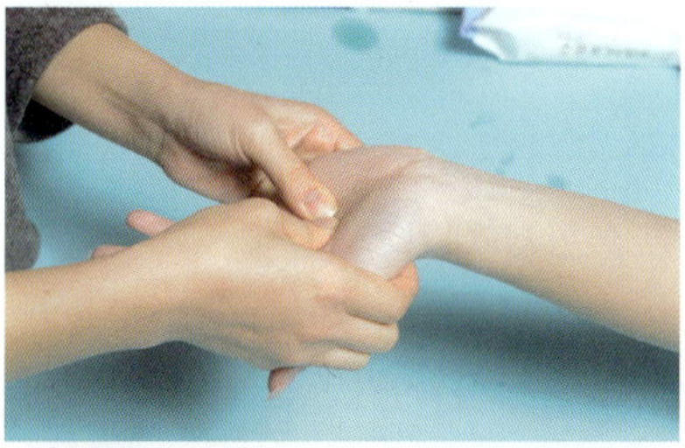

⑤ 손바닥 마사지

손등이랑 동일하게 엄지손가락을 이용하여 손바닥 전체를 누르며 마사지한다.

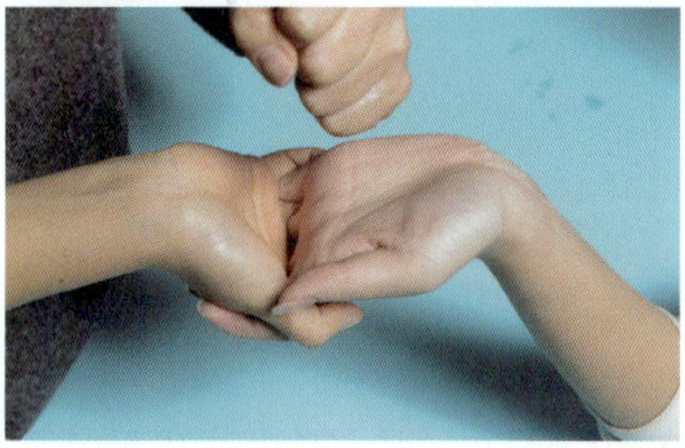

⑥ 마무리

손목과 손가락을 스트레칭해 주고 가볍게 두들겨 주면서 마지막으로 손을 가볍게 쥐어 손가락 끝까지 가볍게 눌러 쓸어 준다.

4. 페디큐어 Pedicure

(1) 페디큐어의 특징

페디큐어는 pedi는 라틴어로 페누스penus에서, cure는 영어의 관리나 보호 등의 뜻에서 유래했다. 1950년대에 대중에게 선보였으며, 페디큐어는 습식 매니큐어와 마찬가지로 네일 살롱에서 다양한 시술이 이루어진다. 그렇기 때문에 습식 매니큐어 시술 과정과 비슷한 과정으로 진행된다.

페티큐어는 발과 발톱을 청결하게 관리하고 원활한 혈액순환을 통해 발의 피로를 풀어 주며, 발을 자주 노출하는 여름철 실내나 야외에서 미용효과가 탁월하다.

(2) 페디큐어 시술과정

파고드는 발톱을 예방하기 위하여 발톱 모양은 스퀘어 셰이프로 한다. 각질 제거 시에는 종문피부결 방향으로 2~3회 실시한다.

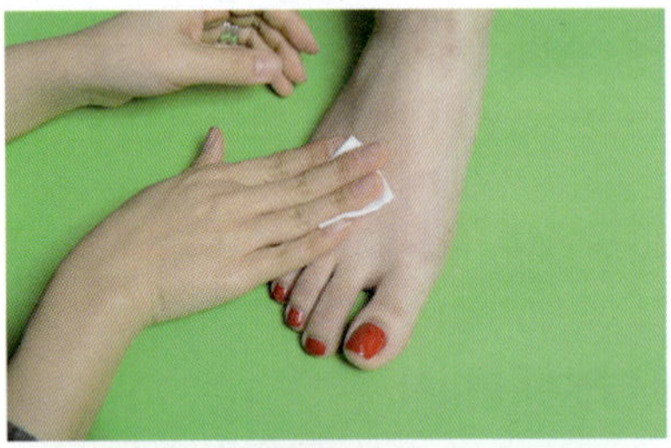

① 발 소독

항균 소독제를 솜에 묻혀 시술자의 손과 고객의 발을 소독한다.

② 폴리시 제거

솜에 리무버를 묻혀 고객의 발톱에 남아있는 폴리시와 이물질을 닦아낸다.

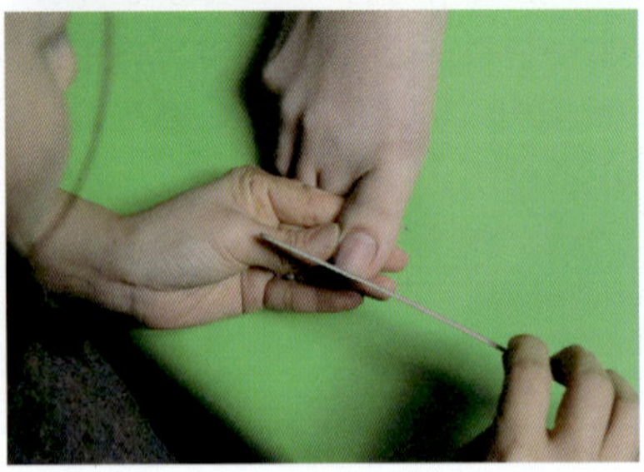

③ 발톱 모양잡기

우드파일을 이용하여 고객이 원하는 모양의 네일을 만들어 준다.

파일링을 할 때는 고객의 발톱이 손상되지 않도록 한쪽 방향으로 파일링한다.

④ 라운드 패드 – 표면정리

파일링으로 형태를 잡은 뒤 프리에지 밑 부분의 거스러미를 라운드 패드를 이용하여 제거해 준다.

발톱의 거친 표면을 샌딩을 이용하여 부드럽게 정리해 준다.

⑤ 발에 물 분무하기

따뜻한 항균 비눗물이 담긴 각탕기에 발을 담그거나 물을 분무하여 큐티클을 유연하게 하는 동안 다른 한쪽 발을 2~4번 시술을 진행한다.

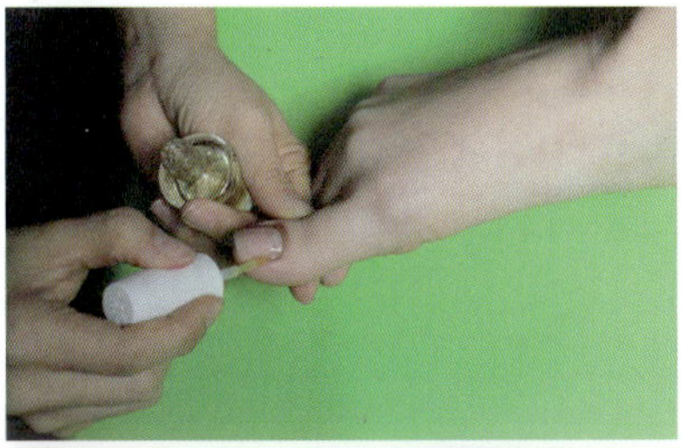

⑥ 큐티클 오일 바르기

유연해진 큐티클이 마르지 않도록 큐티클 오일을 도포하여 촉촉하게 유지시켜 준다.

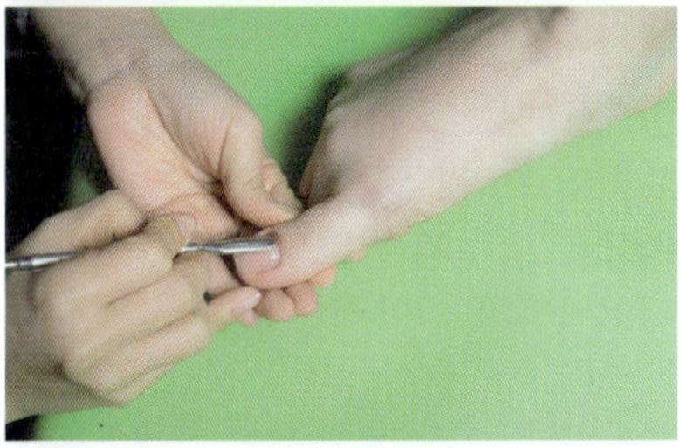

⑦ 큐티클 밀기

푸셔를 이용하여 발톱에 밀착되어 있는 큐티클을 밀어 올려 주어 큐티클 제거가 용이하도록 만들어 준다.

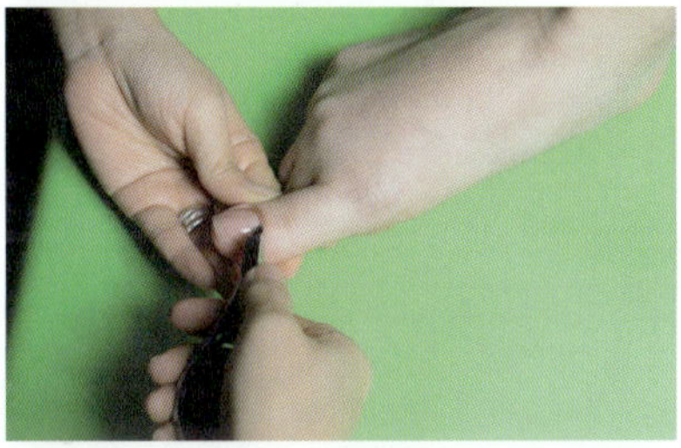

⑧ 큐티클 제거

니퍼를 이용하여 큐티클을 잘라낸다.

⑨ 중간 소독

미세한 상처를 통해 세균 감염이 될 수 있으므로 큐티클 정리가 끝난 후 소독제를 이용하여 한 번 더 소독해 준다.

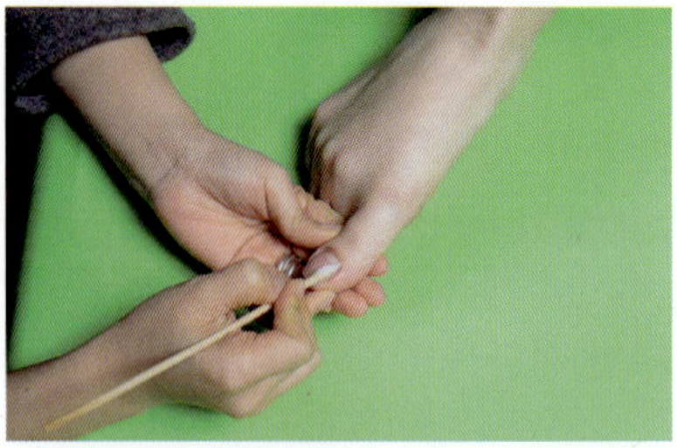

⑩ 발톱 유분제거

오렌지 우드스틱에 솜을 말아 발톱 표면의 큐티클 오일과 유분기를 닦아 컬러링 시 밀착력과 지속력을 높여 준다.

⑪ 컬러링

고객이 원하는 컬러링을 진행한다.

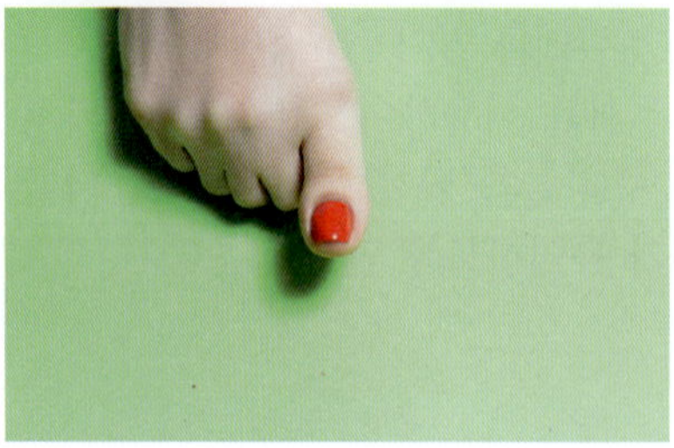

⑫ 마무리

컬러링 후 발톱 주변에 묻은 폴리시를 닦아내고 마무리 한다.

3. 인조 네일 디자인 시술

(1) 네일 팁

네일 팁nail tip이란, 손톱이 짧은 경우 미용의 목적으로 자연 손톱에 접착제를 사용하여 손톱길이를 연장해 주는 인조 네일을 말한다. 네일 팁은 플라스틱plastic, 나일론nylon, 아세테이트acetate 등의 재료로 만들어지며, 단독으로 시술하였을 때 견고함이 떨어지기 때문에 네일 랩nail wraps이나 아크릴acrylic, 겔gel과 함께 시술함으로써 견고성을 높일 수 있다.

1) 네일 팁의 종류

네일 팁은 크기에 따라 0~9호 또는 1~10호로 분류 · 표기되어 있으며, 종류에 따라 약간씩 다른 형태를 가지고 있다.

① **풀 팁** full tip : 손톱 전체에 붙이는 팁이다.

② **하프 팁** half tip **또는 웰 팁** well tip : 자연 네일과 손톱의 접착 부위에 아치형 모양의 면적 부분을 웰well이라고 한다. 손톱 끝부분에 붙여서 손톱의 길이를 연장하는 팁으로 팁을 붙인 후에 팁 커터를 사용해 적당한 길이로 잘아낼 수 있다. 하프 팁의 종류에는 풀 웰 팁square tip, 하프 웰 팁regular tip, 부분 웰 팁partial tip 등이 있다.

③ **디자인 팁** design tip : 풀 팁full tip과 하프 팁halp tip이 있으며, 대표적으로 컬러 팁color tip인 블랙 팁, 화이트 팁, 투명 팁, 미러 팁 등이 있다.

현재도 꾸준히 새롭고 다양한 종류의 네일 팁이 만들어지고 있다.

2) 네일 팁 고르는 법

자연 네일의 양쪽 조구까지 모두 커버하는 크기와 넓이가 맞는 팁을 선택하고, 자연 네일의 1/2 이상 붙이지 않아야 한다. 웰well의 모양이나 면적이 클 경우에는 자르거나 갈아서 사용하며, 손톱 모양과 어울리는 팁을 선택하도록 한다.

3) 네일 팁의 접착과 제거

① 네일 팁을 붙일 때에는 글루를 팁이나 손톱에 바른 후 45°로 프리에지부터 점차적으로 밀착시켜 공기가 들어가지 않게 붙이는 것이 중요하다.

② 네일 팁을 제거할 때에는 퓨어 아세톤(100% 아세톤)이나 전용 용해제를 사용한다. 첫 번째 방법으로는 유리용기에 손끝만 10~15분 정도 담가 네일 팁과 접착제가 녹인 후에 오렌지 우드스틱을 사용해서 큐티클 라인부터 프리에지 쪽으로 밀어 제거하는 방법이 있다. 또 다른 방법은 솜에 아세톤을 적셔 포일foil을 10~15분 정도 감싸서 녹인 후 역시 오렌지 우드스틱으로 밀어 제거하는 방법이 있다.

두 방법 모두 네일 팁과 접착제가 제거되었으면 파일링filling을 통해 손톱을 깨끗한 상태로 정리한다.

4) 네일 팁의 활용

네일 팁을 활용한 네일 테크닉은 손톱 길이가 짧아 네일 길이 연장을 원할 때 팁만을 이용해서 손톱의 길이를 연장시키는 팁 익스텐션tip extension과 팁과 필러 파우더를 이용해서 길이 연장과 강도를 강하게 하기 위한 팁 위드 필러tip with filler가 있으며, 프렌치 팁을 이용하여 손톱에 스마일 라인을 만들어 주어 길이와 강도는 물론 손톱의 디자인까지 충족시켜 주는 프렌치 팁french tip 시술이 있다.

5) 팁 익스텐션, 팁 위드 필러 시술 과정

11자 형태, 팁턱 제거

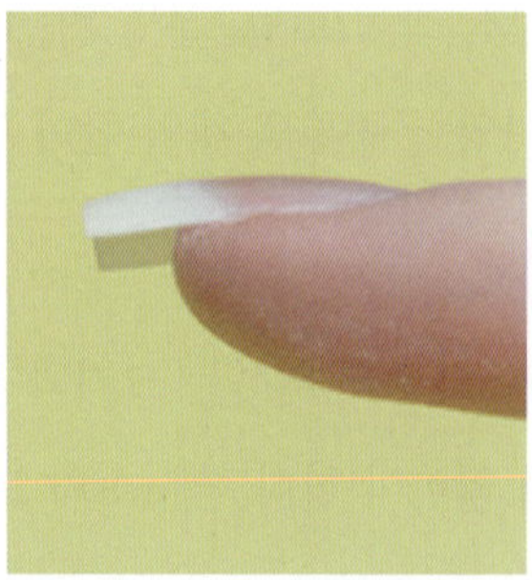
하이포인트, 사이드 스트레이트, 자연스러운 능선

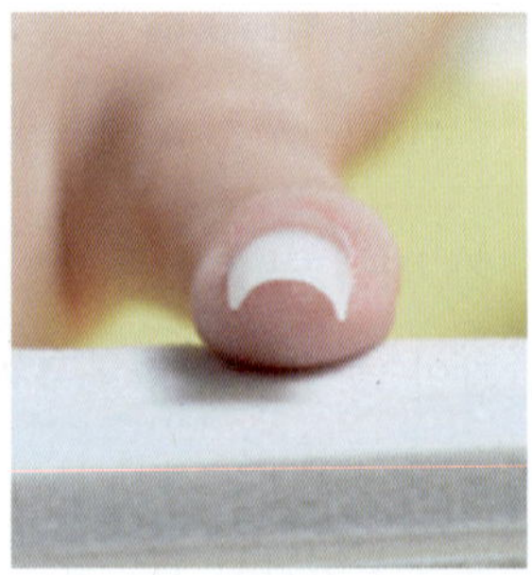
30~40% C커브

① 프레퍼레이션Preparation

자연 네일의 길이 조정 및 모양을 잡고 큐티클 정리, 유 · 수분 및 광택, 먼지를 제거하여 팁 익스텐션 시술 후 지속력을 높인다.

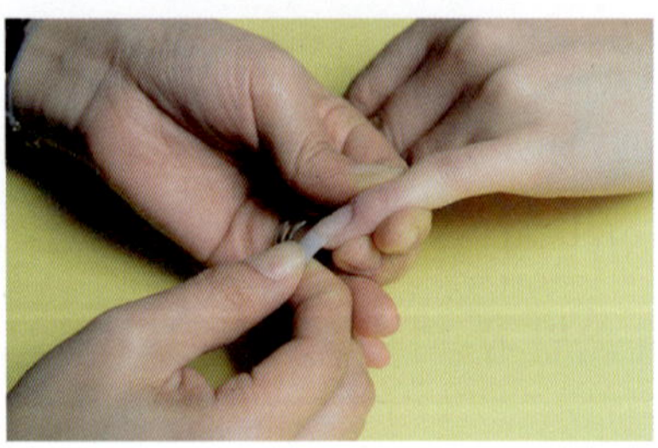

② 팁 붙이기

레귤러 팁을 젤 글루나 라이트 글루를 이용하여 팁의 웰 라인과 자연 네일의 프리에지 라인이 맞아서 틀어지지 않도록 붙여 준다.

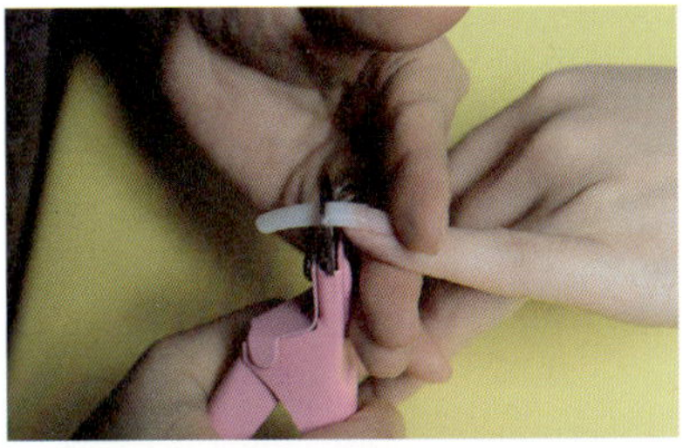

③ 팁 커팅

팁 커터를 이용하여 원하는 길이보다 조금 길게 잘라낸다.

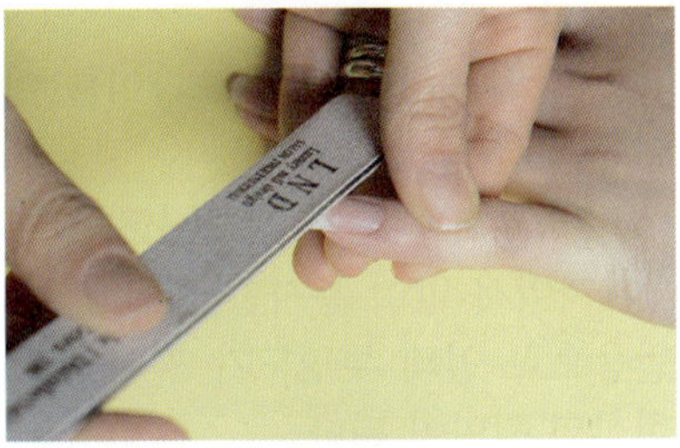

④ 팁턱 제거

자연 네일과 팁의 웰이 자연스럽게 연결될 수 있도록 파일을 이용하여 팁턱을 갈아내 준다. 이때 자연 네일이 손상되지 않도록 조심히 파일링한다.

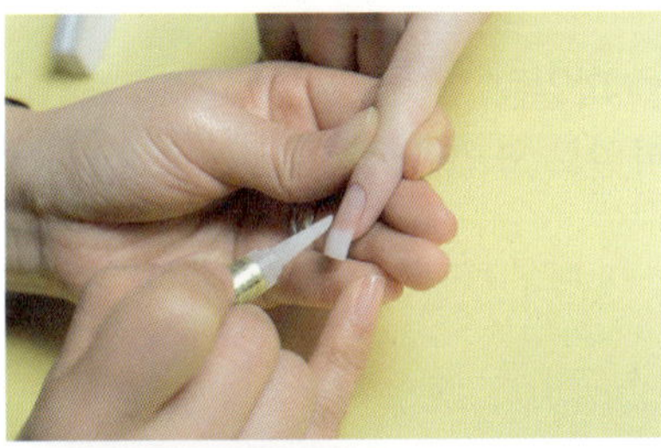

⑤ 라이트 글루 도포

손톱과 연장된 인조 네일 전체에 라이트 글루를 꼼꼼하게 도포한다.

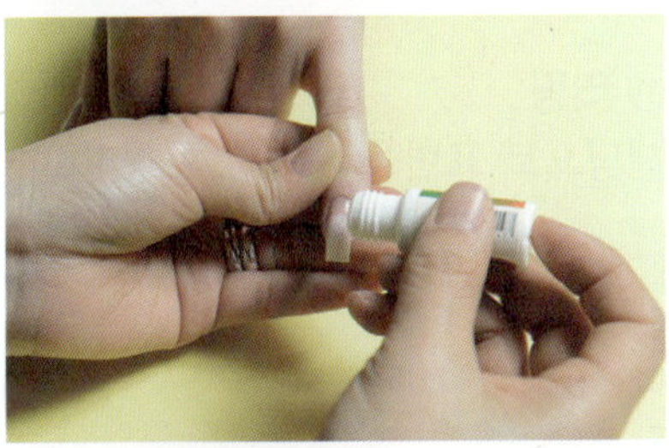

⑥ 필러 뿌리기

필러를 인조 네일과 자연 네일이 연결된 부분에 집중적으로 뿌려주고 위 아래가 자연스럽게 그라데이션될 수 있도록 한다.

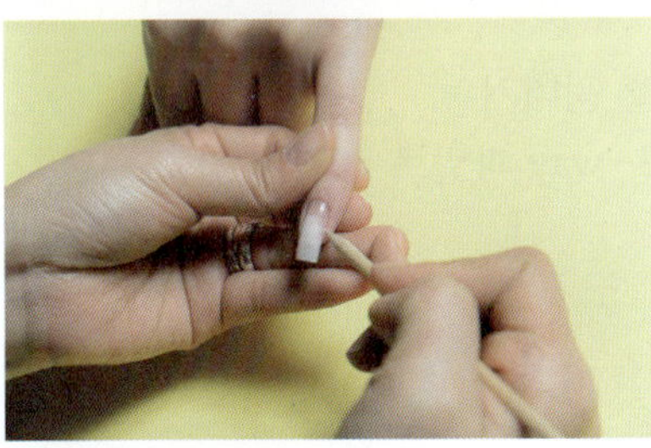

⑦ 필러 정리

필러를 뿌리고 그루브에 들어간 필러를 오렌지 우드스틱을 이용하여 제거해 준다.

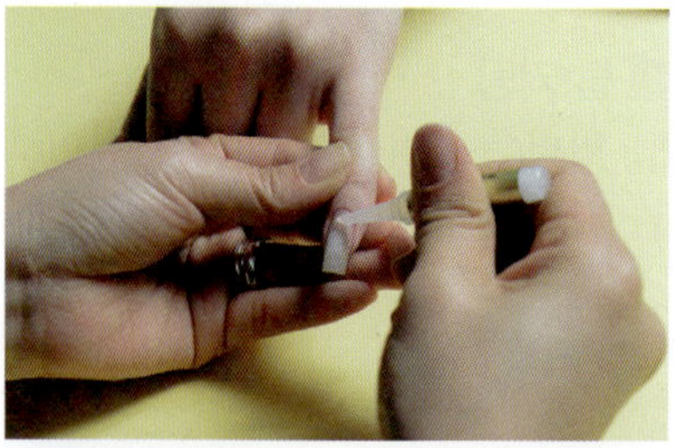

⑧ 글루 도포

라이트 글루가 필러에 스며들 수 있도록 글루를 도포한다. 원하는 두께가 되도록 2~3회 반복한다.

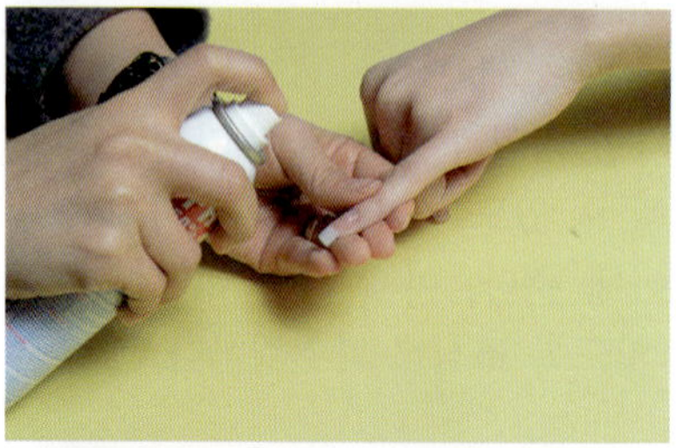

⑨ 글루드라이

빠른 작업을 위해 글루드라이를 이용하여 글루를 굳혀 준다.

15~20cm로 거리를 두고 소량 분사한다. 가까이서 많이 분사할 경우 빠른 냉각반응으로 인해 투명도가 떨어지고 백탁현상의 원인이 된다.

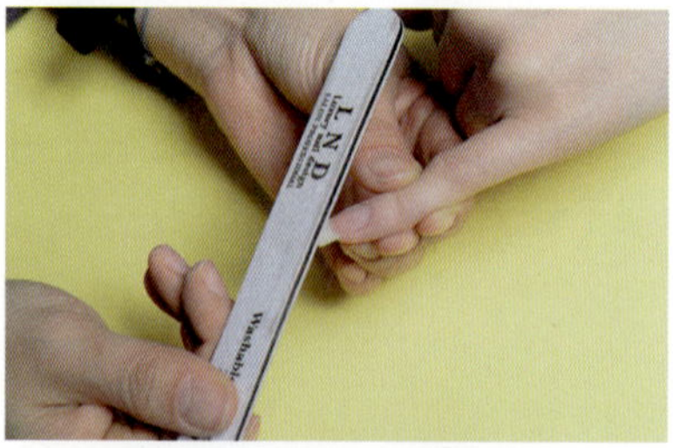

⑩ 파일링

파일로 표면을 정리한다.

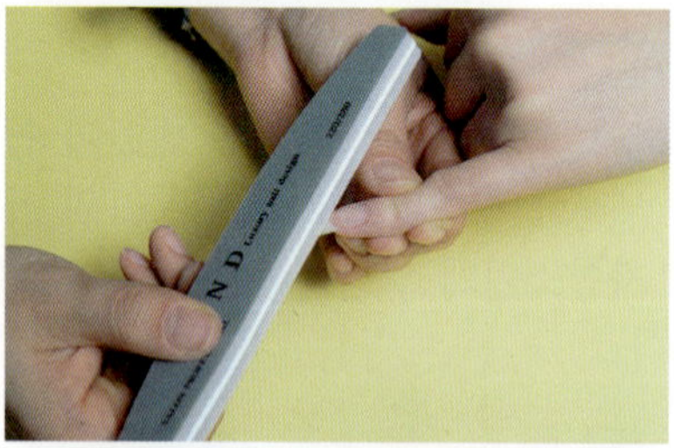

⑪ 버핑

샌딩으로 표면을 매끄럽게 정리한다.

⑫ 광내기

3-way 파일로 표면에 광을 낸다.

(2) 네일 랩Nail Wraps

손톱을 포장한다는 뜻을 가진 네일 랩은 보수한다는 뜻의 오버 레이over lays로도 쓰인다. 네일 랩에는 자연손톱이 손상될 경우 손톱 위에 랩을 씌워 손톱을 보수하거나 팁 위에 씌워서 더욱 튼튼한 네일을 만들어 주는 팁 위드 랩tip with wraps이라는 테크닉이 있다.

1) 네일 랩의 종류와 특징

① **실크**silk : 가느다란 명주실이 격자구조로 짜여 있는 천으로 손톱 위에 시술하면 투명도가 높고, 강하며 자연스러워 가장 많이 사용한다.

② **린넨**linen : 다른 랩에 비해 굵은 실로 짜여 있어서 두껍고 투박한 단점이 있으나 강하고 오래 가는 특징이 있다. 시술 후 컬러링을 해야 한다.

③ **화이버글래스**fiberglass : 광섬유, 유리섬유라고도 하며, 매우 가느다란 인조섬유 짜여 있어서 접착제가 잘 스며들고 다른 랩에 비해 가장 강하고 오래 가는 특징이 있다.

④ **페이퍼 랩**paper wraps : 말 그대로 얇고 약한 종이이기 때문에 임시적인 방편으로 쓰이며 리무버나 아세톤, 심지어 비아세톤에도 용해한다.

2) 네일 랩 시술 과정

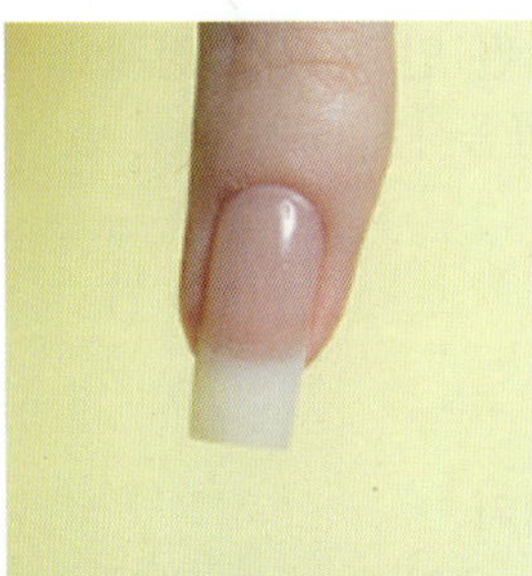

11자 형태

사이드 스트레이트, 하이포인트, 자연스러운 능선

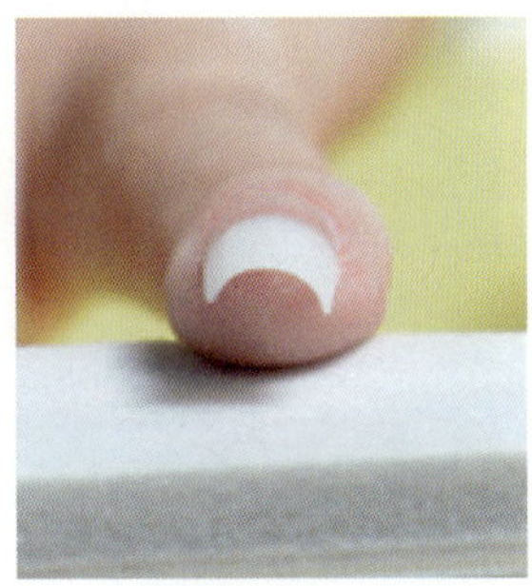

30~40% C커브

① 프레퍼레이션

자연 네일의 길이 조정 및 모양을 잡고 큐티클 정리, 유 · 수분 및 광택, 먼지를 제거하여 팁 위드 랩 시술 후 지속력을 높인다.

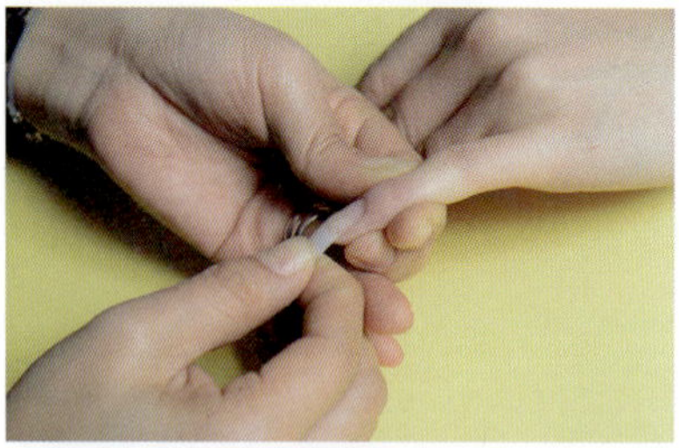

② 팁 붙이기

레귤러 팁을 젤 글루나 라이트 글루를 이용하여 팁의 웰 라인과 자연 네일의 프리에지 라인이 맞아서 틀어지지 않도록 붙여 준다.

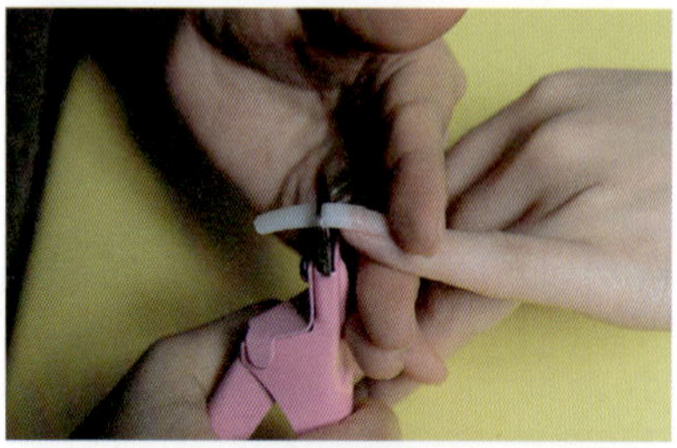

③ 팁 커팅

팁 커터를 이용하여 원하는 길이보다 조금 길게 잘라낸다.

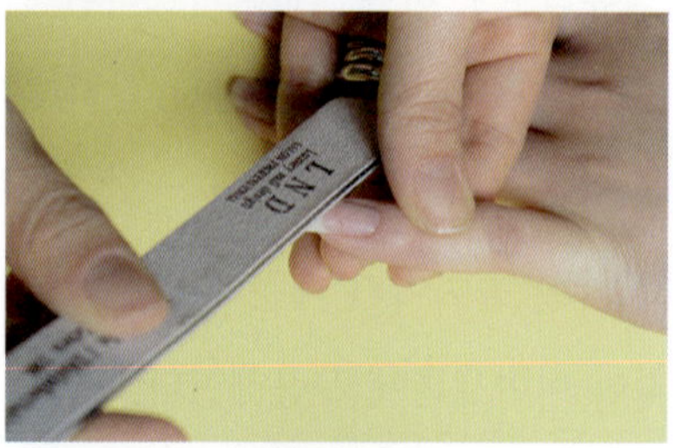

④ 팁턱 제거

자연 네일과 팁의 웰이 자연스럽게 연결될 수 있도록 파일을 이용하여 팁턱을 갈아내 준다. 이때 자연 네일이 손상되지 않도록 조심히 파일링한다.

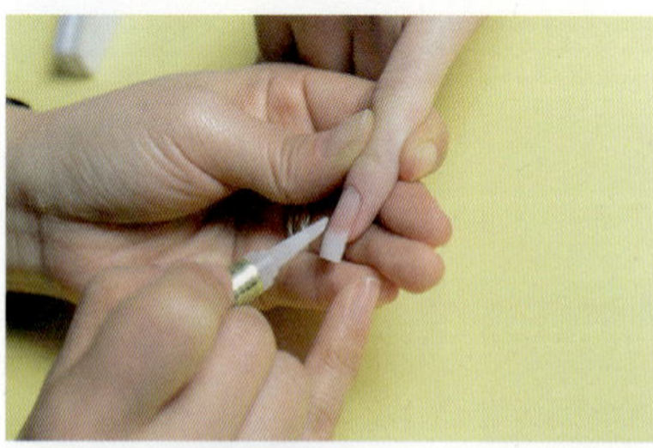

⑤ 라이트 글루 도포

손톱과 연장된 인조 네일 전체에 라이트 글루를 꼼꼼하게 도포한다.

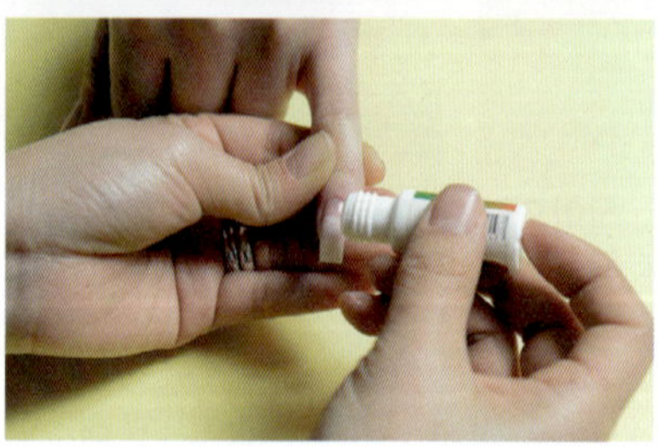

⑥ 필러 뿌리기

필러를 인조 네일과 자연 네일이 연결된 부분에 집중적으로 뿌려주고 위아래가 자연스럽게 그라데이션될 수 있도록 한다.

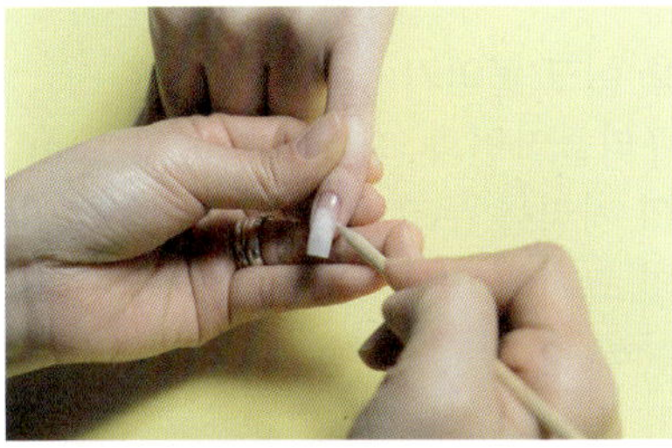

⑦ 필러 정리

필러를 뿌리고 그루브에 들어간 필러를 오렌지 우드스틱을 이용하여 제거해 준다.

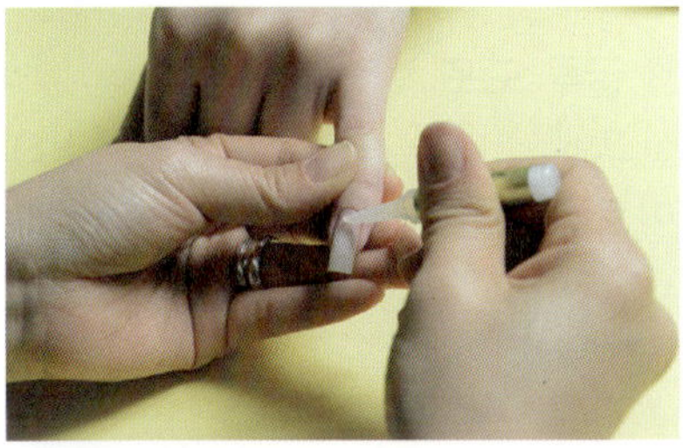

⑧ 글루 도포

라이트 글루가 필러에 스며들 수 있도록 글루를 도포한다. 원하는 두께가 되도록 2~3회 반복한다.

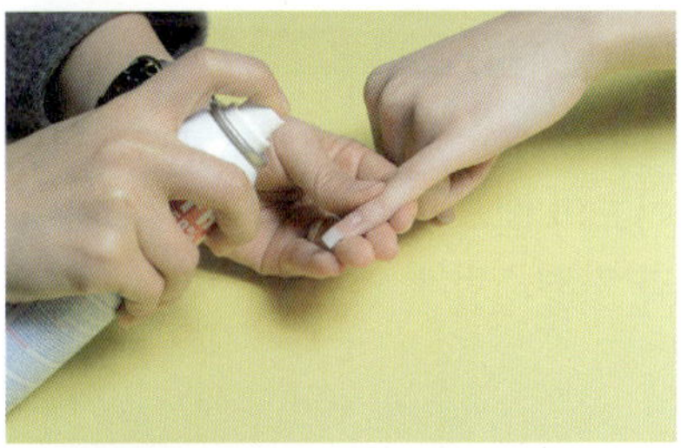

⑨ 글루드라이

빠른 작업을 위해 글루드라이를 이용하여 글루를 굳혀 준다.

15~20cm로 거리를 두고 소량 분사한다. 가까이서 많이 분사할 경우 빠른 냉각반응으로 인해 투명도가 떨어지고 백탁현상의 원인이 된다.

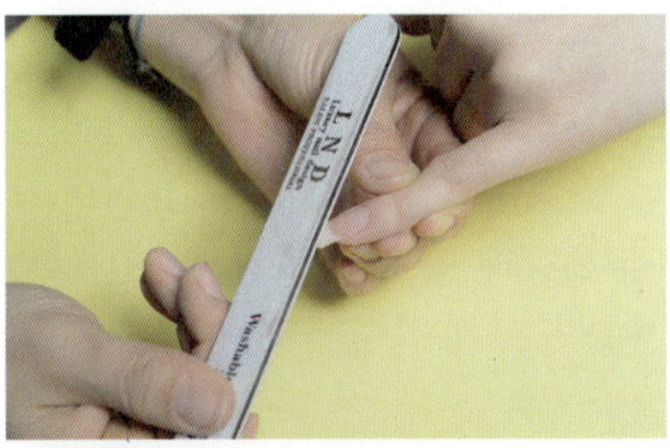

⑩ 파일링

파일로 표면을 정리한다.

⑪ 실크 재단

인조 네일 전체를 덮을 수 있도록 실크랩을 재단한다.

⑫ 실크 붙이기

큐티클라인과 사이드쪽은 0.1cm 정도의 거리를 두고 실크를 접착하고 인조네일 크기에 맞게 붙인 상태에서 실크를 재단해 준다.

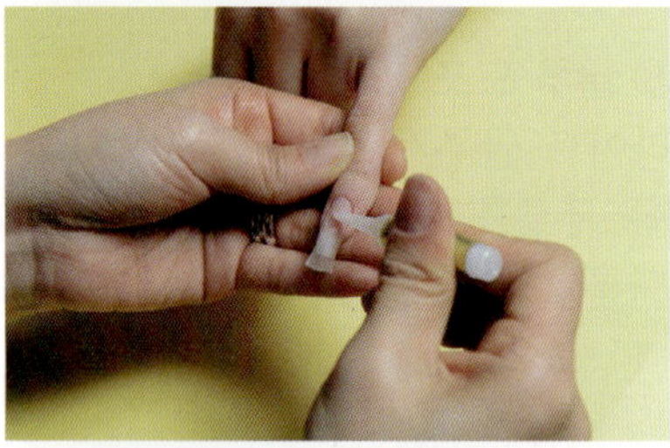

⑬ 글루 도포

실크에 스며들 수 있도록 전체적으로 라이트 글루를 도포해 준다.

⑭ 실크 턱선 정리

글루드라이로 굳힌 후 큐티클라인과 사이드의 실크 턱을 파일링하여 자연 네일과 자연스럽게 연결해 준다.

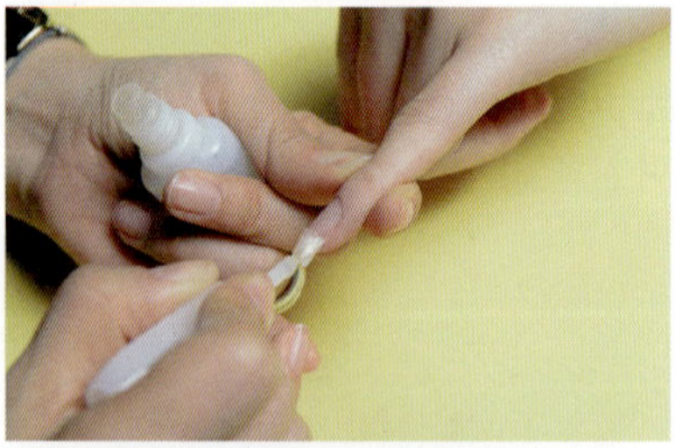

⑮ 글루 도포

라이트 글루를 도포하여 파일링으로 인한 스크러치를 메워 주고 표면의 부족한 두께감과 강도를 높일 수 있도록 젤 글루를 도포해 준다.

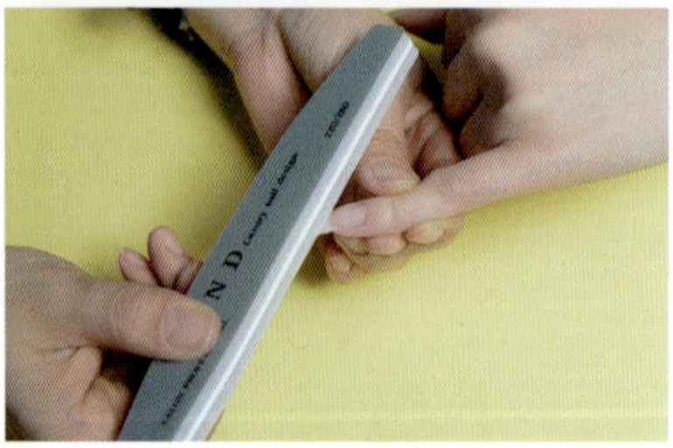

⑯ 표면정리

샌딩을 이용하여 표면을 매끄럽게 정리한다.

⑰ 광 내기

3-way 파일을 이용하여 표면에 광을 낸다.

(3) 실크 익스텐션 Silk Extension

자연손톱에 실크를 이용하여 손톱의 길이를 연장해주는 방법이다.

1) 손톱 형태 제작 시 주의사항

실크 익스텐션은 직접 손톱의 형태를 만드는 작업이므로 손톱의 단면에서 보았을 때 나타나는 C커브C curve를 만드는 것이 중요하다.

자연 손톱의 커브는 15~20%가 많고, 실크 익스텐션을 시술할 때에는 20~25%의 커브가 적당하다. 대회나 자격증 시험에서는 35~40%까지도 C커브를 만든다.

한편 손톱 측면에서 보았을 때 조상의 가장 높은 자리를 네일 아치arch라고 하는데, 자연스러운 아치를 유지시키는 것 또한 실크 익스텐션의 중요한 포인트이다.

2) 실크 익스텐션 시술 과정

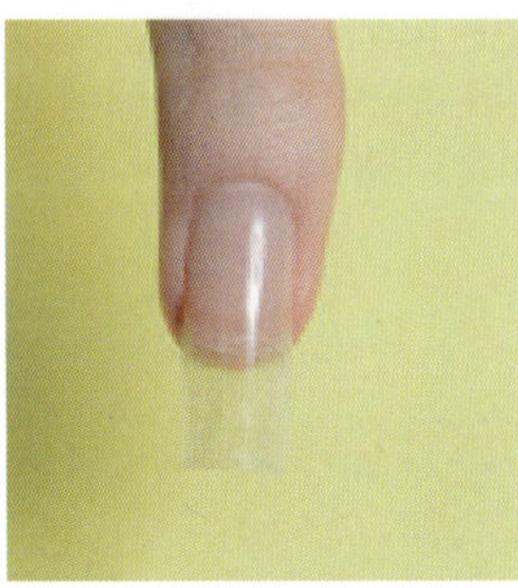

11자 형태

사이드 스트레이트, 하이포인트, 자연스러운 능선

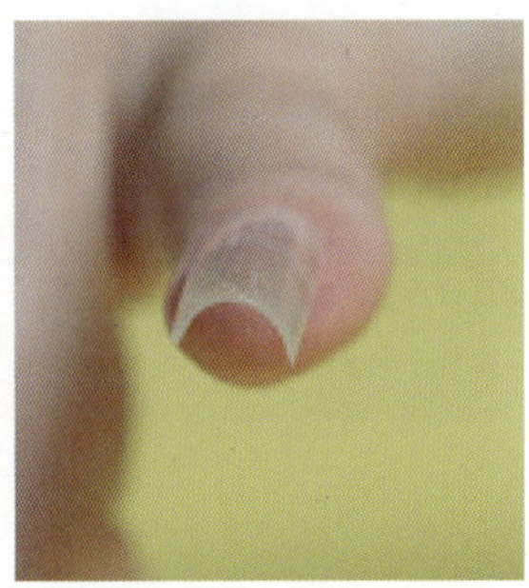

30~40% C커브

① 프레퍼레이션

자연 네일의 길이 조정 및 모양을 잡고 큐티클 정리, 유 · 수분 및 광택, 먼지를 제거하여 실크 익스텐션 시술 후 지속력을 높인다.

② 실크 재단

실크 익스텐션 시 사이드가 부족하지 않도록 사다리꼴 형태로 실크를 재단한다.

직사각형 형태에서 왼쪽사이드를 먼저 재단한다.

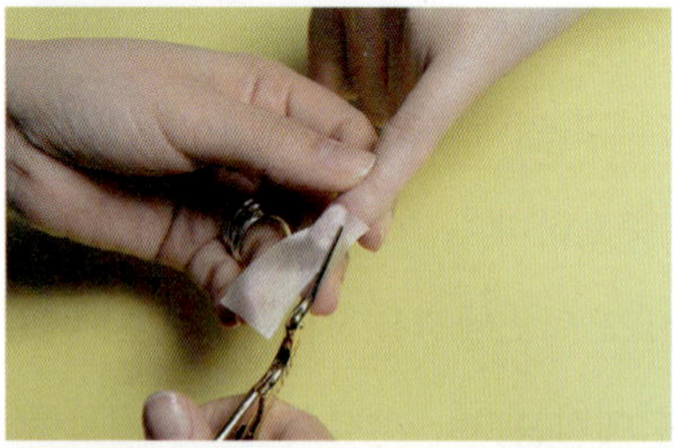

③ 실크 붙이기(오른손 기준)

큐티클라인과 사이드쪽은 0.1 cm 정도의 거리를 두고 왼쪽 라인에 맞춰 실크를 접착하고 오른쪽 부분의 실크를 재단해 준다.

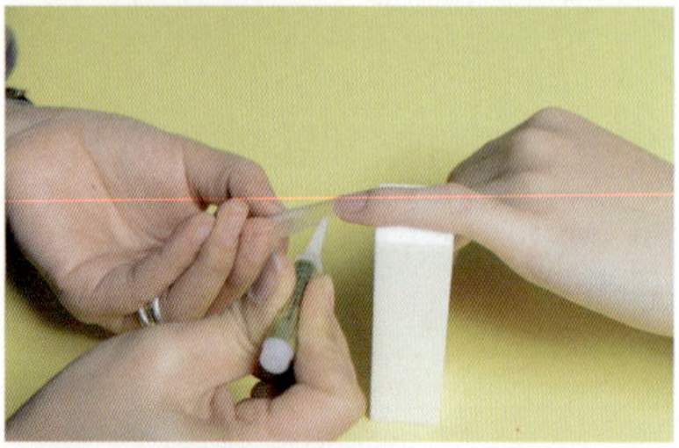

④ 글루 도포 (1차 형태 잡기)

실크에 스며들 수 있도록 전체적으로 라이트 글루를 도포해 준다.

자연스러운 커브가 만들어지도록 실크 형태를 잡아 준다.

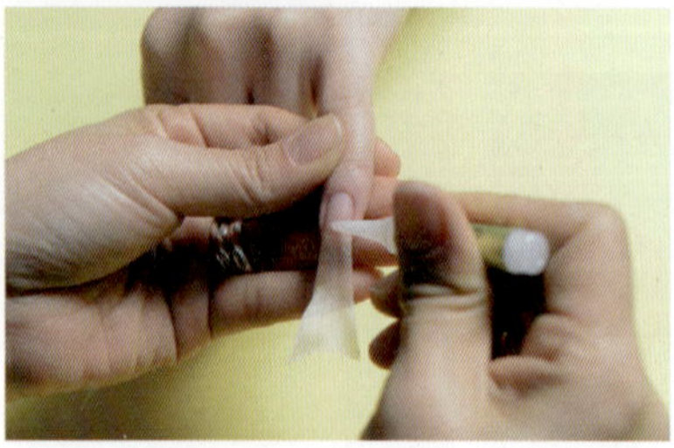

⑤ 라이트 글루 도포

손톱과 연장된 인조 네일 전체에 라이트 글루를 꼼꼼하게 도포한다.

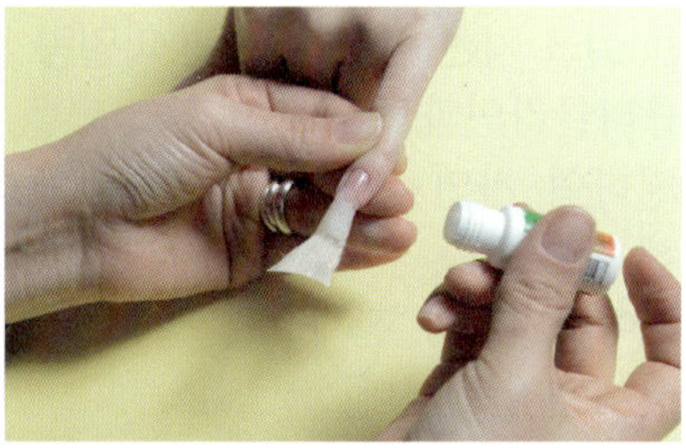

⑥ 글루-필러-글루

필러를 실크 연장 부분에 뿌려주고 두께감을 만들어 준다.

(글루-필러-글루)2~3회 반복한다. 자연 네일과 자연스럽게 연결될 수 있도록 한다.

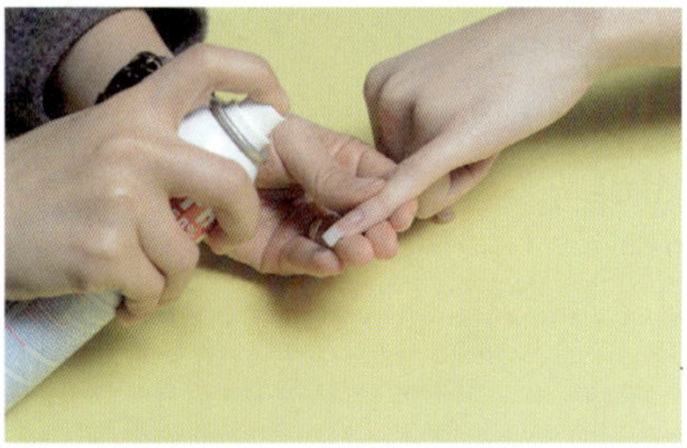

⑦ 글루드라이

빠른 작업을 위해 글루드라이를 이용하여 글루를 굳혀 준다. 15~20cm로 거리를 두고 소량 분사한다. 가까이서 많이 분사할 경우 빠른 냉각반응으로 인해 투명도가 떨어지고 백탁 현상의 원인이 된다.

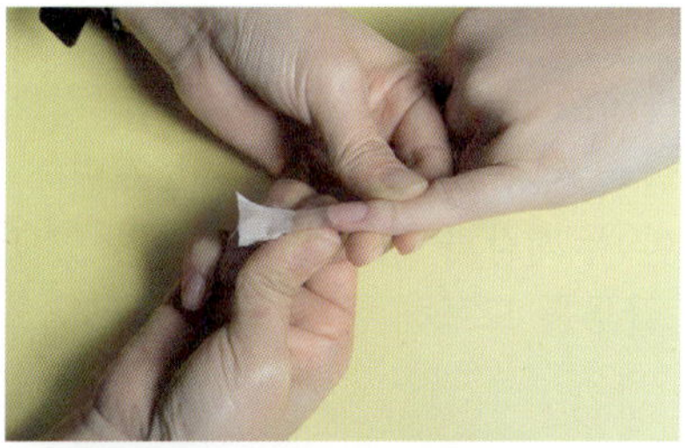

⑧ C 커브 만들기

글루드라이 분사 후 C 커브를 형성할 수 있도록 핀칭을 주거나 실크를 잡아당겨 자연스러운 커브를 만들어 준다.

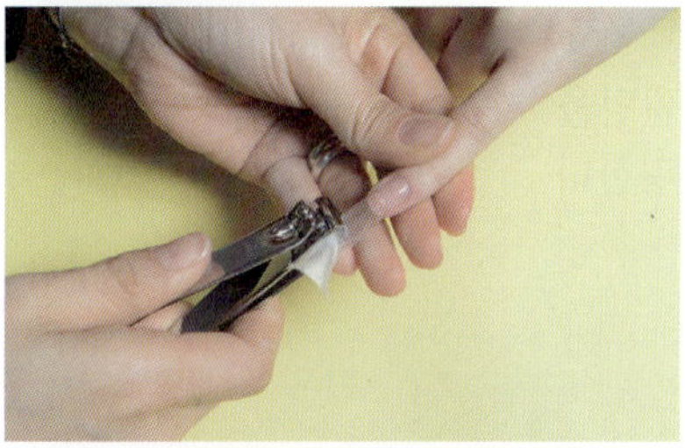

⑨ 모양 및 사이드 재단

모양과 사이드의 불필요한 부분을 클리퍼로 재단해 준다.

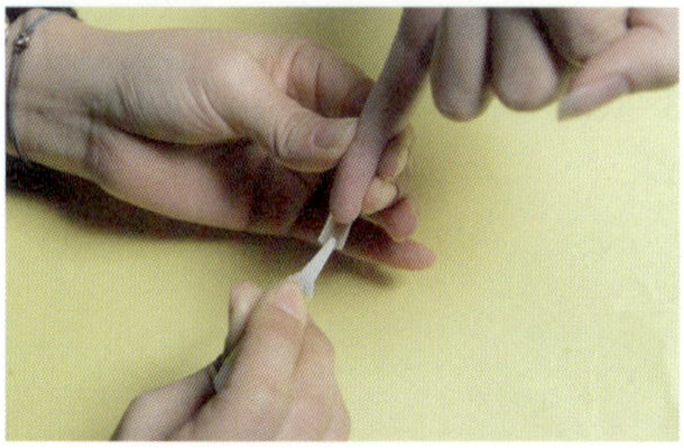

⑩ 실크 뒷면 글루 도포

실크의 접착제로 인해 이물질이 묻거나 실크가 지저분해질 수 있기 때문에 라이트글루로 실크 뒷면을 코팅해 준다.

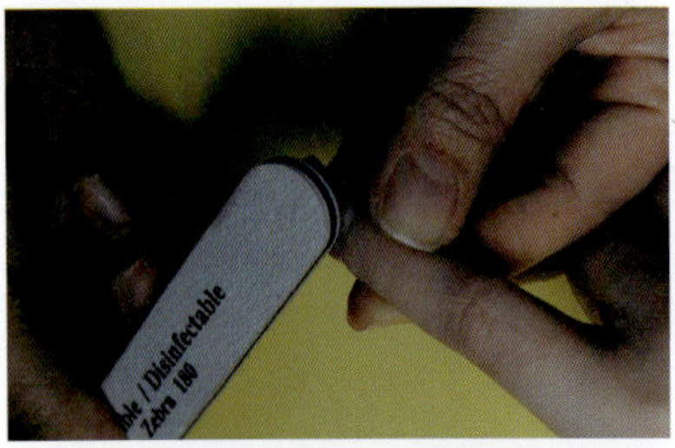

⑪ 실크 턱선 정리 및 표면 파일링

큐티클라인과 사이드의 실크 턱을 파일링하여 자연 네일과 자연스럽게 연결해 준다.

하이포인트와 전체적인 밸런스를 고려하여 파일링한다.

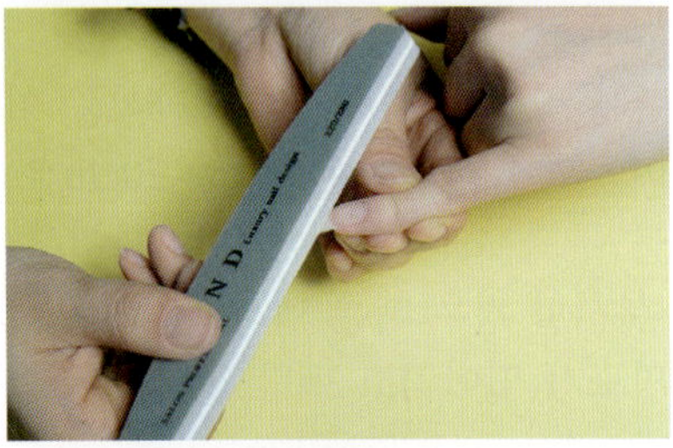

⑫ 표면정리

샌딩을 이용하여 표면을 매끄럽게 정리한다.

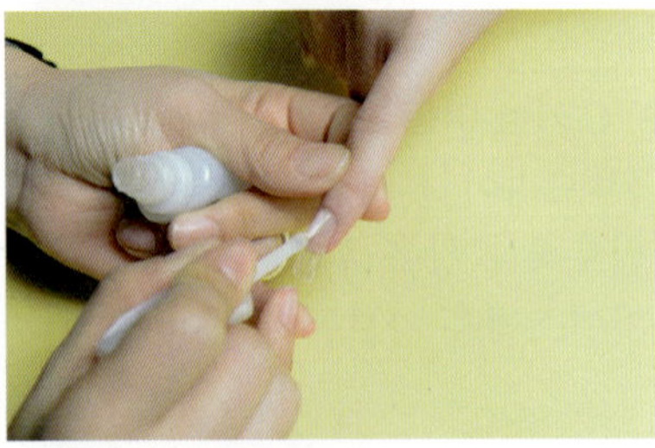

⑬ 글루 도포

라이트 글루를 도포하여 파일링으로 인한 흠집scratch을 메워 주고 표면의 부족한 두께감과 강도를 높일 수 있도록 젤 글루를 도포해 준다.

⑭ 샌딩

샌딩을 이용하여 표면을 매끄럽게 파일링한다.

⑮ 광 내기

3-way 파일을 이용하여 표면에 광을 낸다.

(4) 아크릴릭 네일 Acrylic nail

아크릴릭 네일은 아크릴릭 파우더Acrylic powder와 아크릴릭 리퀴드Acrylic liguid를 적당한 혼합 비율로 방울bead을 만들어 네일에 올려 인조 네일을 만드는 방법으로써 탄력성이 뛰어나며 잘 깨지지 않는 장점이 있고 손톱의 두께와 모양을 교정할 수 있는 매우 견고한 인조 손톱이다. 마치 시술 방법이 미술품을 조각하는 형태와 비슷하다고 해서 스컬프쳐 네일sculptured nail이라고도 하며, 자연 네일이나 인조 네일이나 할 것 없이 연장 · 보수 · 리페어 · 디자인 등 다양한 네일 시술이 가능하고 자연 네일의 느낌과 흡사해서 손톱 건강에 별다른 해를 미치지 않아 부작용이 덜하다.

아크릴릭 네일은 리퀴드 형태의 '모노머monomer', 고체화된 아크릴릭 형태의 ' 폴리머polymer', 아크릴릭의 경화속도를 조절하는 촉매제 작용을 하는 '카탈리스트catalyst' 등의 화학물질을 통해 비로소 완성된다. 아크릴릭 시술 시에는 21~23℃가 적당한 온도이다.

아크릴릭은 기온에 민감한 재료이기 때문에 너무 높은 기온이나 낮은 기온에서는 크랙crack 현상이 생기거나 리프팅lifting 현상이 일어날 수 있다. 아크릴릭 네일 시술 시에는 반드시 3분의 세트타임을 준수한다. 아크릴릭이 완전히 경화되는 데 걸리는 큐어링 타임curing time은 24시간에서 48시간 가량 소요된다. 아크릴릭 네일에서 가장 중요한 것은 브러시의 사용법이다. 브러시를 적절한 타이밍에 맞춰 얼마나 능숙하게 사용하는가에 따라 결과들의 완성도가 달라진다.

1) 아크릴릭 브러시 Acrylic brush

아크릴릭 브러시 관리 시에 브러시의 털을 뽑거나 자르지 말고, 사용 후 붓끝을 예리하게 만들어 아래로 향하게 보관하거나 뚜껑을 덮어 보관한다. 세척을 할 때에는 반드시 브러시 클리너로 세척하여 보관한다. 아크릴릭 브러시는 담비털로 만든 제품이 가장 좋고, 변형이 거의 없어 관리를 잘하면 오랫동안 사용할 수 있다. 아크릴 브러시는 용도에 따라 다양한 종류가 있다.

Check point

브러시 명칭

- 백Back : 볼을 일정하게 펴주고 길이나 두께를 조절하거나 힘을 주어 표현할 때 사용
- 벨리Belly : 볼을 움직여 전체적인 균형이나 형태를 잡아주고 적당한 힘을 주어 눌러주거나 쓸어줄 때 사용
- 팁Tip : 볼을 뜨는 부분으로 큐티클 라인, 스마일 라인, 사이드, 디자인 등의 가장 미세한 작업이 필요할 때 사용

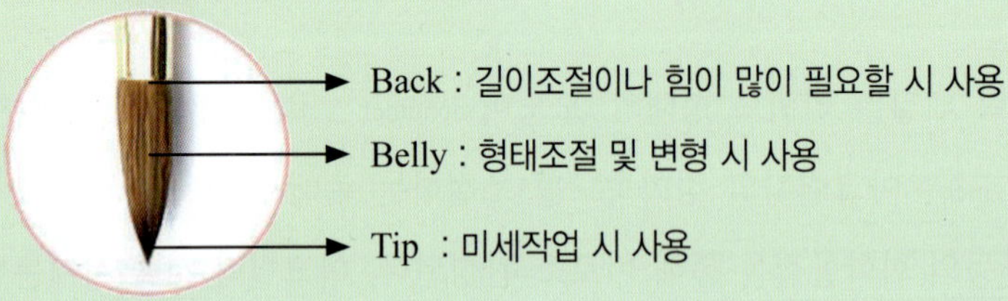

그림 5-8 아크릴 브러시 설명

2) 아크릴릭 방울Acrylic bead 만들기

① 아크릴릭 브러시에 리퀴드에 적신 후 디펜디시dappen dish 벽에서 리퀴드liguid 양을 조절한다.

② 아크릴릭 브러시에 리퀴드가 적당히 적셔지면 아크릴릭 파우더와 혼합하여 아크릴릭 방울을 만드는데, 혼합비율은 아크릴릭 파우더 : 아크릴릭 리퀴드 = 1 : 1.5가 적당하다.

③ 적당한 크기의 아크릴릭 방울이 생성되면 프리에지 – 하이포인트 – 큐티클 방향 순서대로 방울을 올려서 펴준다.

3) 리퀴드와 파우더의 비율

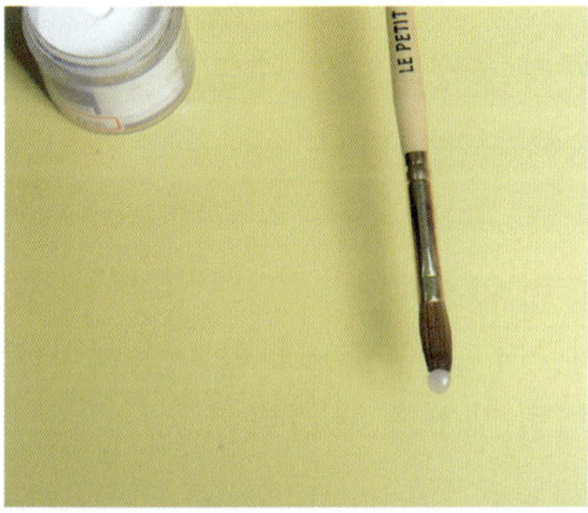

아크릴릭 파우더와 리퀴드의 비율이 잘 배합된 상태이면 표면이 둥글고 매끄럽게 광이 난다.

리퀴드와 파우더의 양 조절이 잘못된 상태이면 눈꽃처럼 불투명하고 형태가 퍼져 있어 브러시에서 잘 분리되지 않는다.

4) 팁 위드 아크릴릭 시술 과정

아크릴릭 방울은 프리에지–하이포인트–큐티클 방향으로 3단계 정도에 걸쳐서 오버레이over lay 해준다. 큐티클 라인에 아크릴릭 방울을 올리 때에는 프리에지나 하이포인트보다 적은 양을 올려서 브러시로 터치한 다음에 프리에지 방향으로 쓸어 내려준다. 세트타임을 가늠하기 어려울 때에는 아크릴릭을 올린 손톱을 브러시 손잡이나 오렌지 우드스틱으로 약하게 쳐 보았을 때 맑은 소리가 나면 아크릴릭이 굳은 상태로 판단한다.

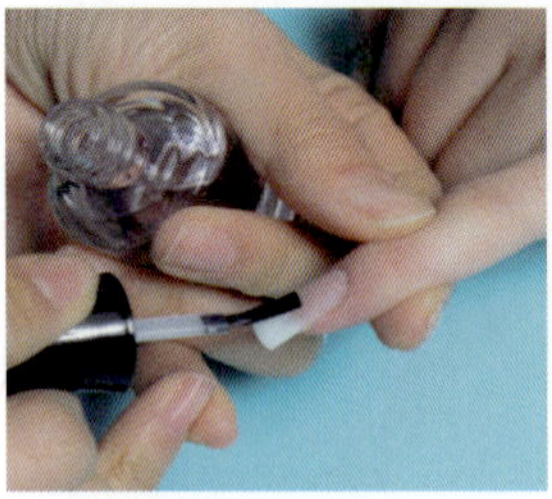

레귤러 팁을 붙이고 턱그라를 한 후 네일보디에 프라이머를 바른다.

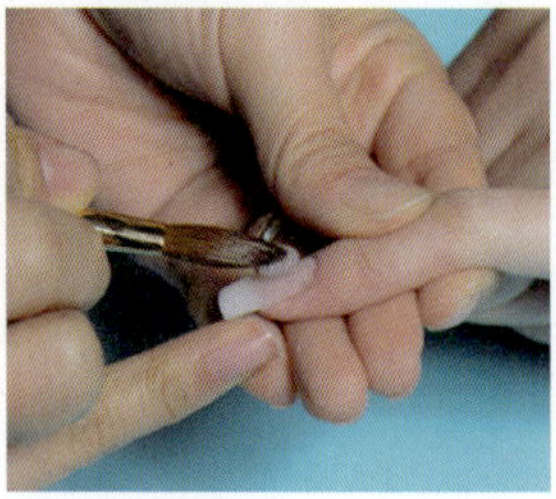

아크릴 볼을 떠서 전체적으로 오버레이 해준다.

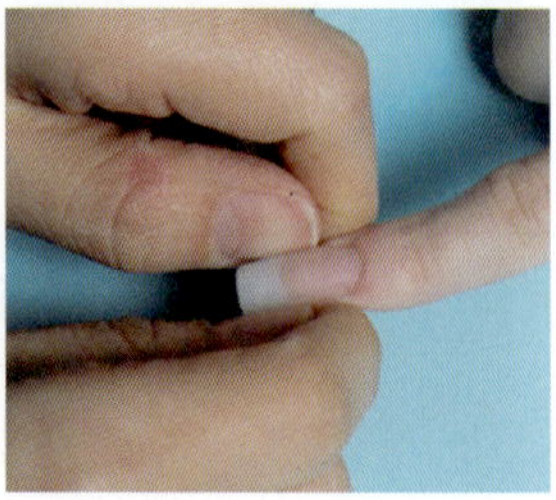

핀칭을 주어 11자 형태를 만들어 준다.

① 프레퍼레이션

자연 네일의 길이 조정 및 모양을 잡고 큐티클 정리, 유 · 수분 및 광택, 먼지를 제거하여 팁 위드 아크릴릭 시술 후 지속력을 높인다.

② 팁 익스텐션

레귤러 팁을 젤 글루를 이용하여 붙이고 팁턱 제거를 해 준다.

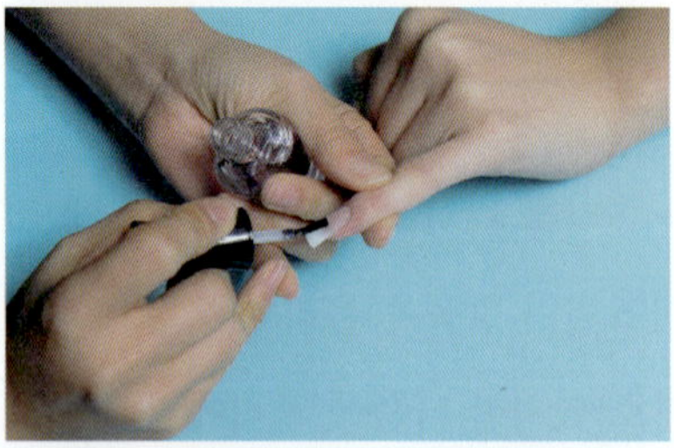

③ 프라이머 바르기

자연 네일에 프라이머를 소량 도포한다.

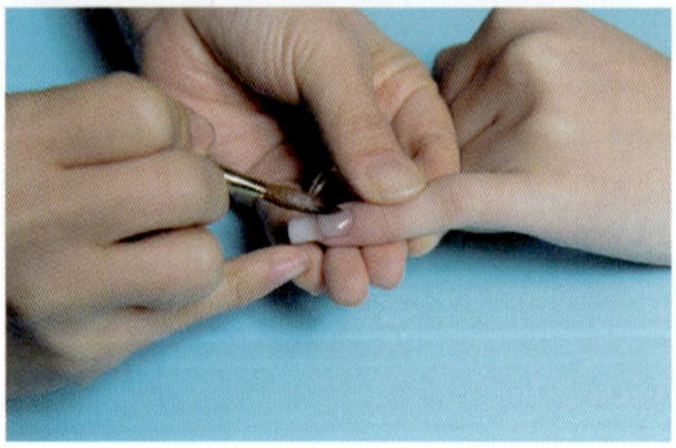

④ 볼 올리기

손톱 전체를 덮을 수 있는 볼을 떠서 하이포인트, 큐티클라인, 사이드, 전체적인 밸런스를 고려하여 오버레이 해 준다.

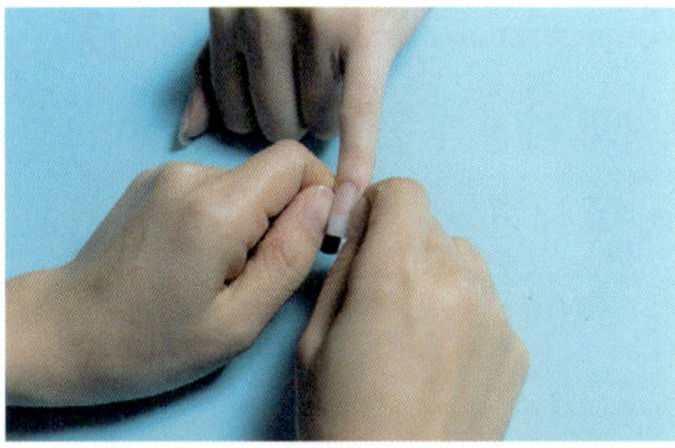

⑤ 핀칭

아크릴이 굳기 직전에 스트레이트 포인트를 양쪽 엄지손톱으로 눌러주어 퍼져 있거나 틀어져 있는 아크릴 네일을 바로잡아 11자 형태로 만들어 준다.

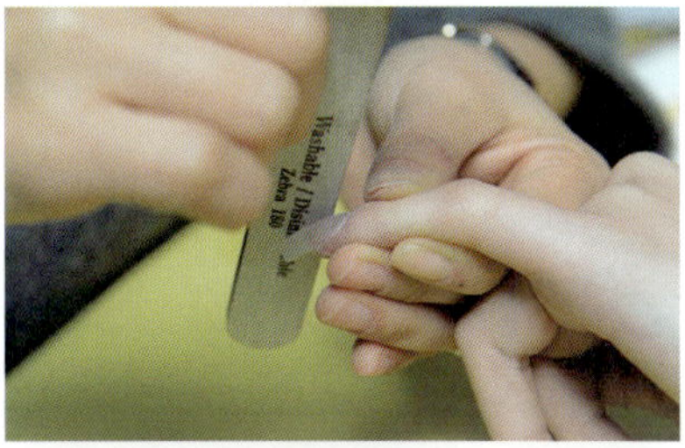

⑥ 파일링

파일로 모양과 사이드를 정리한 후 표면을 정리해 준다.

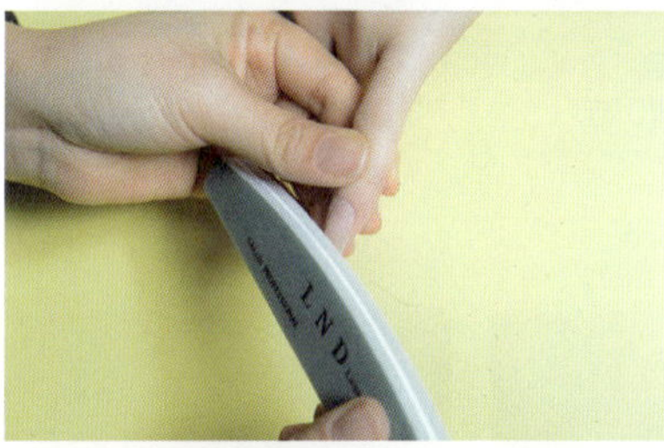

⑦ 버핑

버퍼로 표면을 매끄럽게 정리한다.

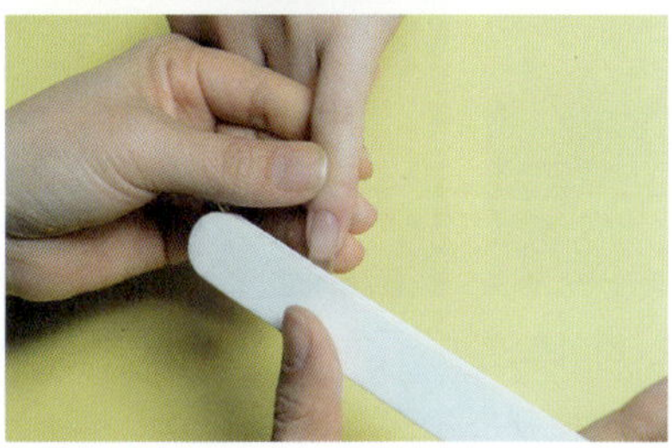

⑧ 광내기

3-Way를 이용하여 표면에 광을 낸다.

5) 원톤/투톤(프렌치) 스컬프처 Onetone/Twotone French sculptured 시술 과정

투톤 스컬프처의 시술 과정은 원톤 스컬프처의 과정과 동일하다. 단, 아크릴 방울을 올릴 때 먼저 화이트 파우더를 이용하여 프렌치 라인 French line 을 만들어 준 다음에 클리어 파우더로 오버레이를 해준다.

원톤 스컬프처 Onetone sculptured

11자 형태

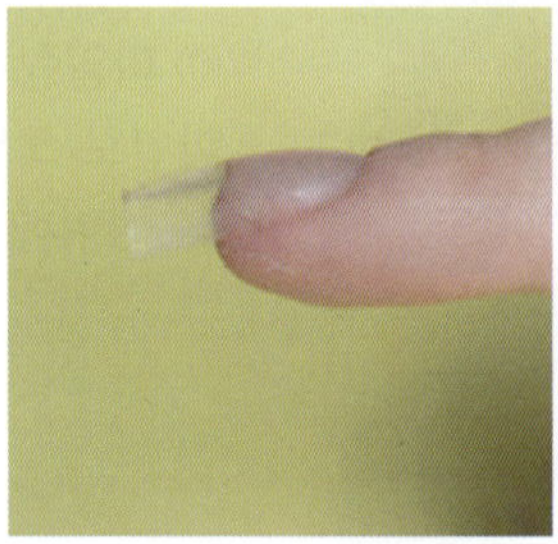

하이포인트, 사이트 스트레이트

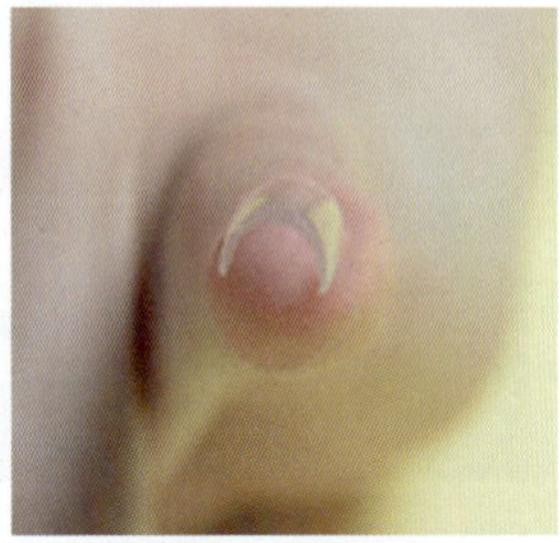

30%~40%의 C커브

투톤/프렌치 스컬프처 Twotone French sculptured

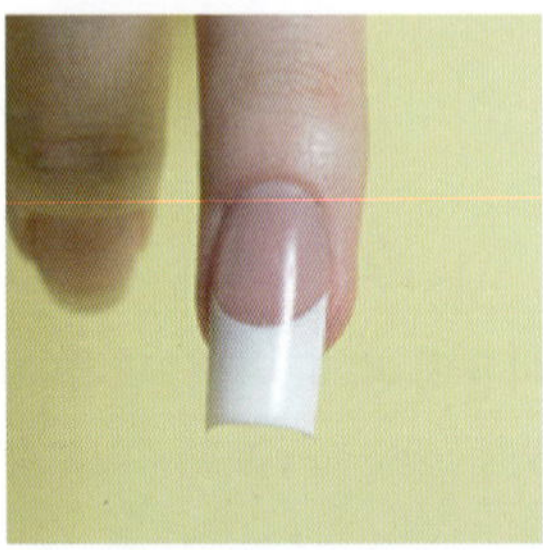

11자 형태, 스퀘어 셰이프

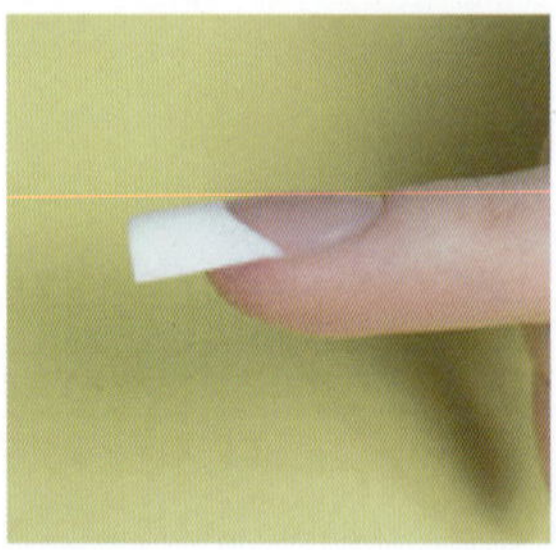

사이드 스트레이트, 하이포인트, 자연스러운 능선

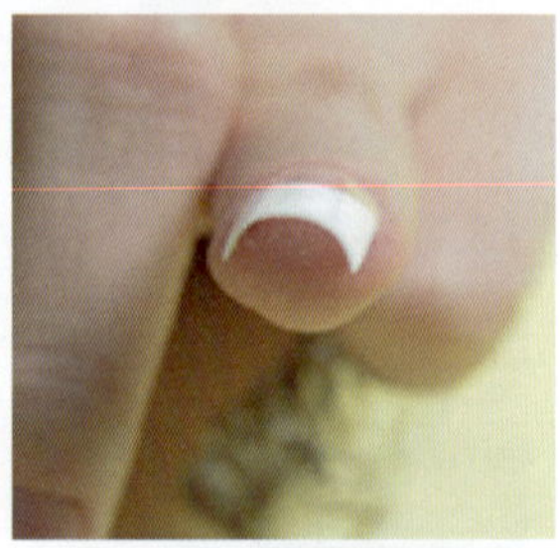

30%~40%의 C커브

① 프레퍼레이션

자연 네일의 길이 조정 및 모양을 잡고 큐티클 정리, 유·수분 및 광택, 먼지를 제거하여 젤 원톤 스컬프처 시술 후 지속력을 높인다.

② 폼 끼우기

자연 네일의 커브와 스마일 라인의 모양에 맞춰 폼을 재단 후 네일의 중심과 수평선을 맞춰 폼을 끼운다. 폼이 틀어지거나 쳐지지 않도록 주의한다.

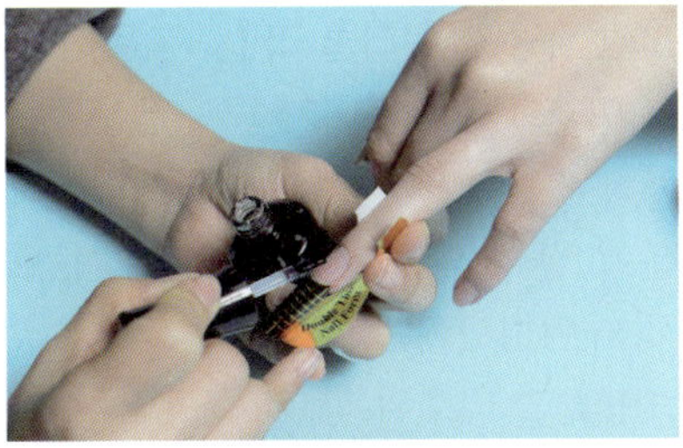

② 프라이머 또는 본더 바르기

자연 네일의 표면의 유분과 수분을 제거하고 손톱 표면의 단백질을 살짝 녹여 젤의 접착성을 높여주는 단계로 젤의 지속력과 밀접한 관계가 있다. 흘러내리지 않게 소량만 손톱에 도포한다.

③ 베이스젤 도포 → 큐어링

젤 램프를 이용하여 베이스 젤을 경화시킨다.

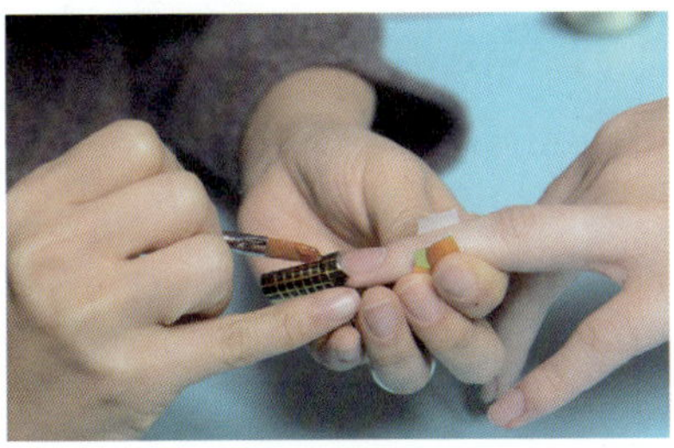

④ 클리어 젤1 (프리에지) → 큐어링

프리에지 라인에 젤을 올리고 길이를 연장한다.

이때 젤의 특성상 손의 커브로 인해 젤이 옆으로 흘러 내려 작업이 어려워질 수 있으므로 빠른 시간 내에 시술을 끝내도록 한다.

고루 잘 펴 바른 뒤 큐어링한다.

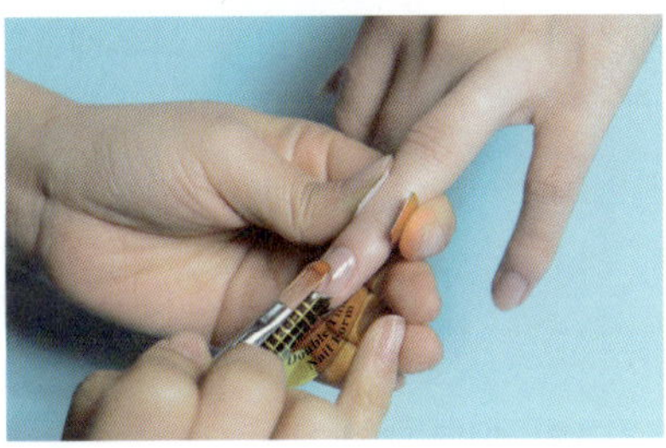

⑤ 클리어 젤2 (하이포인트) → 큐어링 15초

클리어 젤1과 연결하여 손톱의 하이포인트가 될 수 있도록 양을 조절하여 올려주고 15초 큐어링한다. 이때 손톱이 퍼지는 것을 방지하지 위해 경화가 조금 진행되었을 때 중간에 핀칭을 주고 다시 큐어링한다.

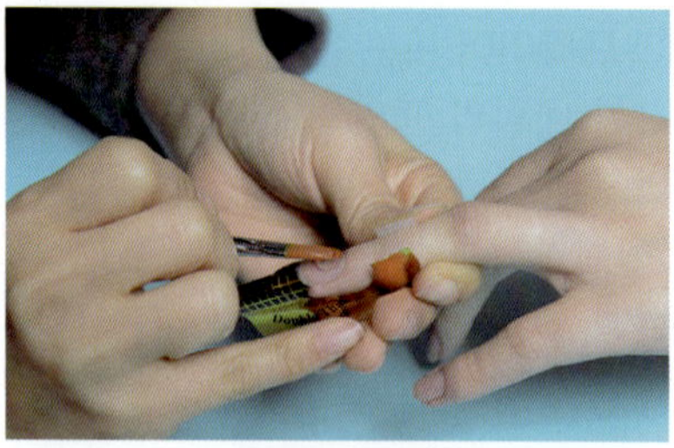

⑥ 클리어 젤(큐티클 라인) → 큐어링 → 미경화 젤 닦아내기

클리어 젤2와 연결하고 젤이 큐티클 부분에 닿지 않도록 얇게 고루 펴 도포하고 큐어링한다.

남아있는 미경화 젤을 닦아 준다.

⑥ 미경화 젤 닦아내기 → 폼 떼어내기

남아있는 미경화 젤을 닦아줄 때 젤리무버를 적신 와이퍼로 닦아주면서 사이드에 핀칭을 준다.

젤이 남아 있지 않도록 깨끗하게 닦아주고 폼을 떼어 낸다.

⑦ 파일링

완벽한 형태가 될 수 있도록 모양과 사이드 스트레이트를 만들어 주고 전체적으로 파일링을 해 준다.

젤은 다른 인조 네일 재료에 비해 부드러워 파일링 시 잘 갈린다.

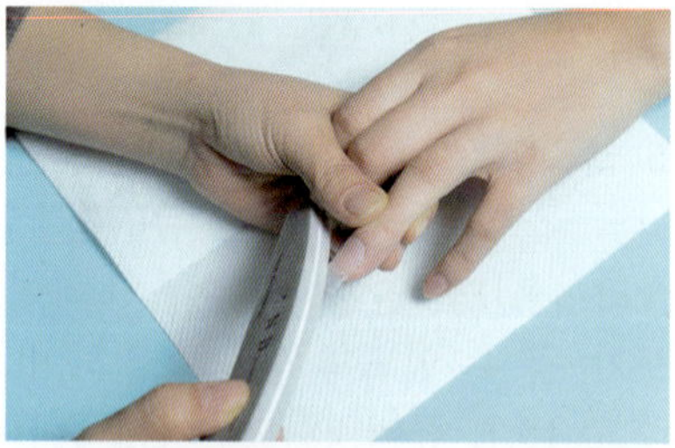

⑧ 샌딩

거칠어진 표면을 버퍼를 이용해 매끄럽게 만든다.

⑨ 먼지·이물질 제거

남아있는 먼지나 이물질을 더스트 브러시로 제거한다.

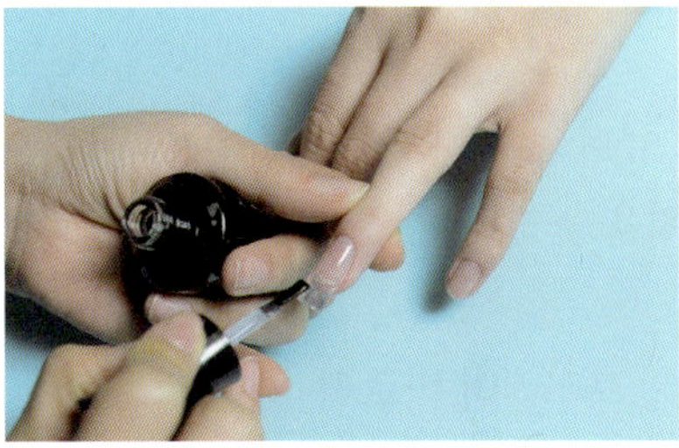

⑩ 탑젤 → 미경화 젤 닦고 마무리

탑젤을 바르고 큐어링 후 미경화 젤을 닦아내고 마무리한다.

(5) 겔 네일 Gel Nail

1) 겔 네일의 특징

겔은 아크릴릭 소재와 화학적으로 비슷한 밀도를 갖는 물질이지만 겔은 응고를 도와주는 별도의 카탈리스트catalyst가 필요하다. 겔을 굳게 하는 방법은 특수한 빛에 노출시키거나 겔 활성액을 사용하는 방법이 있다. 겔 네일은 1994년 독일에서 치의학을 토대로 최초 개발되었으며, 근래에는 많은 합성수지의 발달과 함께 더욱 투명하고 견고한 겔이 개발되고 있다. 겔 네일의 가장 큰 특징은 겔 큐어링 머신을 이용하지 않으면 자연적으로 경화되지 않으며, 무취이므로 시술자나 피시술자 모두 시술 시 냄새에 대한 자극을 받지 않는 장점이 있다.

제거 시에는 제품마다 차이가 있으며, 하드 겔hard gel의 경우 퓨어 아세톤이나 용해제로도 제거가 불가능하므로 파일링을 통해 제거를 해야 하기 때문에 피시술자의 자연 네일에 손상이 가지 않도록 제거해야 한다.

2) 원톤 겔 스컬프처 시술과정

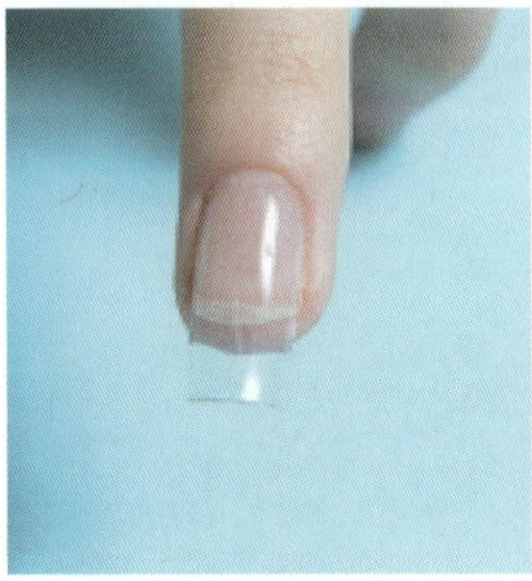

11자 형태

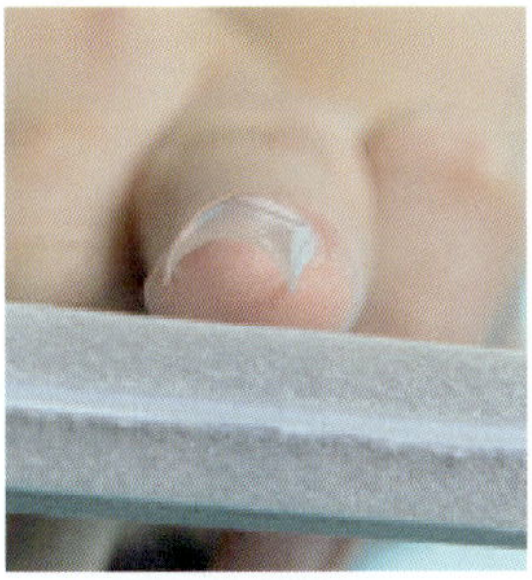

하이포인트,
사이트 스트레이트

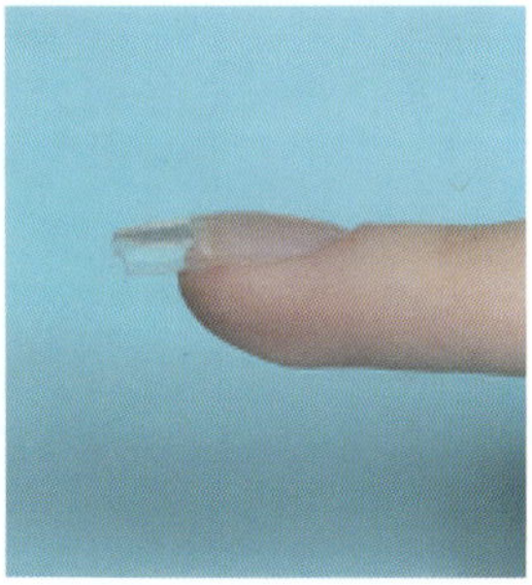

30%~40%의 C커브

① 프레퍼레이션

자연 네일의 길이 조정 및 모양을 잡고 큐티클 정리, 유·수분 및 광택, 먼지를 제거하여 원톤 스컬프처 시술 후 지속력을 높인다.

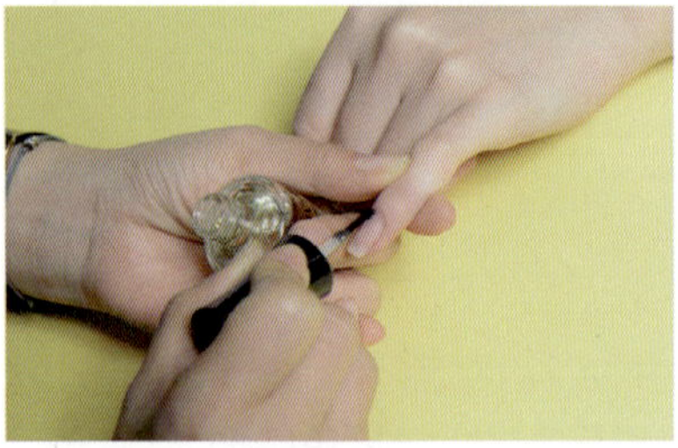

② 프라이머 바르기

자연 네일에 프라이머를 소량 도포한다.

③ 폼 끼우기

자연 네일의 커브 중심과 네일의 수평, 스마일 라인에 맞게 폼을 끼워 준다.

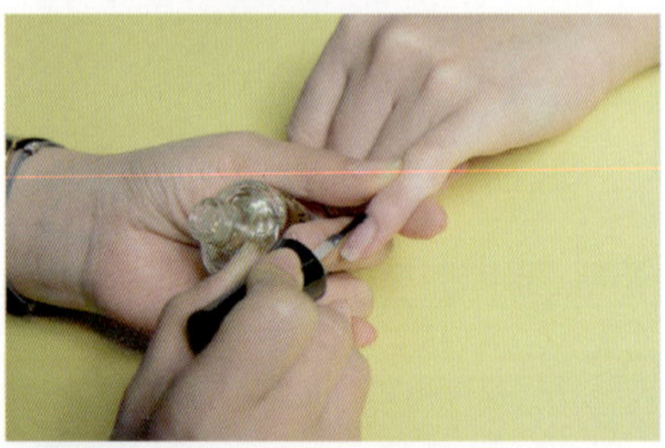

④ 2차 프라이머

아크릴의 접착력을 높이기 위해 프라이머를 한 번 더 도포한다.

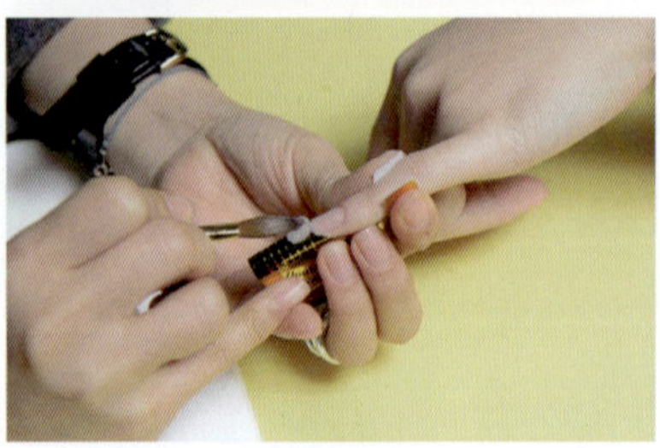

⑤ 첫 번째 볼 올리기 (프리에지)

프리에지 부분에 볼을 올려주고 브러시를 이용하여 길이를 연장한다.

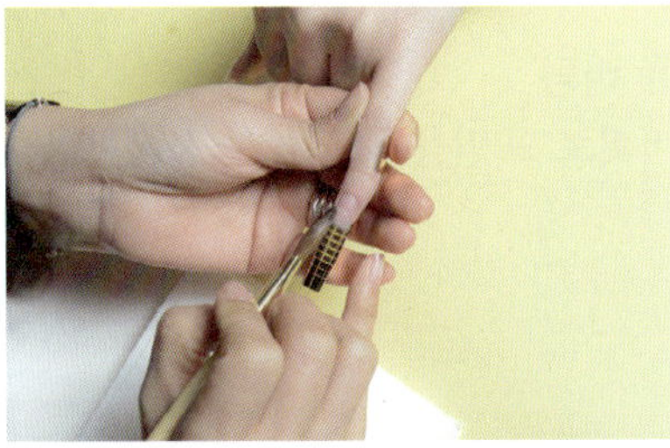

⑥ 두 번째 볼 올리기 (하이포인트)

네일바디의 중간 지점에 볼을 올려주고 하이포인트와 전체적인 밸런스를 고려하여 프리에지와 연결한다.

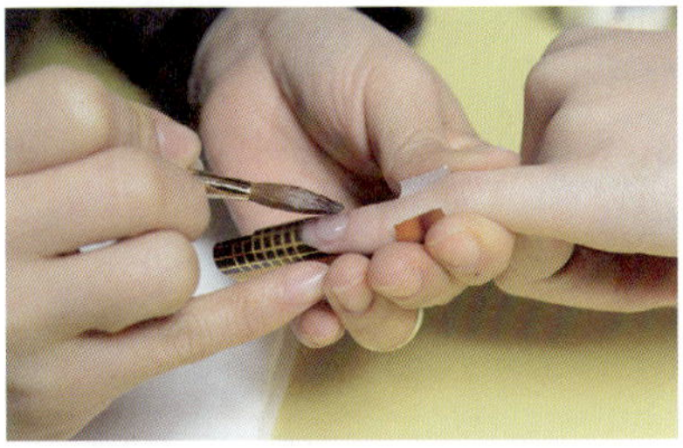

⑦ 세 번째 볼 올리기 (큐티클라인)

큐티클과 닿지 않도록 볼을 올려주고 큐티클라인 쪽은 브러시를 이용하여 얇게 펴서 전체적으로 자연스럽게 연결한다.

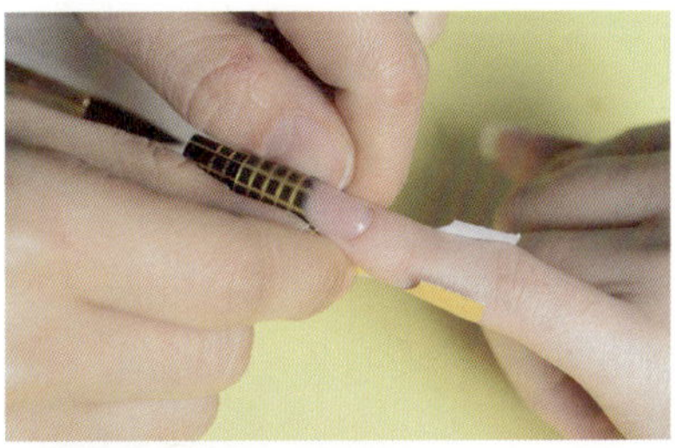

⑧ 핀칭

아크릴이 굳기 직전에 스트레이트 포인트를 양쪽 엄지손톱 으로 눌러주어 퍼져 있거나 틀어져있는 아크릴 네일을 바로잡아 11자 형태로 만들어 준다.

⑨ 폼 떼어내기

폼을 떼어낼 때는 완성되어있는 아크릴 네일이 찢어지거나 떨어지지 않도록 뒤로 뒤집어서 떼어준다.

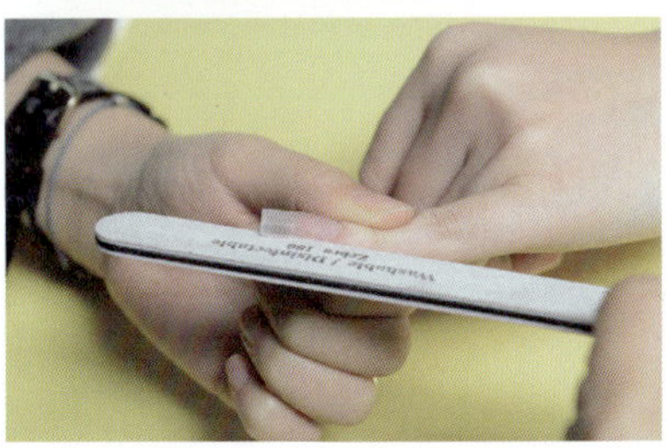

⑩ 파일링

파일로 모양과 사이드를 정리한 후 표면을 정리해 준다.

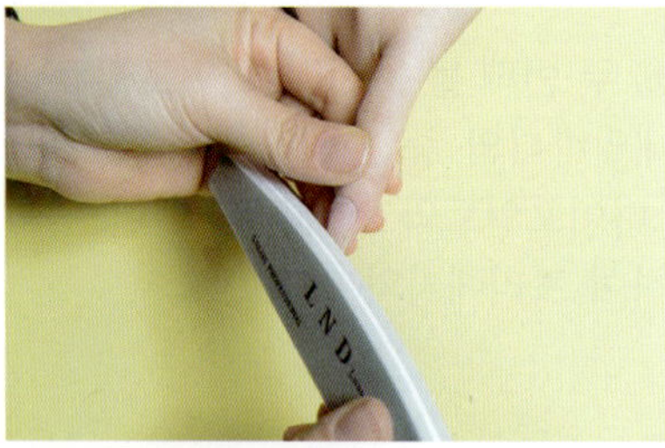

⑪ 버핑
버퍼로 표면을 매끄럽게 정리한다.

⑫ 광내기
3-Way 파일을 이용하여 표면에 광을 낸다.

3) 투톤/프렌치 겔 스컬프처 시술 과정

원톤/투톤 겔 스컬프처는 아크릴릭의 원톤/투톤 스컬프처와 시술 과정이 비슷하며, 아크릴릭이 아닌 겔을 사용한다. 아크릴릭은 아크릴릭 방울을 만들어 올려 오버레이 하듯이 겔 역시 겔 브러시를 사용하여 손톱 위에 겔을 발라주되, 반드시 기포가 차지 않도록 주의해야 한다.

모든 종류의 겔을 바른 후에는 큐어링 과정이 필요하며, 큐어링시 반드시 겔 클렌저를 이용하여 미경화 겔을 제거해야 한다.

참고 문헌

Chapter 4. 메이크업

- 배용진 외(2014) "디자인을 위한 색채 15강", 매디시언, 2015.
- 배용진 외(2015) "패션&뷰티스타일리스트를 위한 색채 15강", 매디시언, 2016.
- 이현주 외(2010), "The MAKE-UP", 예림. p.11
- 김은희 외(2012), "BASIC MAKE-UP", 교문사. P. 4, 19, 50
- 박현아(2012). "패션 잡지에 표현된 판타지 메이크업의 조형성에 관한 연구", 건국대학교 디자인대학원 석사학위논문. p14
- 여상미(2013), "미용학개론. 교문사. p.236, 240
- 전인미(2006), "성격유형별 무대 분장디자인 모형구축에 관한 연구". 중앙대학교 예술대학원 석사학위논문. p.6
- 윤지민(2011), "영화 특수분장 연구: 헐리우드 영화에 나타난 특수분장 기법과 재료의 발달 연구". P.9

Chapter 5. 네일 미용

- 권태일 외, "네일아트-이론 및 실습", 메디시언, 2013
- 권혜영 외, "NCS 교육과정에 기반으로 한 기초 에스테틱", 메디시언,
- 김옥연 외, "NEW 미용문화사", 메디시언, 2013.
- 김도이 외, "Nail to Nail", 한맥출판사, 2013.
- 이영순 외, "네일관리학", 고문사, 2010.
- 김경미 외, "네일아트 매뉴얼 북", 광문각, 2009.
- 권태일 외, "NEW 네일(미용사)필기편", 지구문화사, 2015.
- 김미영 외, "Nail Style Book", 예림출판사, 2003.
- 김영미, "NAIL ART", 신광씨링 출판사업부,
- 고경숙 외, "미용학개론", 청구문화사, 2012.
- 윤천성 외, "미용학개론", 훈민사, 2014.
- 최은미 · 허미리, "네일케어", 메디시언, 2017.

에센스
미용학개론 개정판
Introduction to Cosmetology

2017년 3월 25일 초 판 발행
2019년 3월 1일 개정판 발행
2025년 3월 10일 개정판 발행

저 자 김기영 / 권오혁 / 김경란 / 김서희 / 김연숙
박은준 / 안경민 / 이숙영 / 이현숙 / 최은미
발행인 주병오 · 주민기
발행처 메디시인

주소 경기도 파주시 회동길
파주출판문화정보산업단지

영업팀 (031) 955－7566 · 7577
편집디자인팀 (031) 955－7731
F A X (031) 955－7730
홈페이지 www.ji-gu.co.kr
이메일 jigupub@hanmail.net
ISBN 979－11－86739－38－9－93590

값 24,000원